船舶及海洋工程材料与技术丛书

大型工程结构的腐蚀防护技术

Corrosion Protection Technology for Large – scale Engineering Structures

中国船舶集团有限公司第七二五研究所

孙明先　编著

国防工业出版社

·北京·

内 容 简 介

本书系统论述了腐蚀防护基本理论、防护方法和腐蚀监检测技术,结合大型工程的具体结构特点,介绍了大型工程的腐蚀防护技术。本书首先阐述了腐蚀的热力学和动力学等原理,介绍了防腐涂料、阴极保护、表面处理等常用的腐蚀防护技术,以及工程领域常用的腐蚀监检测技术;其次,结合大型工程实践,给出了相关的腐蚀防护案例,包括船舶、海洋工程、桥隧工程、港口工程、海水利用系统、埋地管线、埋地管网、储罐8类工程装备;最后,本书对大型工程结构腐蚀防护技术的发展趋势进行了分析与展望。

本书读者对象主要包括腐蚀防护领域科研工作者、工程技术及管理人员、相关专业高校师生,以及对腐蚀防护领域感兴趣的读者。

图书在版编目(CIP)数据

大型工程结构的腐蚀防护技术/孙明先编著. —北京:国防工业出版社,2022.8
(船舶及海洋工程材料与技术丛书)
ISBN 978 - 7 - 118 - 12569 - 6

Ⅰ.①大… Ⅱ.①孙… Ⅲ.①海洋工程—工程结构—防腐 Ⅳ.①P755.3

中国版本图书馆 CIP 数据核字(2022)第 139289 号

※

国防工业出版社出版发行

(北京市海淀区紫竹院南路 23 号 邮政编码 100048)
雅迪云印(天津)科技有限公司印刷
新华书店经售
*
开本 710×1000 1/16 印张 29½ 字数 555 千字
2022 年 8 月第 1 版第 1 次印刷 印数 1—2000 册 定价 258.00 元

(本书如有印装错误,我社负责调换)

国防书店:(010)88540777 书店传真:(010)88540776
发行业务:(010)88540717 发行传真:(010)88540762

船舶及海洋工程材料与技术丛书
编　委　会

总
FOREWORD
序

海洋在世界政治、经济和军事竞争中具有特殊的战略地位,因此海洋管控和开发受到各国的高度重视。船舶及海洋工程装备是资源开发、海洋研究、生态保护和海防建设必要的条件和保障。在海洋强国战略指引下,我国船舶及海洋工程行业迎来难得的发展机遇,高技术船舶、深海工程、油气开发、海洋牧场、智慧海洋等一系列重大工程得以实施,在基础研究、材料研制和工程应用等方面,大批新材料、新技术实现突破,为推动海洋开发奠定了物质基础。

中国船舶集团有限公司第七二五研究所(以下简称"七二五所")是我国专业从事船舶材料研制和工程应用研究的科研单位。七二五所建所60年来,承担了一系列国家级重大科研任务,在船舶及海洋工程材料基础和前沿技术研究、新材料研制、工程应用研究方面取得了令人瞩目的成就。这些成就支撑了"蛟龙"号、"深海勇士"号、"奋斗者"号载人潜水器等大国重器的研制,以及港珠澳大桥、东海大桥、"深海"一号、海上风电等重点工程的建设,为我国船舶及海洋工程的材料技术体系建立和技术创新打下了坚实基础。

"船舶及海洋工程材料与技术丛书"是对七二五所几十年科研成果的总结、凝练和升华,同时吸纳了国内外研究新进展,集中展示了我国船舶及海洋工程领域主要材料技术积累和创新成果。丛书各分册基于船舶及海洋工程对材料性能的要求及海洋环境特点,系统阐述了船舶及海洋工程材料的设计思路、材料体系、配套工艺、评价技术、工程应用和发展趋势。丛书共17个分册,分别为《低合金结构钢应用性能》《耐蚀不锈钢及其铸锻造技术》《船体钢冷热加工技术》《船用铝合金》《钛及钛合金铸造技术》《船舶及海洋工程用钛合金焊接技术》《船用钛合金无损检测技术》《结构阻尼复合材料技术》《水声高分子功能材料》《海洋仿生防污材料》《船舶及海洋工程设施功能涂料》《防腐蚀涂料技术及工程应用》《船舶电化学保护技术》《大型工程结构的腐蚀防护技术》《海洋环境腐蚀试验技术》《金属材料的表征与测试技术》《装备金属构件失效模式及案例分析》。

丛书的内容系统、全面，涵盖了船体结构钢、船用铝合金、钛合金、高分子材料、树脂基复合材料、海洋仿生防污材料、船舶特种功能涂料、海洋腐蚀防护技术、海洋环境试验技术、材料测试评价和失效分析技术。丛书内容既包括船舶及海洋工程涉及的主要金属结构材料、非金属结构材料、特种功能材料和结构功能一体化材料，也包括极具船舶及海洋工程领域特色的防腐防污、环境试验、测试评价等技术。丛书既包含本行业广泛应用的传统材料与技术，也纳入了海洋仿生等前沿材料与颠覆性技术。

　　丛书凝聚了我国船舶及海洋工程材料领域百余位专家学者的智慧和成果，集中呈现了该领域材料研究、工艺方法、检测评价、工程应用的技术体系和发展趋势，具有原创性、权威性、系统性和实用性等特点，具有较高的学术水平和参考价值。本丛书可供船舶及海洋工程装备设计、材料研制和生产领域科技人员参考使用，也可作为高等院校材料专业本科生和研究生参考书。丛书的出版将促进我国材料领域学术技术交流，推动船舶及海洋工程装备技术发展，也将为海洋强国战略的推进实施发挥重要作用。

王其红，中国船舶集团有限公司第七二五研究所所长，研究员。

前
PREFACE
言

腐蚀是自然界中金属材料不可避免的问题,是自发进行的不可逆的过程,腐蚀破坏随处可见,也是造成结构提前失效甚至发生灾难性事故的重要原因之一。据统计,全世界每90s就有1t钢变成铁锈,由于材料腐蚀给国民经济造成的经济损失每年约25000亿美元。腐蚀导致的失效事故带来的损失是巨大的,且不论停工、停产带来的经济损失,船舶失事、飞机坠毁、油管爆炸、大桥坍塌等更是导致人员伤亡、环境污染等触目惊心的灾难性后果。因此,世界各国均对腐蚀控制予以高度重视,投入大量的人力、物力、财力,通过开展大量的研究以及对这些研究成果的推广应用,以实现腐蚀的有效控制。

随着我国海洋强国战略的实施和经济建设的发展,各型船舶、跨海大桥、石油平台、港口工程、海上风电、滨海电厂、油气管道、输水管网、海底隧道等在不断兴建,这些大型金属工程结构是国防和国家经济建设的重要组成部分,承载着保卫国家、交通运输、能源开发、生产建设等重要职能,也和人民群众的生产生活等活动息息相关,其安全可靠运行对于维护国家主权和领土完整、保障人民的生产生活十分重要,做好这些大型工程结构的腐蚀防护工作对于节约社会资源、减免腐蚀失效事故的发生具有重要的社会意义、经济意义和军事意义。

腐蚀防护是一项系统工程,腐蚀特点和所选材料、结构、服役环境等密切相关,防护手段也不尽相同。防腐方法包括涂层防护、电化学保护、表面处理等,其中涂层防护是最为常用的防腐措施;对于海水和土壤中的结构,通常采用涂料加电化学保护的方式进行防腐;对于化工储罐、泵阀部件等,采用包覆或者衬里等技术进行防腐。针对大型工程结构的腐蚀防护,国内外均形成了很多标准和规范,对其防腐措施规定了强制性要求或推荐性要求。具体的防腐设计既需要一定的理论知识,也需要一定的工程经验,更需要结合工程的具体特点,选择合适的防护技术和合理的设计参数,方可达到最佳的防护效果,有效地减缓腐蚀。

本书汇集编著者大量的理论知识和多年的工程实践经验,系统介绍了腐蚀防护的基础理论和典型的大型工程结构腐蚀防护案例。基础理论部分包括腐蚀防护基本理论、防护方法、腐蚀监检测技术;所涉及的案例基本涵盖了阴极保护技术在我国大部分工程领域首次成功应用的案例,是我国阴极保护技术应用的发展史;结合大型工程项目,详细介绍了各类大型工程腐蚀防护技术的背景概况、结构特点、设计研制过程和相关设计案例及其防护效果。全书共分为13章。第1章主要阐述腐蚀的定义、分类、影响因素及危害,该章主要由孙明先、马力、段体岗、张海兵完成。第2章分别从腐蚀过程热力学、电化学腐蚀动力学等方面论述腐蚀的基本原理,该章主要由辛永磊、孙明先、段体岗、马力完成。第3章主要介绍了常用的腐蚀防护技术,包括防腐蚀设计、防腐涂料、电化学保护、表面处理及其他防腐技术,该章主要由邢少华、孙明先、马力、黄国胜、张海兵、陈凯锋、王洪仁完成。第4章针对腐蚀与防护效果的监检测,分析腐蚀监检测技术的特点及其适用的环境,用于指导工程防腐蚀效果评价,该章主要由程文华、马力、辛永磊、苗依纯、段体岗、孙明先完成。第5章主要介绍了船舶的腐蚀和防护设计情况,分别针对船体、内舱、海水管路等典型结构进行了详细论述,并分别给出了牺牲阳极阴极保护和外加电流阴极保护的设计案例,该章主要由于江水、鲁统军、段体岗、马力、王金福、陈志强、曲本文、孙明先、许立坤完成。第6章针对海洋工程的腐蚀控制进行了介绍,包括石油平台、海上风电、海底管线的腐蚀防护设计,并给出了详细的设计计算方法,该章主要由孙明先、王远志、邢少华、尹萍、马力、王洪仁完成。第7章介绍了桥隧工程的腐蚀控制,包括钢质大桥、混凝土大桥、沉管隧道等典型工程案例,该章主要由程明山、邢少华、孙仁兴、刘永柱、马力、牟俊生、孙明先完成。第8章介绍了港口工程的腐蚀控制,包括钢质港口工程设施和混凝土港口工程设施,该章主要由孙明先、高健、张海兵、王远志、马力、于江水完成。第9章介绍了海水利用系统的腐蚀控制,主要针对核电厂和火电厂的海水冷却系统,该章主要由王廷勇、张海兵、孙明先、王辉、汪相辰完成。第10章介绍了埋地管线的腐蚀控制,包括钢质管线和预应力混凝土管线,该章主要由李威力、尹学涛、辛永磊、玄晓阳、钱建华完成。第11章针对埋地管网的腐蚀控制进行了介绍,包括石化厂区管网和城市燃气管网,该章主要由陈旭立、孙明先、纪京京、辛永磊、常娥、高建邦完成。第12章介绍了储罐的腐蚀控制,包括储油罐和储水罐的内外壁防护,该章主要由陈旭立、钱建华、李威力、辛永磊、孙明先完成。第13章结合国内外技术进展,展望了大型工程结构的腐蚀防护技术发展趋势,该章主要由马力、孙明先、许立坤、辛永磊、姜丹完成。

随着材料技术的发展,防腐材料和技术也必然处在不断的升级换代和发展变化中。期望通过本书的出版,能够使相关从业者更深入地了解各类典型大型工程结构的腐蚀防护技术应用的渊源历史,以及现有大型工程结构的腐蚀防护情况,为腐蚀防护领域的科研工作者、工程技术及管理人员、高校相关专业本科生和研究生以及其他对腐蚀防护领域感兴趣的读者提供参考书。也期待更多的新生力量加入到腐蚀防护技术领域中来,推动我国乃至世界腐蚀防护技术的发展。

在本书的编写过程中,得到了中国船舶集团有限公司第七二五研究所所领导以及科学技术委员会、海洋腐蚀与防护重点实验室、青岛双瑞海洋环境工程有限公司、厦门材料研究院等各位领导、同事的大力支持和帮助,陈旭立研究员、程明山研究员、刘钊慧研究员对书稿进行了审阅,在此一并表示感谢。也对为本书提供相关防腐工程案例的同事和同仁表示感谢,并向为我国腐蚀防护事业奋斗一生的老一辈科技工作者致以崇高的敬意!

本书知识性、专业性、系统性强,技术覆盖面宽,涉及工程范围广、跨度大,由于编著者的水平和能力所限,难免有疏漏和不足之处,敬请广大读者指正。

作　者
2022 年 1 月

目
CONTENTS
录

第1章 绪论

第2章 腐蚀学基本原理

第3章 常用的腐蚀防护技术

第4章　腐蚀监检测技术

第5章　船舶的腐蚀控制

第6章 海洋工程的腐蚀控制

第7章 桥隧工程的腐蚀控制

第8章 港口工程的腐蚀控制

绪论

1.1　腐蚀的定义

"腐蚀"一词源自于拉丁文"Corrdere",原意是"腐烂""损坏"的意思。我国《辞海》汇集了"腐蚀"在医学、品质及物质 3 方面的含义:在医学方面,腐蚀是指由某些化学物质或药物引起的组织破坏现象;人的品质方面,腐蚀是比喻坏的思想、环境使人逐渐蜕变堕落的恶影响;物质方面,则是指物质的表面因发生化学或电化学反应而受到破坏的现象,该含义主要指的是金属腐蚀[1]。

国内外学者对金属腐蚀的定义给出了不同的说法。英国著名科学家 U. R. Evans 认为,金属腐蚀是金属元素从元素态转变为化合态的化学变化及电化学变化[2]。美国著名专家 M. G. Fontana 认为,金属腐蚀是金属冶金的逆过程[3]。H. H. 尤里克则认为,腐蚀是物质(或材料)受环境介质的化学、电化学作用而破坏的现象[4]。苏联学者托马晓夫认为,金属腐蚀是金属在外部介质的化学和电化学作用下发生的破坏[5]。伊朗学者 M. Aliofkhazraei 编著的 *Developments in Corrosion Protection* 一书中对腐蚀的定义,指材料在环境作用下发生的化学或电化学反应[6]。中国科学院院士曹楚南认为,金属腐蚀是金属材料由于受到介质的作用而发生状态的变化转变为新相,从而遭到破坏[7]。我国学者吴荫顺在《阴极保护和阳极保护——原理、技术及工程应用》一书中对金属腐蚀定义给出了较为全面的概括,指金属材料以及由它们制成的结构物,在自然环境中或工况条件下,由于与其所处环境介质发生化学或电化学作用而引起的变质和破坏,其中也包括上述因素与力学因素或生物因素的共同作用[8]。金属及其合金被公认为是最重要的工程结构材料,因此金属材料及其结构物的腐蚀成为全世界范围最受关注的问题之一。

1.2 腐蚀的分类

1.2.1 腐蚀环境分类法

根据腐蚀环境不同,腐蚀可分为干腐蚀、湿腐蚀两大类。

1. 干腐蚀

干腐蚀是材料在干燥气体介质中发生的腐蚀,主要是指金属与环境介质中的氧发生反应而生成金属氧化物。所以,又称其为材料的氧化。

2. 湿腐蚀

湿腐蚀主要指材料在潮湿环境和含水环境介质中的腐蚀,可分为自然环境腐蚀、工业介质腐蚀等。

自然环境腐蚀包括大气腐蚀、土壤腐蚀、水环境腐蚀等[9]。

(1)大气腐蚀是指材料在生产、运输、储存和使用过程中受到大气环境影响而发生的腐蚀过程。大气环境的腐蚀程度会随温度、湿度、盐度及大气污染物浓度等情况发生巨大变化,因而不同大气环境的腐蚀破坏程度有很大的差异,根据环境不同可分为乡村大气腐蚀、城市大气腐蚀、工业大气腐蚀、海洋大气腐蚀等。其中海洋大气腐蚀具有空气湿度大、含盐量高的特点,其腐蚀破坏程度比内陆大气腐蚀严重得多,腐蚀速率是其几倍甚至几十倍。

(2)土壤腐蚀是材料在土壤中所发生的腐蚀,其影响因素主要有土壤的导电性、酸碱性、溶解盐的类型、杂散电流及气候条件等。

(3)水环境腐蚀是指材料在海水、淡水、淡海水和盐湖水等水环境中发生的腐蚀,是所有腐蚀类型中对材料破坏程度最大的腐蚀形式之一,其中尤以海水腐蚀最为苛刻。海水环境是一种复杂的腐蚀环境,在这种环境中,海水本身是一种强的腐蚀介质,同时波、浪、潮、流又对金属构件产生低频往复应力和冲击,加上海生物、附着生物及其代谢产物等都对腐蚀过程产生直接或间接的加速作用[10]。海洋的腐蚀环境可分为飞溅区、潮汐区、全浸区和海泥区,在上述各个海洋腐蚀环境中材料的腐蚀速率是有很大区别的。

工业介质腐蚀包括在酸、碱、盐、有机溶液、工业水和高温熔融盐等介质中的材料腐蚀。其中,高温熔盐腐蚀是指材料在高温熔融盐介质环境中发生的腐蚀行为,如锅炉烟气侧的高温腐蚀、核反应堆中高温钠钾汞齐介质中的材料腐蚀等。

1.2.2 腐蚀反应机理分类法

根据腐蚀过程机理,材料腐蚀又分为化学腐蚀、电化学腐蚀和物理腐蚀。

1. 化学腐蚀

化学腐蚀是指材料表面与其所处环境介质之间发生纯化学反应而引起的破坏。事实上,对于金属材料及其工程结构而言,单纯的化学腐蚀并不多见,只有在无水的有机非电解质溶剂或干燥的气体环境下才会发生。这时材料表面没有导电的电解质存在,发生的是腐蚀介质与材料之间的作用。化学腐蚀一般只有在较高温度下才会明显发生。

2. 电化学腐蚀

电化学腐蚀是材料腐蚀中最广泛、最常见的一种形式,在大气、水环境、土壤、工业介质等不同环境下普遍存在,它是指材料与其所处环境介质发生电化学反应而引起的变质和破坏。从热力学角度考虑,电化学腐蚀是指材料与其周围介质组成的体系,从一个热力学不稳定状态转变为热力学稳定状态,伴随有新化合物的生成,并引起结构形式的破坏。与化学腐蚀不同,在电化学腐蚀过程中,材料本体与内部杂质或与外部其他物质偶接形成腐蚀原电池,发生两个相对独立的反应,分别为阳极反应和阴极反应,并伴随有电子从阳极区传递到阴极区,从而有腐蚀电流产生。

阳极反应是活泼物质失去电子而被氧化的过程,造成材料的破坏;阴极反应是不活泼物质得到来自阳极的电子而被还原的过程。由电化学腐蚀反应过程可知,材料的电化学腐蚀是异种材料偶接短路的结果,产生的腐蚀电流消耗在内部,转变为热,不对外做功,且阳极反应和阴极反应是以最大限度的不可逆方式进行。

3. 物理腐蚀

对于金属材料而言,物理腐蚀是指金属材料由于单纯的物理溶解作用所引起的腐蚀。许多金属在高温熔盐、熔碱及液态金属中可发生这类腐蚀,遭受破坏的金属价态并没有改变,但状态发生了改变。例如,核反应堆冷却系统中,液态金属对结构金属材料的浸蚀,形成液态金属合金状态[11]。在实际工程结构中,金属材料的物理腐蚀并不常见。

对于非金属材料而言,物理腐蚀的破坏是较迅速的过程,是造成非金属材料失效的主要原因。物理腐蚀破坏主要表现为溶胀、鼓泡、分层、剥离、脱粘、龟裂、开裂等。腐蚀环境对材料施加的各种破坏力、材料的内聚强度、材料的基体界面的黏结强度、防腐施工时的工艺及环境影响等因素的共同作用是导致物理腐蚀破坏的主要原因。

1.2.3 腐蚀形态分类法

按照材料腐蚀的破坏形态,可将腐蚀分为全面腐蚀和局部腐蚀两大类[10]。

1. 全面腐蚀

全面腐蚀是最常见的腐蚀形态,是指整个材料表面均发生腐蚀,其特征是腐蚀分布于材料的整个表面,使材料整体减薄。发生全面腐蚀的条件是:腐蚀介质能够均匀地抵达材料表面的各部位,而且材料的成分和组织比较均匀。全面腐蚀易造成材料大范围全面减薄以至被破坏,不能再继续使用。例如,碳钢或锌板在稀硫酸中的溶解,以及Q235碳钢等材料在大气环境中的腐蚀都是典型的全面腐蚀。

在材料的材质和腐蚀环境都较均匀时,腐蚀在整体表面上大体相同,表现出均匀腐蚀。在均匀腐蚀中化学或电化学反应发生于全部暴露的表面或绝大部分的表面上,各处的腐蚀程度基本相同。它的电化学过程是腐蚀原电池的微阳极与微阴极的位置是变换的,阳极和阴极没有空间和时间差别,整个金属表面在溶液中都处于活性状态,金属表面各处只有能量随时间起伏变化,能量高处为阳极,低处为阴极。因此,金属在均匀腐蚀下整个表面处于同一个电极电位下。由于发生在材料整个表面上,从腐蚀量看,这类腐蚀并不可怕,只要经过简单的挂片试验,就可准确地预计结构或设备的使用寿命,在设计时就可选用合适的材料,采用覆盖涂层、缓蚀剂、阴极保护或适当增加结构材料的厚度进行腐蚀控制。这些方法可单独使用,也可联合使用。

从实际工程应用上看,更多的是不均匀腐蚀,即局部腐蚀,而且局部腐蚀相对全面腐蚀其危险性大得多。根据不完全统计,全面腐蚀占17.8%,局部腐蚀占82.2%。往往在没有预兆的情况下,金属构件就突然发生断裂,甚至造成严重的事故,可见局部腐蚀的严重性。

2. 局部腐蚀

局部腐蚀是相对于全面腐蚀而言的,仅在材料表面局部区域发生,而其他位置区域基本不发生。局部腐蚀仅发生在材料的特定区域或部位,具有明显固定的腐蚀电池阳极区和阴极区,阳极区面积较小,腐蚀电化学过程具有自催化特性。局部腐蚀又分为电偶腐蚀、点蚀、缝隙腐蚀、晶间腐蚀、应力腐蚀、腐蚀疲劳、磨损腐蚀、微生物腐蚀等[12]。

(1)电偶腐蚀。由于腐蚀电位不同,异种金属彼此接触或通过其他导体连通,处于同一介质中,造成异种金属接触部位的局部腐蚀,叫作电偶腐蚀,也称接触腐蚀或双金属腐蚀。

发生电偶腐蚀时,电极电位较负的金属通常会加速腐蚀,而电极电位较正的金属腐蚀则会减慢。影响电偶腐蚀速率的因素主要有:所形成的电偶间的电极电位差;阴阳极的面积比;腐蚀介质的电导率;导体材料表面的极化和由于阴、阳极反应生成的表面膜或腐蚀产物;电偶间的空间布置(几何因素)。电偶腐蚀速率在数量上服从法拉第定律。两金属之间的电极电位差越大,电流越大,腐蚀越快。电路中的各种电阻则按欧姆定律影响电偶腐蚀电流,介质的电导率高,则加速电偶腐蚀。

　　根据电化学理论可以对电偶腐蚀现象做出定性判断,但对腐蚀的结果还难以做出动力学分析。各种常见的金属或合金在某些腐蚀介质内的标准电极电位虽已充分了解,但还不能由此确定电偶腐蚀的速率及其结果,也就是说还不能从电偶中不同金属的可逆电极电位之差直接得到各部位电偶腐蚀速率的定量关系。在工程设计中,往往需要结合在实际介质中的腐蚀电位和可能掌握的极化曲线特征做出判断,并做必要的实际测定和验证。在腐蚀过程中,随着条件的变化,金属的电偶序有可能发生变化,甚至出现极性反转。此外,电偶腐蚀的结果也与电极的面积大小有关。图1-1所示为某典型管路结构电偶腐蚀图片。

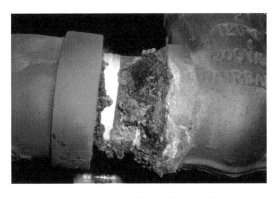

图1-1　某典型管路结构电偶腐蚀

　　(2)点蚀。在材料表面局部位置出现纵深发展的腐蚀小孔,其余部位不腐蚀或腐蚀轻微,这种腐蚀形态称为点蚀,又称为孔蚀或小孔腐蚀[13]。图1-2所示为不锈钢点蚀图片。

图1-2　不锈钢点蚀

　　材料发生点蚀的特征包括:孔径小,一般直径只有几微米到几十微米;洞口有腐蚀产物遮盖;金属损失量小;蚀孔通常沿重力方向生长。

不锈钢、铝合金、镁合金等金属材料的点蚀是一种很危险的局部腐蚀,多发生在含有氯离子的水溶液中,产生小孔,孔径很小,但其深度远大于孔径,严重时会穿透金属板,一般不能以失重数据来评价其腐蚀程度。

(3)缝隙腐蚀。在腐蚀介质中的金属构件,由于金属与金属或者金属与非金属之间存在较小的缝隙,造成缝内介质处于滞留状态而发生的一种局部腐蚀形态,叫作缝隙腐蚀,常发生在垫圈、铆接、螺钉连接的接缝处及搭接的焊接接头、阀座、堆积的金属片间。

缝隙腐蚀的产生主要是由于接连的缝隙处被腐蚀产物覆盖以及介质扩散受到限制等,导致该处的介质成分和浓度与整体相比有很大差别,形成"闭塞电池腐蚀"。缝隙腐蚀的特点有:可发生在所有金属和合金上;可发生在任何浸蚀性溶液中;缝隙腐蚀临界电位比点腐蚀电位更低;缝隙宽度必须使浸蚀性溶液能进入缝隙内,同时又窄到溶液停滞在缝隙内,才能发生缝隙腐蚀,一般的敏感宽度为 0.025 ~ 0.1mm。

缝隙腐蚀过程一般可以分为初始阶段和发展阶段。初始阶段时,缝隙内外的金属表面进行着金属阳极溶解和氧的阴极去极化反应。因氧在缝隙中无法与外界进行交换,迅速消耗且难以得到补充,因此氧化还原反应很快终止,缝内外形成氧浓差电池。而缝隙内金属的阳极溶解过程仍在继续,而氧还原的阴极反应已全部转移到缝隙外金属表面进行,此时大阴极(缝外)与小阳极(缝内)的面积关系又使缝内金属溶解反应加速,二次腐蚀产物渐渐在缝口堆积,发展成为典型的闭塞电池,此时缝隙腐蚀进入发展阶段。发展阶段时,大量溶解的带正电的金属离子积聚在缝内溶液中,而氯离子迁入缝内保持本体溶液电中性,同时形成金属盐类,接着发生氯化物水解,使酸度增加,pH 值降低,进一步促进了缝隙内金属阳极溶解。这一过程反复循环,称之为缝隙腐蚀的自催化过程。图 1 - 3 所示为金属结构缝隙腐蚀图片。

图 1 - 3　金属结构缝隙腐蚀

（4）晶间腐蚀。晶间腐蚀是金属在特定的腐蚀环境中沿着或紧挨着晶界发生和发展的局部腐蚀破坏。由于金属材料在熔炼、焊接和热处理等过程中造成了不均匀性，进而导致晶界及其附近区域与晶粒内部存在电化学腐蚀。发生晶间腐蚀时，金属的外形尺寸几乎不变，大多数仍保持金属光泽，但金属的强度和延展性下降，冷弯后表面出现裂缝。做断面金相检查时，可发现晶界或毗邻区域发生局部腐蚀，甚至晶粒脱落，腐蚀沿晶界发展推进较为均匀。有些经受晶间腐蚀的不锈钢材料，外表虽然还十分光亮，但轻轻敲击即可碎成细粉。因此，晶间腐蚀是一种危害性很大的局部腐蚀。

产生晶间腐蚀的条件有：金属或合金中含有杂质，或者有第二相沿晶界析出；晶界与晶粒内化学成分的差异，在适宜的介质中形成腐蚀的电池，晶界为阳极，晶粒为阴极，晶界产生选择性溶解；有特定的腐蚀介质存在。在某些合金－介质体系中，往往产生严重的晶间腐蚀。例如，奥氏体不锈钢在弱氧化性介质（如充气海水）或强氧化性介质（如浓硝酸）的特定腐蚀介质中，可能产生严重的晶间腐蚀。图1-4所示为铸铝材料晶间腐蚀图片。

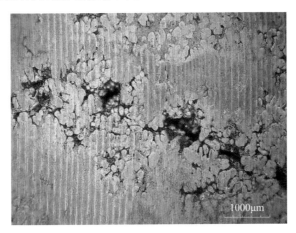

图1-4 铸铝材料晶间腐蚀

（5）应力腐蚀。应力腐蚀是指材料、机械零件或构件在静应力（主要是拉应力）和腐蚀的共同作用下产生的失效现象，这种腐蚀穿过晶粒，即所谓穿晶腐蚀。它常出现于锅炉用钢、黄铜、高强度铝合金和不锈钢中，凝汽器管、矿山用钢索、飞机紧急刹车用高压气瓶内壁等所产生的应力腐蚀也很显著。

应力腐蚀一般认为有阳极溶解和氢致开裂两种。常见应力腐蚀的机理是：零件或构件在应力和腐蚀介质作用下，表面的氧化膜被腐蚀而受到破坏，破坏的表面和未破坏的表面分别形成阳极和阴极，阳极处的金属成为离子而被溶解，产生电流流向阴极。由于阳极面积比阴极小得多，阳极的电流密度很大，进一步腐蚀已破坏的表面。加上拉应力的作用,破坏处逐渐形成裂纹,裂纹随时间逐渐扩展直到断裂。这种裂纹不仅可以沿着金属晶粒边界发展,而且还能穿过晶粒发展。

应力腐蚀特点有:造成应力腐蚀破坏的是静应力,远低于材料的屈服强度,而且一般是拉伸应力;造成的破坏是脆性断裂,没有明显的塑性变形;只有在特定的合金成分与特定的介质相组合时才会造成应力腐蚀;裂纹扩展速率一般为$10^{-9} \sim 10^{-6}$m/s,有点像疲劳,是渐进缓慢的,这种亚临界的扩展状况一直达到某一临界尺寸,使剩余的断面不能承受外载时,就突然发生断裂;裂纹多起源于表面蚀坑处,而裂纹的传播途径常垂直于拉力轴;破坏的断口颜色灰暗,表面常有腐蚀产物;应力腐蚀的主裂纹扩展时常有分支;引起的断裂可以是穿晶断裂,也可以是晶间断裂。

(6)腐蚀疲劳。金属零件在交变应力和腐蚀介质的共同作用下形成裂纹及扩展的现象。它既不同于应力腐蚀破坏也不同于机械疲劳,同时也不是腐蚀和机械疲劳两种因素作用的简单叠加。在交变载荷下,首先在表面发生疲劳损伤,在连续的腐蚀环境作用下最终发生断裂。对应力腐蚀敏感或不敏感的材料都可能发生腐蚀疲劳,因此没有一种金属或合金能抗腐蚀疲劳。腐蚀疲劳裂纹通常为穿晶型的,最后断裂阶段是纯机械性的,与介质无关。

腐蚀疲劳特征有:不需要特定的腐蚀系统,在不含特定腐蚀离子的蒸馏水中也能发生;任何金属材料均可能发生腐蚀疲劳;材料的腐蚀疲劳不存在疲劳极限;初裂纹的扩展受应力循环周次的控制,不循环时裂纹不扩展。

腐蚀疲劳比单纯的腐蚀破坏、单纯的交变应力引起的疲劳破坏以及两者之间的叠加要严重得多,它不仅是航空、船舶、石油、天然气、化工、冶金、机械、海洋开发等工程结构的安全隐患,而且是人体植入关节等的重要失效形式。

(7)磨损腐蚀。由于腐蚀性介质与金属表面做相对运动引起的金属加速破坏或腐蚀称为磨损腐蚀。这种腐蚀由机械磨损与腐蚀介质的联合作用引起,明显加速了金属材料的破坏过程,其外观特征是受磨损腐蚀的表面出现沟槽、沟纹或呈山谷状,并常带有方向性。大多数金属和合金,在一些气体、水溶液、有机溶剂或液体金属等腐蚀性介质中都会受到磨损腐蚀,其中处于运动流体中的设备如管道系统、离心机、推进器、叶轮、换热器、蒸汽管道等最易遭受磨损腐蚀。

影响磨损腐蚀的因素包括:金属的耐蚀性和耐磨性;表面膜的保护性能和损坏后的修复能力。流速是影响磨损腐蚀的重要因素,但它对金属材料腐蚀的影响是复杂的,当流体流动有利于金属钝化时,流速增加将使腐蚀速率下降,只有当流体的流速和流动状态影响金属表面膜的形成、破坏和修复时,才会发生磨损腐蚀。当液体中含有悬浮固体颗粒(如泥浆、料浆或气泡),气体中含有微液滴(如蒸汽中含冷凝水滴)时,都会加重磨损腐蚀破坏。

磨损腐蚀分为磨振腐蚀、冲击腐蚀等。其中,磨振腐蚀又称为微动腐蚀、摩擦氧化,是在有氧气存在的气体环境中,加有载荷的固体相互接触的表面之间由于振动或滑动所产生的腐蚀,常发生在飞机零部件、机械组件、受振动的轴承等部位。冲击腐蚀又称为湍流腐蚀,是腐蚀性流体与金属表面间相互运动所引起的腐蚀,一般发生在弯形管路和管径急剧变化的部位。

(8)微生物腐蚀。微生物腐蚀是指由微生物引起的腐蚀或受微生物影响所引起的腐蚀,几乎能使所有现用的材料都受到严重影响,使材料的结构及性能发生很大的变化。微生物能造成金属局部腐蚀,如孔蚀、缝隙腐蚀、沉积层下腐蚀,还能加速电偶腐蚀、环境敏感断裂等。微生物腐蚀涉及面广,渗透于石油、化工、建筑、道路桥梁、矿山及船舶等工业部门,已造成巨大的经济损失。据美国腐蚀工程师协会(NACE)调查结果显示,2013 年全球的腐蚀成本已经达到 2.5 万亿美元,约占 GDP 的 3.4%,而其中由微生物腐蚀造成的损失约占 20%。

微生物附着在金属表面形成生物膜后,可通过多种方式影响金属的腐蚀过程:影响电化学腐蚀的阳极或阴极反应,分泌能够促进阴极还原的酶;改变腐蚀反应类型,由均匀腐蚀可能转变为局部腐蚀;微生物新陈代谢过程产生促进或抑制金属腐蚀的化合物;生成生物膜结构,创造生物膜内的腐蚀环境,改变金属表面状态。

根据种类及功能的不同,腐蚀微生物可以分为硫酸盐还原菌 SRB、硫氧化菌 SOB、产酸菌 APB、铁氧化细菌 IOB、铁还原细菌 IRB、硝酸盐还原菌 NRB 以及产黏液细菌 SFB 等。由于不同的微生物在不同环境中生长代谢不同,以及环境中多种微生物相互作用的复杂性,导致即使是同一种微生物也会出现对于同种金属不同的腐蚀行为。而实际情况中往往是几种机理以不同的方式在腐蚀过程中共同起作用。因此,根据腐蚀现象想要弄清楚微生物的腐蚀机理非常困难,仅能根据实际情况来判断是哪种机理在起主要作用。

1.3 腐蚀的影响因素

金属材料的腐蚀是金属与周围环境的作用而引起的破坏。因此,它既与金属材料本身的某些因素(金属的化学组成、金相组织、结构、表面状态、变形及应力等)有关,又与腐蚀环境(介质温度、pH 值、湿度、压力、浓度等)有关[14-16]。

1.3.1 金属材料的因素

不同的金属具有不同的电极电位和不同的金相组织,其耐腐蚀性是各不相同的,而同样化学成分的钢材由于热处理过程不同,其耐腐蚀性也不相同[10]。另外,因锻、铸、电焊等加工过程的热应力分布不均匀或热加工过程中造成晶粒变形等,都可能引起金属内部电极电位的差异,加快金属本身的腐蚀。

1. 金属化学稳定性的影响

金属耐腐蚀性的好坏，首先与金属的性质有关。

各种金属的化学稳定性，可以近似地通过金属的标准平衡电位值来评定。电位越正，金属的化学稳定性越高，金属离子化倾向越小，越不易受腐蚀。例如，铜、银、金和铂等，电极电位很正，其化学稳定性高，因此具有优异的抗腐蚀能力；而锂、钠、钾等金属，电极电位较负，化学活泼性就高，抗腐蚀性就较差。但表面易生成保护膜的金属合金，如铝、镁、钛等，虽然化学活性高，但仍然具有良好的耐蚀性。

由于影响腐蚀的因素很多，而且很复杂，金属的电极电位和金属的耐蚀性之间，并不存在严格的规律性。只是在一定程度上，两者存在着对应关系，可以从金属的标准平衡电位来估计其耐蚀性的大致倾向。

2. 合金成分的影响

为了提高金属的力学性能或其他原因，工业上使用的金属材料很少是纯金属，而是对应的合金材料。合金分单相合金和多相合金，由于其化学成分及组织等不同，它们的耐蚀性能也各不相同。

单相合金也称单相固溶体合金，由于组织均一和耐蚀金属的加入，使其具有较高的化学稳定性，耐蚀性较高，如不锈钢、铝合金等。

多相合金由于存在不同合金相，在与电解液接触时，各相之间电势不同，在表面上形成腐蚀微电池，因此比单相合金容易腐蚀，比如常用的普碳钢、铸铁等。但也有耐蚀性能良好的多相合金，比如含有奥氏体和铁素体相的双相不锈钢，奥氏体相中元素与铁素体相取得平衡时，可使双相不锈钢的耐点蚀性能较高。

金属材料的腐蚀速率与各组分的电位、阴阳极的分布和阴阳极的面积比例均有关。各组分之间的电位差越大，腐蚀的可能性越大。因此，在选择合金元素时，可优先选择电位差较近的元素进行合金化处理。当合金中阳极相面积很小时，阳极会首先溶解，使合金获得单相，对合金的耐蚀性影响较小。然而当阳极相较大且分散性较大时，合金耐蚀性则较差。

3. 金相组织与热处理的影响

合金的金相组织与热处理有很密切的关系。金相组织虽然与金属及合金的化学成分有关，但是当合金成分一定时，那些随着加热和冷却能够进行物理转变的合金，由于热处理可以产生不同的金相组织，进而影响了合金的耐蚀性能。

马氏体不锈钢在退火状态，由于大量碳化铬的存在，使铁素体中铬含量减少，显著降低了材料的耐蚀性。在淬火状态，碳化铬全部溶解于马氏体中，获得的组织均匀，提高了材料的耐蚀性。回火过程中，碳化物沉淀析出，又降低了材料的耐蚀性。

碳钢在硫酸溶液中腐蚀时，铁素体是阳极相，渗碳体是阴极相。淬火后，形成马氏体组织，为含有碳的过饱和固溶体，具有较高的耐蚀性。马氏体的回火使过饱和固溶体分解,渗碳体析出而形成微电池。淬火后,在 300～400℃时回火,能使钢产生大量细微而分布稠密的渗碳体,因此耐蚀性降低。

4. 金属表面状态的影响

材料表面状态对腐蚀速率也有明显的影响。特别是在初期,金属表面越光滑其耐腐蚀性能越好。粗糙的金属表面,由于深凹部分不易接触到氧气而成为阳极,表面则成为阴极,结果发生氧浓差电池腐蚀。粗糙的表面可使水滴凝结,增加了大气腐蚀的可能,特别是处在易钝化条件下的金属,精加工金属表面生成的保护膜比粗糙加工表面的保护膜更加致密均匀,因而有较好的保护效果。

5. 变形及应力的影响

在材料加工过程中,由于材料受到机械作用,如拉伸、冲压、切割、弯曲等,而发生变形,并产生很大的应力,大大加速了材料的腐蚀过程,甚至产生应力腐蚀断裂。对应力腐蚀断裂影响较大的主要是拉应力。在拉应力作用下,金属晶格发生扭曲,降低了金属的电位,破坏了金属表面的保护膜。在断裂裂缝扩展过程中,若有外部机械作用,拉应力则集中在裂缝处,进而加速裂缝的扩展。

在高速流动的流体中,金属会发生空泡腐蚀,接近于表面微观腐蚀疲劳现象。此时,应力集中作用在很小的区域,可使金属构件上产生剧烈的局部损坏,甚至形成穿孔。

1.3.2 腐蚀环境的因素

由于各种环境介质的性质不同,金属材料在其中的腐蚀规律也不尽相同,因此需要对金属材料实际应用环境的腐蚀问题进行具体分析。

1. 大气环境

材料大气腐蚀效应主要由各种环境因素共同、协同或交互作用决定。这些环境因素可分为决定性因素和加速性因素。对于不同的材料其环境因素各不相同。例如,金属材料的决定性因素是能形成可见水膜和不可见水膜的因素(降雨、凝露、融雪、霜、降雾和相对湿度等),即决定电化学腐蚀能否发生的因素;加速性因素主要是大气污染(腐蚀性成分)和气温等影响腐蚀速率的因素[17]。

(1)相对湿度。相对湿度是影响金属大气腐蚀的最主要因素之一。在金属大气腐蚀过程中,大气中水分在金属表面凝聚而生成水膜和氧气通过水膜进入金属表面是发生大气腐蚀的基本条件,水膜的形成与大气中的相对湿度相关。不同物质或物质的不同表面状态对于水分子的吸附能力不同,物体表面形成水膜与物体本身特性有着密切的关系。当空气中相对湿度达到临界值时,水分在金属表面形成水膜,从而促进电化学过程的发展,腐蚀速率迅速增加,这时的相对湿度称为金属临界相对湿度。常用金属大气腐蚀的临界相对湿度分别为钢铁65%、锌70%、铜60%、镍70%、铝76%。金属的临界相对湿度因金属表面状态不同而不同,金属表面越粗糙,临界相对湿度也越低。所以,金属表面上沾有易于吸潮的盐类或灰尘等,其临界值也会降低。另外,空气中的相对湿度还影响金属表面水膜的厚度和干湿交替的频率。

(2)温度。大气温度及变化是影响大气腐蚀的重要因素。因为它影响金属表面水蒸气的凝聚,水膜中各种腐蚀性气体和盐类的溶解度、水膜的电阻,腐蚀电解池中阴、阳极过程的反应速度。温度的影响应与大气相对湿度综合起来考虑。当相对湿度低于金属临界相对湿度时,温度对大气腐蚀的影响很小,无论气温多高,在干燥环境下金属腐蚀轻微。但当相对湿度达到金属临界相对湿度时,温度的影响就十分明显。按一般化学反应,温度每升高10℃,反应速率提高2倍。

大气环境中的温度并不高,但是在大气环境中由于同时有光、氧等因素的参与,这时,热的因素对高分子材料的老化就起加速作用,气温越高,加速作用越大。此外,大气的温度会随地区和季节的改变而变化,日夜之间也有温差,这种冷热交替的作用对某些高分子材料的老化也会产生一定的影响。

(3)日照。对于金属材料,日照时间越长,金属表面水膜消失越快,降低表面润湿时间,使腐蚀总量减少。对于高分子材料,日照时间越长,老化速度则越快。阳光中的紫外线虽然量很少,但光能量却很大,它对许多高分子材料的破坏性很大,是引起高分子材料老化最主要的因素。红外线对高分子材料老化也产生重要影响,因为材料吸收红外线后转变为热能,热能够加速材料的老化。可见光对材料的老化也有影响,因为在一定条件下,可见光同样能够引发某些高聚物降解以及对含有颜料的高分子材料起破坏作用。

(4)氧和臭氧。氧能和许多物质发生氧化反应。钢铁的锈蚀就是铁与氧发生氧化反应的结果。高分子材料的老化,实际上也是在热参与下或者在光的引发下进行的氧化反应,或者是两者兼而有之的氧化反应过程。臭氧对高聚物的作用同氧一样,主要是起氧化反应。试验表明,臭氧作用于受应力变形的橡胶,使分子链断裂,出现与应力作用方向垂直的裂纹,称为“臭氧龟裂”;作用于不变形的橡胶,则仅表面生成氧化膜而不龟裂。臭氧的化学活性比氧高得多,因而破坏性也比氧大。

(5)大气污染物。污染物的存在是大气腐蚀中的另一个因素,如由汽油、柴油、天然气和硫燃烧产生的二氧化硫被视为有害污染物,会对金属造成腐蚀。上述提到的污染物存在于汽车尾气中,可与紫外线和水分反应生成可被作为气溶胶而被携带的新化学产物。当金属受上述因素影响时,大气腐蚀的速率会通过不同机制而被加快。因此,全面认识并了解这些因素可有助于控制腐蚀及其造成的不利影响。

(6)降雨。降雨对金属的大气腐蚀影响主要体现在两方面:一方面由于降雨增大了大气中的相对湿度,使金属表面变湿,加速了金属大气腐蚀过程;另一方面,因降雨能冲洗掉金属表面的污染物和灰尘,减少了液膜的腐蚀性而减缓腐蚀过程,这在海洋大气环境中尤为明显。另外,由于大气中的雨水溶解了空气中的污染物,如 SO_2、Cl^- 等,能促进腐蚀进程。我国酸雨地区雨水的 pH 值小(最低值仅有3.5),腐蚀严重。

(7)风向和风速。在污染环境中,风向影响污染物的传播,直接关系到腐蚀速率。风向随季节的不同而有所变化,在判别腐蚀因素作用时应加以注意。风速对表面液膜的干湿交替频率有一定影响,在风沙环境中风速过大对金属表面的磨蚀能起到一定的作用。

2. 土壤环境

土壤是由土粒、水、气体、有机物等多种组分构成的极其复杂的不均匀多相体系。不同土壤的腐蚀性差别很大。由于土壤的组成和性能的不均匀,极易发生氧浓差电池腐蚀,使地下金属设施遭受严重的局部腐蚀。埋在地下石油、气、水管线以及电缆等因穿孔而漏油、漏气或漏水,或使电信设备发生故障,且这些往往很难检修,给生产带来很大的损失。

(1)电阻率。土壤电阻率是表征土壤导电性的指标,它反映了土壤介质的导电能力。土壤电阻率越低,腐蚀性就越强。大多数国家都是以土壤电阻率来评价土壤的腐蚀性。值得注意的是,降阻剂在降低土壤电阻率的同时,也增强了土壤的腐蚀性。

(2)氧化还原电位。土壤氧化还原电位是一个综合反映土壤介质氧化还原强弱的指标。土壤的氧化还原电位越高,土壤对金属的腐蚀性越强;反之,腐蚀性越弱。土壤的透气性直接影响土壤的氧化还原电位。当土壤透气性较好时,土壤氧含量较高,土壤处于强氧化条件,地网腐蚀性较强。由此可知,埋设地网回填土方时,土壤夯实程度也影响着地网的腐蚀。回填土夯得越实,地网的寿命越长。

(3)含盐量。土壤含盐量影响土壤的导电性。土壤含盐量越多,作为电介质的土壤导电性越强,土壤电阻率也就越低。通常所说的降阻剂就是腐蚀剂,只是不同的降阻剂腐蚀性强弱有所不同。不同种类的盐给土壤带来不同的阴离子,不同的阴离子对金属的腐蚀作用不完全相同。氯离子对钢铁的腐蚀最厉害,它加速电化学腐蚀的阳极过程,是一种腐蚀性最强的阴离子;硫酸根离子次之。阳离子对土壤腐蚀性的影响不甚明显。

(4)含水量。金属的腐蚀速率随着土壤湿度的增加而变大,当土壤的湿度超过临界湿度后,金属的腐蚀速率反而变小。

(5)含氧量。土壤含氧量影响土壤中钢的电极电位,并改变电化学阳极反应速度,直接影响土壤腐蚀过程。一般来说,土壤中水和氧两者含量交替变化时,即土壤干、湿交替变化时,土壤腐蚀性最强。

（6）温度。土壤温度越高，阴极的扩散过程和离子化过程越强，从而加速土壤腐蚀的电化学反应。土壤温度对土壤的电阻率、氧气含量、水含量和微生物活动均能产生影响。土壤温度虽能改变土壤的理化性质，影响土壤的腐蚀性，但土壤温度并不能作为一个评价土壤腐蚀性的独立指标。

（7）pH 值。大多数的土壤是中性的，pH 值为 6.0 ~ 7.5，有的土壤是碱性的，pH 值为 7.5 ~ 9.0。还有些土壤是酸性的，如腐殖土和沼泽土，pH 值为 3 ~ 6。一般认为 pH 值越低，也就是土壤的酸性越强，其腐蚀性越大。由于雨水等原因，土壤中含水量比较大，因此，土壤腐蚀与电解液中的腐蚀是一样的，都属于电化学腐蚀，大多数金属在土壤中的腐蚀为氧的去极化腐蚀。

（8）微生物。土壤中含有各类细菌或微生物，土壤腐蚀中常见的细菌为硫氧化菌。与腐蚀有关的硫氧化菌主要是硫杆菌的细菌，包括氧化硫杆菌、排硫杆菌和水泥崩解硫杆菌。它们属于好氧性细菌，在有氧的条件下才能生存。这些细菌的生命活动能促进金属腐蚀的阴极反应，影响电极反应动力学过程。有的细菌活动改变了金属周围的环境条件，增加土壤的不均匀性。有的细菌活动能破坏金属表面保护性覆盖层的稳定性，或使缓蚀剂分解失效。

3. 海水环境

海水环境是一种复杂的腐蚀环境。在这一环境中，海水本身是一种强的腐蚀介质，同时波、浪、潮、流又对金属构件产生低频往复应力和冲击，加上海洋微生物、附着生物及其代谢产物等都对腐蚀过程产生直接或间接的加速作用。影响海水腐蚀的因素有含盐量、溶解氧、温度、流速和海生物等[18-20]。

（1）含盐量。含盐量影响到水的电导率和含氧量，因此对腐蚀有很大影响。海水中所含盐分几乎都处于电离状态，这使得海水成为一种导电性很强的电解质溶液。另外，海水中存在着大量的氯离子，对金属的钝化起着破坏作用。

（2）溶解氧。由于氧去极化腐蚀是海水腐蚀的主要形式，因此海水中溶解氧的含量是影响海水腐蚀的主要因素。随着盐度的增加和温度升高，溶解氧含量会降低。在海水表层，大气中有足够的氧溶入海水中，金属材料在海水中的腐蚀速率与含氧量有很大关系。但是当海水中的含氧量达到一定值，可以满足扩散过程的需要时，含氧量的变化对腐蚀不足以产生明显的作用。

（3）温度。海水温度升高，氧的扩散速度加快，海水电导率增大，这加速了阴极和阳极的反应，即加速腐蚀。海水温度随着纬度、季节和深度的不同而变化。

（4）流速。海水流速改变了供氧条件，使氧到达金属表面的速度加快。金属表面腐蚀产物所形成的保护膜被冲掉，金属基体也受到了机械性损伤。在腐蚀和机械力的相互作用下，金属腐蚀急剧增加。

（5）海生物。海洋中存在着多种动植物和微生物，它们的生命活动会改变金属－海水界面的状态和介质性质，对腐蚀产生不可忽视的影响。海生物的附着会引起附着层内外的氧浓差电池腐蚀。某些海生物的生长会破坏金属表面的涂料等保护层。在海生物附着的金属表面上,锈层以下及海泥环境都是缺氧环境,会促进厌氧的硫酸盐还原菌的繁殖,引起严重的微生物腐蚀。

4. 深海环境

与表层海水环境相比,深海环境的溶解氧含量、温度、pH 值、盐度、压力、海水流速、生物环境等因素具有其独特的环境特性,尤其是深海巨大的压力,给海洋工程装备的设计、开发和使用带来很多挑战[21-23]。同时,海水的高腐蚀性使装备在水下面临极大风险,一旦发生腐蚀失效事故,损失巨大。

(1)溶解氧含量。随着海水深度增加,溶解氧含量先减少后增加,这是因为与空气充分接触的表层海水的溶解氧含量基本达到饱和状态,通常在水深 500～1000m 范围溶解氧含量达到最小值。在深海环境下溶解氧含量已足够使许多材料发生腐蚀。从当前国内外研究的成果来看,在深海环境其他因素不变的情况下,钢结构设施的腐蚀速率与溶解氧含量成正比。由于溶解氧含量随着海水的深度降低,故腐蚀速率的变化也应如此。

(2)温度。随着海水深度的增加,海水温度逐渐降低,并且降低速度逐渐减慢。在 500m 深处的海水温度不到 10℃,在 2000m 深处的海水温度约 2℃,在 5000m 深处的海水温度约 1℃。温度下降,材料的化学反应活性下降,因此在其他条件不变的情况下,材料在海水环境下的腐蚀速率随温度降低而降低。但是随着温度的降低,海水中的溶解氧浓度增加,这将加速氧在阴极的去极化过程,因此材料的腐蚀速率反而可能增加。

(3)pH 值。海水的 pH 值相对比较稳定,一般为 7.4～8.2,对多数金属的腐蚀无明显影响,但对铝镁合金例外。当海水 pH 值由 8.2 降到 7.2 时,铝镁合金点蚀及缝隙腐蚀趋势增加。一般情况下,pH 值升高有利于抑制海水的腐蚀性。

(4)盐度。深海海水盐度对材料腐蚀的影响主要来自海水电导率的变化和氯离子对材料钝化膜的破坏作用。电导率与温度、氯离子含量有关。研究表明,室温条件下不同浓度的 NaCl 水溶液中,3%～3.15% NaCl 水溶液对钢铁的腐蚀最为严重。在深海环境下,海水中的含盐度约为 3.15%,变化幅度非常小。

(5)压力。海水静压力与其深度呈直线关系。研究显示,海水压力对金属材料的腐蚀影响与深海压力下金属材料表面形成的腐蚀产物层特性有关。在较高压力下,氯离子活性增加,更容易渗透入不锈钢钝化膜,多种金属氧化物能转化为水溶性氯氧化物,从而形成点蚀诱发源。同时,在较高压力下离子水合程度降低,氧化物/氢氧化物比值发生改变,因此形成腐蚀层的保护特性也发生改变。钝化膜成分的改变既可能降低海水也可能增强不锈钢材料的抗腐蚀或全面腐蚀特性。

(6)海水流速。海水流速是个复杂的变量,随着地域和深度的不同而有差异,对金属材料的腐蚀影响不仅取决于金属材料本身的组成、几何形状和腐蚀机制,也受到流体的流动形态和物理特性的影响。通常深海环境下海水流速比表层海水缓慢,多数金属材料的腐蚀速率也因此降低。

(7)生物环境。随着海水深度的增加,海生物数量急剧降低,一般到200m深度对腐蚀影响已经比较微弱,1200m深度以下则影响非常轻微。在海泥区,由于存在 H_2S 和微生物,因此靠近海泥区的深海海底环境对材料及构件的腐蚀影响可能增强。在海底沉积物环境中,微生物腐蚀主要是硫酸盐还原菌的腐蚀。

1.4 腐蚀的危害

1.4.1 腐蚀对国民经济的影响

材料腐蚀给国民经济带来的损失是巨大的。在过去的几十年中,工业发达国家的腐蚀损失逐渐增加,以美国为例,1949年材料腐蚀造成的年度直接经济损失达到了55亿美元,约占当年国民经济生产总值的2.1%;1975年达到了825亿美元,占当年国民经济生产总值的4.9%;1995年达到最大值3000亿美元,占当年国民经济生产总值的4%~5%[2,24]。随后,由于采取了积极的腐蚀防护技术和措施,腐蚀损失得到控制,2002年为2760亿美元,占国民经济生产总值的3.1%。

据世界上主要工业国家的最新调查统计结果显示,2013年,由于材料腐蚀给国民经济带来的损失约25000亿美元,约占全球国民生产总值的3.4%[25]。表1-1列举了一些国家从20世纪80年代以来的腐蚀损失数据。

表1-1 世界工业发达国家的腐蚀损失[2,26-28]

国家	年份/年	腐蚀损失	国民生产总值占比/%
德国	1982	157亿美元	2.50
澳大利亚	1983	20亿澳元	1.50
英国	1985	170亿美元	3.50
瑞典	1986	50亿美元	3.40
苏联	1987	1000亿美元	4.50
科威特	1995	10亿美元	5.20
日本	1999	39000亿日元	0.77
美国	2002	2760亿美元	3.10

相比世界其他工业国家,我国在腐蚀损失方面的大范围调研统计较晚。1981年,国家科委腐蚀科学学科组第三分组对全国 10 家化工企业的腐蚀损失调查表明,1980 年这些企业由于腐蚀造成的经济损失约为其当年生产总值的 3.9%,详细结果如表 1-2 所列。

表 1-2　1981 年我国不同行业腐蚀损失调查结果[25]

行业	腐蚀损失/万元	行业总产值占比/%
化工工业	7973	4.00
炼油工业	750	0.08
冶金工业	678	2.40
纤维工业	330	1.50

2002 年,"中国工业与自然环境腐蚀问题调查与对策"项目组进行了首次全国范围内的腐蚀成本调查,分别统计了化工、能源、运输、建筑、机械等多个行业的直接腐蚀成本,结果显示,我国直接腐蚀损失达到 2288.3 亿元,加上间接损失,总计达 5000 亿元,占当年国民生产总值的 4.1%,具体如表 1-3 所列。

表 1-3　2002 年我国腐蚀损失调查结果[25]

行业	直接腐蚀损失/亿元	国内生产总值占比/%
化工	300	0.25
能源	172	0.14
运输	303.9	0.25
建筑	1000	0.82
机械	512.4	0.42
总计	2288.3	1.88

最新的腐蚀调查结果显示[25],2014 年我国直接腐蚀损失高达 10639.1 亿元,加上间接腐蚀损失,年损失约为 21000 亿元,占当年 GDP 的 3.34%,腐蚀所造成的损失为台风、地震、干旱、洪水等各种自然灾害总和的 4~6 倍,2014 年我国不同行业直接腐蚀损失如表 1-4 所列。目前,腐蚀问题已经成为影响国民经济和社会可持续发展的重要因素之一。

表1-4　2014年我国不同行业直接腐蚀损失[25]

行业	直接腐蚀损失/亿元	行业总产值占比/%
道路桥梁	623.7	4.03
港口码头	26.3	1.80
水利	99.1	2.03
煤矿	847	4.67
石油能源	305.3	1.51
油气	347	2.82
电力输送	794	3.58
交通运输	2687.2	3.28
给排水	96.9	3.55
冶金	1348	1.07
化工	1471	1.67
造纸	97.8	1.24
电子	2248	1.91

1.4.2　腐蚀对主要工业领域的危害

材料腐蚀的危害几乎遍及所有行业,包括化工、交通、船舶制造、机械、冶金等,还有国防科技工业[29-31]。

1. 化工行业的腐蚀

在石油化工生产中,材料腐蚀发生在各个过程和部位,41%的事故是因设备产生应力腐蚀、疲劳等且得不到及时更新而导致,如图1-5所示,它的危害性十分严重。首先,材料的应力腐蚀和疲劳往往会造成灾难性的重大事故,危及人身安全。其次,会带来大量的金属消耗,浪费大量的资源,据统计,每年因腐蚀要消耗掉10%~20%的材料。另外,因腐蚀造成的生产设备的跑冒滴漏,会影响装置的生产周期和寿命,增加生产成本,同时还会因有毒物质的泄漏危害人类健康[32]。

1965年,美国路易斯安那州输气管线破裂着火,造成17人死亡,事后检查是由于管线产生应力腐蚀破裂所致。1967年,英国内普罗石油化工公司的环己烷氧化装置的旁通管发生硝酸盐应力腐蚀破裂,引起环己烷蒸气管爆炸,造成28人死亡、105人受伤,损失达1亿美元。

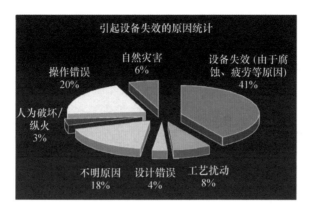

图 1-5 设备失效原因统计

2013 年,中国石化输油储运公司潍坊分公司输油管线破裂泄漏,并在黄岛区沿海河路和斋堂岛路交汇处发生爆燃,造成 62 人死亡、136 人受伤,直接经济损失达 7.5 亿元[33]。2014 年,我国台湾地区高雄市某化工厂输送丙烯管道破损,沿着雨水下水道蔓延,遇火源引发连环爆炸,烈焰达 15 层楼高,32 人遇难,321 人受伤,损失惨重。

2. 交通行业的腐蚀

腐蚀对道路、桥梁等交通行业造成的危害也是十分巨大的。美国是世界上拥有高速公路最长的国家,美国 57.5 万座桥中,受到腐蚀破坏的桥梁超过一半,40%的桥梁已承载不足。1967 年,位于美国西弗吉尼亚州和俄亥俄州之间的俄亥俄桥,由于钢梁应力腐蚀破裂和腐蚀疲劳而产生裂缝,突然塌入河中,造成严重事故,死亡 46 人。2007 年,美国明尼苏达州首府明尼阿波利斯市郊外 35 号洲际公路的一座大桥坍塌,约 50 辆汽车坠入密西西比河。据美国官员确认,断桥事故死亡人数为 13 人,伤者 70 多人。

1972 年,英国在一条高速公路上修建了 11 座桥梁,然而几年内就出现了严重腐蚀。截至 1987 年,15 年来为维修这 11 座桥梁所花的费用已经相当于建桥资金的 1.6 倍。英国现有桥梁中的 35% ~40% 需要修复。

德国汉堡的 Kohlbrand Estruary 桥,由于斜拉索腐蚀严重,建成第三年就更换了全部的斜拉索,耗资达 6000 万美元,是原来造价的 4 倍。在丹麦哥本哈根地区调查了 102 座桥,其中 50% 有严重的钢筋腐蚀现象。

我国宜宾的南门大桥,在 2001 年发生吊杆腐蚀,造成桥面坠落事故,事故调查发现缆索已经严重生锈,设计百年寿命实际仅仅使用了 11 年就发生断裂,如图 1-6 所示。福建南坪玉屏大桥在 2010 年因锈蚀,跨中 1 根吊杆发生断裂事故,事故造成直接经济损失约 500 万元,如图 1-7 所示。我国台湾地区南方澳大桥在 2019 年因 8 号吊杆锚头腐蚀和吊杆内部腐蚀,导致垮塌。

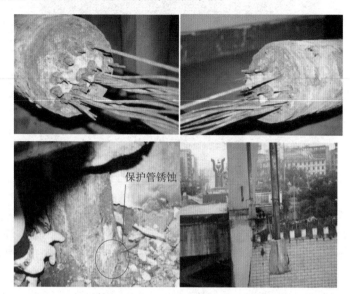

图 1-6　宜宾南门大桥桥梁吊杆腐蚀断裂

图 1-7　福建南坪玉屏大桥吊杆腐蚀断裂

3. 海洋装备与船舶制造业的腐蚀

在海洋环境中服役的基础设施和船舶装备的腐蚀问题严重,特别是船舶与海洋平台腐蚀问题更加突出,腐蚀已成为影响船舶、近海工程、远洋设施服役安全、寿命、可靠性的最重要因素,引起世界各国政府和工业界的高度重视。

1980 年,英国北海"亚历山大基定德"号海上钻井平台桩腿上的焊缝被海水腐蚀,裂纹在波浪载荷的反复作用下不断扩展,导致平台倾倒,123 人遇难,如图 1-8 所示。2010 年,墨西哥湾"深水地平线"钻井平台海底阀门失效导致爆炸,致死 11

人,成为美国海域最严重的环境灾难。2011 年,壳牌公司位于英国北海地区的"塘鹅 1 号"钻井平台出现突发状况,与之相连的一条海底输油管发生腐蚀破裂,泄漏在海中的原油超过 500t,英国媒体将之形容为英国北海地区近 10 年内最严重的一次漏油事件。

图 1-8　海上钻井平台腐蚀倾倒

　　我国 2014 年的腐蚀调查结果显示,海洋腐蚀损失约占国民经济行业总腐蚀损失的 1/3,达到 7000 亿元。海水中的盐浓度高、富氧,并存在着大量海洋微生物,加之海浪冲击和阳光照射,海洋腐蚀环境较为严酷,导致海洋环境腐蚀损失十分严重[34]。我国在役的大量临海设施将进入腐蚀破坏的高风险期,严重威胁到正常的生产运营,也势必会造成严重的经济和社会损失。这些设施亟待科学的腐蚀控制和修复。这已经不单单是技术方面的问题,更是关系到国家发展和社会进步的重要问题。

4. 国防科技工业的腐蚀

　　军事装备的发展在国防建设中发挥着举足轻重的作用,但军事装备的腐蚀问题往往会带来致命性的威胁和巨大的经济损失。在装备运行过程中,由于腐蚀问题造成装备难以形成战斗力的例子不胜枚举。质量差、可靠性低的装备常常会因腐蚀导致意想不到的事故,造成巨大经济损失,甚至人员伤亡。

　　美国的"阿波罗"登月飞船储存 N_2O_4 的高压容器曾经发生应力腐蚀破裂,经分析研究加入 0.6% NO 之后才得到解决。美国著名的腐蚀学家方坦纳认为,如果找不到解决办法,登月计划会推迟若干年。

　　1963 年,美国攻击型潜艇"长尾鲨"号在波士顿以东 220n mile(1n mile = 1.852km)处试航,下潜到 130m 处进行压载舱的注水试验时沉没,艇上 129 人无一生还。后来调查结论称,可能是一根海水管道破裂,导致海水大量涌入舱内,一些电线被海水浸泡和冲刷后又影响了电气系统,从而使潜艇丧失动力,坐沉海底。

美国空军 F-4 飞机在使用过程中,发现平尾摇臂出现意外,结果迫使美国1600 多架 F-4 飞机和其他国家 600 多架 F-4 飞机全部停飞检查,后经查明是材料的环境适应性差,对应力腐蚀比较敏感。美国空军 F-111 飞机曾经发生过可变翼枢轴接头空中折断的严重飞行事故,迫使美国空军全部 F-111 飞机停飞检查,后经查明是由于锻造缺陷和应力腐蚀疲劳断裂造成的。美国沿海空军基地一次工作调查表明,引起事故的原因中,气候环境占 73%,全是由于在复杂自然环境作用下产生腐蚀、老化、膨胀、开裂、长霉和虫蛀。

1.4.3 腐蚀对环境的危害

材料与环境之间的相互作用,不仅仅局限于环境对材料的腐蚀作用,材料腐蚀对环境所造成的影响也不容忽视。材料腐蚀会造成设备和工程结构的跑、冒、滴、渗、泄漏、爆炸等,从而导致化学物质或有毒有害物质浸入大气、河流、海洋和土壤中,造成严重的环境污染,破坏生态平衡,危及人类健康。

2004 年,重庆天原化工厂由于氯气冷凝罐腐蚀破裂,大量氯气泄漏,造成严重的空气污染,导致多人中毒伤亡,周围 15 万居民被紧急疏散。

2010 年,美国墨西哥湾石油钻井平台由于防喷阀腐蚀失效,发生爆炸,每天泄漏 162000 桶原油,约合 $25800m^3/d$,导致附近环境发生严重的大气污染和水污染,不少鱼类、鸟类、海洋生物以至植物都受到严重的影响,如患病及死亡等,如图 1-9 所示。

图 1-9　墨西哥湾原油泄漏引起大气污染和大量生物死亡

2011 年,英国北海"塘鹅 1 号"钻井平台发生原油泄漏事件,泄漏在海中的原油超过 500t,海面溢油带面积最大时长约 31km,宽 4.3km,造成海上大面积的污染,大量海洋生物的生命受到威胁。

2015 年,陕西长庆油田输油管道由于腐蚀减薄破裂导致发生严重的泄漏事故,泄漏的原油流入附近的农田和林地,造成严重的土壤污染,如图 1-10 所示。同时,原油中含有石油气、苯、芳香烃和硫化氢等物质,对人和生物都具有毒性,当达到中毒临界阈值时,就会导致人和动物中毒。

图 1-10　长庆油田原油泄漏事故

参考文献

[1] 肖纪美,曹楚南.材料腐蚀学原理[M].北京,化学工业出版社,2002.

[2] EVANS U R. The corrosion and oxidation of metals[M]. London:Hodder Arnold,1976.

[3] FONTANA M G. Corrosion engineering[M]. New Delhi:Tata McGraw – Hill Publishing Company Ltd. ,2005.

[4] 尤里克 H H,瑞维亚 R W.腐蚀与腐蚀控制:腐蚀科学和腐蚀工程导论[M].翁永基,译.北京:石油工业出版社,1994.

[5] 托马晓夫 H A.金属腐蚀理论[M].北京:科学出版社,1957.

[6] ALIOFKHAZRAEI M. Developments in corrosion protection[M]. AvE4EvA,2014.

[7] 肖纪美,曹楚南.材料腐蚀学原理[M].北京:化学工业出版社,2002.

[8] 吴荫顺,曹备.阴极保护和阳极保护——原理、技术及工程应用[M].北京:中国石化出版社,2015.

[9] 朱相荣,王相润.金属材料的海洋腐蚀与防护[M].北京:国防工业出版社,1999.

[10] 黄永昌,张建旗.现代材料腐蚀与防护[M].上海:上海交通大学出版社,2012.

[11] AHMAD Z. High temperature corrosion[M]. ExLi4EvA,2016.

[12] 魏宝明.金属腐蚀理论及应用[M].北京:化学工业出版社,1984.

[13] BENSALAH N. Pitting corrosion[M]. Croatia:InTech,2012.

[14] 刘敬福.材料腐蚀及控制工程[M].北京:北京大学出版社,2010.

[15] ROBERGE P R. Handbook of corrosion engineering[M]. New York:McGraw – Hill,1999.

[16] 王凤平,康万利,敬和民,等.腐蚀电化学——原理、方法及应用[M].北京:化学工业出版社,2008.

[17] 孙秋霞.材料腐蚀与防护[M].北京:冶金工业出版社,2001.

[18] 周廉.中国海洋工程材料发展战略咨询报告[M].北京:化学工业出版社,2014.

[19] 杜敏,孙明先,杨朝晖,等.海洋构筑物阴极保护[M].北京:科学出版社,2016.

[20] 侯健,王伟伟,邓春龙.海水环境因素与材料腐蚀相关性研究[J].装备环境工程,2010,7(6):167-170.

[21] 侯健,郭为民,邓春龙.深海环境因素对碳钢腐蚀行为的影响[J].装备环境工程,2008,5(6):82-84.

[22] 周建龙,李晓刚,程学群,等.深海环境下金属及合金材料腐蚀研究进展[J].腐蚀科学与防护技术,2010,22(1):47-51.

[23] 曹攀,周婷婷,白秀琴,等.深海环境中的材料腐蚀与防护研究进展[J].中国腐蚀与防护学报,2015,35(1):12-20.

[24] 柯伟.中国工业与自然环境腐蚀调查的进展[J].腐蚀与防护,2004,25(001):1-8.

[25] 侯保荣,等.中国腐蚀成本[M].北京:科学出版社,2017.

[26] KOCH G. Cost of corrosion[J]. Trends in Oil and Gas Corrosion Research and Technologies, 2017:3-30.

[27] KOCH G H, BRONGERS M P H, THOMPSON N G, et al. Handbook of environmental degradation of materials[M]. New York: William Andrew Publishing, 2005.

[28] THOMPSON N G, YUNOVICH M, DUNMIRE D. Cost of corrosion and corrosion maintenance strategies[J]. Corrosion Reviews, 2011, 25(3-4):247-262.

[29] 李雪爱,王文彪.浅谈金属腐蚀危害与防护[J].化工管理,2013,6(12):158-158.

[30] 王彩云.金属腐蚀的危害及防护[J].机械管理开发,2012,5:111-112.

[31] 王道前.金属腐蚀的危害及其防范措施[J].小氮肥,2001,39(8):16-18.

[32] 章博.高含硫天然气集输管道腐蚀与泄漏定量风险研究[D].青岛:中国石油大学(华东),2010.

[33] 马福明,石仁委.东黄管道腐蚀泄漏事故剖析[J].石油化工腐蚀与防护,2018,35(6):44-46.

[34] 徐滨士,马世宁,刘世参,等.军事装备腐蚀现状及对策[J].涂料工业,2004,34(9):9-12.

第2章

———

腐蚀学基本原理

2.1 腐蚀过程热力学

金属的电化学腐蚀过程,从热力学观点考虑,是由单质形式存在的金属和周围电解质组成的体系,从一个热力学不稳定状态转变到稳定状态的过程[1-2]。对于金属腐蚀问题,一方面要研究腐蚀的热力学问题,即金属腐蚀的可能性及趋势等;另一方面要研究腐蚀的动力学过程,即金属腐蚀的速度与机理等[3-4]。电化学腐蚀过程的热力学主要研究腐蚀的可能性问题,掌握如何判断电化学腐蚀倾向,认识金属腐蚀发生的根本原因等。

2.1.1 电极电位

1. 电极电位的产生

金属键理论认为,金属晶格是由整齐地排列着的金属阳离子、中性原子及在其间流动着的电子所组成。这些自由电子做无秩序的热运动,但金属阳离子的静电作用使它们不能任意逸出离子的骨架范畴。同时,电子对金属阳离子的反作用也使金属离子一般不能从金属晶格逸出。

金属离子从金属晶格逸出的过程若在真空中进行,必须克服金属表面的引力,要消耗大量的能,因此难以自发发生。但如将金属浸泡水中或其他介电常数高的溶液中,会发生离子的水化过程,使表面离子从晶格中逸出进入溶液的可能性增大。阳离子进入溶液破坏了金属和溶液的电中性,此时金属中减少了阳离子,而电子数目不变使得金属带负电,溶液带正电。显然,阳离子继续进入溶液就必须克服金属表面的更大引力,消耗更多的能量,离子回到表面上来的逆过程也是可能的。由于热运动作用,使得一部分离子具有足够的速度,克服金属与水化离子间的能垒进入晶格中。对于开始进入溶液的离子而言,此能垒是极大的,它回到金属表面上的可能性很小。但当溶液中离子浓度增大时,金属的负电荷逐渐增多,能垒逐渐降低,这时离子回到金属表面的过程就变得较为容易。随着这种可逆过程的进行,最后一定会达到平衡状态。

在另一种情况下,如溶液中金属离子的浓度足够大而金属的活性又比较小时,若将此金属浸入它的盐溶液中,则金属阳离子不仅不能进入溶液,相反地,一部分离子将从溶液移入金属。这时金属表面因增加了金属阳离子而带正电,溶液中由于盐的阴离子过剩而带负电。试验证明,金属进入溶液中离子的数量是非常少的,且离子并不是均匀地分布在整个溶液中,而是受带负电荷的金属吸引,分布在金属的表面形成所谓双电层结构。金属－溶液界面上双电层的建立,使得金属与溶液间产生电位差,这种电位就称为电极电位。

所谓电极,在电化学中因不同场合有两种不同的含义。第一种含义是如果在相互接触的两个导体相中,一个是电子导体相,另一个是离子导体相,并且在相界面上有电荷转移,这个体系称为电极体系,简称电极。一般情况下,一端相为金属,另一端相为电解质,以金属/溶液表示,如 Cu/CuSO_4 称为 Cu 电极、Zn/ZnSO_4 称为 Zn 电极。第二种含义是仅指电子导体而言,因此 Cu 电极是指金属 Cu,Zn 电极是指金属 Zn。这种情况下,“电极”二字并不代表电极体系,而只表示电极体系中的电极材料。

电极体系的主要特征是:在电荷转移的同时,不可避免地要在两相界面上发生物质的变化。电极体系中,两类导体界面所形成的相间电位,即电极材料和离子导体(溶液)的内电位差称为电极电位。电极电位的产生主要取决于界面层中离子双电层的形成。把金属极板浸入水中,金属原子受水分子作用有变成正离子进入溶液的倾向,溶剂化离子受极板上电子吸引沉积到极板上,两者建立平衡,平衡建立后在极板内侧有过剩负电荷,外侧有过剩正电荷,形成了“双电层”,从而产生电极电位。本书以 Zn 电极(如 Zn 插入 ZnSO_4 溶液中所组成的电极体系)为例,具体说明离子双电层的形成过程。

试验表明,对 Zn 浸入 ZnSO_4 溶液来说,首先发生 Zn^{2+} 的溶解和水化,其反应为

$$Zn^{2+} \cdot 2e + nH_2O \longrightarrow Zn^{2+}(H_2O)_n + 2e \tag{2-1}$$

式中:n 为参与水化作用的水分子数。

金属 Zn 和 ZnSO_4 溶液均呈现电中性,但 Zn^{2+} 发生溶解后,在金属上留下的电子使金属带负电,溶液中则因 Zn^{2+} 增多而有了剩余正电荷。由于金属表面剩余负电荷的吸引和溶液中剩余正电荷的排斥,Zn^{2+} 的继续溶解变得更加困难,而水化锌离子的沉积则变得相对容易,有利于下述反应的发生,即

$$Zn^{2+}(H_2O)_n + 2e \longrightarrow Zn^{2+} \cdot 2e + nH_2O \tag{2-2}$$

随着反应过程的进行,Zn^{2+} 溶解速度逐渐变小,Zn^{2+} 沉积速率逐渐增大,最终当溶解速度和沉积速度相当时,在界面上形成动态平衡,即

$$Zn^{2+} \cdot 2e + nH_2O \Longrightarrow Zn^{2+}(H_2O)_n + 2e \qquad (2-3)$$

此时,溶解和沉积两个反应过程同时进行,也就是说,在任意瞬间,有多少 Zn^{2+} 溶解到溶液中,就同时有多少 Zn^{2+} 沉积到金属表面。与上述动态平衡相对应,在界面层中会形成一定的剩余电荷分布,称为离子双电层。离子双电层的电位差就是金属/溶液之间电极电位的主要来源。

2. 平衡电极电位

对于一个电极反应,有

$$M + ne \longrightarrow M^{n+} + ne \qquad (2-4)$$

当金属电极上只有一个确定的电极反应,即阳极过程和阴极过程互为逆反应,并且该反应达到了动态平衡,电极反应不仅存在电荷平衡,而且也存在物质平衡,即金属的溶解速度等于金属的沉积速度,这时在金属/溶液界面上形成一个不变的电位差,这个电位差就是金属的平衡电极电位,也叫平衡电位[5]。

平衡电极电位就是可逆电极电位,该过程的物质交换和电荷交换都是可逆的。金属的平衡电极电位和溶液中金属离子的活度服从 Nernst 方程[6-8],即

$$E_{M^{n+}/M} = E^0_{M^{n+}/M} + \frac{RT}{nF}\ln a_{M^{n+}} \qquad (2-5)$$

目前还不能从试验上测量或从理论上计算单个电极的电极电位,通常都是测量以标准氢电极(SHE)作为参比电极构成电池的电动势,定义为相应电极的电位。因此,通常的电极电位都是以标准氢电极为参考的相对值。表 2-1 列出了主要金属相对于标准氢电极作为参比电极时的标准电极电位 E^0。

表 2-1　主要金属在 25℃时的标准电极电位[9]

电极反应	E^0/V	电极反应	E^0/V
$Li^+ + e \Longrightarrow Li$	−3.05	$Zn^{2+} + 2e \Longrightarrow Zn$	−0.76
$K^+ + e \Longrightarrow K$	−2.93	$Cr^{3+} + 3e \Longrightarrow Cr$	−0.74
$Ca^{2+} + 2e \Longrightarrow Ca$	−2.87	$Cd^{2+} + 2e \Longrightarrow Cd$	−0.40
$Na^+ + e \Longrightarrow Na$	−2.71	$In^{3+} + 3e \Longrightarrow In$	−0.34
$Mg^{2+} + 2e \Longrightarrow Mg$	−2.37	$Co^{2+} + 2e \Longrightarrow Co$	−0.28
$Al^{3+} + 3e \Longrightarrow Al$	−1.66	$Ni^{2+} + 2e \Longrightarrow Ni$	−0.25
$Ti^{2+} + 2e \Longrightarrow Ti$	−1.63	$Sn^{2+} + 2e \Longrightarrow Sn$	−0.13
$Zr^{4+} + 4e \Longrightarrow Zr$	−1.45	$Pb^{2+} + 2e \Longrightarrow Pb$	−0.13
$Ti^{3+} + 3e \Longrightarrow Ti$	−1.37	$Cu^{2+} + 2e \Longrightarrow Cu$	+0.34

续表

电极反应	E^0/V	电极反应	E^0/V
$Mn^{2+} + 2e \rightleftharpoons Mn$	-1.19	$Cu^+ + e \rightleftharpoons Cu$	$+0.52$
$V^{2+} + 2e \rightleftharpoons V$	-1.13	$Ag^+ + e \rightleftharpoons Ag$	$+0.80$
$Nb^{3+} + 3e \rightleftharpoons Nb$	-1.10	$Pd^{2+} + 2e \rightleftharpoons Pd$	$+0.92$
$Ga^{3+} + 3e \rightleftharpoons Ga$	-0.53	$Pt^{2+} + 2e \rightleftharpoons Pt$	$+1.19$
$Fe^{2+} + 2e \rightleftharpoons Fe$	-0.44	$Au^{3+} + 3e \rightleftharpoons Au$	$+1.52$

标准电极电位可用于判断金属腐蚀的倾向。例如,Na、Mg 等电位较负,在热力学上非常不稳定,腐蚀倾向很大;而 Pt、Au 等电位较正,在大多数介质中比较稳定,腐蚀倾向很小。但是标准电极电位是平衡电极电位,仅通过该数据判断腐蚀的倾向与实际情况存在一定差别。

3. 非平衡电位

非平衡电位是针对不可逆电极而言的,不可逆电极在没有电流通过时所具有的电极电位称为非平衡电位。实际上,金属腐蚀都在非平衡电位下进行。在这种情况下,同一金属电极上失去电子是一个过程,而得到电子是另一个过程。例如,将 Fe 浸入 $FeCl_3$ 溶液中,阳极和阴极过程分别为

$$Fe \longrightarrow Fe^{2+} + 2e \qquad (2-6)$$
$$2Fe^{3+} + 2e \longrightarrow 2Fe^{2+} \qquad (2-7)$$

Fe 在 $FeCl_3$ 溶液中建立起来的电位是非平衡电位,非平衡电位不同于 Fe 在可逆反应中建立起来的平衡电位。金属在溶液中除了它自己的离子外,还有其他离子或原子也参与了电极过程,或者说,一个电极同时存在两个或两个以上不同物质参与的电化学反应,这种情况下的电极电位称为非平衡电位。它是一种无电流通过不可逆电池时的电极电位,在电极过程动力学中常把非平衡电极电位称为稳定电位或混合电位。因为此时电池处于一种自腐蚀的非平衡态下的稳定状态。表 2-2 列出了平衡电极电位与非平衡电极电位的区别。

表 2-2 平衡电极电位与非平衡电极电位的区别[10-11]

项目	平衡电极电位	非平衡电极电位
电极反应	单一电极反应,电子得失在同一金属电极上可逆进行	两个或两个以上电极反应,电子得失不是同一个过程
电极状态	没有物质和电荷的积累	没有电荷积累,但有反应物产生
金属状态	纯金属	合金或表面有氧化膜

续表

项目	平衡电极电位	非平衡电极电位
电解质溶液	金属离子组成的不含溶解氧的溶液	任何电解质溶液
数值	标准态下唯一确定的、稳定的数值	随电解质的不同而改变,数值不稳定
符合的规律	符合 Nernst 方程	不符合 Nernst 方程

表 2 - 3 列出了常见金属与合金在 3.5% NaCl 溶液中的非平衡电极电位。这种在一定介质中测定的金属电位的排序称为电偶序,通过电偶序来判断金属的腐蚀倾向更加可靠。例如,Al 的标准电极电位为 - 1.66V,比 Zn 的标准电极电位 - 0.76V 要负得多,初步判断 Al 比 Zn 易腐蚀。但在 3.5% NaCl 溶液中,Al 的非平衡电极电位要比 Zn 的非平衡电极电位正很多,说明 Al 比 Zn 耐蚀性更强。

表 2 - 3　常见金属与合金在 3.5%NaCl 溶液中的非平衡电极电位[12 - 14]

金属	E/V	金属	E/V
Mg	- 1.60	Sn	- 0.25
Zn	- 0.83	Ni	- 0.02
Al	- 0.60	Cu	+ 0.05
Cd	- 0.52	Cr	+ 0.23
Fe	- 0.50	Ag	+ 0.20
Pb	- 0.26	Ti	+ 0.37

2.1.2　金属电化学腐蚀热力学倾向

1. 腐蚀反应自由能变化与腐蚀倾向

人类的经验表明,一切自发过程都是有方向性的,自发过程一旦发生,都无法自动地恢复原状。例如,锌片浸入稀的硫酸铜溶液中,将自动发生取代反应,生成铜和硫酸锌溶液。但若把铜片放入稀的硫酸锌溶液里,却不会自动地发生取代作用,也即逆过程是不能自发进行的。同样,物理的变化也是有方向性的。当温度不同的两个物体互相接触时,热总是从高温物体流向(即传递)低温物体。而它的逆过程,则是热从低温物体流向高温物体,使冷者越冷,热者越热,显然,这是不能自动进行的。又如电流总是从电位高的地方向电位低的地方流动等。所有这些自发变化过程具有一个共同的特征,即不可逆性。

究竟是什么因素决定着这些自发变化的方向性和限度呢? 表面上来看,决定不同的过程有不同的因素。例如,决定热量流动的是温度(T),热从高温向低温流动,直到两物体的温度均一,达到了热平衡为止。决定气体扩散方向的是压力(p),从高压向低压扩散,直到压力相等时,扩散过程在宏观上才终止。决定溶液扩散方向的是浓度(c),从高浓度扩散到低浓度,直到浓度均一时为止。那么决定化学变化的方向和限度的参数是什么呢? 对于不同的条件,热力学提出了不同的判断依据。通常化学反应作为一个敞开体系是在恒温、恒压条件下进行的。因此,在化学热力学中提出通过自由能变化(ΔG)来判别化学反应进行的方向及限度。

从热力学观点看,腐蚀过程是由于金属与其周围介质构成了一个热力学上不稳定的体系,此体系有从不稳定趋向稳定的倾向。对于各种金属来说,这种倾向是极不相同的。这种倾向的大小可通过腐蚀反应的自由能变化(ΔG)来衡量。倘若$\Delta G < 0$,则腐蚀反应可能发生。自由能变化的负值越大,一般表示金属越不稳定;如果$\Delta G > 0$,则表示腐蚀反应不可能发生,自由能变化的正值越大通常表示金属越稳定。例如,在25℃和一个大气压下,分别把 Zn、Ni 及 Au 等金属片浸入到无氧的纯硫酸溶液中,它们的腐蚀反应自由能变化分别为 -147.19kJ/mol、-48.24kJ/mol和433.05kJ/mol,表明 Zn 和 Ni 的 ΔG 具有很高的负值,因此在纯硫酸溶液中的腐蚀倾向很大,但 Au 的 ΔG 具有很高的正值,因此 Au 在纯硫酸溶液中是十分稳定的,腐蚀倾向很小。另外,在25℃和一个大气压的不同介质中,Fe 在酸洗水溶液、纯水和碱性水溶液中 Fe 的腐蚀自由能变化分别为 -85.26kJ/mol、-245.35kJ/mol和 -220.79kJ/mol,表明 Fe 在 3 种介质中都不稳定,均有发生腐蚀的倾向。但也应注意到,随着腐蚀条件的改变,金属的稳定性也会发生一定程度的变化。例如,Cu在无氧的纯盐酸中不发生腐蚀,可是在有氧溶解的盐酸中却会发生腐蚀。需要指出,通过计算 ΔG 值而得到的金属腐蚀倾向的大小,并不是腐蚀速率大小的度量。因为具有高负值的 ΔG 并不总是具有高的腐蚀速率,在 ΔG 为负值时,反应速度可大可小,这主要取决于各种因素对反应过程的影响。在 ΔG 为正值时,腐蚀反应将不可能发生。

2. 标准电极电位与腐蚀倾向

从热力学规律可知,在恒温和恒压下,可逆过程所做的最大非膨胀功等于反应自由能的减少。所谓可逆电池,它需满足以下条件:①电池中的化学反应必须是可逆的;②可逆电池不论在放电还是充电时,所通过的电流必须特别小,即电池反应在接近平衡状态下放电和充电。

可逆电池的电动势值大小与化学反应中参加反应的物质活度有关。以Cu - Zn可逆电池为例,在标准状态下,由于 Zn 的标准电极电位比 Cu 的标准电极电位更负,因此若把 Zn 浸入 $CuSO_4$ 溶液中,则将自发地进行取代反应,表明Zn 在 $CuSO_4$ 溶液中是可能发生腐蚀的。由此可见,若金属的标准电极电位比介质中某一物质的标准电极电位更负,则可能发生金属的腐蚀;反之则不会发生腐蚀。可通过金属的标准电极电位数据作为金属腐蚀倾向判断的依据,标准电极电位表也称为电动次序表,在表中位于氢以上的金属通常称为负电性的金属,它的标准电极电位为负值;位于氢以下的金属称为正电性金属,它的标准电极电位为正值。

由于浓度变化对电极电位的影响不大,因此在非标准情况下电动次序表也不会发生显著变化。例如,对于一价的金属,当浓度变化 10 倍时,电极电位值变化为 0.059V,若浓度变化 100 倍时,电极电位变化为 0.118V。对于二价金属,浓度变化 10 倍,电极电位变化为 0.0295V。只有当两个平衡电极电位很相近,而且浓度的变化又很大的情况下,电动次序才可能发生改变。因此,标准电极电位表可用于粗略判断金属的腐蚀倾向。

但是必须强调指出,在使用标准电极电位表作为金属腐蚀倾向的判据时,应特别注意它的局限性以及被判断金属所处的条件和状态。例如,电偶腐蚀往往是由于两种金属发生电连接所导致,并且大多数工程材料都是合金,对于含有两种或两种以上反应组分的合金来说,要建立它的可逆反应是不可能的。如从标准电极电位表中可以看出,在热力学上 Al 比 Zn 有着更不稳定的倾向,但实际上 Al 在大气环境下易生成具有保护作用的氧化膜,使得它比 Zn 更为稳定。

2.1.3　腐蚀原电池

金属在电解质溶液中的腐蚀现象是一个电化学腐蚀过程。大气、土壤、海水等自然环境下的电化学腐蚀过程都离不开金属/电解质界面上金属的阳极溶解,同时在电解质溶液中发生某些物质的还原反应。因此,金属发生电化学腐蚀的原因是一种自发的腐蚀原电池作用的结果。

根据组成腐蚀电池的电极尺寸大小及阴、阳极区分布随时间的稳定性,并考虑到促使形成腐蚀电池的影响因素和腐蚀破坏的特征,一般可将腐蚀电池分为三大类,即宏观腐蚀电池、微观腐蚀电池和亚微观腐蚀电池。

1. 宏观腐蚀电池

这类腐蚀电池通常是指由肉眼可见的电极所构成,构成腐蚀电池的阴极区和阳极区往往保持长时间的稳定,因而导致明显的局部腐蚀。

1) 异种金属接触电池

不同的金属浸于不同的电解质溶液中,当电解液连通且两金属短路时,即构成宏观腐蚀电池。例如,Zn 和 Cu 短路形成的丹尼尔电池,其中 Zn 为阳极,被溶解,Cu 为阴极,溶液中的 Cu^{2+} 在阴极上接受电子而被还原,析出 Cu。

不同的金属在同一电解液中相接触,即构成电偶电池(galvanic cell)。实际上,金属结构中常出现不同金属相接触的情况,在电解液存在的情况下可形成宏观腐蚀电池。这时,可观察到电位较负的金属(阳极)腐蚀加快,而电位较正的金属(阴极)腐蚀减慢,甚至得到完全保护,构成这种腐蚀电池的两种金属电极电位相差越大,可能引起的腐蚀越严重。这种腐蚀破坏称为电偶腐蚀(galvanic corrosion)或双金属腐蚀(bimetallic corrosion)。例如,船舶的推动器是青铜制成的,由于青铜的电位比钢制船壳的电位正得多,从而构成腐蚀电池,钢制船壳成为阳极而遭到腐蚀。再如,铝制容器用铜铆钉铆接时,当铆接处位于电解液中时,由于铝的电位比铜负,便形成了腐蚀电池,结果铆钉周围的铝为阳极,遭到腐蚀;而铆钉为阴极,受到保护。

2)浓差电池

同一种金属浸入不同浓度的电解液中,或者虽在同一电解液中但局部浓度不同,都可形成浓差腐蚀电池。浓差腐蚀电池可分为金属离子浓差电池(metal ion concentration cell)和差异充气电池(differential aeration cell)或氧浓差电池(oxygen concentration cell)。

根据能斯特公式,金属的电位和金属离子的浓度有关。当金属与所含不同浓度的该金属离子的溶液接触时,浓度低处金属的电位较负;浓度高处金属的电位较正,从而形成金属离子浓差腐蚀电池。浓度低处的金属为阳极,遭到腐蚀。直到各处浓度相等,金属各处电位相同时腐蚀才停止。

实践中,最常见的浓差腐蚀电池是差异充气电池或氧浓差电池。它是普遍存在且危害严重的腐蚀电池,这种电池是由于金属与含氧量不同的介质接触形成的。这是引起水线腐蚀(water – line attack)、缝隙腐蚀(crevice corrosion)、沉积物腐蚀(deposit corrosion)、盐滴腐蚀(salt drop corrosion)和丝状腐蚀(filiform corrosion)的主要原因。这种情况下,氧不易到达处的氧含量低,氧含量低处的金属电位比氧含量高处的电位低,因而作为阳极,遭到腐蚀。例如,黏土处比砂土处的含氧量低,该处的金属管道为阳极而遭到腐蚀。

3)电解池阳极腐蚀

电解池的阳极发生金属溶解,因此人们可以通过电解方法,使金属作为电解池的阳极,使之腐蚀,称为阳极腐蚀(anodic corrosion)。由于电气机车、地铁及电解工业中直流电源的漏电也会引起金属腐蚀,称为杂散电流腐蚀(stray current corrosion)。

2. 微观腐蚀电池

由于金属表面的电化学不均匀性,在金属表面出现许多微小的电极,从而构成各种各样的微观腐蚀电池,简称为微电池。

1)金属表面化学成分的不均匀性引起的微电池

工业金属常含各种杂质,当它们与电解液接触时,表面上的杂质便以微电极的形式与基体金属构成许多短路的微电池。若杂质作为阴极存在时,它将加速基体金属的腐蚀。例如,工业纯锌中的 Fe 杂质、碳钢中的渗碳体 Fe_3C、铸铁中的石墨、工业纯铝中的 Fe 杂质和 Cu 杂质等,都是作为电池的微阴极存在,从而加速基体金属的腐蚀。

2）金属组织不均匀性构成的微电池

多数金属材料为多晶体材料，晶界是原子排列的较为紊乱的区域，晶体缺陷（如位错、空穴和点阵畸变）密度大。因此，晶界的电位通常比晶粒内部要低，作为微电池的阳极存在。因此，腐蚀首先从晶界开始。

金属及合金凝固时产生的偏析，也是引起电化学不均匀的原因，是引起金属晶间腐蚀、选择性腐蚀、点蚀、应力腐蚀开裂、层蚀和石墨化腐蚀的重要原因。

3）金属表面膜不完整引起的微电池

金属表面膜通常指钝化膜或其他具有电子导电性的表面膜或涂层。由于存在空隙或破损，则该处的基体金属通常比表面膜的电位负，形成膜－孔电池，空隙处为阳极，遭到腐蚀。例如，不锈钢在含 Cl^- 离子的介质中，由于 Cl^- 离子对钝化膜的破坏作用，使膜的薄弱处易发生点蚀。

应当指出，微电池的存在并不是金属发生电化学腐蚀的充分条件，要发生电化学腐蚀，溶液中还必须存在着可使金属氧化的物质，它与金属构成了热力学不稳定体系。微电池的存在和分布，可影响金属电化学腐蚀的速度和分布形态，但如果溶液中没有合适的氧化性物质作为阴极去极化剂，即使存在微电池，电化学腐蚀过程也不能进行下去。

3. 亚微观腐蚀电池

对于用肉眼和普通显微镜也难以分辨出阴、阳极区的金属来说，在电解液中也可能发生电化学腐蚀。按经典微电池腐蚀理论，可把这种腐蚀归结为亚微观腐蚀电池作用的结果。认为在这种腐蚀电池中，每个电极表面十分微小（小于 10nm），遍布整个金属表面，其中阴、阳极无规则地、统计地分布着，且随时间发生不断变化，结果导致金属的均匀腐蚀。

按照现代电化学腐蚀的混合电位理论，即使不存在腐蚀，电池也可发生均匀电化学腐蚀。这时把腐蚀金属的整个表面看作既是阳极又是阴极，即整个金属表面既进行金属的氧化反应，又进行腐蚀剂的还原反应。或者认为金属的阳极溶解反应与氧化剂的阴极还原反应在同一金属表面上随时间交替地进行着。

按照经典微电池腐蚀理论，从热力学上讲，金属发生电化学腐蚀需满足两个条件：一是构成腐蚀电池，即阴、阳极区之间存在电位差；二是存在维持阴极过程进行的物质，即阴极去极化剂。

按照现代混合电位理论，金属发生电化学腐蚀的必要条件是，溶液中存在着可在金属上发生还原反应的物质（即腐蚀剂）。或者说腐蚀剂的还原反应电位比金属的氧化反应电位高，它们组成了热力学不稳定体系，导致金属发生电化学腐蚀。至于腐蚀速率的大小如何，则决定于腐蚀过程的动力学因素。

2.1.4 电位－pH图及其在腐蚀研究中的应用

1. 电位－pH图原理

平衡电位的数值反映了物质的氧化还原能力,可以用来判断电化学反应进行的可能性。金属在水溶液中的稳定性不但与它的电极电位有关,还与水溶液的pH值存在直接关系。平衡电位的数值与反应物质的活度有关,对有 H^+ 离子或 OH^- 离子参与的反应来说,电极电位将随溶液 pH 值的变化而变化。因此,把各种反应的平衡电位和溶液 pH 值的函数关系绘制成图,就可以从图中看出一个电化学体系中发生各种化学或电化学反应所必须具备的电极电位和溶液 pH 值的条件,或者可以判断在给定条件下某化学反应或电化学反应进行的可能性,这种图称为电位－pH图。该图是由比利时学者 M. Pourbaix 在 1938 年首先提出,因此又称为Pourbaix图。它是建立在化学热力学原理基础上的一种电化学平衡图,该图涉及温度、压力、成分、控制电极反应的电势及 pH 值。

2. 电位－pH图的绘制

(1)列出有关物质的各种存在状态及其标准化学位数值(25℃),表2－4 所列为 Fe－H_2O 体系各重要组分的标准化学位值。

表2－4　Fe－H_2O 体系各重要组分的标准化学位值

溶剂和溶解性物质/(kJ/mol)	固态物质/(kJ/mol)	气态物质/(kJ/mol)
$\mu_{H_2O}^0 = -236.96$ $\mu_{H^+}^0 = 0$ $\mu_{OH^-}^0 = -157.15$ $\mu_{Fe^{2+}}^0 = --84.8$ $\mu_{Fe^{3+}}^0 = -10.57$ $\mu_{FeOH^{2+}}^0 = -233.7$ $\mu_{HFeO_2^-}^0 = -378.82$ $\mu_{FeO_4^{2-}}^0 = -466.84$	$\mu_{Fe}^0 = 0$ $\mu_{Fe(OH)_2}^0 = -483.08$ $\mu_{Fe_3O_4}^0 = -1013.23$ $\mu_{Fe(OH)_3}^0 = -693.88$ $\mu_{Fe_2O_3}^0 = -740.28$	$\mu_{H_2}^0 = -0$ $\mu_{O_2}^0 = -0$

(2)列出各类物质的相互反应,并利用表2－4 中的数据计算出其平衡关系式。Fe－H_2O 体系中重要的化学和电化学平衡反应及其平衡关系式为

① $$Fe^{2+} + 2e \longrightarrow Fe \quad E_{Fe^{2+}/Fe}$$
$$= -0.440 + 0.0296 \lg \alpha_{Fe^{2+}} \tag{2-8}$$

②　　　$Fe_2O_3 + 6H^+ + 2e \longrightarrow 2Fe^{2+} + 3H_2O \quad E_{Fe_2O_3/Fe^{2+}}$

　　　$= 0.728 - 0.1773pH + 0.0591lg\alpha_{Fe^{2+}}$ 　　　　　　　　　　　(2 - 9)

③　　　$Fe^{3+} + e \longrightarrow Fe^{2+} \quad E_{Fe^{3+}/Fe^{2+}}$

　　　$= 0.771 + 0.0591lg\dfrac{\alpha_{Fe^{3+}}}{\alpha_{Fe^{2+}}}$ 　　　　　　　　　　　　　(2 - 10)

④　　　$Fe_2O_3 + 6H^+ \longrightarrow 2Fe^{3+} + 3H_2O \quad lg\alpha_{Fe^{3+}}$

　　　$= - 0.723 - 3pH$ 　　　　　　　　　　　　　　　　(2 - 11)

⑤　　　$3Fe_2O_3 + 2H^+ + 2e \longrightarrow 2Fe_3O_4 + H_2O \quad E_{Fe_2O_3/Fe_3O_4}$

　　　$= 0.221 - 0.0591pH$ 　　　　　　　　　　　　　　(2 - 12)

⑥　　　$Fe_3O_4 + 8H^+ + 8e \longrightarrow 3Fe + 4H_2O \quad E_{Fe_3O_4/Fe}$

　　　$= - 0.085 - 0.0591pH$ 　　　　　　　　　　　　　(2 - 13)

⑦　　　$Fe_3O_4 + 8H^+ + 2e \longrightarrow 3Fe^{2+} + 4H_2O \quad E_{Fe_3O_4/Fe^{2+}}$

　　　$= 0.980 - 0.2364pH - 0.0886lg\alpha_{Fe^{2+}}$ 　　　　　　　(2 - 14)

⑧　　　$HFeO_2^- + 3H^+ + 2e \longrightarrow Fe + 2H_2O \quad E_{HFeO_2^-/Fe}$

　　　$= 0.493 - 0.886pH + 0.0296lg\alpha_{HFeO_2^-}$ 　　　　　　　(2 - 15)

⑨　　　$Fe_3O_4 + 2H_2O + 2e \longrightarrow 3HFeO_2^- + H^+ \quad E_{Fe_3O_4/HFeO_2^-}$

　　　$= - 1.546 - 0.0885lg\alpha_{HFeO_2^-} + 0.0295pH$ 　　　　　(2 - 16)

（3）作出各类反应的电位－pH图线,最后汇总成综合的电位－pH图,图2-1所示为 $Fe - H_2O$ 体系的电位－pH图。

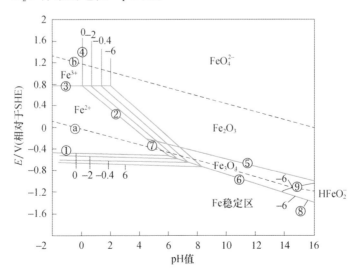

图2-1　$Fe - H_2O$ 体系的电位-pH图

图 2-1 中直线上圆圈的号码是上述平衡关系式的编号。直线旁的数字代表可溶性离子活度的对数值。例如，对于反应①来说，其平衡关系与 pH 无关，所以图 $\alpha_{Fe^{2+}} = 10^0$，标 -2 的线代表 $\alpha_{Fe^{2+}} = 10^{-2}$，余者类推。在绘制电位 - pH 图时，布拜曾提出以下假定：假定以溶液中平衡金属离子的浓度为 10^{-6} mol/L 作为金属是否腐蚀的界限，即溶液中金属离子的浓度小于此值时即可认为金属不发生腐蚀。与此相对应的电极电位 E 可以按能斯特公式计算，并以这个电极电位作为划分腐蚀区和稳定区的界限。

图 2-1 中还有互相平行的两条虚线，虚线ⓐ表示 H^+ 和 H_2 的平衡关系，虚线ⓑ表示 O_2 和 H_2O 之间的平衡。可以看出，当电位低于ⓐ线时，水被还原而分解出 H_2；电位高于ⓑ线时，水可被氧化而分解出 O_2。在ⓐ、ⓑ两线之间水不可能被分解出 H_2 和 O_2。所以，该区域代表了在一个大气压下水的热力学稳定区。

3. 电位 - pH 图在腐蚀研究中的应用

电化学热力学，特别是电位 - pH 图在腐蚀研究中是一种很有用的工具，往往可将试验条件和结果直观明了地表示出来，并与理论预测相对应，这对了解金属腐蚀和钝化现象的本质以及寻求适当的防护措施很有参考价值。电位 - pH 图的主要用途是：①预测反应的自发方向，从热力学上判断金属腐蚀趋势；②估计腐蚀产物的成分；③预测减缓或防止腐蚀的环境因素，选择控制腐蚀的途径。

1）阴极保护

若将正常状态下处于腐蚀状态金属的电位降低至其免蚀区，则达到该金属的热力学稳定状态，这可使金属在完全条件下得到保护，且与介质中是否有氯离子等浸蚀性物质的作用无关。这种将金属的电位降低至接近或达到免蚀区，从而使腐蚀速率大大降低甚至停止腐蚀的方法，就是人们通常所称的阴极保护法。对于 Au、6 种 Pt 族元素以及 Ag 而言，上述保护状态通常不需借助外部作用就可达到，对 Cu 而言，一般情况下避免氧化剂的存在也足以达到免蚀状态。对 Fe 来说，因其稳定区完全位于水的稳定区以下，所以要使之达到免蚀状态，必须通过外部作用降低其电位，也就是说，Fe 的阴极保护作用只可能是在不断消耗外界能量（消耗外加电源的能量，或消耗牺牲阳极，如 Zn、Mg 及其合金）的条件下才能维持。

利用理论和试验电位 - pH 图，可以很方便地确定在各种介质中实施阴极保护的电位条件。例如，对于 Fe 和普通钢，根据 Fe - H_2O 系电位 - pH 平衡图，若溶液中不含能与 Fe 作用生成可溶性络合物或不溶性盐类的物质，并以铁离子浓度 10^{-6} mol/L 为准则，则其保护电位（免蚀电位）与介质 pH 值有以下关系，即

$$pH < 9.0, \quad E = -0.62V$$
$$9.0 < pH < 13.7, \quad E = -0.085 \sim 0.0591V$$
$$pH > 13.7, \quad E = 0.320 \sim 0.0886V$$

根据电位 - pH 平衡图确定的几种金属在 3 种 pH 值时的理论保护电位如

表 2 - 5 ~ 表 2 - 7 所列。

表 2 - 5　4 种金属在 3 种 pH 值时的理论保护电位

金属	理论保护电位/V（相对于 SHE）		
	pH = 0	pH = 7	pH = 14
Ag	+ 0.44	+ 0.44	+ 0.32
Cu	+ 0.14	+ 0.04	- 0.38
Pb	- 0.51	- 0.31	- 0.74
Fe	- 0.62	- 0.62	- 0.92

表 2 - 6　4 种金属在 3 种 pH 值时的理论保护电位

金属	理论保护电位/V（相对于 SCE）		
	pH = 0	pH = 7	pH = 14
Ag	+ 0.19	+ 0.19	+ 0.07
Cu	- 0.11	- 0.21	- 0.63
Pb	- 0.76	- 0.56	- 0.99
Fe	- 0.87	- 0.87	- 1.17

表 2 - 7　4 种金属在 3 种 pH 值时的理论保护电位

金属	理论保护电位/V（相对于 CSE）		
	pH = 0	pH = 7	pH = 14
Ag	+ 0.13	+ 0.13	+ 0.01
Cu	- 0.17	- 0.27	- 0.69
Pb	- 0.82	- 0.62	- 1.05
Fe	- 0.93	- 0.93	- 1.23

在实践中,不少人习惯上常采用电位为 - 0.85V（相对于 CSE）作为在土壤及海水等介质中的钢铁结构物的阴极保护电位标准,该经验值比上述理论保护电位要正一些,但因多数情况下,铁的腐蚀速率在此电位下相对来说已非常小,因此被广泛采用。当介质中含硫酸盐还原菌时,通常采用 - 0.95V（相对于 CSE）作为保护电位。

在使金属的电位降低至其免蚀区而实施阴极保护时,应当注意以下几个问题。

(1)氢脆问题。当电位降至氢平衡线以下时,在一定过电位条件下发生析氢反应。电位越低,析氢越严重,有可能导致氢脆。高强度钢的氢脆敏感性大,尤为危险。对强度较低的钢,则可能产生氢鼓泡。

（2）气化问题。某些金属,如 Pt、Sn、As、Sb、Bi 等,在电位足够负时,会生成氢化物,甚至气态产物,这种情况下,不但不能进行阴极保护,反而会加速腐蚀。

（3）碱化问题。实践中常遇到的阴极去极化反应主要包括析氢反应和氧还原反应,均可导致 pH 值升高。在传输和扩散受到限制的条件下,如在土壤或静止的水中,加速了这种碱化作用,对两性金属如 Pb 等,会导致阴极腐蚀,因此,在这类金属的阴极保护中,很重要的一点也是不允许电位降至太负。此外,过度的碱化,还易导致油漆涂层的皂化,结果使被保护的面积增大,阴极保护效率降低。

2）金属的大气腐蚀

室外大气腐蚀一般是一种电化学过程,仅仅在金属表面有水膜等电解液存在时才会发生。水膜的形成一般是由于吸湿性盐类从大气中吸收水分所致。这种吸收作用通常在超过一定相对湿度的条件下发生。临界相对湿度数值取决于金属以及表面污染情况。

水膜中除含有来自空气中的氧以外,依地区环境而异,还可能或多或少含有一些其他物质,如硫的氧化物 SO_x、CO_2、氮的氧化物 NO_x、氯化物等。对雨水以及金属表面上收集到的水进行分析表明,金属表面水膜的 pH 值在 2~7 之间,空气被硫化物严重污染时,pH 值较低,空气清洁时,pH 值较高。可利用电位 - pH 图来研究金属表面大气腐蚀反应的热力学可能性以及不同腐蚀产物的生成条件。国外学者曾利用电位 - pH 图以及浓度 - pH 图对 4 种普通结构材料（Fe、Zn、Al、Cu）的大气腐蚀行为进行研究。

普通碳钢在大气中是不稳定的。大气中 SO_2 污染严重,碳钢的大气腐蚀速率较高。铁锈中氯化物的污染也影响钢的腐蚀速率,其作用之一是降低从大气中吸收水分的临界相对湿度。普通碳钢在大气中本身不能生成保护性膜层,所以常常施加表面涂层,如防锈漆、锌或铝镀层等。利用 Cu、P、Cr、Si、Ni、Mn 等元素的合金化作用开发低合金耐候钢,因在表面能生成保护性的锈层,也可改善耐蚀性能。

国外研究表明,普通碳钢上形成的锈层一般可分为两层:接近于钢/锈界面的内层主要由非晶态 FeOOH 以及一些结晶态的 Fe_3O_4 所组成;外层由疏松的、结晶态的 α - FeOOH 和 γ - FeOOH 所组成。因此,在研究普通碳钢发生锈蚀的热力学反应的可能性时,应采用考虑固态物质为 Fe、Fe_3O_4 和 FeOOH 的 Fe - H_2O 系电位 - pH平衡图。

大气腐蚀主要起始于吸湿性沉淀物下面的钢铁表面,此处由于吸收水分而形成电解质,锈蚀也可起始于 MnS 一类的表面夹杂处（表面变湿时,夹杂可能发生溶解）。在含 SO_2 的大气中,这样形成的锈蚀产物几乎可以完全吸收到达表面的 SO_2,且对所吸收的 SO_2 起催化作用而形成硫酸盐堆积物。当表面由于雨水、露水或吸收水分而变得湿润时,硫酸盐与周围区域相结合便形成腐蚀电池。

从以上关于碳钢的讨论可见,电位－pH 图可成为讨论大气腐蚀现象的理论基础。但也有不少局限之处,特别是在估计腐蚀表面电解液成分方面,由于季节性的气候变化,浓度将发生很大波动,因此,需要更多有关在浓溶液中腐蚀行为的知识,以便更深刻地了解金属的大气腐蚀问题。

2.2 电化学腐蚀动力学

研究金属的电极电位和电化学腐蚀热力学,其目的是了解腐蚀的倾向。在实际工程中,金属的腐蚀速率也是十分重要的研究内容。例如,在相同的电解质中,某些腐蚀倾向较大的金属(如 Al、Mg 等)的腐蚀速率比腐蚀倾向小的金属更低。因此,在了解电化学体系的平衡态后,还必须研究电化学腐蚀过程动力学方面的问题。本节首先概述电极的极化现象;其次分别介绍电化学极化和浓度极化两种类型,着重说明伊文思极化图及其应用;最后介绍测定腐蚀速率的电化学方法。

2.2.1 电极的极化现象

电极体系是两类导体串联组成的体系,断路时两类导体中都没有载流子的流动,只在电极/溶液界面上有氧化反应与还原反应的动态平衡及由此所建立的相间电位(平衡电位);而有电流通过电极时,就表明外线路和金属电极中有自由电子的定向移动,溶液中有正、负离子的定向运动,且在金属/溶液界面上有一定的静电极反应,使得两种导电方式得以相互转化。这种情况下,只有界面反应速度足够快,能够将电子导电带到界面的电荷及时地转移给离子导体,才不致使电荷在电极表面积累,造成相间电位差的变化,从而保持住未通电时的平衡状态。可见,有电流通过时,产生了一对新的矛盾。一方为电子的流动,它起着在电极表面积累电荷、使电极电位偏离平衡状态的作用,即极化作用;另一方是电极反应,它起着吸收电子运动所传递过来的电荷、使电极电位恢复平衡状态的作用,可称为去极化作用。电极性质的变化就取决于极化作用和去极化作用的对立统一。

试验表明,电子运动速度往往大于电极反应速度,因而通常是极化作用占主导地位。也就是说,当有电流通过时,阴极上,由于电子流入电极的速度大,造成负电荷的积累;阳极上,由于电子流出电极的速度大,造成正电荷积累。因此,阴极电位向负移动,阳极电位则向正移动,都偏离了原来的平衡状态,产生了所谓"电极的极化"现象。由此可见,电极极化现象是极化与去极化两种矛盾作用的综合结果,其实质是电极反应速度跟不上电子运动速度而造成的电荷在界面的积累,即产生电极极化现象的内在原因正是电子运动速度与电极反应速度之间的矛盾。一般情况下,电子运动速度大于电极反应速度,故通电时电极总是表现出极化现象。但是,也有两种特殊的极端情况,即理想极化电极与理想不极化电极。所谓理想极化电极就是在一定条件下电极上不发生电极反应的电极。这种情况下,通电时不存在去极化作用,流入电极的电荷全都在电极表面不断积累,只起到改变电极电位,即改变双电层结构的作用。所以,可根据需要,通以不同的电流密度,使电极极化到人们所需要的电位。像研究双电层结构时常用到的滴汞电极在一定电位范围内就属于这种情况;反之,如果电极反应速度很快,以至于去极化与极化作用接近于平衡,有电流通过电极电位几乎不变化,即电极不出现极化现象。这类电极就是理想不极化电极。

将同样面积的 Zn 和 Cu 浸入 3% 的 NaCl 溶液中,构成腐蚀电池,Zn 为阳极,Cu 为阴极,两电极通过装有电流表 A 和开关 K 的导线连接起来,如图 2 – 2 所示。分别测得两电极的开路电位(稳态电位)为 $E_{0,Zn} = -0.80V$、$E_{0,Cu} = 0.05V$,测得原电池的总电阻 $R = 230\Omega$。

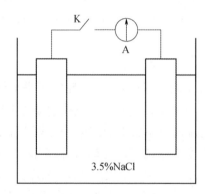

图 2 – 2　Cu – Zn 腐蚀电池图

开路时,由于电阻 $R \to \infty$,故 $I_0 \to 0$。

开始短路的瞬间,电极表面来不及发生变化,流过电池的电流可根据欧姆定律计算,有

$$I_{始} = (E_{0,Cu} - E_{0,Zn})/R$$
$$= [0.05 - (-0.80)] \div 230$$
$$= 3.7 \times 10^{-3}(A)$$

但短路后几秒到几分钟内,电流逐渐减小,最后达到稳定值 0.2mA。此值仅为起始电流的 1/18。这是什么原因呢?根据欧姆定律,影响电池电流大小的因素有两个,一是电池的电阻,二是两电极间的电位差。在上述情况下,电池的电阻没发生多大变化,因此电流的减小必然是由于电池电位差减小的缘故,即两电极的电位发生了变化。电池接通后,阴极电位 E 向负方向变化,阳极电位 E 向正方向变化。

结果使腐蚀电池的电位减小了,腐蚀电流急剧降低,这种现象称为电池的极化作用。

试验表明,在电化学体系中,发生电极极化时,阴极的电极电位总是变得比平衡电位更负,阳极的电极电位总是变得比平衡电位更正。因此,电极电位偏离平衡电位向负移称为阴极极化,向正移称为阳极极化。在一定的电流密度下,电极电位 E 与平衡电位 E_e 的差值称为该电流密度下的过电位,用符号 η 表示,即

$$\eta = E - E_e \tag{2 - 17}$$

过电位 η 是表征电极极化程度的参数,在电极过程动力学中有重要的意义。习惯上取过电位为正值。应该说明,实际中遇到的电极体系,在没有电流通过时,并不都是可逆电极。也就是说,在电流为零时,测得的电极电位可能是可逆电极的平衡电位,也可能是不可逆电极的稳定电位。极化和过电位是两个不同的概念。只有当电极上仅有一个电极反应并且外加电流为零时的电极电位就是这个电极反应的平衡电位时,极化的绝对值才等于这个电极反应的过电位值。当一个电极的静止电位为非平衡稳定电位时,该电极极化的绝对值与这个电极上发生的电极反应的过电位值并不相同。

2.2.2　极化的类型

电极极化的原因及类型与控制步骤相关联,电极的极化主要是电极反应过程中控制步骤所受阻力的反映。根据极化产生的原因,结合控制步骤的不同,可简单地将极化类型分为浓差极化、电化学极化、电阻极化等。

1. 浓差极化

电流通过电极时,如果电子转移步骤快于反应物或产物的液相传质步骤,则电极表面和溶液深处的反应物和产物的浓度将出现差异,由于这种浓度差引起的电极电位的变化,称为浓差极化。在阳极浓差极化过程中,阳极溶解产生的金属离子,首先进入阳极表面附近的液层中,使之与溶液深处产生浓差。由于阳极表面金属离子扩散速度制约,阳极附近金属离子浓度逐渐升高,相当于电极浸入高浓度金属离子的溶液中,导致电位正移,产生阳极极化。以 Zn 的阳极氧化过程为例进行说明。当电流通过电极时,金属 Zn 溶解下来的 Zn^{2+} 来不及向本体溶液中扩散,Zn^{2+} 在 Zn 电极附件的浓度将大于本体溶液中的浓度,就好像是将此电极浸入一个浓度较大的溶液中,而通常所说的平衡电极电位都是指相对于本体溶液的浓度来说,显然,此电极电位将高于其平衡电位值,这种现象即为阳极浓差极化。另外,阴极附近反应物或反应产物扩散速度缓慢而引起的阴极浓差极化,使电位发生负移。通常阴极表面浓差引起的极化比阳极更加显著。用搅拌的方法可使浓差极化减小,但由于电极表面扩散层的存在,不可能将其完全消除。

2. 电化学极化

电极过程受电化学反应速度控制,由于电荷传递缓慢而引起的极化称为电化学极化。电化学步骤的缓慢是由于阳极反应或阴极反应所需的活化能较高所致,因此电极电位必须正移或负移,才能使反应以一定速度进行。电化学极化又称为活化极化。阳极电化学极化过程中是金属离子从金属基体转移到溶液中,并形成水化离子的过程。由于反应需要一定的活化能,使阳极溶解反应的速度迟缓于电子移动的速度,这样金属离子浸入溶液的反应速度小于电子由阳极通过导体移向阴极的速度,结果使阳极上积累过多的正电荷,阳极表面上正电荷数量的增多就相当于电极电位向正方向移动。另外,由于阴极还原反应需达到一定的活化能才能进行,当阴极还原反应速度小于电子进入阴极的速度时,就会使电子在阴极堆积,电子密度增高,导致阴极电位发生负移,产生阴极电化学极化。

产生阴极或阳极电化学极化的原因,本质上是由于电子运动速度远远大于电极反应得失电子速度而引起的,在阴极上有过多的负电荷积累,在阳极上有过多的正电荷积累,因此出现电极的电化学极化。

3. 电阻极化

由于电极反应过程中金属表面生成氧化膜,或在腐蚀过程中形成腐蚀产物膜时,膜的电阻率远高于基体金属,当金属离子通过这层膜进入溶液,或者阳极反应生成的水化离子通过膜中充满电解液的微孔时,将产生电压降,使电位显著正移,由此引起的极化称为电阻极化。

对于不形成表面膜的电极体系来说,电阻极化主要是由溶液的电阻决定的,对于电导率很低的体系,如高纯水,电阻极化可达几伏至几十伏,酸、碱、盐溶液的电导率都很高,电阻极化较小。

2.2.3 伊文思极化图及其应用

1. 腐蚀极化图的概念

腐蚀极化图的概念最早由英国腐蚀科学家伊文思(Evans)提出,所以也叫伊文思腐蚀极化图。在研究金属电化学腐蚀时,经常要使用腐蚀极化图来分析腐蚀过程的影响因素和腐蚀速率大小。

如果忽略理想极化曲线中的电极电位随电流密度变化的细节,则可以将理想极化曲线画成直线的形式,并以电流强度而不是电流密度作横坐标,这样得到的电极电位 – 电流关系就是腐蚀极化图,如图 2 – 3 所示。在腐蚀极化图中,一般横坐标表示电流强度,而不是电流密度,因为一般来说,腐蚀电池的阴极和阳极的面积是不相等的,但阴极和阳极上的电流总是相等的,故在研究腐蚀问题及解释电化学腐蚀现象时,用电流强度代替电流密度十分方便。腐蚀极化图构成了电化学腐蚀的理论基础,是研究电化学腐蚀的重要工具。根据腐蚀极化图很容易确定腐蚀电位并解释各种因素对腐蚀电位的影响,所以对腐蚀机理及其控制因素进行理论分析时,经常要用到腐蚀极化图。

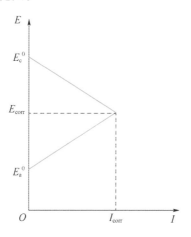

图 2 - 3　腐蚀极化图

图 2 - 3 中阴、阳极的起始电位就是阴极和阳极的平衡电位,分别用 E_c^0 和 E_a^0 表示。若忽略溶液的欧姆电阻,腐蚀极化图有一个交点,交点对应的电位即为这一对共轭反应的腐蚀电位 E_{corr},与此电位对应的电流即为腐蚀电流 I_{corr}。如果不能忽略金属表面膜电阻或溶液电阻,则极化曲线不能相交,对应的电流就是金属实际的腐蚀电流,它要小于没有欧姆电阻时的电流 I_{max}。

由于腐蚀过程中阴极和阳极的极化性能不总是一样的,通常采用腐蚀极化图中极化曲线的斜率表示它们的极化程度,腐蚀电化学体系中阴极过程和阳极过程的平均极化率,分别用符号 P_c 和 P_a 表示。

阴极极化率为

$$P_c = \frac{\Delta E_c}{I_{corr}} \qquad (2-18)$$

阳极极化率为

$$P_a = \frac{\Delta E_a}{I_{corr}} \qquad (2-19)$$

例如,电极的极化率较大,则极化曲线较陡,电极反应过程的阻力也较大;而电极的极化率较小,则极化曲线较平坦。电极反应就容易进行。

因为金属电化学腐蚀推动力为 $E_{c,e} - E_{a,e}$,腐蚀的阻力为 P_c、P_a 和 R,所以腐蚀电流与它们的关系为

$$I_{corr} = \frac{E_{c,e} - E_{a,e}}{P_c + P_a + R} \qquad (2-20)$$

当体系的欧姆电阻等于零时,有

$$I_{corr} = \frac{E_{c,e} - E_{a,e}}{P_c + P_a} \qquad (2-21)$$

由式(2-18)、式(2-19)和式(2-20)得

$$\Delta E_{c,e} - \Delta E_{a,e} = IP_c + IP_a + IR = | \Delta E_c | + \Delta E_a + \Delta E_R \qquad (2-22)$$

式中:$E_{c,e} - E_{a,e}$为电化学腐蚀的驱动力;P_c、P_a和R分别是阴极过程阻力、阳极过程阻力和腐蚀电池的电阻。

起始电位的差值等于阴、阳极的极化值和体系的欧姆极化值之和,这个电位差就用来克服体系中的这3个阻力,通常将这些阻力称为腐蚀速率的控制因素或简称腐蚀的控制因素。

2. 腐蚀极化图的应用

在电化学腐蚀反应一系列中间步骤中,它们进行的难易程度各不相同。有的受扩散传质过程所控制,有的受电化学反应本身所控制。在腐蚀反应历程中最难进行的那个步骤,就成为决定腐蚀反应速度的控制步骤,或称定速步骤。例如,钢铁在天然水中的腐蚀过程,包含了铁的阳极溶解和溶解氧的阴极还原这组共轭反应。每个共轭反应都由一系列中间步骤所组成。其中,溶解氧向钢铁表面扩散的传质过程进行得最为困难,因此,它是控制钢铁在天然水中腐蚀速率的"瓶颈"。所以说"钢铁在天然水中的腐蚀,受溶解氧的扩散控制"。

在腐蚀过程中,如果某一步骤阻力最大,则这一步骤对于腐蚀进行的速度就产生主要影响。当R很小时,如果$P_c \gg P_a$,腐蚀电流I_{corr}主要由P_c决定,这种腐蚀过程称为阴极控制的腐蚀过程;如果$P_c \ll P_a$,腐蚀电流I_{corr}主要由P_a决定,这种腐蚀过程称为阳极控制的腐蚀过程;如果$P_c \approx P_a$,同时决定腐蚀速率的大小,这种腐蚀过程称为阴、阳极混合控制的腐蚀过程;如果腐蚀系统的欧姆电阻很大($R \gg P_c + P_a$),则腐蚀电流主要由电阻决定,成为欧姆电阻控制的腐蚀过程。图2-4是不同腐蚀控制过程的腐蚀极化图特征。

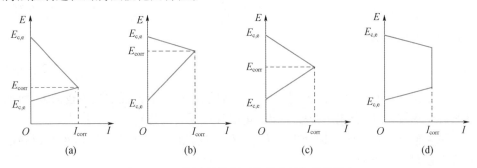

图2-4 不同腐蚀控制过程的腐蚀极化图特征

(a)阴极控制;(b)阳极控制;(c)混合控制;(d)欧姆电阻控制。

利用腐蚀极化图,不仅可以定性地说明腐蚀电流受哪一个因素所控制,而且可以定量计算各个控制因素的控制程度。如果用 C_c、C_a 和 C_R 分别表示阴极、阳极和欧姆电阻控制过程,则有以下表述。

(1)阴极控制过程:

$$C_c = \frac{P_c}{P_c + P_a + R} \times 100\% = \frac{\Delta E_c}{\Delta E_a + \Delta E_c + \Delta E_R} = \frac{\Delta E_c}{E_{c,e} - E_{a,e}} \quad (2-23)$$

(2)阳极控制过程:

$$C_a = \frac{P_a}{P_c + P_a + R} \times 100\% = \frac{\Delta E_a}{\Delta E_a + \Delta E_c + \Delta E_R} = \frac{\Delta E_a}{E_{c,e} - E_{a,e}} \quad (2-24)$$

(3)欧姆电阻控制过程:

$$C_R = \frac{P_R}{P_c + P_a + R} \times 100\% = \frac{\Delta E_R}{\Delta E_a + \Delta E_c + \Delta E_R} = \frac{\Delta E_R}{E_{c,e} - E_{a,e}} \quad (2-25)$$

在腐蚀电化学研究中,确定某一因素的控制程度有很重要的意义。为减少腐蚀程度,最有效的办法就是采取措施影响其控制因素,其中控制程度最大的因素成为腐蚀过程的主要控制因素,它对腐蚀速率有决定性的影响。对于阴极控制的腐蚀,若改变阴极极化曲线的斜率可使腐蚀速率发生明显的变化。例如,Fe 在中性或碱性电解质溶液中的腐蚀就是氧的阴极还原过程控制,若除去溶液中的氧,可使腐蚀速率明显降低。这种情况下采用缓蚀剂的效果就不明显。对于阳极控制的腐蚀,腐蚀速率主要由阳极极化率 P_a 决定。增大阳极极化率的因素,都可以明显地阻滞腐蚀。例如,向溶液中加入少量能促使阳极钝化的缓蚀剂,可大大降低腐蚀速率。

2.2.4　测定腐蚀速率的电化学方法

金属腐蚀试验方法种类繁多。按试样与环境的相互关系,可分为实验室试验、现场试验和实物试验;按试验方法的科学范畴,可分为物理、化学和电化学的试验方法;按试验结果,可分为定性考察和定量测量等。

实验室试验是将专门制备的小型金属试样在人造的受控制环境(介质)下进行的腐蚀试验。其优点是可充分利用实验室测试仪器及控制设备的精确性严格控制试验参数,同时试样的大小和形状可自由选择,试验周期较短,结果重现性较好。因此,实验室试验被广泛地用于测定金属腐蚀速率,评选金属材料、涂层和缓蚀剂的优劣,还可进行腐蚀机理的研究和各种防护方法的探索。实验室试验又可分为模拟试验和加速试验。实验室模拟试验是在实验室的小型模拟装置中,尽可能精确地模拟自然环境或生产中遇到的介质和条件而进行的试验。这种方法如果设计合理,将得到比较可靠的结果,但试验周期长、费用高。实验室加速试验方法是在不改变腐蚀机理的前提下,强化一个或少数几个控制因素,以便在较短的时间内评定出材料、涂层、缓蚀剂的优劣，用于筛选材料和检验产品质量。

现场试验是把专门制备的金属试样置于实际应用条件（自然环境或工业生产条件）下进行的试验。其最大特点是环境的真实性，试验结果比实验室试验可靠，而且方法也简单方便。但缺点是环境因素无法控制，腐蚀条件变化大、试验周期长、试样易失落，试验结果的重现性较差，而且试样与实物之间毕竟有许多差异。因此，现场试验结果若不足以得出重要结论的话，就需要进一步做实物试验。

实物试验是将所要试验的实物部件、设备或小型试验性装置在实际使用环境下进行的试验。这种方法周期长、费用高，只有在一些重要材料和设备耐蚀性的最终考核时应用。

金属腐蚀速率的测定方法也很多，失重法仍然是普遍采用的方法之一，但存在试验周期长等问题，不能满足快速、简便的要求。而电化学方法测定金属腐蚀速率的优点是快速、简便并可用于现场监控，因此近年来越来越受到重视。

1. Tafel 直线外推法

根据极化曲线的 Tafel 直线可以测定金属的腐蚀速率。因为当用直流电对腐蚀金属电极进行大幅度极化时，真实极化曲线呈直线并与理想极化曲线重合，可以认为腐蚀金属电极的表面上只有一个电极反应进行。当极化值的绝对值大于 50mV 时，就进入了强极化区。

在进入强阳极极化区后，阴极反应的电流密度可以忽略不计，于是极化值（$\Delta E = E - E_{\text{corr}}$）与外测阳极电流密度的关系为

$$i_{\text{a}} = i_{\text{corr}}\exp\left(\frac{2.3\Delta E}{b_{\text{a}}}\right) \qquad (2-26)$$

或

$$\Delta E = b_{\text{a}}\lg i_{\text{a}} - b_{\text{a}}\lg i_{\text{corr}} \qquad (2-27)$$

同理，将腐蚀金属电极化到强阴极极化区后，腐蚀金属电极阳极溶解反应的电流密度可以忽略不计，此时，ΔE 与外测阴极电流密度绝对值的关系为

$$i_{\text{c}} = i_{\text{corr}}\exp\left(-\frac{2.3\Delta E}{b_{\text{c}}}\right) \qquad (2-28)$$

或

$$\Delta E = -b_{\text{c}}\lg|i_{\text{c}}| + b_{\text{c}}\lg i_{\text{corr}} \qquad (2-29)$$

式（2-27）和式（2-29）为极化值 ΔE 和极化电流密度之间的半对数关系。故在强极化区，如果传质过程足够快，ΔE 对 $\lg i$ 作图可得直线（图 2-5），此直线即称为 Tafel 直线，由相应的直线的斜率可以分别求得阳极 Tafel 斜率 b_{a} 和阴极 Tafel 斜率 b_{c}。极化曲线的这一区段称为 Tafel 区，也叫强极化区。

由于在强极化区极化曲线 i_{a} 和 i_{c} 分别与 $i_{1,\text{a}}$ 和 $i_{2,\text{c}}$ 重合，因此，其 Tafel 直线延长线的交点就是反应 $i_{1,\text{a}}$ 和 $i_{2,\text{c}}$ 的交点。所以将两条 Tafel 直线延长到 $\Delta E = 0$（即

$E = E_{corr}$)处,两条 Tafel 直线的交点所对应的电流为腐蚀速率 i_{corr}。可见,测定强极化区的稳态极化曲线可求得 Tafel 斜率 b_a 和 b_c 以及腐蚀电流 i_{corr} 这 3 个动力学参数。

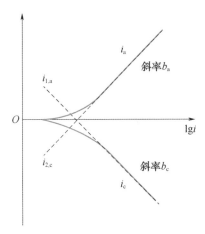

图 2-5 强极化区 Tafel 直线外推法求 i_{corr}

Tafel 直线外推法常用于测定酸性溶液中金属腐蚀速率及缓蚀剂的影响。因为这种情况下容易测得极化曲线的 Tafel 直线段,而且可以研究缓蚀剂对于腐蚀电位、腐蚀速率、b_a 和 b_c 等动力学参数的影响。

2. 微极化区的线性极化法

根据经验,一般在 $\Delta E = \pm 10\text{mV}$ 范围内的极化为微极化。在此条件下,腐蚀金属电极的极化曲线方程式按泰勒级数展开,可得(由于 ΔE 很小,级数中的高次项忽略)

$$i = i_{corr}\left(\frac{2.3\Delta E}{b_a} + \frac{2.3\Delta E}{b_c}\right) = \frac{2.3(b_a + b_c)}{b_a b_c}i_{corr}\Delta E \qquad (2-30)$$

或

$$\Delta E = \frac{b_a b_c}{2.3(b_a + b_c)i_{corr}}i \qquad (2-31)$$

由式(2-31)可见,ΔE 与 i 成正比,即在 $\Delta E < 10\text{mV}$ 内,极化曲线为直线,直线的斜率称为极化电阻 R_p,即

$$R_p = \frac{b_a b_c}{2.3(b_a + b_c)i_{corr}} \qquad (2-32)$$

极化电阻 R_p 定义为极化曲线在 $\Delta E = 0$ 处(即在腐蚀电位处)切线的斜率,即

$$R_p = \left(\frac{\mathrm{d}\Delta E}{\mathrm{d}i}\right)_{\Delta E \to 0} = \frac{b_a b_c}{2.3(b_a + b_c)i_{corr}} \qquad (2-33)$$

R_p 的单位是 $\Omega \cdot cm^2$，相当于腐蚀金属电极的面积为单位值时的电阻值，因此，R_p 称为腐蚀金属电极的极化电阻。

所以有

$$i_{corr} = \frac{b_a b_c}{2.3(b_a + b_c)} \frac{1}{R_p} \qquad (2-34)$$

令

$$B = \frac{b_a b_c}{2.3(b_a + b_c)} \qquad (2-35)$$

则

$$i_{corr} = \frac{B}{R_p} \qquad (2-36)$$

对于一个具体的腐蚀过程来说，B 是一个常数，所以腐蚀速率与腐蚀电位附近线性极化区极化曲线的斜率 – 极化阻率 R_p 成反比。如果已知 b_a 和 b_c（从试验中测得或从文献中选取）的值，或者通过失重法进行校正求得 B 的值，那么按一定时间间隔在线性极化区（如在 $\Delta E \leqslant 10mV$ 的范围内）测量 R_p，以 R_p 对测量时间作图，利用图解积分法求得测量时间内的 R_p 平均值，代入式（2-34）就可算出测量时间内的平均腐蚀速率。所以，式（2-32）、式（2-34）就是线性极化法测定腐蚀速率的基本公式，也称为线性极化方程式。

对于不同的腐蚀体系来说，B 值的变化范围并不很大。例如，对于活性区的腐蚀体系，B 值的变化范围为 $17 \sim 26mV$。因此，如果腐蚀体系稍有变化，如溶液中添加了一些缓蚀剂或者低合金钢的成分有少许改变，可以近似地认为 B 值改变不大，而如果极化电阻 R_p 有明显变化，可以认为腐蚀体系的这种改变对腐蚀速率有很大的影响。因此，极化电阻 R_p 成了腐蚀电化学的另一个重要的热力学参数。

线性极化法起源于 20 世纪 50 年代末，它是在西蒙斯（Simmons）、斯科特（Skold）和拉松（Larson）等的试验观察基础上，由斯特恩（Sten）和盖里（Geary）从理论上推导出基本方程式以后逐渐在工业上得到应用的。

Sten 和 Geary 在推导线性极化方程式时作了两点假设。

（1）构成腐蚀体系的阴极反应和阳极反应皆受线性极化控制，浓差极化及电阻极化均可忽略。

（2）腐蚀电位与阴极反应和阳极反应的平衡电位都相距甚远。

式（2-34）也包含了以下两种极限情况。

（1）对于阳极反应受线性极化控制，而阴极反应受浓差极化控制的腐蚀体系，阴极极化曲线的塔菲尔斜率 $b_c \rightarrow \infty$，则式（2-34）成为

$$i_{corr} = \frac{2.3}{b_a} \frac{1}{R_p} \qquad (2-37)$$

（2）对于阴极反应受线性极化控制，阳极反应受钝化状态控制的腐蚀体系，因为阳极极化曲线的塔菲尔斜率 $b_a \to \infty$。则式（2－34）成为

$$i_{corr} = \frac{2.3}{b_c} \frac{1}{R_p} \qquad (2-38)$$

3. 弱极化区的三点法

由于强极化对腐蚀体系扰动太大，而线性极化法的近似处理会带来一定误差，因此，20 世纪 70 年代初，巴纳特（Barnartt）等提出了处理弱极化数据的三点法和四点法，即利用强极化区与微极化区之间的数据测定腐蚀速率。这时过电位 η 约在 $10 \sim 70$mV 范围内，因此称为弱极化法。弱极化法不仅可以同时测定腐蚀电流 i_{corr}、b_a 和 b_c，而且避免了强极化法的缺点和线性极化法需要另外测得 b_a 和 b_c 值的麻烦，是电化学中测定金属腐蚀速率的精确方法。

三点法就是在弱极化区选定 3 个适当的过电位 η 值，第一点 A_1 为阳极过电位等于 η、电流为 $(i_{A,1})_\eta$ 的点；第二点 C_1 为阴极过电位等于 η、电流为 $(i_{C,1})_\eta$ 的点；第三点 C_2 为阴极过电位等于 2η、电流为 $(i_{C,2})_\eta$ 的点。根据金属腐蚀速率基本方程式，可得

$$i_{A,1} = i_{corr} \left[\exp\left(\frac{2.3\eta}{b_a}\right) - \exp\left(\frac{-2.3\eta}{b_c}\right) \right] \qquad (2-39)$$

$$i_{C,1} = i_{corr} \left[\exp\left(\frac{2.3\eta}{b_c}\right) - \exp\left(\frac{-2.3\eta}{b_a}\right) \right] \qquad (2-40)$$

$$i_{C,2} = i_{corr} \left[\exp\left(\frac{4.6\eta}{b_c}\right) - \exp\left(\frac{-4.6\eta}{b_a}\right) \right] \qquad (2-41)$$

令

$$u = \exp\frac{2.3\eta}{b_c}, \quad v = \exp\frac{-2.3\eta}{b_a}, \quad r = \frac{(i_C)_\eta}{(i_A)_\eta}, \quad s = \frac{(i_C)_{2\eta}}{(i_C)_\eta}$$

则

$$r = \frac{i_{corr}(u - v)}{i_{corr}\left(\dfrac{1}{v} - \dfrac{1}{u}\right)} = uv \qquad (2-42)$$

$$s = \frac{i_{corr}(x^2 - y^2)}{i_{corr}(u - v)} = u - v \qquad (2-43)$$

由式（2－40）和式（2－41）可解得 u、v 及 $u-v$：

$$u - v = \sqrt{(u + v)^2 - 4uv} = \sqrt{s^2 - 4r} \qquad (2-44)$$

$$u = \frac{1}{2}\left[(u + v) + (u - v)\right] = \frac{1}{2}\left(s + \sqrt{s^2 - 4r}\right) \qquad (2-45)$$

$$u = \frac{1}{2}\left[(u + v) - (u - v)\right] = \frac{1}{2}\left(s - \sqrt{s^2 - 4r}\right) \qquad (2-46)$$

因此,可由试验数据得 η、i_C、r、s 算出腐蚀速率 i_{corr}、b_a 和 b_c,即

$$i_{corr} = \frac{i_C}{u - v} = \frac{i_C}{\sqrt{s^2 - 4r}} \qquad (2-47)$$

$$b_c = \frac{\eta}{\log u} = \frac{\eta}{\log(s + \sqrt{s^2 - 4r}) - \log 2} \qquad (2-48)$$

$$b_a = \frac{\eta}{\log v} = \frac{\eta}{\log(s - \sqrt{s^2 - 4r}) - \log 2} \qquad (2-49)$$

若用作图法可得到更可靠的结果,即在弱极化区,$\eta = 10 \sim 70\mathrm{mV}$ 内每指定一个 η 值,可测 A_1、C_1、C_2 三点的试验数据,从而有一组 (η_1, i_C, r_1, s_1) 数据。改变 η 值可测得另一组数据等。将这一系列数据的 $\sqrt{s^2 - 4r}$ 对 i_C 作图,可得到图 2-6 所示的一条直线。由式(2-37)可知,该直线斜率的倒数就是金属腐蚀速率 i_{corr}。

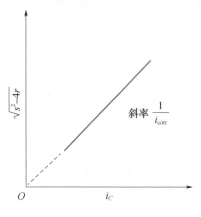

图 2-6　三点法求 i_{corr}

弱极化区三点法适用于电化学极化控制的、金属腐蚀电位偏离其阴、阳极反应平衡电位较远的均匀腐蚀体系。借助计算机,用曲线拟合技术也可以利用弱极化区的数据计算 i_{corr}、b_a 和 b_c 等参数。

2.3　氢去极化腐蚀和氧去极化腐蚀

2.3.1　阴极去极化的几种类型

原则上,所有能吸收金属中电子的还原反应,都可以构成金属电化学腐蚀的阴极过程。由阴极极化本质可知,凡能在阴极上吸收电子的过程(阴极还原过程)都能起去极化作用。阴极去极化反应可以分为以下几类。

(1)溶液中阳离子的还原反应。

氢去极化反应,即

$$2H^+ + 2e \longrightarrow H_2 \tag{2-50}$$

金属离子的沉积反应,即

$$Cu^{2+} + 2e \longrightarrow Cu \tag{2-51}$$

金属离子的变价反应,即

$$Fe^{3+} + e \longrightarrow Fe^{2+} \tag{2-52}$$

(2)溶液中阴离子的还原反应。

$$NO_3^- + 4H^+ + 3e \longrightarrow NO + 2H_2O \tag{2-53}$$

$$Cr_2O_7^{2-} + 14H^+ + 6e \longrightarrow 2Cr^{3+} + 7H_2O \tag{2-54}$$

(3)溶液中的中性分子还原反应。

氧去极化反应,即

$$O_2 + 2H_2O + 4e \longrightarrow 4OH^- \tag{2-55}$$

氯的还原反应,即

$$Cl_2 + 2e \longrightarrow 2Cl^- \tag{2-56}$$

(4)不溶性产物的还原反应。

$$Fe(OH)_3 + e \longrightarrow Fe(OH)_2 + OH^- \tag{2-57}$$

$$Fe_3O_4 + H_2O + 2e \longrightarrow 3FeO + 2OH^- \tag{2-58}$$

(5)溶液中有机化合物的还原反应。

$$RO + 4H^+ + 4e \longrightarrow RH_2 + H_2O \tag{2-59}$$

$$R + H^+ + e \longrightarrow RH \tag{2-60}$$

上述反应中,氢离子和氧分子还原反应是最为常见的两个阴极去极化过程,Fe、Zn、Al 等金属在稀酸溶液中的腐蚀,其阴极过程就是氢离子还原反应,因反应产物有 H_2 析出,此种情况下引起的腐蚀称为析氢腐蚀,也叫氢去极化腐蚀。析氢腐蚀是常见的、危害性较大的一类腐蚀。而 Fe、Zn、Cu 等金属在大气、海水、土壤和中性盐溶液中的腐蚀,其阴极过程是氧分子还原反应,由此引起的腐蚀,称为吸氧腐蚀,也叫氧去极化腐蚀。吸氧腐蚀是自然界普遍存在且破坏性最大的一类腐蚀。

2.3.2　氢去极化腐蚀

1. 析氢腐蚀的必要条件

以氢离子还原反应为阴极过程的腐蚀,称为析氢腐蚀。当金属的电位比氢电极电位更负时,两电极间存在一定的电位差,金属就与氢电极组成腐蚀电池并开始工作。阳极反应放出的电子不断地由阳极送到阴极,结果金属发生腐蚀,氢气不断地从金属表面逸出。从热力学角度讲,只有当金属的电极电位比氢电极的电位更负时,才有可能产生析氢腐蚀。所以,发生析氢腐蚀的必要条件是金属的电极电位必须低于析氢电位。

金属材料发生析氢腐蚀与溶液 pH 值及析氢过电位的大小有关。析氢过电位与通过的阴极电流密度、阴极材料和溶液组成等因素有关,可采用试验测定或 Tafel 方程式计算获得。可见,一种金属在给定的腐蚀介质中是否会发生析氢腐蚀,可通过上述计算来判断。一般来说,电位较低的金属,如 Fe、Zn 等及其合金在不含氧的非氧化性酸中发生腐蚀,则析氢反应是唯一的阴极过程。电位很负的金属,如 Mg 及其合金,不论在中性溶液还是碱性溶液中都发生析氢腐蚀。但是,对于一些强钝化性金属,如 Ti、Cr 等,从热力学计算可满足析氢腐蚀条件,但由于钝化膜在稀酸中仍很稳定,实际电位高于析氢电位,因而不发生析氢腐蚀。

2. 析氢腐蚀的控制

析氢腐蚀速率根据阴、阳极极化性能可分为阴极控制、阳极控制和混合控制。

1)阴极控制

以 Zn 在酸中的腐蚀为例,由于 Zn 的交换电流密度较大,Zn 的阳极溶解反应活化极化较小,而氢在 Zn 上的析出过电位却非常高,所以 Zn 在酸中的溶解就是阴极控制下的析氢腐蚀,腐蚀速率主要取决于析氢过电位的大小。在这种情况下,若 Zn 中含有较低氢过电位的金属杂质如 Cu、Fe 等,则阴极化减小,Zn 的腐蚀速率增大。相反,如果 Zn 中加 Hg,由于 Hg 上的析氢过电位很高,可使 Zn 的腐蚀速率大大下降。

Fe 在稀酸中的腐蚀与 Zn 不同,氢在 Fe 上的过电位比 Zn 锌上的过电位低得多,所以氢在 Fe 上析出的阴极极化曲线的斜率较小,虽然 Fe 的电极电位比 Zn 的正,但 Fe 在稀酸中的腐蚀速率却比 Zn 的腐蚀速率大。

由于 Fe 等过渡元素的交换电流密度较小,所以 Fe 的阳极反应的活化极化较大,其阳极极化曲线的斜率较大。因此,当向酸中加入相同微量的铂盐后,Zn 的腐蚀会被剧烈加速,而 Fe 的腐蚀增加得要少些。铂盐效应是由于铂盐在 Zn 和 Fe 表面上被还原成 Pt,而 Pt 上的氢过电位很低,使氢析出的阴极极化曲线变得较平坦所致。

2)阳极控制

阳极控制的析氢腐蚀主要发生在 Al、不锈钢等钝化金属在稀酸中的腐蚀。这种情况下,金属离子必须穿透氧化膜才能进入溶液,因此有很高的阳极极化。

当溶液中有氧存在时,Al、Ti、不锈钢等金属上钝化膜的缺陷处易被修复,因而腐蚀速率降低。当溶液中有 Cl^- 时,其钝化膜易被破坏,从而使腐蚀速率大大增加。这可能是由于 Cl^- 的易极化性质,容易在氧化膜表面吸附,形成含 Cl^- 的表面化合物(氧化－氯化物而不是纯氧化物)。由于这种化合物缺陷及其较高的溶解度,导致氧化膜的局部破裂。另外,由于吸附 Cl^- 排斥电极表面的电子,也会促使金属的离子化。

3）混合控制

因为 Fe 溶解反应的活化极化较大，氢在 Fe 上析出反应的过电位又属于中等大小，所以 Fe 及钢在稀酸中的腐蚀是混合控制的腐蚀过程。在给定电流密度下，碳钢的阳极极化和阴极极化都比纯 Fe 的低，这意味着碳钢的析氢腐蚀速率比纯 Fe 大。钢中含有杂质 S 时，可使析氢腐蚀速率增大，因为一方面可形成 Fe-FeS 局部微电池，加速腐蚀；另一方面钢中的 S 可溶于酸中，形成 S^{2-}。由于 S^{2-} 极易极化而吸附在铁表面，强烈催化电化学过程，使阴、阳极极化度都降低，从而加速腐蚀。这与少量硫化物加入酸中对钢的腐蚀起刺激作用的效果类似。

若含 S 的钢中加入 Cu 或 Mn，其作用有二：一是其本身是阴极，可加速 Fe 的溶解；二是可抵消 S 的有害作用。因为溶解的 Cu^+ 又沉积在 Fe 表面，与吸附的 S^{2-} 形成 Cu_2S，在酸中不溶（溶度积为 10^{-48}）。因此可消除 S^{2-} 对电化学反应的催化作用。加入 Mn 也可抵消 S 的有害作用，因为一方面可形成低电导的 MnS，另一方面减少了 Fe 中的含 S 量，且 MnS 比 FeS 更易溶于酸中。

从析氢腐蚀的阴极、阳极和混合控制可看出，腐蚀速率与腐蚀电位间的变化没有简单的相关性。沿腐蚀速率增加的方向下，阴极控制通常使腐蚀电位正移，阳极控制使腐蚀电位负移，混合控制下腐蚀电位既可正移也可负移，但变化不大，视具体情况而定。

3. 减小析氢腐蚀的途径

析氢腐蚀多数为阴极控制或阴、阳极混合控制的腐蚀过程，腐蚀速率主要决定于析氢过电位的大小。因此，为了减小或防止析氢腐蚀，应设法减小阴极面积，提高析氢过电位。对于阳极钝化控制的析氢腐蚀，则应加强其钝化，防止其活化。减小和防止析氢腐蚀的主要途径如下。

（1）减少或消除金属中的有害杂质，特别是析氢过电位小的阴极性杂质。溶液中可能在金属上析出的贵金属离子，在金属上析出后提供了有效的阴极。如果在它上面的析氢过电位很小，会加速腐蚀，也应设法除去。

（2）加入氢过电位大的成分，如 Hg、Zn、Pb 等。

（3）加入缓蚀剂，增加氢过电位。

（4）降低活性阴离子成分，如 Cl^-、S^{2-} 等。

在中性和碱性溶液中，由于 H^+ 的浓度较小，析氢反应的电位较负，一般金属腐蚀过程的阴极反应往往不是析氢反应，而是溶解在溶液中的氧还原反应。

2.3.3　氧去极化腐蚀

以氧的还原反应为阴极过程的腐蚀，称为吸氧腐蚀或氧去极化腐蚀。不同 pH

值条件下吸氧腐蚀的阴极还原反应为

$$O_2 + 2H_2O + 4e \longrightarrow 4OH^- \text{（中性或碱性介质）} \qquad (2-61)$$

$$O_2 + 4H^+ + 4e \longrightarrow 2H_2O \text{（酸性介质）} \qquad (2-62)$$

氧分子在阴极上的还原反应也称为氧的离子化过程。与氢离子还原反应相比，氧还原反应可以在正得多的电位下进行。因此，吸氧腐蚀比析氢腐蚀更为普遍。大多数金属在中性或碱性溶液中以及少数正电性金属在含有溶解氧的弱酸性溶液中的腐蚀，金属在土壤、海水、大气中的腐蚀都属于吸氧腐蚀。

1. 吸氧腐蚀的必要条件与特征

1）必要条件

与析氢腐蚀类似，发生吸氧腐蚀的必要条件是腐蚀电池中金属阳极电位必须低于氧还原反应电位。在阴极上，电位越正者，其氧化态越先还原而析出；同理，在阳极上起氧化反应，则电位越负者，越先氧化而析出。在同一溶液和相同条件下，氧还原反应电位比析氢电位正 1.229V。因此，溶液中只要有氧存在，首先发生的是吸氧腐蚀。

实际上金属在溶液中发生电化学腐蚀时，析氢腐蚀和吸氧腐蚀会同时存在，只是各自占有的比例不同而已。

但也应看到，氧是不带电荷的中性分子，氧在溶液中浓度很小，一般情况下，最高浓度约为 10^{-4} mol/L。所以，氧在溶液中以扩散方式到达阴极。因此，氧在阴极上的还原速度与氧的扩散速度有关，并会产生氧浓差极化。所以，吸氧腐蚀是阴极控制，而且在多数情况下吸氧腐蚀受氧向阴极表面的扩散速度控制。

2）吸氧腐蚀的特征

由以上分析可知，吸氧腐蚀的主要特征有以下 3 点。

（1）电解质溶液中，只要有氧存在，无论在酸性、中性还是碱性溶液中都有可能首先发生吸氧腐蚀。这是由于在相同条件下的溶液中，氧的平衡电位总是比氢的平衡电位正 1.229V 的缘故。

（2）氧在稳态扩散时，其吸氧腐蚀速率将受氧浓差极化的控制。氧的离子化过电位是影响吸氧腐蚀的重要因素。

（3）氧浓度对易钝化金属或合金具有双重作用，即氧可以起加速金属腐蚀的作用，氧也有抑制金属腐蚀的作用。

2. 吸氧腐蚀的控制

当金属发生吸氧腐蚀时，阳极过程发生金属的活性溶解，腐蚀过程常常受氧浓度扩散控制。吸氧腐蚀速率取决于下面两个因素：一是溶解氧向阴极表面的传输速度；二是氧在阴极表面上的放电速度。根据它们的相对大小，可将吸氧腐蚀大致分为以下 3 种情况。

1）氧离子化控制的吸氧腐蚀

如果金属在溶液中的电位较正，腐蚀过程中氧的传输速度又很大，则金属腐蚀速率主要由氧在电极上的放电速度所决定。此时，金属阳极溶解的极化曲线与氧的阴极还原反应极化曲线相交于氧离子化过电位区，腐蚀速率取决于该金属材料上的氧离子化过电位。铜在敞口容器内中性盐溶液中的腐蚀就属于这种情况。

2）氧扩散控制的吸氧腐蚀

如果金属在溶液中的电位较负，并处于活性溶解状态，而氧的传输速度又很慢，则金属离位速度将由氧的极限扩散电流密度大小所决定。此时，从腐蚀极化图可以看出，阳极极化曲线和阴极极化曲线相交在氧的扩散控制区内。因此，在一定的电位范围内，腐蚀电流不受阳极极化曲线斜率和金属阳极溶解的起始平衡电位的影响，腐蚀电流密度等于氧的极限扩散电流密度，说明吸氧腐蚀速率和金属本身的性质无关。锌、铁、普通碳钢和低合金钢浸入静止或轻微搅拌的中性盐水溶液或海水中的腐蚀速率没有明显的差别。即使通过调整合金成分或改变热处理工艺，能够增加金属表面阴极相的数量，但对氧扩散控制的金属腐蚀体系的腐蚀速率不能起多大的作用。因此，含碳量不同的碳钢在水中或在中性盐溶液中的腐蚀速率几乎相等。

3）氢、氧混合去极化腐蚀控制

如果金属在溶液中的电位很负，如 Mg 和 Mg 合金等金属在中性溶液中的腐蚀。金属的阳极溶解极化曲线与去极化剂的阴极极化曲线有可能相交于氧去极化反应和氢去极化反应同时起作用的电位范围之内。

在氧、氢混合去极化情况下，过电位与电流密度之间的函数关系是复杂的，可采用图解法合成氧还原反应和氢还原反应的阴极极化曲线而获得。但是，在此情况下究竟是以吸氧腐蚀还是以析氢腐蚀为主，则不仅取决于金属的性质，还取决于溶液的 pH 值和氧的浓度。例如，Fe 在充气海水中的腐蚀，其总的腐蚀电流中，吸氧反应占 95%，而析氢反应只占 5%。但 Fe 在充气的酸性溶液中的腐蚀，其情形正好相反。

除上述 3 种情况外，如果氧扩散速度和氧的阴极还原反应速度相差不多时，金属腐蚀速率则由氧的还原反应及氧的扩散过程混合控制。

3. 影响吸氧腐蚀的因素

1）溶解氧浓度的影响

对于非钝化金属来说，溶解氧浓度增大，氧的极限扩散电流密度增大，吸氧腐蚀速率也将增大。但是对易钝化的金属，氧浓度的作用要复杂得多。随着氧浓度不断增大，氧平衡电位发生正移，在液体流速等其他条件不变时，金属腐蚀速率也相应增大。但是当氧浓度继续增大至一定值时，此时氧极限扩散电流密度大于金属致钝电流密度,使金属由活性溶解状态转入钝化状态,金属的腐蚀速率反而会下降,这说明氧浓度对易钝化金属起着双重作用。

2)流速的影响

溶液流速对金属的腐蚀速率影响较大。在层流区,腐蚀速率随溶液流速的增加而缓慢上升,这时金属发生的腐蚀是全面腐蚀;当从层流转为湍流时,腐蚀速率急剧上升,发生金属的湍流腐蚀,但当溶液流速达到一临界值时,腐蚀速率就不再随流速增加了。当流速进一步增加到很大程度时,在高速流体作用下金属或合金将发生空泡腐蚀。这是因为在氧浓度一定的条件下,溶液流速越大,金属界面上的扩散层厚度越小,氧的极限扩散电流密度就越大,腐蚀速率也就越大。

对于易钝化的金属或合金,当它未进入钝态时,增加溶液流速会增强氧向金属或合金表面的扩散,有可能使氧的极限扩散电流密度达到或超过致钝电流密度,使金属形成钝态从而降低腐蚀速率。

3)盐浓度的影响

这里所指的盐是不具有氧化性或其他缓蚀性的盐。盐浓度对金属的腐蚀具有双重作用。一方面,盐浓度的增加有助于溶液的电导作用,同时,某些活性阴离子(如 Cl^-)的存在会加速金属的阳极溶解;另一方面,随着盐浓度的增加,氧在溶液中的溶解度会降低。盐浓度下的双重作用会导致金属腐蚀速率在某个盐浓度下具有最大值的特征。这是因为在盐浓度很低时,氧的溶解度比较大,供氧充分,此时,随着盐浓度的增加,由于电导率增加,吸氧腐蚀速率会有所上升。当盐浓度进一步增加时,会使氧的溶解度显著降低,从而吸氧腐蚀速率也随之下降。在中性溶液中,当 NaCl 含量达到 3% 时(大约相当于海水中 NaCl 的含量),Fe 的腐蚀速率达到最大值。

4)温度的影响

溶液温度升高能使氧的扩散速度和电极反应速度加快,因此,在一定温度范围内,腐蚀速率将随温度升高而增大。但是,温度升高会使氧在水溶液中的溶解度降低。因此,在敞开体系中,腐蚀速率随温度的升高有一个极值,Fe 的腐蚀速率约在 80℃ 达到最大值。然后随温度的升高而下降。在封闭系统中,由于体系温度升高,气相中氧的分压增加,从而增加氧在溶液中的溶解度,这就抵清了温度升高使氧溶解度降低的效应,因此,腐蚀速率将一直随温度升高而增大。

4. 析氢腐蚀与吸氧腐蚀的简单比较

通过上面的分析可以得出结论:析氢腐蚀多数为阴极控制或阴、阳极混合控制的腐蚀过程;吸氧腐蚀大多属于氧扩散控制的腐蚀过程,但也有一部分属于氧离子化反应控制(活化控制)或阳极钝化控制。析氢腐蚀和吸氧腐蚀的主要特点对比如表 2-8 所列。

表2-8　析氢腐蚀和吸氧腐蚀的比较

比较项目	析氢腐蚀	吸氧腐蚀
去极化剂性质	H^+可以对流、扩散和电迁移3种方式传质,扩散系数大	中性氧分子只能以对流和扩散传质,扩散系数较小
去极化剂的浓度	在酸性溶液中H^+作为去极化剂,在中性、碱性溶液中水分子作为去极化剂	浓度较小,在室温及普通大气压下,氧在中性水中饱和浓度约为0.005mol/L,其溶解度随温度的升高或盐浓度增加而下降
阴极反应产物	以氢气泡逸出,使电极表面附近的溶液得到附加搅拌	水分子或产物只能靠电迁移、对流或扩散离开,没有气泡逸出,得不到附加搅拌
腐蚀控制类型	阴极、阳极、混合控制类,并以阴极控制较多,而且主要是阴极的活化极化控制	阴极控制较多,并主要是氧扩散浓差控制,少部分属于氧离子化反应控制(活化控制)或阳极钝化控制
腐蚀速率的大小	在不发生钝化现象时,因H^+浓度和扩散系数都较大,所以单纯的氢去极化速度较大	在不发生钝化现象时因氧的溶解度和扩散系数都很小,所以单纯的吸氧腐蚀速率较小
合金元素或杂质的影响	影响显著	影响较小

参考文献

[1] 魏宝明.金属腐蚀理论及应用[M].北京:化学工业出版社,1984.

[2] 白新德.材料腐蚀与控制[M].北京:清华大学出版社,2005.

[3] 肖纪美,曹楚南.材料腐蚀学原理[M].北京:化学工业出版社,2002.

[4] 刘敬福.材料腐蚀及控制工程[M].北京:北京大学出版社,2010.

[5] 王凤平,康万利,敬和民,等.腐蚀电化学-原理、方法及应用[M].北京:化学工业出版社,2008.

[6] 孙跃,胡津.金属腐蚀与控制[M].哈尔滨:哈尔滨工业大学出版社,2003.

[7] 杨熙珍,杨武.金属腐蚀电化学热力学:电位-pH图及其应用[M].北京:化学工业出版社,1991.

[8] 查全性.电极过程动力学导论[M].北京:科学出版社,1976.

[9] 宋诗哲.腐蚀电化学研究方法[M].北京:化学工业出版社,1988.

［10］孙秋霞.材料腐蚀与防护［M］.北京:冶金工业出版社,2001.

［11］翁永基.材料腐蚀通论－腐蚀科学与工程基础［M］.北京:石油工业出版社,2004.

［12］王保成.材料腐蚀与防护［M］.北京:北京大学出版社,2012.

［13］龚敏.金属腐蚀理论及腐蚀控制［M］.北京:化学工业出版社,2009.

［14］张宝宏.金属电化学腐蚀与防护［M］.北京:化学工业出版社,2005.

第3章

常用的腐蚀防护技术

3.1 防腐蚀设计

防腐蚀设计是指为预防腐蚀破坏和损失而进行的机械设备、装置的设计,主要包括防腐蚀材料设计选择、防腐蚀结构设计和防腐蚀强度设计。防腐蚀设计是机械设备或装置设计生产的重要一环,应与结构设计同步开展,通过合理的选材、结构设计、强度设计等,从根本上消除腐蚀诱因或减轻腐蚀程度。例如,选择同类金属或者腐蚀电位相近的金属偶接,或者设计异种金属电绝缘结构,可消除电偶腐蚀;通过结构设计避免形成缝隙,可消除缝隙腐蚀;通过结构设计避免应力集中,可消除铝合金、钛合金应力腐蚀等。防腐蚀设计可从源头上消除或控制腐蚀发生,其防护效果往往优于发生腐蚀后再进行控制,对保证装置的可靠性、延长使用寿命具有重要意义。

3.1.1 确定使用环境条件及工况

腐蚀是材料与环境交互作用的结果,服役环境和工况对材料、结构的腐蚀破坏作用、防腐蚀技术选择具有重大影响,防腐蚀设计的首要任务是确定环境条件和工况条件。导致材料腐蚀的环境因素统称为腐蚀性环境因素,根据成因不同,又可分为自然环境因素和人为环境因素。自然环境因素包括温度、压力、湿度、溶解氧含量、盐雾、太阳辐射、微生物、动物等,人为环境因素包括高温环境、高流速环境、强酸性环境、强碱性环境、强辐射环境、应力环境、冲击环境、杂散电流环境等。有些腐蚀因素对腐蚀速率造成直接影响,如温度、酸碱度、溶解氧、流速等,有些腐蚀因素导致间接影响,如太阳辐射通过改变环境温度、湿度影响腐蚀以及微生物产生代谢产物影响腐蚀。腐蚀性环境因素的评价范围包括以下内容。

（1）大气腐蚀环境。首先确认大气腐蚀类型，如工业性大气、海洋性大气、农村大气、城郊大气；然后确定大气主要包含的腐蚀性物质和固体颗粒含量，如硫化物、氯化物、含氮化合物等；最后确定大气湿度、温度、降雨量、光照强度、主要风向和风速等。

（2）水腐蚀环境。首先确认是淡水还是海水环境；然后确定水中主要离子和含量、电导率、溶解氧含量、温度、流速、pH 值、泥沙等固体颗粒含量、污损生物、微生物等。

（3）土壤腐蚀环境。应确定土壤盐分、电阻率、氧化还原电位、含水量、含气量、pH 值、温度、微生物、有机物、杂散电流、气候条件等。

（4）高温腐蚀环境。首先确认高温腐蚀类型，如高温气态介质腐蚀、高温液态介质腐蚀、高温固体介质腐蚀；然后确定温度范围；最后确定腐蚀介质的化学组成。

（5）高速腐蚀环境。应确定腐蚀介质、速度范围、使用强度系数。

3.1.2　耐蚀材料的选择

材料选择不当是金属构件腐蚀失效的重要原因之一，根据装置的服役环境和工况，合理的选材是最重要也是应用最广泛的防腐蚀方法。正确的耐蚀材料选择原则如下。

1. 根据装置的环境工况合理选材

根据装置使用时所处的环境、腐蚀介质类型、温度、流速、压力、pH 值等条件，选择综合性能最佳、性价比最优的材料，如浓硫酸环境可选用普通碳钢，而稀硫酸环境中不能采用碳钢。金属材料在各种环境中的腐蚀数据可查阅《金属腐蚀手册》《腐蚀数据与选材手册》《材料的耐蚀性和腐蚀数据》、*Corrosion Data Survey* 等。对于新材料或者新的服役工况，缺少腐蚀数据支撑设计时，应慎重选用，必要时开展耐蚀性评价后选用。

2. 根据装置的功能及寿命要求综合选材

材料的物理、机械、加工性能往往与耐蚀性存在矛盾，难以同时满足，需要从装置的功能实现、加工制造、寿命保障等角度综合选材。装置对耐蚀性要求高时，应优选耐蚀性好的材料，物理、机械及加工性能可通过其他措施弥补；对力学性能、加工性能要求较高时，优选力学性能和加工性能好的材料，腐蚀问题通过相应防护手段解决，且防护技术应在设计阶段确定，避免产生制造阶段无法实施的问题。

3. 根据装置部位特点分级选材

腐蚀苛刻部位或者不易维护部位，应选择耐蚀性高的材料，如船舶舱底空间狭小、容易积水，腐蚀问题突出，且难以维护，舱底管路应选择耐蚀性好的铜镍合金管路甚至钛合金管路；腐蚀性低或者容易维护部位，可选择耐蚀性低、价格低的材料，如船舶甲板护栏可选用涂层防护的普通碳钢材料。

常见的腐蚀环境选材如表 3-1 所列。

表 3-1　常见的腐蚀环境选料

腐蚀环境	选材
碱溶液	镍及镍合金
浓硫酸	碳钢、低合金钢、不锈钢
稀硫酸	铅、铝、蒙乃尔合金
硝酸	不锈钢、钛及钛合金
海水环境	低合金钢、双相不锈钢、铜合金、钛合金等
大气环境	铝合金、镁合金、碳钢、不锈钢、铜合金等
土壤环境	碳钢、低合金钢等

3.1.3　防腐蚀结构设计

结构形式对均匀腐蚀、电偶腐蚀、缝隙腐蚀、应力腐蚀等影响显著,通过合理的结构设计可明显减轻上述腐蚀。结构设计主要注意事项包括以下内容。

1. 避免腐蚀介质累积和残留

设计的结构形式应简单、合理,表面状态应均匀、平滑,避免死角和排液不尽的死区,减少水分或腐蚀介质的累积和残留。金属结构和设备外形设计应避免局部间隙、凹槽等积水;储罐、容器等内表面结构设计应有利于腐蚀性介质排放,管路系统结构应保证介质流动顺畅,减小湍流强度。

2. 减少负荷

通过结构设计,降低设备运行温度、避免局部温升,降低管路腐蚀介质流速、避免局部流速过高等可显著降低腐蚀速率。

3. 防止缝隙腐蚀

缝隙腐蚀主要是缝隙内外溶解氧含量不同,产生明显的氧浓差,缝隙外部金属为阴极,缝隙内部金属为阳极,导致缝隙内部金属加速腐蚀。表面易形成氧化膜或钝化层的金属容易发生缝隙腐蚀,如不锈钢、铝合金等。缝隙腐蚀主要发生在密封面和连接部位,如法兰连接面、螺母压紧面等。结构设计时,对不可拆卸连接,应采用焊接取代法兰连接、铆接、胀接等;当设计过程中缝隙不可避免时,应当采取扩大缝隙、绝缘包覆等措施消除缝隙腐蚀。此外,固体悬浮物的沉积是造成缝隙腐蚀的另一重要原因,结构设计应考虑固体悬浮物的沉积和过滤处理。

4. 防止电偶腐蚀

不同金属材料在腐蚀介质中呈现不同的腐蚀电位,当异种金属电连接后,由于存在电位差,产生原电池腐蚀,电位较负的金属加速腐蚀。腐蚀介质、异种金属电连接、存在电位差是电偶腐蚀发生的 3 个必要条件,为满足装置性能要求而必须选用不同金属材料时,可从以下 3 个方面设计防止电偶腐蚀。

1)绝缘处理

通过绝缘处理,避免异种金属电连接,隔断电子传导通路,可消除电偶腐蚀。绝缘处理方法有绝缘组件技术,表面绝缘处理技术,绝缘包覆技术等。绝缘组件技术主要用于法兰连接的异种金属电绝缘,如铜镍合金管路与铝青铜截止阀连接绝缘处理,如图 3 -1 所示。表面处理绝缘技术主要通过微弧氧化、阳极氧化、喷涂等技术手段在金属表面形成一层绝缘层实现异种金属隔断,如钛合金微弧氧化处理、静电喷涂聚醚醚酮等。绝缘包覆通过有机材料将异种金属包覆,使其与腐蚀介质隔离,消除电偶腐蚀。

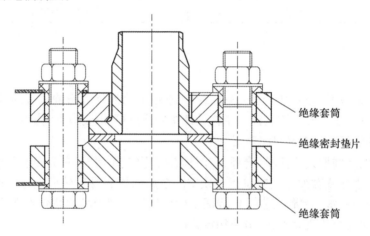

绝缘套筒
绝缘密封垫片
绝缘套筒

图 3 -1　法兰绝缘结构示意图

2)减小异种金属间电位差

不能采用相同材料也无法做绝缘处理时,应选用自腐蚀电位相近的材料;如果结构不允许,所选用的两种材料电位差很大时,可以采取自腐蚀电位介于两者之间材料过渡的结构,减小电位差。

3)避免大阴极小阳极结构

当异种金属电连接难以避免,且电位差较大的情况下,应采用大阳极小阴极结构,减小阳极材料的极化程度,减轻阳极材料的电偶腐蚀速率。

5. 防止应力腐蚀

结构设计时,避免焊接接头等部位局部应力集中,减少残余应力,避免应力腐蚀发生。对易形成残余应力和诱发应力的结构,应优先选择抗应力腐蚀强的材料;对承受交替载荷易发生腐蚀疲劳的结构,应避免使用高强度材料。

6. 防止冲刷腐蚀

结构设计时,避免流动方向突然改变、流动截面积突然减小,减少湍流和涡旋的形成,如湍流和冲击不可避免时,应适当增加材料的厚度或设计可更换的挡板;减少流体介质中夹带的气泡、固体悬浮物,避免多相流冲刷腐蚀、空蚀、磨蚀等。流速设计时,设计流速应低于材料允许的临界流速。

3.1.4　防腐蚀强度设计

防腐蚀强度设计是指在结构设计和强度校核时,考虑腐蚀对结构强度影响,确保装置寿命周期内腐蚀不会对结构安全造成威胁。力学因素和腐蚀因素是相互作用的,局部腐蚀导致材料强度降低和应力集中,应力集中和腐蚀联合作用可能导致应力腐蚀开裂,显著降低材料强度。防腐蚀强度设计必须同时考虑腐蚀与应力协同作用,设计时应采取以下措施。

1. 增加腐蚀裕量

对于全面腐蚀,在强度设计时,首先根据结构强度要求计算结构件的尺寸和厚度,然后根据材料的平均腐蚀速率和预期工作年限,计算得到腐蚀裕量,两者加和即为设计厚度。

2. 计算腐蚀临界应力,以避免应力超过腐蚀临界应力

根据机械电化学原理,应力作用下,材料自腐蚀电位降低,腐蚀速率增加,特别是当应力超过材料的屈服强度而产生塑性变形后,电流密度显著增加。应力越大,腐蚀影响越大,结构设计时,尽量避免应力集中和叠加。应力腐蚀风险较高的结构设计时,应充分考虑应力腐蚀的临界应力 σ_{SCC}、应力腐蚀强度因子 K_{SCC}、应力腐蚀裂纹亚临界扩展速率 da/dt 等数据,确保这 3 项数据均在安全范围内。

3.2　防腐涂料

3.2.1　防腐涂料的基本组成及分类

1. 防腐涂料的基本组成

涂料是一类液体、糊状或粉末状的产品,当其施涂到基材上时,能形成具有保护、装饰和/或其他特殊功能的涂层。以防腐蚀为主要功能的涂料称为防腐蚀涂料[1]。通常情况下,该类涂料是通过多道涂覆工序形成一个完整的防护体系来发挥防腐蚀功能的,包括底漆、中间层漆和面漆。也有一些涂料是单一涂层如粉末环氧涂层,或与其他增强材料一起应用,如环氧沥青或环氧树脂与玻璃纤维织物组成的管道防腐蚀涂料。

1）底漆

底漆对防腐涂层体系防护性能起到极为重要的基础作用，它们应具有下列特点和要求。

（1）对基体表面（如钢、铝、混凝土等）有很好的附着力，常用的防腐底漆为环氧树脂。

（2）为了达到好的附着力，底漆应对涂装的表面有良好的润湿性，无论是溶剂型底漆还是无溶剂型底漆，要求底漆的黏度不能太高。涂料黏度低，就易渗透和布满到被涂表面细微的不平整结构中，从而产生较强的锚固作用，实现优异的附着力。

（3）底漆的厚度通常由腐蚀防护寿命决定，寿命越长，要求底漆厚度越厚，但也不能过厚，因为涂膜厚度太大会引起收缩应力，易导致涂层开裂及附着力降低。若是临时保护，如造船工业中使用的车间底漆，膜厚应在 $15 \sim 20 \mu m$ 范围内。

中国船舶集团有限公司第七二五研究所（以下简称"七二五所"）是我国最早开展船舶腐蚀与防护研究的单位之一，长期从事船舶防腐防污涂料科研、生产和检测。针对大型海洋工程装备对防腐底漆需求，七二五所开发的 725 - E47 无机硅酸锌车间底漆目前已在国内各大船厂大批量应用，并作为主编单位制定了国家标准《船用车间底漆》（GB/T 6747—2008），规范了我国造船行业钢制型材的临时防护标准。

若防腐设计寿命达 10 年以上，如大型钢构或桥梁工程结构中，常用的环氧富锌防锈底漆的厚度应在 $30 \sim 50 \mu m$ 范围内。随着技术的进步和环保要求的提高，已普遍采用厚膜化防腐底漆，如海洋平台普遍采用的厚膜型无机硅酸锌底漆，要求膜厚在 $65 \sim 75 \mu m$ 范围内，非富锌类防锈底漆单道涂层则要求干膜厚度在 $200 \mu m$ 以上，如七二五所在船舶长效防腐涂料方面开发的 725 - H44 -61 改性厚浆环氧防锈漆，具有 10 年以上的防护期效，目前已批量应用于我国多型护卫舰、驱逐舰等大型船舶船体防护，并主编了国家标准《船用防锈漆》（GB/T 6748—2008）和《水下生产系统防腐涂料》（GB/T 35677—2017），规范了我国船体外板和水下生产系统防护标准。

（4）一些底漆中含有功能性颜填料，如石墨烯、磷酸盐、铝粉、玻璃鳞片、纳米改性填料和具有阴极保护作用的颜料，分别从屏蔽性、抗酸碱、纳米效应、电化学作用等功能方面提升底漆的屏蔽作用，减少水、氧、离子的渗透。

2）中间层漆

中间层漆在涂料中起到承上启下的作用，同时可以增加涂层总膜厚，增大屏蔽效应。在防腐蚀涂料体系中，底漆和面漆往往不是同一类树脂基体，为了使不同类型涂层之间黏结良好，形成一个整体防护体系，要求中间层漆和底漆、面漆都有良好的层间结合力。中间层漆设计原则如下。

（1）尽量选择与底漆和面漆相同或相近的基料,如在环氧富锌底漆上通常采用环氧云铁中间层漆进行配套。

（2）选择屏蔽型的颜料为主,如云母氧化铁、铝粉、云母粉等,使中间层漆具有较好的屏蔽阻挡作用。

（3）要重视底漆、中间层漆和面漆之间的相容性,防止选择不当引起的咬底、鼓泡等缺陷发生。

（4）为了增强整个涂层体系的配套性能,即配套附着力,设计涂层体系配方时,通常底漆中的颜填料体积浓度（PVC）设计较高,这不仅降低了涂料成本,更重要的是增加了底漆表面的粗糙度。整个体系中,当底、中、面 3 层涂料中的 PVC 设计呈递减趋势时,其配套性较优。若基材表面的表面能较低或底漆有孔隙时,建议涂装下一道涂料时,先用稀释剂将涂料稀释到较低的浓度,预先涂装一道,这样可以减少因低表面能和孔隙中空气释放导致的缩孔现象。

3）面漆

面漆通常称为“色漆”,具有较强的装饰作用,其主要作用如下。

（1）防腐功能。面漆是整个防腐蚀涂料体系的第一道关口,阻挡外界腐蚀介质渗入涂层中,如海洋大气中的氯离子。

（2）抗老化功能。太阳辐射会加速有机涂层的老化,因此户外使用的面漆更重要的作用是阻挡太阳光中紫外线的侵入,减缓环氧类防腐底漆的老化,同时维持自身的光泽和色泽,即保光保色。

（3）装饰和标志作用。防腐蚀涂料体系中面漆的装饰作用也越来越受到人们的重视和关注。以城市的大型桥梁为例,它们的外观色调是靠保护涂料体系的面漆来体现的。大型工程钢结构物上的 LOGO 标志均需要采用优异的耐候性面漆。

（4）其他功能。如用于烟囱部位的耐高温面漆、用于储罐外壁的具有低太阳能吸收功能的面漆、用于易结冰底漆的防覆冰面漆等。

2. 防腐涂料的分类

涂料有很多种分类方法,可从不同角度对涂料进行分类,如根据成膜物、溶剂、颜料、成膜机理、施工顺序、作用及功能等,一般有以下几种。

（1）按涂料中所含主要成膜物质分类,可分为油脂涂料、酚醛涂料、酚醛环氧涂料、环氧涂料、醇酸涂料、氯化橡胶涂料、聚氨酯涂料、丙烯酸涂料和聚脲等。

（2）按涂料的外观和基本性能分类,可分为清油（防锈油）、清漆、调和漆、磁漆等。

（3）按涂料的基本功能分类,可分为腻子、底漆、中间层漆、面漆、罩光漆等。

（4）按涂料的性状、形态分类,可分为溶剂型涂料、乳胶涂料、粉末涂料等。

（5）按涂料的光泽效果分类,可分为有光涂料、亚光涂料、无光涂料、多彩美术涂料等。

（6）按涂膜的特殊功能分类，可分为车间底漆、富锌底漆、强防腐蚀涂料、阻尼涂料、耐高温涂料、电绝缘涂料、防霉涂料等。

（7）按涂膜固化方法分类，可分为常温固化涂料、烘干涂料、光固化涂料等。

上述分类方法主要针对大型工程结构用防腐蚀涂料，鉴于涂料产品日新月异，其又无固定分类方法，在设计腐蚀防护涂料体系配套时，可根据实际情况按需进行配套方案设计。

3.2.2　涂料的防护机理

涂料的防腐蚀原理可分为 3 个方面，即阳极钝化作用、阴极保护作用和涂层屏蔽作用。

1. 阳极钝化作用

利用钝化、缓蚀机理的防腐涂料，主要是在涂料中加入一些能够对钢铁等金属基材起到钝化、磷化缓蚀作用的颜填料，当涂层中掺杂具有缓蚀、钝化作用的化学型防锈颜料时，在有微量水存在时，颜填料就会从涂层中解离出具有缓蚀功能的离子，通过各种机理使腐蚀电池的一个或两个电极极化，抑制腐蚀进行。传统的该类颜填料主要有红丹类、磷酸盐系和铬酸盐系等颜填料，对底材均有一定的钝化作用。当水透过漆膜时，少量被溶解的颜料利用其强氧化性将金属表面氧化生成钝化膜，这种不通过电流而使金属阳极钝化的现象称为金属的"自钝化"。该类颜填料虽具有极高的耐腐蚀性能，但是对人体健康和生态环境产生极大的危害。随着国内外对环境保护的逐步重视，目前该类颜填料已经被市场逐步淘汰[2]。

2. 阴极保护作用

如果涂层中含有相对于保护金属作为牺牲阳极的金属颜料，且金属颜料的含量很高，保证涂层中金属微粒之间、金属微粒与被保护金属之间能够达到电接触的程度，就能使基体金属免受腐蚀，如富锌涂料中锌粉的功能就是阴极保护作用。富锌涂料在钢基体遭受腐蚀的初期，电化学反应导致锌粒子优先被腐蚀，从而起到牺牲阳极阴极保护的效果，同时腐蚀过程中不断生成的腐蚀产物堵塞孔隙也能提供有效的隔离防护作用[3]。

3. 涂层屏蔽作用

涂层的屏蔽作用在于将基体和外界环境隔离，以使其免受腐蚀。涂层的存在阻止了腐蚀介质与基体的接触，从而防止形成腐蚀电池。通过在涂层中添加阻挡型颜填料，如石墨烯、玻璃鳞片、云母粉、不锈钢鳞片等，能够堵塞涂层中的针孔通道，起到阻断水、溶解氧和腐蚀性离子向基体金属表面扩散的作用；同时，这些平行交叠的片状填料在涂层中起到了"迷宫效应"，腐蚀介质无法穿透鳞片，只能绕过其进行扩散，这种结构在涂料内部形成曲折的防扩散渗透路径，从而延长了腐蚀介质的渗透时间,提高涂层的抗渗透性与使用寿命。此外,鳞片将涂层分割成许多小间隙,隔开了涂层中的气泡和裂纹,有利于改善涂层的收缩应力和膨胀系数,延缓腐蚀介质的扩散。

由于涂层的介电常数很小,电绝缘性良好的涂层可以抑制阳极金属离子的溶出和阴极的放电现象。因此,有机涂层能够显著阻挡阳极或阴极与溶液间的离子运动,产生了在腐蚀电池回路的溶液区域介入电阻的效果[4]。

3.2.3　防腐涂料的涂装方法

大型工程结构件尺寸较大,无法采用针对小工件的浸涂工艺。大型工程结构件常用的涂装方法有预涂、刷涂、辊涂、空气喷涂和高压无气喷涂。

1. 预涂

预涂是大型工件在整体涂装前,采用手工方式预先在焊缝、边缘等不易使涂料保持均匀度的部位涂刷一道,以增加该部位的涂装厚度,确保整体涂装时涂膜厚度的均匀性。这是因为焊缝部位有凸起,若不预先涂装一道,由于涂料的流动性,会导致凸起部位的涂膜厚度较薄;同时,防腐涂料的边缘覆盖率均难以达到100%。

2. 刷涂

刷涂是一种最传统且广泛使用的手工涂装方式,是用毛刷蘸取涂料后涂刷在工件表面,形成涂膜。一般来讲,刷涂只适用于小面积涂装,这种方式也适用于预涂以及无法采用喷涂方式的复杂部位。因为在这些部位喷涂会造成喷涂过厚或干喷现象,导致相当大的涂料损失,如镂空的圆柱形或角铁焊接的结构件,若采用喷涂则会产生较大浪费。

3. 辊涂

辊涂是用辊筒蘸上涂料,滚在被涂表面上达到涂装的目的。在平整的表面上进行大面积涂装时,辊涂的速度比刷涂块,而且能用来涂装大多数装饰性涂料。然而,辊涂不容易控制涂膜厚度,且辊涂溶剂型涂料时一般难以获得较厚的涂膜,但在有些情况下辊涂时也可实现较厚的涂装厚度,如甲板防滑涂料。辊涂时应根据涂料的种类和表面粗糙度,选择绒毛长度合适的辊筒。

4. 空气喷涂

空气喷涂是一种广泛应用的快速涂装法,是利用压缩空气气流将涂料虹吸至喷枪口,进而将其雾化,喷射到被涂工件表面,达到对表面进行涂装的目的。空气喷涂采用的喷枪口径的大小取决于涂料的黏度,涂料黏度越大,喷枪的口径也应越大。要想得到完美的喷涂效果,喷枪与被涂表面的距离、口径大小、压缩空气流量和压力、涂料的黏度等均需调整到最佳状态。

5. 高压无气喷涂

高压无气喷涂是通过压缩空气驱动高压泵将涂料吸入并加压至 10 ~ 35MPa,

然后通过高压软管长距离输送至喷枪嘴,以雾状形式高速均匀到达被涂装表面达到成膜的目的。高压无气喷涂和有气喷涂的区别在于,它不是将空气与涂料混合而形成漆雾,故称为"无气"。它的雾化是凭借增压泵的压力,是涂料在特别设计的喷嘴处完成的。雾化所需的液压通常由空气泵产生。这种泵的流体压力与输入空气的压力比很高。现有空气泵的压力比在 20∶1 ~ 65∶1 之间,其中压力比为 45∶1 的增压泵最常用。

此外,还有一种将涂料加热,然后在距喷枪口约 1m 的软管处的混合器内混合或在枪口雾化部位混合,通过高压空气推送雾化的喷涂方式,称为双组分高压无气喷涂。该类设备主要针对有机涂料中两种组分混合反应时间快或黏度较大难以雾化的产品,如喷涂聚脲产品时通常采用该类设备。

3.2.4 防腐涂料的选择

进行涂料体系设计和涂料选择时,必须依据相关行业规范或标准执行,同时按产品技术规格书进行择优量化指标设计。每个行业均有不同的行业标准。例如,海港码头混凝土防腐蚀设计参照《海港工程混凝土结构防腐蚀技术规范》(JTJ 275—2000)执行,公路桥梁防腐蚀设计参照《公路桥梁钢结构涂层》(JT/T 722—2018),铁路桥梁防腐蚀设计参照《铁路钢桥保护涂层》(TB/T 1527—2011),海洋平台防腐蚀设计参照《色漆与清漆—通过涂层保护系统的钢结构的腐蚀保护》(ISO 12944—2018)系列标准,石油储罐防腐蚀设计参照《钢质石油储罐防腐蚀工程技术标准》(GB/T 50393—2017),石油管道防腐蚀设计参照《埋地钢质管道防腐蚀涂层》(SY/T 0447—2014)等。

船舶防腐蚀设计参照标准按照不同应用部位可分为:《船用车间底漆》(GB/T 6747—2008)、《船体防污防锈漆体系》(GB/T 6822—2014)、《船用防锈漆》(GB/T 6748—2008)、《船壳漆》(GB/T 6745—2008)、《甲板漆》(GB/T 9261—2008)、《船用饮水舱涂料通用技术条件》(GB/T 5369—2009)、《船舶压载舱漆》(GB/T 6823—2008)、《原油油船船货油舱漆》(GB/T 31820—2015)等[5-7]。

大型工程钢结构防腐由于涉及较多行业,不可能把所有的涂料都列举出来,也不可能把所有的选择标准都逐一列出。因此,针对钢结构防腐蚀设计时,应根据大型工程结构设计运行寿命,合理参照行业标准,选择合适的防腐蚀涂料体系和配套方案,科学论证分析,有助于业主利益最大化。

3.3 电化学保护

电化学保护通过外部电流使金属结构的电位发生变化,减缓或抑制金属的腐蚀,是抑制金属腐蚀的一种有效方法。根据外部电流的方向不同,电化学保护分为阴极保护和阳极保护。

3.3.1 阴极保护

1823 年,英国 Humphry Davy 为了减缓皇家海军舰船的铜包皮在海水中的腐蚀,分别采用 Sn、Fe 和 Zn 对 Cu 进行了保护试验,这是最早的阴极保护研究和应用;其学生及助手 Michael Faraday 在 1834 年发现了金属腐蚀失重与腐蚀电流之间的定量关系,为腐蚀与阴极保护技术的发展奠定了理论基础。随后的近一百年间,由于相关技术产品的开发不足,阴极保护技术并没有得到广泛的发展,直到 1928年,美国的 Kuhn 在新奥尔良长距离输气管道上成功安装了第一套商品化的阴极保护装置,为阴极保护技术的发展和应用打下了基础。20 世纪 30—50 年代,阴极保护技术得到了广泛的推广应用,苏联、德国、英国等都先后采用阴极保护技术对埋地和水下钢质管道进行腐蚀防护;加拿大等采用锌牺牲阳极对钢质海军舰艇进行保护。50 年代以后,阴极保护技术得到了迅速发展,相关技术产品不断推陈出新,应用领域不断扩大。船舶、海洋平台、海底管线、钢桩码头、埋地管网、混凝土结构、桥梁、石油储罐、热交换器等普遍采用阴极保护的方法进行防腐蚀控制。

1. 阴极保护原理

根据腐蚀电化学原理,当金属置于腐蚀性介质中时,金属表面通常会同时发生阳极反应和阴极反应,其中阳极反应为金属的腐蚀溶解过程(以铁基金属在中性介质中为例),即

$$Fe - 2e \longrightarrow Fe^{2+} \qquad (3-1)$$

而阴极还原反应通常为氧去极化或氢去极化过程,即

$$O_2 + H_2O + 4e \longrightarrow 4OH^- \qquad (3-2)$$

$$2H^+ + 2e \longrightarrow H_2 \uparrow \qquad (3-3)$$

金属腐蚀阳极和阴极的电化学极化曲线如图 3-2 所示,线 1 为金属的阳极反应过程,线 2 为阴极去极化过程。当金属表面的阳极反应和阴极反应达到平衡,即阳极反应电流与阴极反应电流相等时,此时金属所处的电位为其在该介质环境中的自腐蚀电位 E_{corr},其阳极反应电流密度和对应的腐蚀溶解速率也称为自腐蚀电流密度 i_{corr} 和自腐蚀速率。

对金属施加阴极电流时,在阴极电流作用下金属的电位从自腐蚀电位向更负的方向变动,当金属电位极化到 E_p 时,这时的极化电流密度为 i_{cp},该电流由两部分组成,其中 i_{ap} 为金属阳极溶解所提供的,而剩余的则是外加的阴极电流($i_{cp} - i_{ap}$)。由图 3-2 可见,此时金属的阳极溶解电流密度已经低于自腐蚀电流密度,表明金

属腐蚀速率有所减少,受到了保护的作用。而且当外加阴极电流继续增大时,金属的电位将进一步负移,当金属的极化电位达到阳极溶解反应的平衡电位 E_a 时,金属表面的腐蚀电流密度将降为零,金属受到了完全保护。由此可见,当对金属施加阴极电流时,可以减缓金属的腐蚀速率,此即阴极保护的基本原理。

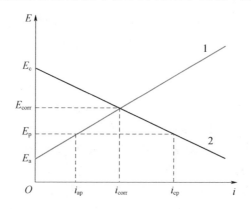

图 3-2   金属腐蚀阳极和阴极的电化学极化曲线

2. 阴极保护技术参数

阴极保护的主要技术参数包括保护电位和保护电流密度。

1)保护电位

根据阴极保护原理,对金属施加阴极极化程度越大,即金属的阴极极化过电位越大时,金属表面的阳极溶解电流密度越小,金属会得到更好的保护。当金属的腐蚀速率下降到工程上可以忽略的微小量时,如腐蚀速率为 0.01mm/a 时就可认为达到了理想的阴极保护,此时的极化电位即可作为金属在对应介质环境中的最小保护电位。另有评价方法认为,金属材料保护度达到 90% 时的极化电位为最小保护电位,金属材料的保护度按下式计算,即

$$P = \frac{c_0 - c_p}{c_0} \times 100\% \qquad (3-4)$$

式中:P 为保护度(%);c_0 为金属材料在介质中的自腐蚀速率(mm/a);c_p 为金属材料在介质中某一极化电位下的腐蚀速率(mm/a)。

在工程实践中,常用阴极极化过电位达到 100mV 作为判据,即以被保护金属结构在介质中的自腐蚀电位负移 100mV 作为其最小阴极保护电位。

当被保护金属结构达到最小保护电位时,可以认为其腐蚀得到了有效抑制,虽然更负的电位可以进一步降低金属的腐蚀速率,但同时会消耗更多的保护电流,经济效益并不明显。因此,保护电位值通常有一个范围。表 3-2 列出了国内外相关标准中推荐的保护电位范围值。

表3-2 常用的金属材料保护电位范围(相对于 Ag/AgCl 参比电极,本章下同)

材料		保护电位范围/V
钢和铁	有氧环境	-0.80 ~ -1.10
	无氧环境	-0.90 ~ -1.10
铝合金		-0.80 ~ -1.10
铜合金	不含铝	≤ -0.45
	含铝	-0.45 ~ -1.10

由于高强钢材料普遍具有氢脆敏感性,且随着强度等级升高,氢脆敏感性增强。因此,当高强钢的阴极保护电位过负时,可能引发高强钢的氢脆危险。针对这一特殊情况,国外出台了一些标准规范来避免因过保护而产生的高强钢氢脆的危险性[8-9],其中健康与安全执行局(Health and Safety Executive,HSE)颁发的设计准则中推荐高强钢阴极保护电位不能负于 -0.87V;DNV offshore Standard(2000)推荐屈服强度大于550MPa的高强钢的保护电位范围为 -0.77V ~ -0.85V。我国目前尚未出台类似的标准与规范,但已有研究机构开展了相关研究。七二五所在阴极保护基础理论、阴极保护材料研制及性能评价等方面开展了大量研究工作,是国内船舶阴极保护技术国家标准和国家军用标准的起草和归口单位,处于国内领先地位[10-15]。针对船用高强钢材料的阴极保护技术,七二五所通过采用慢应变速率试验等方法建立了船用高强钢材料在海水中的阴极保护准则,其以氢脆系数不超过25%时的极化电位作为高强钢的最负阴极保护电位。

工程上常用氢脆系数 F_H 来评价钢的氢脆敏感性[16],即

$$F_H = \frac{\psi_0 - \psi_v}{\psi_0} \times 100\% \qquad (3-5)$$

式中:F_H 为氢脆系数(%);ψ_0 为材料在惰性介质中的断面收缩率;ψ_v 为试样在阴极极化下的断面收缩率。

$F_H > 35\%$ 视为断裂区,即材料在这种试验条件下肯定会发生环境氢脆破坏;$25\% \leq F_H \leq 35\%$ 视为危险区,即材料在这种环境下会有发生氢脆破坏的潜在危险;$F_H \leq 25\%$ 视为安全区,即材料在这种腐蚀环境下不会由于氢脆导致材料破坏。

研究结果表明,随着极化电位负移,高强钢的氢脆系数呈上升趋势,且强度越高,材料的氢脆系数越大(图3-3)。表3-3列出了3种船用高强钢材料在海水介质中的最负阴极保护电位,当阴极保护电位负于该值时,高强钢材料存在氢脆危险。

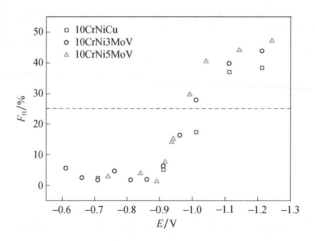

图3-3　3种高强钢材料的氢脆系数随极化电位变化

表3-3　3种船用高强钢材料的最负阴极保护电位

高强钢材料	强度等级/MPa	最负阴极保护电位/V
10CrNiCu	≥390	-1.05
10CrNi3MoV	≥590	-1.00
10CrNi5MoV	≥785	-0.97

此外,涂层、深海环境等均会对高强钢氢脆电位产生影响[17-19]。存在保护涂层时,可以降低高强钢的阴极极化电流密度,进而减少析氢发生,使高强钢的氢脆风险降低;焊接结构并不加剧高强钢的氢脆敏感性;深海环境下受高压、低温和低氧环境影响,高强钢的氢脆敏感性加强。

2)保护电流密度

保护电流密度指被保护结构在服役环境中达到预计的保护效果或保护电位所需的电流密度,它是阴极保护设计中最重要的一个参数。该参数值与被保护金属种类、表面状态(涂层状态)、介质环境等多因素有关,通常难以在实验室环境下准确测得。国内外相关标准根据试验数值、理论计算,并基于工程经验,给出了相应的参考值,但不同的标准之间还存在很大差异。

表3-4和表3-5分别为《船体外加电流阴极保护系统》(GB/T 3108—1999)和《海船牺牲阳极阴极保护设计与安装》(CB/T 3855—2013)中推荐的保护电流密度值,两者均是针对海洋环境中船体的阴极保护设计,但推荐的保护电流密度却存在明显的差异。

表 3 – 4　GB/T 3108—1999 推荐的保护电流密度值

被保护部位	材料	表面状态	保护电流密度/(mA/m²)
船体板	钢	涂装	30 ~ 50
螺旋桨	青铜、黄铜	裸露	500
声呐导流罩	不锈钢	裸露	350
舵	钢	涂装	150

表 3 – 5　CB/T 3855—2013 推荐的保护电流密度值

被保护部位	船体外板	螺旋桨	舵叶	压载水舱
保护电流密度/(mA/m²)	8 ~ 18	300 ~ 400	100 ~ 150	3 ~ 10

　　国外针对阴极保护设计的标准很多,其中应用最广泛的是挪威船级社的 DNVGL – RP – B401。该标准针对钢材在不同环境条件下(包括不同温度和水深)的保护电流密度进行了详细的划分和规定(表 3 – 6),同时还对钢材表面涂层对保护电流密度的影响作了充分说明,并给出了具体的量化方法。

表 3 – 6　DNVGL – RP – B401 推荐的裸钢质结构在海水中的平均保护电流密度

水深/m	平均保护电流密度/(mA/m²)			
	热带 >20℃	亚热带 12 ~ 20℃	温带 7 ~ 12℃	寒带 <7℃
0 ~ 30	70	80	100	120
>30 ~ 100	60	70	80	100
>100 ~ 300	70	80	90	110
>300	90	100	110	110

3. 阴极保护分类

　　根据电流的来源不同,阴极保护可分为牺牲阳极阴极保护和外加电流阴极保护两大类。其中牺牲阳极阴极保护依靠牺牲阳极材料与被保护金属结构的电位差产生保护电流,外加电流阴极保护则依靠外部电源提供的强制电流进行防护。

　　1)牺牲阳极阴极保护

　　根据阴极保护作用原理,作为牺牲阳极,金属或合金必须具备以下特性:

　　(1)要有足够的负电位,且很稳定;

　　(2)工作中阳极极化要小,溶解均匀,产物易脱落;

　　(3)阳极必须有高的电流效率,即实际电容量与理论电容量的百分比要大;

　　(4)电化学当量高,即单位重量的电容量要大;

　　(5)腐蚀产物无毒,不污染环境;

(6)材料来源广,易加工;

(7)价格便宜。

通常纯金属作牺牲阳极都存在着某些不足,通过添加合金元素来改性,可大大提高其性能,有时某些金属的杂质含量也对阳极性能造成影响,必须对杂质含量加以限制。

工程中常用的牺牲阳极材料主要有镁合金牺牲阳极、锌合金牺牲阳极、铝合金牺牲阳极四大类。

(1)镁合金牺牲阳极。

镁合金牺牲阳极在海水中的稳定电位为 -1.45V,理论电容量为 2205A·h/kg。镁合金牺牲阳极的特点是密度小、电位负、极化率低、单位重量发生电量大,是牺牲阳极的理想材料,不足之处是电流效率低,一般只有50%左右。

作为牺牲阳极应用的 Mg 及镁合金主要为高纯镁和 Mg - Al - Zn - Mn 合金。

①高纯镁。Mg 具有较高的自溶解倾向,当含有一定量的杂质时,这种倾向就升高。特别是 Fe 的含量,由于这些金属在电位序中有较正的电位,引起局部电偶腐蚀而使 Mg 的阳极效率降低。用纯镁作为牺牲阳极材料,对杂质要有一定的限制,通常应是高纯镁(含 Mg 大于 99.95%)。因其负电位大,有时也称为高电位镁阳极。当高纯镁用于钢铁的阴极保护时,其具有很大的驱动电位,因此适用于电阻率较高的土壤或淡水中。

②Mg - Al - Zn - Mn 合金。在 Mg 中加入 Mn 可使合金的电位升高 280mV,并且 Mg - Mn 合金的阳极溶解比纯镁的溶解要容易些。Mn 的加入可以抑制杂质 Fe 的影响,从而提高 Mg 的耐蚀性,这是因为 Mn 可以使 Fe 在熔铸过程中沉淀出来,留在合金中的 Fe 元素,则被 Mn 包围起来,使 Fe 不能产生阴极性杂质的有害作用。但 Mn 在 Mg 中的溶解度有限,常温下几乎为0,在多数 Mg - Mn 合金中的 Mn 含量为 0.15% ~ 1.3%。

当 Mg - Al - Zn - Mn 合金作为牺牲阳极使用时,其电流效率的高低取决于原料 Mg 的纯度,越纯则电流效率越高,电位也越负。

(2)锌合金牺牲阳极。

Zn 是电负性金属,标准电极电位为 -0.76V(相对于 SHE),高纯锌在海水中的稳定电位是往负向偏移,为 -1.06V。锌的理论电容量较低,仅为 820A·h/kg,但锌合金牺牲阳极的电流效率普遍很高,可达95%以上。

目前,应用的锌合金牺牲阳极材料包括高纯锌和 Zn - Al - Cd 合金。

①高纯锌。Zn 含量大于 99.995% 的高纯锌可直接制作牺牲阳极。铁、铜和铅是锌中的有害杂质,其中 Fe 为最有害元素,它对 Zn 的电位和电流效率影响很大,美国《铸造和锻造镀锌阳极规范》(ASTM B418—2012)规定了高纯锌牺牲阳极的其他元素含量为 Al < 0.005%、Cd < 0.003%、Fe < 0.0014%。

高纯锌牺牲阳极具有较好的电化学性能,但其对杂质元素的控制较严格,熔炼成本较高。

②Zn – Al – Cd 合金。为了降低杂质元素的影响,后来开发了系列锌合金牺牲阳极,如二元锌合金牺牲阳极 Zn – Mg、Zn – Hg、Zn – Sn、Zn – In 等;三元锌合金牺牲阳极 Zn – Al – Mg、Zn – Al – Si、Zn – Sn – Bi、Zn – Al – Hg、Zn – Al – Cd 等;四元锌合金牺牲阳极 Zn – Al – Cd – Si、Zn – Sn – Bi – Mg 等。其中,以 Zn – Al – Cd 合金最为常用。

Zn – Al – Cd 合金具有溶解性能好,电流效率高,保护效果可靠、制造容易、价格低廉等特点。在 Zn 中添加元素 Al 和 Cd 可以使晶粒细化,并消除杂质元素的不利影响。当添加 0.1% 的 Al 时,可与 0.003% 的杂质 Fe 形成固溶体,其电位比纯铁负,故可减弱锌合金的自腐蚀作用。添加 0.3% 的 Al,形成的腐蚀产物变得疏松和容易脱落。添加 0.06% 的 Cd 后,Cd 将与锌合金内的杂质铅形成固溶体,这种固溶体的电位比 Pb 负,也可减弱 Zn 合金的自腐蚀作用。由于合金元素 Al 和 Cd 的添加,使锌合金中的杂质 Fe 和 Pb 的允许含量放宽到 0.005% 和 0.006%,因而生产这种类型的阳极更加容易,成本更低。

1985 年,七二五所和上海船舶运输科学研究所联合起草了国家标准《锌 – 铝 – 镉合金牺牲阳极及化学分析方法》(GB 4950—1985),对 Zn – Al – Cd 合金牺牲阳极的化学成分和电化学性能进行了规定。

(3)铝合金牺牲阳极。

Al 的理论电容量达 2980A · h/kg,是 Zn 的 3.6 倍、Mg 的 1.35 倍。Al 的原料来源广,制造工艺简单,价格低廉,是理想的牺牲阳极材料。

Al 是自钝化金属,无论是 Al 还是铝合金,表面都极易钝化,若开发 Al 作为牺牲阳极材料,只能通过合金化限制和阻止其表面形成连续性氧化膜,促进表面活化,使合金具有较负的电位和较高的电流效率。

Zn 是铝合金牺牲阳极中的主要添加元素,研究表明:Zn 含量为 5% 的 Al – Zn 合金,组织为单相固溶体,具有最好的电化学性能和最大的阳极活性,且钝化倾向最小。因此,作为牺牲阳极用 Al 合金,Zn 含量一般都在 5% 左右。Zn 作为铝合金牺牲阳极的合金元素有以下特点:易合金化,成分均匀;可使 Al 的电位负移 0.1 ~ 0.3V;易活化,产物易脱落。

为提高阳极性能,一般要在 Al – Zn 二元合金基础上,再添加第三、第四种元素,并已形成了系列,如 Al – Zn – Hg 系、Al – Zn – In 系、Al – Ga 系等。

①Al – Zn – Hg 系合金。1966 年美国 DOW 化学公司开发的 Galvalum Ⅰ型铝合金牺牲阳极就属此系,其成分为 Al – 0.45% Zn – 0.045% Hg,电位 – 1.02V(相对于 SCE),电流效率 95%。添加 Hg 元素,可极大地增加 Al 的表面活化,钝化倾向趋小,生成微薄膜,容易破坏,增大合金的表面活化性能。这是由于 Hg 在晶格中均

匀分布,阻碍 Al_2O_3 膜在合金表面形成。不过由于 Hg 会污染环境,熔炼时产生的汞蒸气对人体有害,所以已逐渐淘汰。

②Al – Zn – In 系合金。Al – Zn – In 系合金,是目前使用最广泛的铝合金牺牲阳极系列,七二五所在国内最早进行了 Al – Zn – In 系合金牺牲阳极的开发和应用研究,并于 1985 年联合上海交通大学、上海船舶修造厂等单位制定了国家标准《铝 – 锌 – 铟系合金牺牲阳极及化学分析方法》(GB 4948—85),对四种 Al – Zn – In 系合金牺牲阳极的成分和电化学性能进行了规定。为了进一步提高 Al – Zn – In 系合金牺牲阳极的电化学性能,随后,七二五所研制了一种新型铝合金牺牲阳极材料,即 Al – Zn – In – Mg – Ti 合金牺牲阳极,该阳极相对于上述四种阳极具有更高的电容量(≥2600A·h/kg)和电流效率(≥90%),1993 年被列入国家级重点生产的新产品,获得广泛的推广应用,并在 2002 年修订《铝 – 锌 – 铟系合金牺牲阳极》(GB/T 4948—2002)时,将该阳极纳入了标准范围。

对于一些特殊的使用环境,如压载水舱的干湿交替环境、深海环境等,现有 Al – Zn – In 系合金牺牲阳极还存在性能劣化等问题。为此,七二五所进行了进一步的改进开发,并成功研制了干湿交替环境用的六元高活化阳极(Al – Zn – In – Mg – Ga – Mn)和深海环境用七元铝合金牺牲阳极(Al – Zn – In – Mg – Ti – Ga – Mn)。前者在干湿交替环境下拥有良好的电化学性能,工作电位为 – 1.05 ~ – 1.12V,电流效率大于 85%,且阳极表面不发生结壳现象;后者在深海低温低氧环境下依然表现出良好的活化性能,电流效率达 85% 以上,且阳极溶解均匀,腐蚀产物易脱落。

③Al – Ga 系合金。Al – Ga 系合金也称为低电位铝合金,其工作电位一般不负于 – 0.85V,该系列合金是专门用于保护高强度材料而开发的牺牲阳极材料。有研究表明。当铝阳极中 Ga 含量为 0.1% 时,铝合金牺牲阳极自腐蚀电位在 – 0.9V(相对于 SCE)左右;当 Ga 含量为 0.7% 时,铝合金牺牲阳极自腐蚀电位负移至 – 1.3V(相对于 SCE)。Ga 较大的电位调节范围以及溶解度使其成为低电位铝合金牺牲阳极材料的首选合金元素,通过调节 Ga 的含量,就能较为有效地获得低电位铝合金牺牲阳极。

最早的 Al – Ga 合金阳极是法国的 Guyader Le 于 1996 年研制出的,其工作电位为 – 700 ~ – 870mV。随后,美国的海军实验室对 Al – Ga 系低电位 Al 合金阳极材料进行了性能检测以及实海试验,认为其电位可以满足高强钢保护的电位范围,并将其列入美军的铝合金牺牲阳极材料军用标准 MIL – DTL – 24779A,但该阳极的电流效率和溶解形貌还有待改善。

国内七二五所最先开展了低电位铝合金牺牲阳极的研究,其在 Al – 0.1% Ga 合金的基础上加入 Zn、Si 等合金元素,得到了电流效率较高的阳极材料,目前该系列阳极还在继续完善中[20 – 23]。

(4)铁合金牺牲阳极。铁合金牺牲阳极主要用于保护一些电位较正的金属,如铜合金、钛合金、不锈钢等,由于镁合金、锌合金、铝合金牺牲阳极工作电位太负,与这些正电位金属的电位差太大,容易导致牺牲阳极消耗过快,从而导致生产成本增加和资源浪费;此外电位差太大还有可能导致金属阴极析氢,引起氢脆,从而给金属结构的安全使用带来威胁。而常见的纯铁及碳钢材料的自然腐蚀电位约为 $-0.70V$,相对于铜合金、钛合金和不锈钢的自腐蚀电位都具有300mV以上的电位差,可以提供合适的保护电流,且不致诱发析氢,因此使用碳钢等铁基材料作为牺牲阳极保护铜合金、钛合金和不锈钢是适宜的。

早在1969年,铁合金牺牲阳极用于316不锈钢海水腐蚀防护。我国直到上世纪末才开始铁合金牺牲阳极的研究,为了解决铜合金海水管路的腐蚀问题,七二五所研制了长寿命铁合金牺牲阳极(添加元素为Mn、Cr及微量Al)[24]。该阳极开路电位为 $-0.68 \sim -0.72V$,工作电位 $-0.58 \sim -0.62V$,实际电容量不小于930A·h/kg,电流效率不小于95%。该阳极还具有安装简便、使用寿命长等特点,可用于维修保养困难的海水管路。

2)外加电流阴极保护

外加电流阴极保护是通过外部的直流电源向被保护金属构筑物通以阴极电流,使之阴极极化实现保护的一种方法。其组成部分包括电源、辅助阳极、参比电极。

(1)电源。

外加电流阴极保护系统的电源设备是阴极保护的控制中心,它将不断地向被保护金属构筑物提供阴极保护电流,这就决定了可靠性是电源设备的首要问题。一般来说,对阴极保护电源设备的基本要求为安全可靠、电流电压连续可调、适应当地的工作环境(温度、湿度、日照、风沙)、有富裕的电容量、输出阻抗应与回路电阻相匹配、操作维护简单、价格合理。

恒电位仪具有自动控制保护电流大小,使得被保护对象处于最佳保护范围内的优点,应用最广泛。常用的恒电位仪有可控硅恒电位仪、磁饱和恒电位仪、晶体管恒电位仪和开关式恒电位仪。国内七二五所在研制恒电位仪方面取得了显著的成绩,先后研制成功了大功率SJH型晶体管恒电位仪、CBH和INA型磁饱和恒电位仪、开关式恒电位仪等,具有工作性能可靠、噪声小、效率高、环境适应能力强的特点,并编写了《船体外加电流阴极保护系统》(GB/T 3108—1999)、《滨海设施外加电流阴极保护系统通用要求》(GB/T 17005—2019)、《潜艇外加电流阴极保护系统技术要求》(GJB 3188A—2018)、《船用恒电位仪技术条件》(CB 3220—84)等多项国家和行业标准。目前各型恒电位仪已经在海军舰艇、民用船舶、钢桩码头、跨海大桥、海上风电、地下管道及电厂、化工厂的冷却水系统中获得广泛的使用。

(2)辅助阳极。

辅助阳极是外加电流阴极保护系统的关键部件,承载了保护电流的输出,应具有以下基本性能：

①消耗率低，具有与环境或阳极氧化形成的腐蚀产物无关的性质；

②阳极极化低，并与阳极反应无关；

③良好的导电性及低的接触电阻；

④可靠性高；

⑤足够的机械强度和稳定性，能承受构筑物施工、维修和服役中可能遭受到的作用力；

⑥耐磨蚀、抗浸蚀；

⑦材料廉价易得；

⑧容易制造成各种形状。

七二五所从20世纪70年代开始辅助阳极材料研发，目前已开发了一系列的辅助阳极材料。第一代辅助阳极为铅银合金和铅银微铂，由于其溶解较快，寿命较短，目前已逐步被淘汰；90年代初期完成了第二代辅助阳极研制，为铂复合阳极，采用了爆炸焊接和冶金轧制或拉拔的工艺制造，目前国内船舶外加电流阴极保护系统主要采用铂复合阳极；从90年代末期开展了第三代辅助阳极的研究，目前已研制了常规的混合金属氧化物阳极，即在钛基体上采用常规热分解方法被覆 IrO_2、Ta_2O_5、TiO_2 等导电金属氧化物所构成。为了提高金属氧化物阳极的稳定性和在高电流密度下的使用寿命，七二五所"十二五"期间研发了含钽中间层高性能金属氧化物阳极，其电化学性能与铂复合阳极相当，且性价比更高，得到广泛应用。根据多年的研究结果，七二五所主编了辅助阳极国家标准《船用辅助阳极技术条件》(GB/T 7388—1999)，不同辅助阳极性能如表3-7所列。

表3-7　常用辅助阳极性能

阳极材料	工作电流密度/(A/m^2)	消耗率/(kg/($A \cdot a$))	极化电位/V
Pb-2%Ag合金	50~250	≤0.1	≤2.0
Pb-3%Ag合金	50~300	≤0.1	≤2.0
铅银微铂阳极	50~1000	≤8×10^{-3}	≤2.2
镀铂钛阳极	≤1250	≤6×10^{-6}	≤2.3
铂钛复合阳极	≤1500	≤6×10^{-6}	≤2.5
铂铌复合阳极	≤2000	≤6×10^{-6}	≤2.5
钛基MMO阳极	≤600	≤5×10^{-6}	≤1.9

(3)参比电极。

阴极保护中，参比电极用于测试和控制保护电位，其应具有以下特征：长期使用时电位稳定，重现性好，不易极化，寿命长，并有一定的机械强度。针对石油平台、船舶等海洋工程装备阴极保护对高稳定性参比电极需求,七二五所研发了以 Zn 参比电极、粉压型 Ag/AgCl 参比电极为代表的第一代参比电极材料,以热浸涂网状 Ag/AgCl 参比电极为代表的第二代参比电极材料,并于"十二五"期间采用热浸涂 – 电化学还原方法研制了长寿命的全固态 Ag/AgX 参比电极材料,具有更高电位稳定性和抗极化性能,已在型号装备得到应用。针对钢筋混凝土碱性环境阴极保护电位测量需求,研发了 MnO_2 参比电极,针对埋地管道阴极保护需求,研发了长效 Cu/饱和 $CuSO_4$ 参比电极。《船用参比电极技术条件》(GB/T 7387—1999)对不同型号参比电极性能要求如表 3 – 8 所列。

表 3 – 8　常用参比电极性能

参比电极种类	电极电位 /V(相对于 SCE)	电位稳定性 /V	极化值/V	
			阴极极化电流 10μA	阳极极化电流 10μA
Ag/AgCl 参比电极	0.002 ~ 0.010	± 0.005	> − 0.005	< 0.005
Zn 参比电极	− 1.044 ~ − 1.014	± 0.015	> − 0.020	< 0.020
Cu/饱和 $CuSO_4$ 参比电极	0.069 ~ 0.074	—	—	—

3)阴极保护技术对比

牺牲阳极阴极保护和外加电流阴极保护技术各有利弊,如表 3 – 9 所列。工程应用中,应根据实际需求选择合适的方法。

表 3 – 9　阴极保护技术比较

方法	优点	缺点
牺牲阳极	①不需要外部电源; ②对邻近构筑物无干扰或很小; ③安装后免维护; ④工程越小越经济; ⑤电流分布均匀、利用率高	①高电阻率环境不适用; ②保护电流几乎不可调; ③覆盖层质量必须好; ④消耗有色金属
外加电流	①输出电流连续可调; ②保护范围大; ③不受环境电阻率限制; ④工程越大越经济; ⑤保护装置寿命长	①需要外部电源供应,持续消耗能源; ②对周边结构物干扰大; ③维护管理工作量大

3.3.2 阳极保护

早在一百多年前,人们就发现一些较活泼的金属在某些特定环境中,将由原来的活泼状态变为不活泼状态,这种现象称为钝化。例如,当把铁浸在稀硝酸溶液中时,铁发生强烈的腐蚀,并且腐蚀速率随硝酸浓度升高而增大,但当硝酸浓度达到40%后,铁的腐蚀突然停止,即从活泼状态转为钝化状态。除了介质的浓度外,介质的温度、组成以及外加阳极电流都可使某些金属发生这种变化。Fe、Ni、Cr、Al、Ti 等金属在条件适宜时具有腐蚀速率大幅降低的特性,称为钝化金属。它们当中又有自钝化金属和非自钝化金属之分,前者在空气中和很多种含氧介质中能自发钝化,后者必须在钝化剂或阳极电流作用下才能钝化。金属发生钝化的实质是其表面形成了氧化物固相膜或氧吸附膜,阻碍了阳极溶解过程的正常进行。钝性就是由阳极过程受阻所引起的金属和合金的高耐蚀状态。金属钝化与电极电位的变化有密切的联系,当活泼金属的电极电位变得接近于贵金属的电极电位时,活泼金属就钝化了。钝化将使金属的电极电位向正方向移动 0.5 ~ 2.0V。正是利用金属在阳极极化下的钝化特性,C. Edeleanu 于 1954 年提出了阳极保护的概念,即通过对金属外加阳极极化电流使金属达到钝化状态,从而减缓金属的腐蚀。在 20 世纪 50 年代阳极保护技术通过不断的实践探索逐渐趋于完善,到了 80 年代阳极保护技术日臻成熟,并在大量化工设备中得到推广应用。早期应用的成功案例包括碳化塔、氨水罐群以及三氧化硫发生器和列管冷凝器的阳极保护。在过去,碳钢制的蛇形管热交换器在热浓硫酸中工作一昼夜就可能腐蚀损坏,即便是后来不锈钢材质的蛇形管热交换器依然很快失效,而阳极保护技术的开发与应用很好地解决了这一问题,从而确保了热交换器在化工、轻工、冶金、制药、食品、化纤等工业领域中的普遍应用。我国在 20 世纪 80 年代成功研制了阳极保护酸冷器(材质 304L/316L),将阳极保护装置结合到设备的结构设计中,使阳极保护成为酸冷器的标准配置。虽然阳极保护技术在设备防腐中的使用范围不如阴极保护广泛,但其在某些特定领域如硫酸工业、化肥工业、造纸工业等设备的防腐上发挥着不可替代的作用。

1. 阳极保护基本原理

利用可钝化金属的阳极钝化性能,向金属通以适当的阳极电流,使其表面形成具有很高耐蚀性的钝化膜,并用一定的电流维持其钝化,从而防止金属的腐蚀。对于特定的金属来说,其钝化区间是某个数值较正的电位范围,在这一范围内,金属表面由于形成了保护膜而变得很不活泼,因而腐蚀速率也大大降低。

钝化区可通过在实验室中测绘阳极极化曲线得到。典型钝性金属的阳极极化曲线如图 3 – 4 所示,包含有活化区、钝化过渡区、稳定钝化区及过钝化区,每一区域表示了金属不同的阳极行为。

AB 段为金属的活性溶解区,简称活化区。在这个电位范围,金属的腐蚀速率随电位升高而增大,阳极溶解过程很少受阻碍。

BC 段为金属的活化 – 钝化过渡区。当电位达到某一临界值(B 点),金属表面开始形成保护膜,腐蚀速率开始下降。与此点电位对应的电流密度称为致钝电流密度,表示在这个电流密度下金属开始由活化态向钝化态转变。在过渡区的电位范围内,金属表面状态发生急剧变化并处于不稳定状态,随着电位升高腐蚀速率大幅下降。

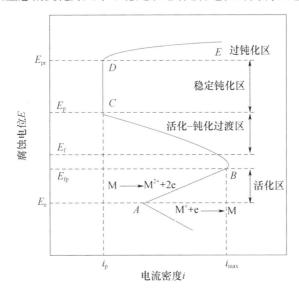

图 3 – 4　典型钝性金属的阳极极化曲线

CD 段为金属的稳定钝化区。当电位达到 C 点时,金属表面保护膜(钝化膜)已完全形成,整个表面被其完整地覆盖。在这个电位范围,金属处于钝化状态,正常的阳极溶解过程受到阻碍,电位的局部变化对金属腐蚀速度度影响甚小。CD 段对应的电流密度称为维钝电流密度,指用以修补轻微溶解的部分钝化膜所需的外加电流。

DE 段为金属的过钝化区。过 D 点以后,电位继续升高,金属的腐蚀速率又开始增大,在这个电位范围发生了新的电极反应(如氧的析出),也有一些金属的钝化膜被氧化成可溶性高价氧化物。

2. 阳极保护的基本参数

根据阳极极化曲线可知,阳极保护有 3 个基本参数。

(1)致钝电流密度(i_{max})。

i_{max} 值的大小可以表明金属在给定环境中进入钝化状态的难易程度。i_{max} 较小,金属较易钝化;i_{max}较大,金属钝化较困难。向金属中添加易钝化的合金元素,在溶液中添加氧化剂,降低溶液温度等措施均能使致钝电流密度减小。在应用阳极保护时,致钝电流密度将影响电源设备容量的选择,在生产实践中,往往采用分段钝化的方法来降低对电源容量的要求。即在被保护设备接上电源后,慢慢将腐蚀性介质灌入设备中,使被溶液浸没的区域依次建立钝化。

(2)维钝电流密度(i_p)。

i_p值的大小表示阳极保护正常操作时耗用电流的多少,同时也决定了金属在阳极保护下的腐蚀速率。如果i_p值很大,金属腐蚀速率超过一定数值(如1mm/a),阳极保护就失去了实际意义。维钝电流密度的大小与金属或合金的本性、介质条件(浓度、温度、pH 值等)及维钝时间有关。在维钝过程中,维钝电流密度随时间延长而逐渐减小,最后趋于稳定。例如,在浓硫酸中,碳钢的i_p值为770mA/m^2,而不锈钢的i_p值只有1mA/m^2。

(3)钝化区电位。

钝化区电位范围对实施阳极保护有重要的意义。阳极保护时希望钝化区电位范围越宽越好,一般不能小于50mV。如果钝化区电位范围太窄,则在外界条件稍有变化时,金属的电位有进入活化区或过钝化区的危险,电位一旦进入了活化区,在通电条件下金属的腐蚀速率反而加快。影响钝化区电位范围宽度的主要因素是金属材料和腐蚀介质的性质。

3. 阳极保护系统

阳极保护系统由直流电源、辅助阴极和参比电极组成,目前主要用于保护各类化工设备,辅助阴极和参比电极都放置于设备内。

1)直流电源

阳极保护中采用的直流电源与阴极保护类似,主要有整流器和恒电位仪。

在选取阳极保护电源时,首先要确定合适的电流容量和电能容量。电流容量可由预先考虑的使设备钝化所需的致钝电流来确定。通常可使用移动式的或辅助的电源来建立初期的钝态,然后用容量足够的在线电源来维持钝态。电源容量的大小应使设备在较短的时间内钝化。钝化所需的电流与通电时间有很大的关系,如果钝化时间从1s 延长到30~60min,所需的电流可能会减小一个数量级。但是在实施钝化过程中要外加较大的阳极电位,这时金属腐蚀速率会加快。所以,只有在设备很少需要再钝化并且不保护时腐蚀速率较低的条件下才采用小电流长时间钝化。一般情况下,设计时应考虑尽可能缩短钝化时间。

阳极保护电源选择的第二个参数为输出电压。电压的大小与整个电路的电阻有关,其中阴极与溶液的接触电阻是主要因素。目前生产中应用的阳极保护直流电源的输出电压为10~20V,输出电流最大为2500A。

恒电位仪是微电脑智能型电位控制仪器,功能是可以自动地调节输出电流,使阳极电位恒定在保护电位(钝化区电位)上,在恒定电位的过程中同时控制输出电流在规定范围以内。此外,恒电位仪通常还具有参数调节、故障报警、自动/手动切换、数字通信等功能。

在工程应用中,直流电源通常采用以下方法进行输出控制。

(1)恒槽压法。在被保护金属表面与辅助阴极之间施加恒定的、但不进行调整的电压,即施加一个恒定的槽压。这种方法比较简单,对电源的要求也最低,所用装置由电源和电阻器组成。当致钝电流密度比维钝电流密度大得不是很多,而稳定钝化区电位范围又相当大时,就可以采用这种方法。所施加的电压要足以实现钝化和维持钝化,但又不能使金属电位进入过钝化区。

(2)连续恒电位法。该方法所用电源通常选择恒电位仪,通过自动调节输出电流对被保护金属表面实施连续恒定的阳极极化,使被保护金属的电位稳定在钝化区,同时通过参比电极监测和控制被保护金属的电位。

(3)间歇恒电位法。对被保护金属表面实施间歇的阳极极化,即按照预定的程序在被保护金属与辅助阴极之间进行通电和断电操作,同时由参比电极监测金属电位。这种阳极保护系统是由电源和电位控制器及继电器来实现的。

2)辅助阴极

辅助阴极与直流电源的负极连接,其作用是使电源、被保护容器的内壁、容器内的液体构成回路。辅助阴极直接浸在腐蚀性介质中,并且是在通电情况下工作,因此对阴极材料有较高的要求。辅助阴极材料要在阴极极化下耐蚀,有一定的机械强度,容易加工,价格较便宜。

铂及镀铂、包铂金属是最稳定的辅助阴极材料,但其价格昂贵,在整个阳极保护系统中这种阴极材料的价格占30%。为此,应尽可能选择一些价格较低廉的材料,如不锈钢、铝青铜、高硅铸铁、碳钢和石墨等。对于不锈钢这类阴极材料,电位负移到一定值,可能从钝态转变成活化态,将引起阴极腐蚀。对于碳钢这类阴极材料,电位负移到一定值有可能得到阴极保护。所以阴极材料在工作时的电位对其稳定性有很大的影响。表3-10列出了常用的辅助阴极材料。

表3-10 工程中常用的辅助阴极材料

介质环境	常用的辅助阴极材料
浓硫酸	铂和包铂金属、铬镍钢、钽、钼、高硅铸铁
稀硫酸	铂和包铂金属、铝青铜、石墨
碱液	碳钢
氨水	1Cr18Ni10Ti
纸浆	碳钢
化肥溶液	哈氏合金、Cr28Ni4Mo2Ti

为了减小阴极与溶液间的接触电阻,从而降低电能消耗,应该采用表面积大的阴极。在生产中建议采用长圆柱体阴极,这样也可以降低电阻。在布置辅助阴极时还要考虑被保护设备上电流均匀分布的问题。但是一般说来,阳极保护中的电流分布能力要优于阴极保护。

3)参比电极

阳极保护用的参比电极在腐蚀性介质中应该基本上是不溶的,此外还要满足以下要求:

(1)电极表面的反应是可逆的过程;

(2)电极应该是不极化的或难以极化的,即有电流通过时电极电位不变化或变化很小;

(3)重现性好,电极在储存和工作时都能保持同一电位,不受环境条件影响;

(4)电极的结构坚固,材料稳定,制造及使用方便。

参比电极在使用中直接接触腐蚀性介质,要根据介质的性质选用合适的参比电极,常用的参比电极可参考表 3 – 11 选用。

表 3 – 11　工程中常用的参比电极

介质环境	常用的参比电极
硫酸	甘汞电极、$Ag/AgCl$、$Hg/HgSO_4$、Pt/PtO
酒精	Au/AuO
碱液	Pt 电极
氨水	$Ag/AgCl$、Bi 电极
纸浆	甘汞电极、Mo/MoO_3
化肥溶液	$Hg/HgSO_4$、$316L$、Ni 电极、Si 电极

3.3.3　阴极保护和阳极保护的比较和选用

阴极保护和阳极保护都属于电化学保护,但两者各有不同的特点。

(1)采用阴极保护时,保护电位的波动或偏离只会造成保护效果的降低,并不会加速金属腐蚀,而阳极保护的电位如果偏离钝化区就会使金属腐蚀大幅增加。

(2)在进行阴极保护时,如果保护电位过负,将会引起材料表面析氢,设备有可能会产生氢脆,尤其是对高强度材料或加压设备而言是非常危险的。

(3)阴极保护的辅助电极是阳极,通常存在阳极溶解反应,在强腐蚀性介质中使用时,对辅助电极的耐蚀性要求非常高,但是在阳极保护时,其辅助电极是阴极,本身还会得到一定程度的保护。

综合比较,阴极保护和阳极保护的优缺点及其适用范围如表 3 – 12 所列。

表 3 – 12　阴极保护和阳极保护对比

对比项	阴极保护	阳极保护
优点	①保护效果可靠,通常不会加速金属腐蚀,风险小,成本较低; ②适用对象广泛; ③采用牺牲阳极时可以免维护,无须电源供应	①防腐效果显著,一般可使材料的腐蚀速度降低 1~3 个数量级,且费用较低; ②特别适合于非常苛刻的酸、碱介质环境; ③对辅助电极要求较低
缺点	①在强氧化性介质中对阳极的要求非常高,影响使用寿命和防护效果; ②电位过负可能诱发氢脆	①适用的金属种类和介质环境有限; ②保护不当有加剧腐蚀的风险
适用范围	几乎所有金属材料在土壤、海水、淡水环境下适用	只适用于有钝化现象的金属和合金,尤其适用苛刻的酸、碱介质

3.4　表面处理

3.4.1　热喷涂

1. 概述

热喷涂技术是利用热源将喷涂材料加热至熔化或半熔化状态,并以一定的速度喷射沉积到经过预处理的基体表面形成涂层的方法[25]。热喷涂技术通过对材料表面进行改性,使其具有防腐、耐磨、减摩、抗高温、抗氧化、隔热、绝缘、导电、防微波辐射等一种或多种功能,达到节约材料、降低成本的目的。热喷涂涂层与基体的结合以机械咬合为主,化学结合或者微区冶金结合为辅,其微观结构主要为铺叠的层状多孔夹杂结构,如图 3 – 5 所示。

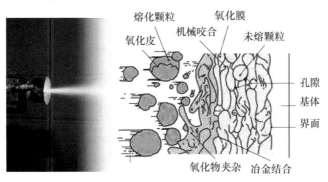

图 3 – 5　典型的热喷涂横截面微观结构示意图

热喷涂方法按热源的不同,可分为燃烧法和电热法。燃烧法是利用可燃气体或者液体为热源的热喷涂方法,主要包括火焰喷涂和爆炸喷涂,其中火焰喷涂又分为普通线材火焰喷涂、普通粉末火焰喷涂、超声速线材火焰喷涂、超声速粉末火焰喷涂。以电能为热源的喷涂方法包括电弧喷涂和等离子喷涂,电弧喷涂用到的材料通常是线材,而等离子喷涂通常用的是粉末。热喷涂焰流温度为数千摄氏度到数万摄氏度,粒子速度为几十米每秒到上千米每秒。不同热喷涂方法其热源温度和焰流速度如图3-6所示[26]。

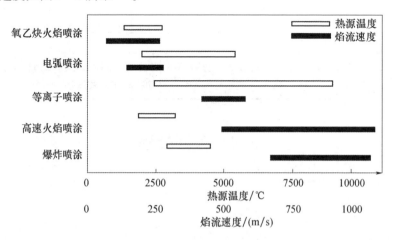

图3-6   不同热喷涂方法中温度和速度对比

常用的热喷涂材料有85/15锌铝合金丝、大颗粒球形纳米陶瓷粉末、纳米铝粉包覆的复合型镍铝涂层材料、TiB_2 粉末、Al_2O_3/TiB_2 粉末、WC/Co 粉末、$NiCr/Cr_3C_2$ 粉末、MCrAlY 涂层材料、陶瓷棒材及软线喷涂材料等[27]。随着工业的发展,对材料的性能要求越来越高,热喷涂材料也在不断发展[28]。

2. 热喷涂涂层在防腐防污领域的应用

根据腐蚀防护机理不同,热喷涂无机涂层分为阳极型涂层、阴极型涂层和惰性涂层。阳极型涂层主要包括锌涂层、铝涂层和锌铝涂层,其具有较负的腐蚀电位,对基体起到牺牲阳极保护作用,并形成致密的腐蚀产物层,进一步抑制涂层和基体腐蚀。阴极型涂层,如不锈钢涂层、铜涂层、镍涂层,主要作用是隔绝基体和腐蚀介质,并利用涂层自身良好的耐腐蚀性能提升基体的耐蚀性。但阴极型涂层由于腐蚀电位较正,容易与基体发生电偶腐蚀,必须对涂层的孔隙进行封闭处理。无论是阳极型涂层还是阴极型涂层,其与有机或无机封闭层之间均存在协同作用,即封闭后的涂层寿命比两者单独使用时寿命之和更长[29]。例如,通过对热喷涂涂层进行封闭实现了高流速、高空泡严酷腐蚀工况的防护[30]。惰性涂层一般是陶瓷或者无机盐涂层,如 Al_2O_2、ZrO_2 等,由于涂层良好的惰性而对基体起到保护作用,惰性涂层同样存在孔隙,也需要进行封闭处理;否则在孔隙中容易形成"闭塞电池腐蚀"。在防腐防污领域常用的热喷涂涂层有热喷涂锌铝涂层、热喷涂 WC - Co 涂层、热喷涂表面疏水性防污涂层等。

1)热喷涂锌铝长效防腐涂层

热喷涂锌铝涂层主要有热喷涂锌涂层、热喷涂铝涂层以及热喷涂锌铝涂层。喷涂工艺有电弧喷涂和火焰喷涂,其中电弧喷涂由于效率高、成本低而被广泛应用。锌铝涂层防腐蚀机理为[31]:涂层致密,能够有效地覆盖工件表面,从而隔绝腐蚀介质;当涂层局部遭受机械损伤露出基体后,由于 Zn、Al 电化学活性更高,可为暴露的钢铁基体提供阴极保护;锌铝生成一层薄而致密的腐蚀产物层并堵塞孔隙,可有效抑制锌铝腐蚀,延长涂层寿命。

热喷涂锌铝涂层在腐蚀防护领域应用历史悠久,广泛用于钢质大桥、石油平台和海洋船舶等。美国密苏里州堪萨斯城的 Kaw River 铁桥是美国第一座采用热喷涂 Zn 方法保护的大桥[32],该桥部分钢结构采用 0.25 ~ 0.30mm 厚的纯锌涂层进行保护,1975 年全面腐蚀调查结果表明,虽然部分 Zn 涂层发生破损,但是钢基体受到了良好的保护,没有发生锈蚀现象。Ridge Avenue 大桥处于蒸汽机车、内燃机车、汽车尾气严酷腐蚀环境,55 年内 0.25mm 纯锌涂层对钢基体起到了良好保护作用。1961 年,英国在苏格兰 Queensferry 的 Forth Road 大桥钢结构的外表面喷涂了 0.125mm 厚的 Zn 涂层,然后涂刷了 3 层涂料用于封闭和装饰。该桥长 3620m,主跨 1000m,需要喷涂防护的钢结构 2 万 t,是当时世界上应用热喷涂防腐蚀技术的最大工程。通过热喷涂涂层和封闭涂层协同作用,该大桥钢结构得到了良好保护,24 年后(1985 年)仅进行了简单涂料维护。作为样板工程,几十年来英国基本上所有的桥梁钢结构均采用热喷涂技术进行防腐处理。在石油平台应用方面,据 1984 年统计,仅英国和挪威两国在北海石油勘探基地就使用了超过 100 万 m² 的铝镁涂层对钢结构进行防护。1950 年美国墨西哥湾油田建设时,针对油田井架在海洋环境中腐蚀严重的问题,设计了热喷涂锌铝涂层,施工的井架有 7000 余架,1975 年检查结果表明,涂层仍对井架提供了良好的保护效果。在船舶腐蚀防护领域,热喷涂主要用于管路和阀体腐蚀防护。早在 1977 年,美国海军就已开展 Al 涂层用于高温蒸汽阀门防护的研究工作,研究发现喷 Al 涂层可为蒸汽阀门提供长期的腐蚀保护,并于 1980 年制定了美军标《海军舰船机械用热喷涂工艺》(MIL - STD 1687(SH))。1986 年七二五所将研制的锌铝基合金应用于趸船船舷外侧进行长效防腐,2004 年检查其中一艘仍在服役的趸船的防腐效果发现,海洋大气区锌铝涂层仍保持良好的状态;浪花飞溅区锌铝涂层基本上消耗完,有大量的锌铝腐蚀产物残留,但无钢基体腐蚀现象发生。1995 年,我国在多艘海船上应用了热喷涂技术,应用部位为易腐蚀的上甲板。考虑到海船现场施工[33],选用了灵活性好的线材,包括锌丝、铝丝、锌铝合金丝进行火焰喷涂,封孔涂料为磷酸锌和环氧云铁,面漆为甲板漆。该复合涂层保护效果良好,至今甲板未发生锈蚀,仅面漆由于老化作用重新进行了涂装。

2)热喷涂 WC－Co 抗空泡腐蚀涂层

空泡腐蚀是大型工程装备常见的腐蚀形式之一,如螺旋桨叶片、离心泵叶轮、管路阀门及管路系统变径、弯管和三通等[34]。提升材料表面硬度是缓解空泡腐蚀的有效方法之一,其中通过热喷涂技术在金属表面喷涂氮化物、碳化物应用最广泛。钴基合金由于硬度高(如 WC－12Co 的硬度为 800～1200HV)、耐蚀性好,常被用作各类泵阀、管路的防空泡腐蚀涂层。常用的抗空蚀涂层有 WC－5Co、WC－7Co 和 WC－12Co 等。一般 Co 含量越高,涂层的耐蚀性越好,WC 含量越高,涂层的耐磨性越好。

WC－Co 涂层的热喷涂制备方法有电弧喷涂、火焰喷涂、超声速火焰喷涂、等离子喷涂、超声速等离子喷涂等。电弧喷涂和火焰喷涂涂层质量较差,孔隙率为 7%～15%,耐蚀性能和耐空泡冲蚀性能均较差。超声速火焰和超声速等离子喷涂制备的典型 WC－Co 涂层孔隙率小于 5%,优良的涂层孔隙率低于 1%,具有良好的耐蚀性能,但是涂层存在一定的碳化问题,且容易出现穿透性孔隙。

热喷涂钴基硬质涂层材料,除了用于防空泡腐蚀外,还广泛用于海洋船舶承力和密封部件防腐耐磨,如美国舰船武器升降机汽缸轴、升降机支柱、航母飞行板升降机锁销、舵杆、涡轮发电机轴、潜艇电动机转子、高速柴油机鼓风机轴颈、潜艇真空泵轴、尾翼稳定轴、核潜艇水下通气管内管、海岸巡逻艇主推进轴－承力轴颈、艉部推力轴轴承、轴颈密封连接法兰、蝶阀杆等部位采用了超声速火焰喷涂工艺制备的 WC－Co 涂层进行防护。

3)热喷涂表面疏水性防污涂层

热喷涂技术通过对金属基体进行微纳米结构处理,然后再通过喷涂、刷涂及后处理等可在金属表面形成疏水层,起到防止海生物污损作用。电弧喷涂锌铝涂层通常有 7%～15% 的孔隙率,表面粗糙度(Rz)在 10μm 以上,要实现纳米结构相对困难,但是高孔隙率有助于表面修饰物质渗入结合,并形成特定修饰结构,如通过硬脂酸/乙醇的表面修饰可在锌铝合金涂层表面构筑超疏水膜,其静态接触角达到 153.2°,滚动角小于 10°[35]。热喷涂也可以通过直接喷涂纳米粉末或者纳米结构粉末形成疏水结构,如等离子喷涂铝钨基超疏水涂层、TiO_2 陶瓷超疏水涂层、金属陶瓷(MMC)超疏水涂层等。此外,研究人员还利用各种热喷涂技术在材料表面构筑其他仿生的低表面能特性涂层体系,如类珊瑚礁结构的防污涂层。

3. 热喷涂技术的发展趋势

海洋环境由于腐蚀条件苛刻,面临比普通环境更为严重的腐蚀、磨损破坏,对表面改性的要求也更加迫切,特别是未来大型船舶和海工结构的发展,对材料表面耐蚀、防污性能的要求更高,对热喷涂技术也提出了更高要求。未来各类新的热喷涂技术和材料将会被应用到海洋工程装备金属结构的腐蚀防护中,如纳米化结构材料、梯度复合涂层材料、非晶合金材料等。

由于材料自身性能的提高,对热喷涂技术的要求也逐渐提高,传统的火焰喷涂、电弧喷涂、等离子喷涂等喷涂技术将无法满足高性能材料涂层制备的需求,联用技术将成为传统热喷涂技术的提升和补充,如激光后处理和激光联用热喷涂技术,既能综合激光熔覆层的密实、高结合强度等特点,又能发挥热喷涂快速喷涂的特点,使得防护层具有更强的防腐防污性能。又如暖喷涂技术,不仅具有火焰喷涂的材料适应性,而且有冷喷涂的部分特点,可以制备结合强度高、致密的 WC – Co 涂层,W 不会发生明显的碳化,提升 WC – Co 涂层的耐蚀性。液料喷涂通过液料与热源的交互作用,不仅可以获得纳米结构涂层,还能够制作纳米粉,目前在实验室成功制成了具有纳米结构的羟基磷灰石(HAP)涂层。通过控制非晶物质的再结晶,也可以制成纳米块材,利用这种方法制备的 WC – Co 和 NiCrBSi 自熔剂合金的纳米涂层,比传统涂层的耐蚀性能和耐磨性能都能成倍的提高,是未来热喷涂的发展趋势之一。

热喷涂作为表面强化技术,是大型工程装备磨损部位修复和再制造的有力工具,是替代电刷镀、堆焊的经济可行的技术途径,目前热喷涂技术在大型装备腐蚀磨损部位修复的应用在国内还不是十分普遍,需要大力推广。

3.4.2　冷喷涂

1. 概述

冷喷涂(cold spray)又称为冷气动力学喷涂(cold gas dynamic spray,CGDS),它基于空气动力学,采用高压气源将固态粒子带动至极高的速度撞击金属基体,从而沉积形成涂层,是一种实现材料表面多功能化的表面处理技术[36]。与热喷涂技术相比,冷喷涂过程温度低于喷涂颗粒的熔点,喷涂过程中颗粒不经过熔化 – 再凝固的过程[37],避免了喷涂过程中的氧化、烧损、相变等现象,使氧敏感、热敏感、非晶、纳米材料等传统喷涂手段难以制备的涂层成为可能。同时,冷喷涂技术的能源消耗低,材料资源可回收利用,是一种环境友好的绿色喷涂技术。

冷喷涂设备系统原理图如图 3 – 7 所示,通过具有收敛 – 发散几何形状的拉瓦尔喷嘴,以压缩气体作为加速介质,带动粉末颗粒以超声速的速度撞击金属基体,使颗粒在极高应力和应变条件下,通过"绝热剪切失稳"引起的塑性流变或者通过剧烈塑性变形等机械过程,实现其在工件表面上的沉积,其主要技术目标是使颗粒加速到高于颗粒沉积的临界速度。为了保证气流对颗粒的加速以及对颗粒的软化效果,一般需要对加速气体进行预热处理,但预热温度远低于颗粒的熔点,粉末颗粒仍然保持固体状态[38]。

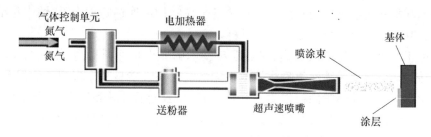

图 3-7　冷喷涂设备系统原理图

由于喷涂温度低于固体粉末的熔点,故相对于传统热喷涂工艺,冷喷涂技术的低温特性具有以下特点[39]:①对基体和粉末颗粒的热影响小,可以避免喷涂粉末的氧化、烧损、相变以及组织变化等现象发生,因而冷喷涂技术在制备纳米、非晶材料等热敏感材料涂层,Cu、Ti 等氧化敏感材料涂层以及碳化物复合材料等相变敏感材料方面具有明显优势;②涂层间的应力以压应力为主,而热喷涂以拉应力为主,随着涂层的增厚,基本不会出现变形和脱落问题,可以制备厚涂层(厚度不受限制),这一特性特别适合装备的修复和再制造;③喷涂过程中,后续粒子的冲击对初始涂层起到夯实作用,同时不存在热喷涂过程中的体积收缩,涂层具有致密、孔隙率低的优点;④涂层的结合强度较高,对基体的处理要求比热喷涂低;⑤基体选择范围更广,冷喷涂过程克服了基体工件的高温变形,因此在金属、塑料、陶瓷等基体上都可以形成防护涂层。冷喷涂涂层的典型结构如图 3-8 所示,具有由表面到基体逐渐密实的特点,主要为机械咬合,局部存在由于绝热剪切失稳引起的冶金结合。

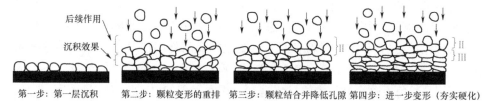

第一步:第一层沉积　第二步:颗粒变形的重排　第三步:颗粒结合并降低孔隙　第四步:进一步变形(夯实硬化)

图 3-8　冷喷涂涂层的形成过程和典型横截面结构

2. 冷喷涂技术在防腐领域的应用

1)钢结构冷喷涂防腐蚀技术

钢结构常用的冷喷涂防腐涂层为冷喷涂锌铝涂层,与热喷涂锌铝涂层相同,冷喷涂锌铝涂层主要依靠涂层的隔离作用、阴极保护作用和高耐蚀性为金属基体提供长效防护,但冷喷涂锌铝涂层更加致密(冷喷涂涂层孔隙率低于 5%,热喷涂层孔隙率通常在 7% ~ 15% 之间),结合强度更高(冷喷涂涂层结合力不低于20MPa,热喷涂涂层结合力通常低于 10MPa)。

2）不锈钢冷喷涂防腐蚀技术

不锈钢材料具有优异的耐均匀腐蚀性能,但在 Cl⁻ 含量高的海洋环境中点蚀风险较大,目前各类不锈钢表面钝化技术,均无法完全消除点蚀。通过冷喷涂在不锈钢表面沉积一层钛合金,可以有效解决其在 Cl⁻ 环境中的点蚀问题。但钛合金粉末具有高弹性、高韧性、强钝化性的特点,粉末颗粒变形难度大,导致涂层孔隙大于 5%[40]。冷喷涂钛合金涂层的孔隙率可以通过激光熔覆、原位微冲击和微锻处理等方式降低。激光重熔技术将涂层结构改变为铸态,消除涂层孔隙率,得到的钛涂层耐蚀性能与钛合金相当[41];原位微冲击的方法也可降低冷喷涂钛合金涂层孔隙率,该技术通过添加一定量粒径范围在 $200\sim500\mu m$ 之间的大金属颗粒,由于大颗粒自身难以沉积,且无法夹杂在涂层当中,对涂层的冲击使沉积颗粒挤压变形重排,降低孔隙率。不锈钢表面喷涂钛合金涂层的电化学特性研究结果表明,经过微锻处理的钛合金涂层,耐蚀性能接近钛合金本体。

3）镁合金冷喷涂防腐蚀技术

镁合金化学性质活泼,硬度低,特别容易腐蚀和磨损,限制了其在海洋等腐蚀严酷环境中的应用。通过在镁合金表面冷喷涂铝或铝合金涂层可显著提高镁合金耐腐蚀性能,常用的冷喷涂防腐涂层体系为纯铝涂层、铝合金涂层、陶瓷颗粒增强铝基复合涂层。纯铝涂层主要用于 AZ91D、ZE41A – T5、AZ31B 等镁合金表面防腐处理[42-45],且铝粉纯度越高,防腐性能越好。在制备冷喷涂防腐铝涂层时,引入适量陶瓷颗粒或采取合金化措施,不仅可以保持铝涂层优良的耐腐蚀性,还可使涂层具有较高的硬度、强度和耐磨损能力。

3. 冷喷涂技术发展趋势

冷喷涂技术具有热喷涂不可比拟的优势,如残余应力小、热输入小、可以快速对损伤结构进行修复并强化,是大型工程装备损伤结构快速修复和再制造的发展方向之一,但目前修复工艺、设备尚无法满足现场快速维修需求,需要进一步研究。热敏材料涂层的冷喷涂工艺开发也是未来的发展方向之一,由于工艺温度低,不会对材料的金相组织等产生影响,冷喷涂技术在制备纳米结构材料、非晶材料等方面具有先天优势,但目前研究还不够深入。冷喷涂技术与激光、超声速微锻等技术联用也是未来重要的发展方向之一,多种技术联用,可密实化沉积层并恢复涂层韧性,可大大提升涂层的防护性能。

3.4.3 热烧结处理

1. 概述

通过浸涂、刷涂或喷涂等方式涂覆到金属基体表面的涂层材料在一定温度下加热固化后形成的涂层称为热烧结涂层。防腐领域常用的热烧结涂层有锌铝涂层、贵金属氧化物涂层和 PEEK 绝缘涂层等,其中贵金属氧化物主要用作辅助阳极或者电解防污电极,对大型工程结构进行外加电流阴极保护或者电解防污,不用作金属表面处理。

2. 热烧结涂层在防腐领域的应用

1)锌铝涂层

锌铝涂层是一种工艺简单方便、防护效果良好的表面涂覆技术,该技术于1963年由美国大洋公司开发,最初是为了解决汽车底盘零件遇含盐分的雨雪易发生锈蚀,威胁车辆运行安全而发明的一种防护技术[46]。1972 年美国人申请了第一个技术专利,而后作为一种金属表面防锈处理法,已先后在美国、欧洲、日本及中国获得专利权。锌铝涂层因其优良的耐大气腐蚀性、环境友好性得到迅速发展,该项技术的成功应用大大提高了铁基材料的耐蚀性能。

锌铝涂层技术通过浸涂、刷涂或喷涂工艺将锌铝涂液涂覆到金属基体表面,经过 300℃ 左右烘烤后,在金属基体表面形成一层耐蚀性极佳的非装饰涂层[47-49]。锌铝涂层的典型结构如图 3-9 所示,片状锌、铝颗粒分散在涂层中,延长通路,增加腐蚀介质的扩散时间,提高涂层的防腐性能。锌铝涂液主要含有片状锌粉、铝粉、钝化剂、润湿剂、分散剂、增稠剂、表面活性剂、pH 调节剂、润滑剂等,溶剂是水。锌粉和铝粉是锌铝涂层的主要成分,因为片状锌铝粉具有较低的能量状态,并且在涂液烧结过程中能够在金属基体表面形成层状交叠平铺结构,大大降低了涂层的孔隙率,提高了涂层的致密性,有效地阻碍了腐蚀介质向基体内部扩散。早期锌铝涂层中的钝化剂为铬酐,烧结过程中铬酸中的六价铬与金属粉、基体发生复杂的化学反应,大部分六价铬被还原成三价铬,形成黏结性氧化物,使片状锌铝粉以层状结构黏附在基体上。六价铬还原过程中形成的氧化物对涂层的结合力及耐蚀性起着关键性作用,未被还原的铬酐,在涂层受腐蚀介质浸蚀,钝化膜遭到破坏时还能起到自修复作用。由于六价铬对环境有污染,随着环保要求的提高,已逐步被钼酸盐、硅酸盐等[50-51]新型钝化剂取代。润湿剂能够有效提高涂液的悬浮稳定性,因此选用合适的润湿剂来浸润片状锌铝金属粉至关重要。润湿剂的表面能越小,润湿效果越好,目前应用最广泛的润湿剂有聚醇类、醇胺类和丙三醇等。分散剂主要作用是使锌铝粉能够均匀分布在涂液中,不发生黏结现象,如十二烷基苯磺酸钠。增稠剂可以适当提高涂液的黏度,保证锌粉和铝粉不发生沉积,控制涂层的涂覆厚度,有水溶性纤维素酯类、聚丙烯酸钠盐等类。消泡剂主要用来减少涂液在搅拌过程中产生的泡沫,防止泡沫在烧结过程产生气孔、裂纹等缺陷,影响涂层的耐蚀性能。涂液的 pH 值是衡量涂液性能的重要指标,与涂液的使用寿命密切相关,目前对涂液最佳 pH 值还没有形成统一的标准,通常认为 pH 值在 4~6 为宜,pH 值调节剂的作用是使涂液长时间内保持稳定,防止涂液凝聚甚至失效,常用 pH 调节剂主要有氧化锌、三乙醇胺、氧化钙等。通过添加适量的聚四氟乙烯等润滑剂,可对锌铝涂层的摩擦系数进行调控,以满足实际工况的耐磨性要求。同时适当添加少量的表面活性剂,能够使金属粉均匀分散在涂液中,增加涂液的悬浮稳定性。

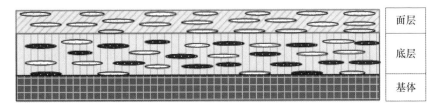

图 3 - 9　典型热烧结锌铝涂层典型结构

锌铝涂层的防腐机理包含物理屏蔽、钝化膜保护和牺牲阳极保护 3 个方面[52]。锌铝涂层是由极薄的片状锌、片状铝及钝化剂重重叠加而成,片状锌铝粉在基体表面形成了多层屏障,这种层状结构本身就延长了腐蚀介质扩散渗入的通路,增大了阻挡作用。当涂层与腐蚀介质发生反应后,产生腐蚀产物填充涂层孔隙,使涂层致密性更高,介质更难渗入到基体。关于钝化剂在涂层中如何发挥作用,一种观点认为是钝化剂将片状锌铝金属粉钝化形成致密的钝化膜,钝化膜的生成能阻挡腐蚀介质的渗入,当钝化膜被破坏后钝化剂会继续将锌粉钝化,重新成膜发挥涂层的自修复作用;另一种观点认为是涂层经过钝化剂整体钝化,减少了表面活性点,阻碍了溶解氧向基体扩散,降低了腐蚀速率和自腐蚀电流密度。锌铝涂层中主要的成分为 Zn 和 Al,两种元素的自腐蚀电位均比钢基体更低更负,属于阳极型涂层。当腐蚀介质浸入涂层时,由于涂层和基体的电位差使得 Zn、Al 作为腐蚀微电池的阳极失去电子而被腐蚀,钢基体作为腐蚀微电池的阴极得到保护。

随着社会的发展,对环境保护要求越来越严格,含重金属等有毒有害物质的防护涂层已逐渐在家电、汽车等行业限用,锌铝涂层如何通过创新和降低铬酸含量,逐步发展到无铬技术,是需要解决的一大难题。国内外学者开展了稀土金属、硅酸盐等取代铬酸研究,并取得了较好的效果,使得无铬锌铝涂层防护技术成为可能。此外,锌铝涂层存在一定的局限性,如涂层的表面硬度低,容易形成划痕损伤等。由于涂层的再涂覆性较好,可以在其表面添加有机涂层或者无机涂层制备复合涂层,这样不但可以提高涂层的表面硬度、耐候性及耐蚀性,还可以有效阻止六价铬的析出,减少环境污染。除了采用无铬钝化剂外,为了提高锌铝涂层的防护性能,也可将锌铝涂层与渗锌涂层组成复合涂层,渗锌涂层由于部分渗入金属基体内部,因此对涂层总体厚度增加有限,但对涂层性能有明显的提升。

2)聚醚醚酮 PEEK 涂层

聚醚醚酮(poly - ether - ether - ketone,PEEK)是主链结构中含有一个酮键和两个醚键的重复单元所构成的高聚物,属特种高分子材料。具有耐高温、耐化学药品腐蚀等物理化学性能,是一类半结晶高分子材料,熔点 334℃,软化点 168℃,拉伸强度 132 ~ 148MPa,体积电阻率在室温下高达 $10^{16}\Omega\cdot cm$,介电强度在厚度为 2.5mm 时高达 16kV/mm,在大扭矩螺栓等部件的绝缘防腐中有巨大的优势。PEEK 材料对酸、碱以及几乎所有的有机溶剂都有很强的抗腐蚀能力,能够溶解或破坏它的仅有高温浓硫酸。PEEK 涂层防腐性能优良的主要原因是由于 PEEK 材料对腐蚀介质是惰性的,吸水率仅有 0.5% 左右,是优良的绝缘防腐涂层材料。PEEK 材料同时具有优异的耐滑动摩擦和微动磨损的性能,对于诸多大型工程装备磨损件的腐蚀防护也有很大的优势。

PEEK 涂层一般是通过静电吸附、热喷涂、预黏埋、挂涂等方式在基体表面预涂覆一层 PEEK 粉末或者混合物,加热到 380 ~ 450℃进行重熔密实、流平处理,形成涂层,其静电吸附工装如图 3 – 10 所示。目前,PEEK 涂层制备技术研究还相对较少,典型的工艺是火焰喷涂 + 热烧结固化。这种工艺仅适合平板工件,对于有倒角、螺纹和暗孔的工件,涂层厚度可控性较差。此外,火焰温度较高,不容易控制,在喷涂过程中,非常容易发生塑胶性质变化。采用静电喷涂 + 热烧结固化方法,通过喷枪对工件表面的电位分布控制,涂层粉末可均匀地铺敷于工件表面,再进行烧结固化,可有效提升施工效率和涂层性能。

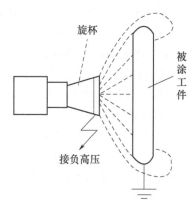

图 3 –10　静电喷涂 PEEK 涂层吸附原理图及设备

　　影响 PEEK 涂层性能的主要原因有涂层的孔隙率和晶型,而孔隙率和晶型的影响因素包括 PEEK 涂层种类、烧结温度、烧结时间、冷却方式等,图 3 – 11 是不同冷却条件下的涂层外观形态。正常温度烧结时,涂层呈现乳黄色或者黄褐色,表面均匀有光泽,气孔率低。烧结温度过高,涂层呈深褐色或黑色,PEEK 涂层容易出现流挂现象,影响涂层的均匀性。PEEK 涂层的快速分解温度在 450 ~ 500℃之间,温度过高容易导致 PEEK 涂层分解,PEEK 涂层分解碳化会导致电导率降低,同时产生的"光气"是剧毒物质。如果制备温度较低,涂层呈现乳白色,粉末来不及流平渗透,孔隙率较高,容易出现局部漏点。PEEK 材料是半晶化的材料,具有玻璃态物质的特征,也有晶态物质的特征,快速冷却(水冷)时,容易形成非晶态,脆性大。缓慢冷却(随腔冷却或空冷)晶态含量大,涂层韧性好,电阻率高。烧结时间可以影响涂层的流淌情况和分解情况,通常熔化烧结时间不能过长,控制在 15~30min 为宜。PEEK 粉末的熔融指数决定了 PEEK 涂层的流平性,一般熔融指数越高,流平能力越好,一般有 63g/10min、98g/10min、140g/10min 几种流平指数的 PEEK 粉末。PEEK 粉末的粒径对于涂层孔隙、表面平整度也均有重要的影响,粉末粒度过大,熔融过程中不容易消除孔隙,一般平均粒径在 20μm 左右为宜。PEEK 涂层的防腐性能主要和孔隙率相关,对不存在穿透性孔隙的 PEEK 涂层,其在各类盐雾试验中5000h 以内不发生任何腐蚀破坏。穿透性孔隙通常可以采用电火花试验进行测试,测试电压为 200kV,探头置于距涂层垂直距离 1cm 处,不产生电火花表示涂层没有穿透性的孔隙。

图 3-11　不同冷却条件下 PEEK 涂层的外观形态
(a)空冷;(b)水冷;(c)炉冷。

3. 热烧结涂层发展趋势

无铬化是热烧结锌铝涂层主要的发展方向之一。无铬锌铝涂层是为满足世界各国的环保法规和汽车行业规定的环保要求而研制出的表面处理技术,无铬锌铝涂层作为锌铝涂层的更新换代产品已经首先被汽车制造行业普遍认可和接受,包括美国 MCI 公司与其他公司联合开发的 Geomet(交美特)涂层、德国 Delta 公司推出的 Delta 涂层以及由北京永泰和金属防腐技术有限公司推出的 BNC 水性无铬锌铝涂层。目前无铬锌铝涂层主要采用磷酸盐、钼酸盐、钨酸盐等取代铬酸盐,其性能与含铬锌铝涂层大体相当,但价格相对更高,因此使用受到一定的限制[53]。热烧结锌铝涂层另一个主要发展方向是纳米化,即在涂液中引入纳米粒子,从而增进涂层的耐磨等性能。纳米化有两种途径:一是采用纳米级锌铝粒子,二是在涂液中添加纳米级 Al_2O_3、SiO_2 和 SiC 等颗粒[54-55]。

液料烧结是热烧结 PEEK 涂层的发展趋势之一,具有可制备 $20\mu m$ 甚至更薄的 PEEK 涂层,且能够保障涂层密实度的优点,使得 PEEK 涂层技术在小螺纹工件防腐应用成为可能,但液料的配方、烧结工艺参数等还需进一步深入研究。

3.4.4　化学镀

1. 概述

化学镀是指无外部电流作用下,通过氧化还原反应在基体表面化学沉积得到金属或合金镀层的一种表面处理技术,由于其自催化性及无外接电流的特点,也被称为自催化镀或无电电镀(electroless plating)[56]。相对于电镀技术,化学镀对基体兼容性更好,无论是金属、非金属、纤维还是粉末,都能通过化学镀的方法在其表面得到理想的镀层[57]。

同其他镀覆方法比较,化学镀具有以下的特点:

(1)可以在由金属、半导体和非导体等各种材料制成的零件上镀覆金属、金属复合材料;

(2)化学镀溶液的分散能力优异,不受零件外形复杂程度的限制,无明显的边缘效应,特别适合于复杂零件、管件内壁、盲孔件的镀覆;

(3)通过自催化化学镀可以获得较大厚度的镀层,甚至可以电铸;

(4)工艺设备简单,无须电源、输电系统及辅助电极,操作简便;

(5)镀层相对致密,孔隙较少,具有较好的耐蚀性;

(6)化学镀必须在自催化活性的表面施镀,其结合力优于电镀层。

化学镀可以获得纯金属、合金及复合镀层[58],按其组成可分为以下几种:①纯金属镀层,主要有 Cu、Sn、Ag、Au、Ru、Pd;②二元合金化学镀层,主要为 Ni、Co 分别与 P、B 形成的二元合金,如 $Ni-P$、$Ni-B$、$Co-P$、$Co-B$;③三元及多元合金化学镀层,三元合金镀层有 $Ni-M-P$(M = Cr、Mo、W、Ru、Fe、Co、Nb、Cu、Sn、Zn、Re)、$Ni-M-B$(M = Co、Mo、W、Sn) ,$Co-M-P$(M = Ni、W、Mn) ,四元合金镀层有 $Ni-W-Sn-P$、$Ni-W-Sn-B$、$Co-Ni-Re-P$、$Co-Mn-Re-P$;④化学复合镀层,通过金属、金属化合物或非金属化合物微粒加入到化学镀液中,使之均匀地沉积到化学镀层中得到[59]。

按加入的微粒性质化学复合镀层又可分为三大类:①金属化合物如 Al_2O_3、TiO_2、ZrO_2、Cr_2O_3、CeO_2、TiC、WC、Cr_3C_2、MoS_2、WS_2、CaF_2、BaF_2;②非金属化合物如 SiC、B_4C、BC、BN、金刚石、石墨、聚四氟乙烯、碳纳米管;③金属微粒如 Cr、Ni、Cu、Zr、Nb。

2. 化学镀在防腐防污领域的应用

镍磷镀层具有良好的防腐蚀性能,是海洋工程装备广泛采用的一种防腐蚀技术。镍磷镀是通过在部件的表面形成一层镍磷镀层,有效地隔断部件与腐蚀性介质的接触,依靠镍磷镀层自身耐蚀性从而达到防腐的目的。

根据磷质量分数不同,镀层分为低磷、中磷、高磷 3 种镍磷镀,其物理、电学性能以及表面特征差别很大[60]。低磷镀磷质量分数为 1% ～5% ,呈晶态结构,具有硬度高、耐磨、耐碱腐蚀特点;中磷镀磷质量分数为 6% ～9% ,为晶态和非晶态共同体,镀层既耐腐蚀又耐磨;高磷镀磷质量分数为 9% ～12% ,为非晶态,具有优良的耐蚀性能。磷含量越高,镀层的耐蚀性越好,高磷镀层腐蚀速率仅为低磷镀层腐蚀速率的 1/15 ～1/10[61]。3 种不同磷含量的镍磷镀层典型微观形貌如图 3 – 12 所示。

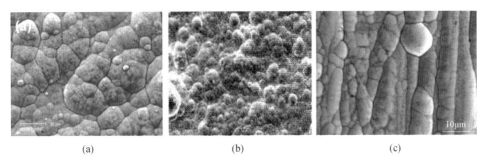

图 3 – 12　3 种不同磷含量的镍磷镀层典型微观形貌
(a)低磷;(b)中磷;(c)高磷。

相对于钢结构,镍磷镀层是阴极型的,孔隙的存在会加速基体的点蚀风险。为了减少镍磷镀层的孔隙率,常采用铬酸盐钝化处理,但是六价铬严重污染环境,已逐步被其他封孔技术取代,如有机硅封孔法、涂膏法、双层镀法[62]和溶胶凝胶法[63]等。

3. 化学镀的发展趋势

新型的复合镀层是化学镀的发展方向之一,如 Ni/Pd/Au 组合镀层沉积速率快,镀层致密,防护性能好。光亮镍磷镀表面可达到镜面平整度,在抗冲蚀、防污、抗空泡方面有突出的优势,也是未来值得大力发展的方向之一。

3.4.5　热浸镀

1. 概述

热浸镀简称热镀,是把被镀件浸入到熔融的金属液体中使其表面形成金属镀层的一种工艺方法。主要用于低熔点金属 Zn、Sn、Al、Pd 及其合金镀层的生产,主要以防腐蚀为目的,并有一定装饰作用[64]。热浸镀是一种经济有效的金属防护方法,具有生产工艺简单、效率高、成本低、涂层结合力强、韧性大等优点,广泛用于钢材腐蚀防护。

热浸镀工艺分为熔剂法和氢还原法。氢还原法多用于钢带的连续热镀,典型的森吉米尔法和美钢联法属于此类工艺[65]。熔剂法多用于钢丝及钢结构件的镀层制备,熔剂法又有湿法和干法之分。湿法是早期的热浸镀工艺,将净化的钢材浸涂水熔剂后,不经烘干直接浸入熔融金属中热镀;干法是在浸涂水熔剂后经烘干,然后再浸镀。由于干法镀层质量好,目前大多数钢结构件的热镀锌生产均采用干法,而湿法逐渐被淘汰。

影响镀层质量的主要因素有助镀剂、镀液温度、浸镀时间、镀液成分。助镀剂主要是避免钢在高温下表面发生二次氧化污染,影响镀层结合质量。镀液成分则会影响镀层的厚度、结构和性能,如稀土元素可以提升镀层的耐蚀性。镀液温度升高可降低镀液黏度,镀层厚度均匀,但是厚度控制难度增加。浸镀时间则会决定镀层的厚度及扩散层特征。

2. 热浸镀层在防腐领域的应用

1)热浸镀锌镀层

热浸镀锌工业生产历史悠长,产品产量大,应用范围广,适合于所有钢种的腐蚀防护。Zn 的熔点很低,只有 419.7℃,且在 450~480℃ 的温度范围内就可以浸镀。一般得到的灰色镀层由两个分层构成:外层为锌层,内层是 Fe-Zn 金属间化合物层。金属间化合物的生成可以使镀层与基体间呈现冶金结合,附着牢固[66]。

由于 Zn 具有良好的延展性,锌镀层与钢基体附着牢固,因此热镀件可进行冷冲、轧制、拉丝、弯曲等各种成型而不损坏镀层。钢结构件热镀锌后,相当于一次退火处理,能有效改善钢基体的力学性能,消除钢件成型焊接时的应力,有利于对钢结构件进行车削加工。与热喷涂锌涂层一样,一方面镀层作为阻挡层隔离了钢基体与周围的腐蚀环境;另一方面镀锌层可以作为牺牲阳极对钢基体产生电化学保护作用。但是纯锌镀层常常出现灰暗、超厚及黏结性差的不良现象。为了解决这一问题,近几年发展了多种镀锌技术,如多元合金镀锌、高温镀锌、锌镍合金镀锌等[67],且通过添加少量 Al、Mg、Si 和稀土元素可显著提升锌镀层的耐蚀性能。

热镀锌镀层的寿命由厚度和环境共同决定,根据美国热镀锌协会的建议,海洋大气环境热镀锌厚度推荐在 75~125μm 范围内,寿命在 15~30 年之间,也可以按《色漆和清漆 防护涂料系统对钢结构的腐蚀防护》(ISO 12944:2017)的标准查询不同海洋环境下热镀锌的预期寿命。热镀锌在海水中的消耗率非常快,可以达到 35~120μm/a,热镀锌不适用于海水环境钢基体腐蚀防护[68]。

2)热浸镀铝/铝合金涂层

铝的熔点是 658.7℃,其浸镀温度一般在 700℃~750℃,所生成的镀层同样是双层结构,外层是铝层,内层是 Fe-Al 金属间化合物,镀层与基体冶金结合且结合强度高,但铝铁合金层的脆性高,机加工过程中镀层易龟裂或脱落。为了解决这一问题,研发了铝锌合金镀层(galvalume),这种镀层既具有镀铝的耐蚀性和抗高温氧化性,同时又具有镀锌层的电保护性。相关研究表明,钢基体中 Cr 和 Si 含量的增加,可以抑制铝铁合金层的生长速度,阻止铝向铁基体中扩散,不仅可以提高镀层耐剥落性,而且可得到纯铝镀层的优良耐蚀性。

热镀铝/铝合金工艺主要有预镀金属法、表面钝化法、保护气法(森吉米尔法)、熔剂法。早期的预镀金属法工艺复杂,故不适于工业化生产。随着技术的发展,现在主要是采用保护气法和熔剂法。保护气法具有自动化程度和生产效率较高、产品质量稳定的优点,但设备投资较大,而且工艺复杂。熔剂法具有操作及设备简单、生产灵活的特点,是目前所有镀铝/铝合金方法中最经济、最有发展潜力的工艺。近年来,无覆盖熔剂热浸镀铝技术、超声波热浸镀铝技术、计算机数值模拟热浸镀铝技术及机械能助渗铝技术得到了快速的发展。

热浸镀铝涂层的主要用途为抗高温、抗氧化和耐腐蚀。热浸镀铝/铝合金层优越的抗高温氧化性能主要归因于形成的铝铁合金层具有优良的高温物理和化学性能,可用于船舶排气管道高温部位的腐蚀防护,用于渗碳炉和碳氮共渗设备,使用温度达 850℃ ~950℃ 的装料框架,抗氧化和耐硫蚀的炉子烟道,炉用耐热输送带和传动元件,使用温度在 1000℃ 以下的热电偶保护套管等。由于镀层表面薄膜的钝化作用以及电化学作用,因此热浸镀铝/铝合金钢件可用于含硫高和含盐的海洋环境。

3. 热浸镀发展趋势

热浸镀的能耗相对较高,发展绿色低能耗的热浸镀技术是未来的发展趋势;为了延长热浸镀层在海水环境、高载荷环境中的使用寿命,热浸镀与其他防腐蚀技术联用成为重点研究方向之一。

3.4.6　电镀

1. 概述

电镀通过电化学方法将金属离子还原为金属,并沉积在金属或非金属制品的表面,形成符合要求的平滑致密的金属覆盖层。电镀系统由低压大电流电源、电镀液、待镀零件(阴极)和阳极组成。电镀液成分视镀层不同而不同,但均含有提供金属离子的主盐、能络合主盐中金属离子形成络合物的络合剂、用于稳定溶液酸碱度的缓冲剂、阳极活化剂和特殊添加物(如光亮剂、晶粒细化剂、整平剂、润湿剂、应力消除剂和抑雾剂等)。电镀过程中,电镀液中的金属离子在电位差的作用下移动到阴极表面并被还原形成镀层;阳极金属溶解形成金属离子进入电镀液,以保持被镀覆的金属离子的浓度。特殊电镀工艺如镀 Cr,阳极采用由 Pd、铅锑合金制成的不溶性阳极,它只起传递电子、导通电流的作用,电解液中的铬离子浓度需依靠定期添加铬化合物来维持。阳极材料的质量、电镀液的成分、温度、电流密度、通电时间、搅拌强度、析出杂质、电源波形等都会影响镀层的质量。

电镀层比热浸镀层薄且均匀,厚度范围为几微米到几十微米。镀层大多是单一金属或合金,如钛靶、Zn、Cd、Au、青铜、Ni – SiC、Ni – 氟化石墨、Cu – Ni – Cr、Ag – In 等。和化学镀层相同,电镀层存在较多的针孔,图 3 – 13 是电镀层典型的微观形貌,为保证电镀层的防腐效果,也需要进行封闭处理。

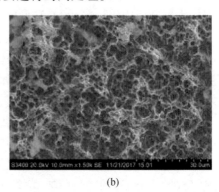

(a)　　　　　　　　　　　　　　　(b)

图 3 – 13　电镀 Cu 表面的微观形貌

(a)$CuCl_2$ – HCl 镀液;(b)H_2O_2 – H_2SO_4 – $CuSO_4$ 镀液。

2. 电镀在防腐防污领域的应用

1)电镀锌及锌合金

电镀锌及锌合金广泛用于钢铁腐蚀防护,占总电镀量的 60% 左右。电镀锌及锌合金镀层对钢基体的防护机理同热喷涂锌及锌合金镀层。随着科学技术和现代工业的发展,对防护性镀层的质量要求也越来越高,传统的电镀锌层已不能完全满足船舶和海洋结构的长期防护要求,近十多年来发展了 Zn – Mg、Zn – Co 和 Zn – Fe 合金等二元电镀层。研究表明,Zn 中加入少量 Mg,形成 $MgZn_2$ 和 Mg_2Zn_{11} 金属间化合物,可以较大幅度地提高镀层的耐蚀性[69 – 70]。Co 含量 0.2% 左右的锌钴镀层耐蚀性较纯锌镀层显著提高,广泛用于汽车、采矿和建筑等行业。锌镀层添加少量 Fe 后,自腐蚀电位正移,与钢基体电位差减小,抑制了镀层腐蚀,含 0.2% ~ 0.5% Fe 的锌铁合金镀层与纯锌镀层相比,耐蚀性提高数倍至数十倍以上[71]。

2)电镀镍及镍合金

镍由于具有较好的耐蚀性、室温时在空气中抗氧化性能好、不与浓硝酸反应、耐碱腐蚀等特性,广泛用于航天、汽车、电子、计算机、石油、印刷、纺织及医疗器械等行业。为了满足大型工程装备对镀层的高性能、多功能要求,在纯镍镀层的基础上,发展了 Ni – P、Ni – Cr、Ni – Zn 等合金及其复合镀层。电镀 Ni – P 合金的优点是沉积速度快,镀液的稳定性好,成本低,膜层的耐磨性及耐蚀性优良。在镍磷镀层中添加少量 Fe、W 等可提升镀层的硬度、耐磨性及热稳定性[72-73]；添加 SiC、TiO$_2$ 可提升镀层耐磨性和耐蚀性。镍铬合金电镀层应用历史悠久，为降低六价铬毒性，近十年国内外学者开展了大量 Ni-Cr(Ⅲ)电镀工艺研究，目前常用的电沉积体系有 DMF 体系、甲酸体系、乙酸体系、氨基乙酸体系及其混合体系等[74]。电镀 Ni-Zn 合金是近年来在电镀锌的基础上发展起来的一种高耐蚀合金镀层，其耐蚀性为纯锌镀层的 4~8 倍，当镀层中 Ni 质量分数为 8%~15% 时具有较高的耐蚀性，其中 13% Ni 的合金综合性能最好[75]。

3. 电镀技术发展趋势

为了满足大型工程结构耐蚀性、耐磨性、润滑性、耐高温性、导电性、可焊性、磁性、光电性等综合需求，电镀技术已从传统的防护装饰向多功能性电镀发展。合金镀层或由金属与无机或有机高分子微粒共沉积的复合镀层，具有可满足各种特殊功能性要求的潜力，成为热点研究方向。电刷镀无须镀槽，是通过专用电源、镀液和镀笔，依靠蘸满镀液的镀笔与被镀件做相对运动而获得镀层的一种新工艺，可简便快捷地对磨损腐蚀的机械零件进行现场修复，是未来大型工程结构现场处理技术的发展方向之一。

3.4.7　表面氧化

1. 概述

金属的氧化工艺包括化学氧化法、电化学氧化法和热氧化法等。化学氧化处理是在可控条件下人为生成特定氧化膜的表面转化过程，常用于处理钢材和铝材，具有无须电源、操作方便、设备简单、生产工艺稳定、效率高、批量化生产、成本低、收益快等优点。电化学氧化又称为阳极氧化，是以工件为阳极，在特定的电解液和工艺条件下施加外加电流，在其表面形成一层氧化膜的过程。电化学氧化技术主要用于 Al、Mg、Ti 等金属及其合金表面处理。热氧化是指将金属放入电阻炉中，加热到一定温度并保温一定时间进行的处理过程，通常包括加热、保温、冷却 3 个阶段。金属表面氧化处理的主要目的和作用为改善外观，提高装饰效果，提高耐腐蚀性能，提高表面硬度、耐磨性、抗疲劳性能或作为其他功能涂层的底层或载体层。

2. 表面氧化技术在防腐领域的应用

1）钢铁的氧化处理

钢铁的氧化处理方式主要为化学氧化，广泛用于机械零件、电子设备、精密光学仪器等防护装饰，但使用过程中应定期维护。钢铁的氧化处理又称发蓝，氧化后零件表面生成一层薄氧化膜，厚度为 0.5~1.5μm，氧化处理时不析氢，故不会产生氢脆。由于氧化膜很薄，对零件尺寸和精度无显著影响。

钢铁通过化学氧化处理可形成一层亮蓝色或亮黑色、以 Fe$_3$O$_4$ 为主要成分的氧化膜。按所获得的膜层颜色,习惯上分为发蓝和发黑两种工艺。目前最常用的化学氧化工艺是在含有氧化剂的浓碱溶液中进行的碱性氧化法。钢氧化层的耐蚀性较差,氧化处理后,必须进行后处理,如采用皂化、钝化或浸油等,其抗盐雾腐蚀的能力可从几个小时提高到几十甚至上百小时。

2)不锈钢的氧化处理

不锈钢具有良好的耐蚀性和耐磨性,已广泛用于各个领域,氧化处理方式主要为化学氧化,氧化处理后不仅可进一步提高其耐蚀性,更具有一定的装饰性。

目前工业上主要采用 INCO 法为基础的酸性氧化方法,氧化液为 CrO_3 与硫酸的混合液,CrO_3 是主要成膜物质,硫酸主要是形成强酸环境,促进反应的进行,氧化液浓度对不锈钢表面颜色有很大影响。随着时间的推移,表面生成不同厚度的氧化膜。该工艺的废液对环境影响很大。

3)铝合金的氧化处理

铝合金的氧化处理方式包括化学氧化、阳极氧化和微弧氧化。Al 及铝合金的化学氧化已得到广泛应用,化学氧化溶液包含氧化剂、缓蚀剂(铬酸盐、硅酸盐、磷酸盐等),溶液性质可分为碱性和酸性两类。化学氧化法形成的膜厚取决于氧化条件和铝材的化学组成,提高温度可以得到较厚的膜,增大溶液中碳酸盐的含量(pH值增大),即使在温度较低的情况下,也可以取得较厚的膜。化学氧化法形成的膜厚为 $0.5 \sim 4\mu m$,其组成主要是 Al 的水合氧化物,呈 AlOOH(或 $Al_2O_3 \cdot H_2O$)形式的晶体结构,具有质地软、吸附能力强等特点。

Al 及铝合金经阳极氧化处理形成的膜厚一般在 $20 \sim 50\mu m$ 范围内,若采用硬质阳极氧化工艺则可达 $60 \sim 250\mu m$。阳极氧化法获得的膜层比化学氧化膜硬,耐蚀性、耐热性、绝缘性及吸附能力更好,已广泛应用于航空航天、电子、机械、船舶、兵器等工业。按电解液不同分为硫酸、铬酸、草酸阳极氧化,根据膜层性质分为硬质和瓷质阳极氧化。

微弧氧化技术又称等离子体电解氧化、阳极火花沉积、火花放电阳极氧化或等离子体增强电化学表面微弧氧化技术。它是将 Al、Mg、Ti、Zr、Ta、Nb 等有色金属及其合金,在适当的电参数条件下使其与电解液中的溶质发生反应,最终在金属表面生成具有一定厚度陶瓷膜的技术。利用该技术在铝及其合金上生长一层 Al_2O_3 陶瓷膜,该陶瓷膜具有良好的耐磨、耐蚀性,而且可通过改变电参数和电解液等得到不同性能、不同颜色的陶瓷膜。氧化膜层成分由阳极氧化的无定型态转变为晶态,厚度可达 $200\mu m$,氧化层更加致密,与基体的结合强度更高。

微弧氧化处理后的铝基表面陶瓷膜层具有硬度高(>1000HV)、耐蚀性强(CASS盐雾试验>480h)、绝缘性好(膜阻>100MΩ)[76]、膜层与基底金属结合力强以及很好的耐磨和耐热冲击等性能。铝合金微弧氧化与阳极氧化得到的膜层性能对比如表 3 – 13 所列。

表3-13 铝合金微弧氧化与阳极氧化得到的膜层性能比较

性能	微弧氧化	阳极氧化
常规厚度/μm	50~200	5~50
显微硬度/(kg/mm²)	1000~1500	300~500
击穿电压/V	2000	较低
柔韧性	好	较脆
耐腐蚀性	好	好
耐磨性	好	差
粗糙度	较小	一般

4) 钛合金的氧化处理

钛合金的氧化处理方式包括热氧化、阳极氧化和微弧氧化。早在1986年之前,Al及其合金氧化处理广泛采用的方法是热氧化法,并制定了详细的热氧化工艺规程。热氧化工艺简单,但存在以下缺点:①能耗大、时间长,包含十多道难控制的工序;②对于复杂形状及线尺寸相差很大的零件难以获得均匀的膜层;③钛合金多次热处理致使力学性能明显下降,显著降低工件的机械强度。

Ti及钛合金在酸性电解液和特定的工艺条件下,通过外加电流作用,可在其表面上形成一层氧化膜。阳极氧化电源通常是0~250V的直流电源,电解液一般采用酸性溶液,阳极氧化具有以下优点:①提高工件的耐磨、耐蚀性能;②绝缘性好,可作为电容器介质膜;③提高膜层与基体的结合力,可作为其他涂层的底层;④在氧化溶液中加入着色剂,能得到不同的色彩,可作为装饰层;⑤可作为功能性膜层。

Ti合金微弧氧化是采用高压、大电流电源,在碱性电解液中以微弧放电的形式,在Ti合金表面形成氧化物陶瓷膜层。碱性溶液主要有氢氧化钠体系、铝酸盐体系、硅酸盐体系、磷酸盐体系,目前采用较多的是铝酸盐和磷酸盐体系。经过微弧氧化处理后的膜层具有以下特点:①在磷酸盐电解质中获得的Ti及其合金氧化膜具有很高的电阻率,热稳定性好;②氧化膜的最内层不存在过高显微硬度的金属层,不易发生剥落;③氧化膜主要是由金红石相和锐钛矿相TiO₂颗粒组成,摩擦系数低至0.16~0.28;④采用不同的工艺参数可制备出具有不同功能的氧化膜(如防细菌、光催化或生物相容等)[77]。

3. 金属氧化处理发展趋势

化学氧化法产生的膜层耐腐蚀性较差,且功能单一,呈现被阳极氧化和微弧氧化逐步取代的发展趋势。阳极氧化目前仍存在电解液污染性高的问题,未来将向环保、低能耗、氧化膜多功能化方向发展。微弧氧化技术近年来虽然发展快速,但仍存在能耗高、不能进行大面积处理的不足,未来将进一步发展大工件微弧氧化能力、多功能复合涂层技术。

3.5 其他防腐技术

3.5.1 缓蚀剂技术

1. 概述

缓蚀剂是指在腐蚀介质中少量添加后能降低介质的腐蚀性、防止金属腐蚀的物质,是一种抑制金属腐蚀的常用添加剂。美国试验与材料协会将缓蚀剂定义为:缓蚀剂是一种当它以适当的浓度和形式存在于环境中时,可以防止或减缓腐蚀的化学物质或复合物[78]。缓蚀剂种类繁多,防护机理也较为复杂。按化学组成可分为无机缓蚀剂和有机缓蚀剂,其中无机缓蚀剂主要包括磷酸盐、硝酸盐、亚硝酸盐、重铬酸盐、钼酸盐、硅酸盐和铝酸盐等;有机缓蚀剂主要包括有机磷、胺类、硫化合物、羧酸、杂环化合物等。根据缓蚀剂在金属表面的抑制机理可将缓蚀剂分为阳极型缓蚀剂、阴极型缓蚀剂和混合型缓蚀剂。阳极型缓蚀剂主要为强氧化剂,抑制的是腐蚀过程中的阳极反应,能够促进腐蚀电位正向移动。阴极型缓蚀剂主要抑制腐蚀过程的阴极反应,具体可通过阻碍氧的阴极极化、降低阴极反应物浓度或提高析氢过电位等方法实现。混合型缓蚀剂能够同时抑制腐蚀反应的阴极反应和阳极反应,腐蚀电位变化不大。根据缓蚀剂形成的保护膜类型,可将缓蚀剂分为氧化膜型缓蚀剂、沉淀膜型缓蚀剂和吸附膜型缓蚀剂。氧化膜型缓蚀剂通过直接或间接地氧化金属,在金属表面形成致密的氧化物保护膜,阻止腐蚀进行,对可钝化金属具有良好的保护作用,而对非钝化的金属则没有太大的效果。沉淀膜型缓蚀剂与介质中离子进行反应,在金属的表面形成抑制腐蚀的沉淀膜。吸附膜型缓蚀剂多为有机化合物,可以吸附在金属表面,将介质与金属隔离,从而起到防护作用。根据吸附机理的不同可进一步分为物理吸附型、化学吸附型两类。物理吸附型包括硫醇、胺类和硫脲等,化学吸附型主要包括吡啶衍生物、苯胺衍生物等。根据分散介质分类,缓蚀剂可分为水溶性缓蚀剂、油溶性缓蚀剂和气相缓蚀剂。水溶性缓蚀剂分为无机类和有机类,主要用于水性介质防腐,如海水、盐酸等。油溶性缓蚀剂一般可作为防锈油添加剂使用,主要为有机缓蚀剂。气相缓蚀剂是在常温下能够挥发形成气体的缓蚀剂,主要是具有升华性的固体或蒸气分压大于一定值的液体。

2. 缓蚀效果影响因素

影响缓蚀效果的因素众多,主要包括缓蚀剂的添加浓度、环境因素、材料表面状态等。通常情况下缓蚀剂的缓蚀效率随浓度的增大而增大,但增加到一定程度后,缓蚀效果不再增加或者增加幅度有限,所有缓蚀剂均存在一个最低或最佳的浓度值,当缓蚀剂浓度大于最低浓度或处于最佳浓度时才有较好的缓蚀效率。随着使用时间增加,缓蚀剂浓度降低,缓蚀效率也逐渐降低。

介质是影响缓蚀剂效果的最重要因素之一,包括介质组成、pH 值、温度和微生物等,因此需根据介质和材料来选择缓蚀剂。缓蚀剂的结构和性质必须与介质相匹配,即不仅要分散在介质中,而且不会与介质发生反应,能够保持性能长久稳定。此外,还要考虑介质中的杂质离子对缓蚀作用可能产生的影响,如中性介质中的 SO_4^{2-}、Cl^- 等对某些缓蚀剂影响较大。大多数缓蚀剂都有适用的 pH 值范围,如多磷酸盐适用的 pH 为 6.5 ~ 7.5,亚硝酸钠在 pH > 6.0 时才有缓蚀效果。微生物可能会导致金属表面产生腐蚀产物,影响缓蚀剂的缓蚀效率,同时缓蚀剂也可能是微生物营养来源,促进微生物的繁殖。

3. 缓蚀剂在腐蚀领域的应用

缓蚀剂在石油、化工、工业水处理等领域得到广泛的应用。随着工业生产的迅速发展,工业用水量日益增加,其中冷却水占工业用水的 60% ~ 70%。在电厂循环冷却水系统中,循环水不断蒸发浓缩,含盐量增加,加剧对蒸汽器铜管的腐蚀,可通过添加缓蚀剂加以控制。循环冷却水常用的无机缓蚀剂包括铬酸盐、钼酸盐、磷酸盐和锌盐等;有机缓蚀剂包括咪唑啉、全有机型、十八胺和表面活性剂等;聚合物类缓蚀剂包括有机膦酸、聚丙烯酸等。

金属腐蚀是油气田开发过程中面临的一个较为严重的问题,缓蚀技术是广泛应用的防腐蚀技术。油气井缓蚀剂主要用于井筒和套管环腐蚀防护,主要采用的缓蚀剂包括丙炔醇类、有机胺类和季铵盐类。国内使用较多的缓蚀剂有粗喹啉、兰 4 – A、1014、氧化松香胺等。油田开发过程中需通过注入酸液来溶解岩石空隙的胶状物,为防止酸化液对油井的浸蚀作用,可在酸液中加入以曼尼希碱(Mannich base)为主要成分和以杂环季铵盐类化合物为主要成分的两大类缓蚀剂。油田污水常用的有机缓蚀剂有十八胺、十二烷基二甲基苄基氯化铵、吗啉、磷脂酸、苯并三唑(BTA)、油酰基氨酸钠等。

4. 缓蚀剂发展趋势

绿色缓蚀剂是主要的发展方向之一,如从天然植物、海洋植物中提取、分离、加工新型缓蚀剂;运用量子化学理论和分子设计合成高效多功能环境保护型和低聚型缓蚀剂是缓蚀剂的另一个发展方向。此外,通过医药、食品、工农业副产品提取缓蚀剂,并进行复配或研制新型缓蚀剂也是未来重要的发展方向。

3.5.2 包覆技术

1. 概述

包覆技术是通过某些成形方式将包覆材料覆盖到被保护材料表面的技术。包覆材料可使金属材料与腐蚀介质隔离,从而起到防护的作用。包覆技术能有效地隔绝水、氧等腐蚀介质的侵入,具有防腐效果好、使用寿命长、良好的施工工艺和力学性能等优点。包覆技术常采用的材料有胶泥、防锈油脂、有机硅密封胶、高聚物胶带、热熔塑料、玻璃钢复合材料等。包覆技术既适用于新结构的防护,也适用于老旧结构的修复。目前包覆技术在石油管道系统、混凝土及钢管桩结构、地下储罐、钢桥梁等领域应用广泛。

2. 包覆技术分类及其应用

1)复层矿脂包覆防腐技术

复层矿脂包覆技术是由矿脂防蚀膏、防蚀带、密封缓冲层和保护罩组成的多层防腐技术。防蚀膏是采用矿物油和耐蚀材料配制的具有良好耐蚀性的膏状物质,具有憎水性和钝化作用,施工时将其均匀涂抹到金属构件表面,能有效地阻止腐蚀性介质对钢结构的浸蚀。防蚀带由无纺布、油脂、缓蚀剂和有机膨润土等组成,施工时将防蚀带缠绕到金属构件表面,并保证压平压实,避免存在空隙,以保证良好的密封性能。密封缓冲层主要起到密封作用,此外它还能起到塑形的作用,使得防护罩更易施工。防护罩为特制的玻璃钢,通常根据被保护结构物的形状和尺寸进行预制,并在现场采用螺栓进行安装,对于大气环境下的结构,可无须采用防护罩,仅在防蚀带表面涂装面层涂料即可。复层矿脂包覆防腐技术具有防蚀效果好、密封性强、耐久性好、环保、无毒、无污染等优点,但价格较高,目前已广泛用于钢桩码头、石油平台等浪花飞溅区严重腐蚀部位防护。

2)热塑性包覆涂层技术

热塑性包覆涂层是以塑料为基体,加入矿物油、增塑剂、防锈剂、稳定剂和防霉剂等制成的具有热塑性的防护材料,可采用浸、刷、喷等方式涂装到金属基体表面,待材料冷却后可形成一层塑料涂层,使金属基体免受腐蚀或划伤[79]。

热塑性包覆涂层的主体材料是纤维素,主要为乙基纤维素,其耐强酸、强碱,有较高的化学稳定性,制出的膜层柔软而有弹性,且有足够的强度和极好的延伸率。在热塑性包覆涂层中加入矿物油是为了降低材料与基体的附着力,使得维修时包覆层易于剥离。由于施工温度较高,要求矿物油具有较高的闪点。加入有机树脂和增塑剂可以调节涂层的硬度及耐弯曲性,常用的树脂包括环氧树脂、醇酸树脂等;常用的增塑剂包括苯二甲酸二辛酯、苯二甲酸二丁酯等。

热塑性包覆涂层施工工艺主要有浸涂和喷涂两种方式,浸涂需要将包覆材料在容器中加热熔化,然后将处理好的工件放入涂液中,静置一定时间后取出冷却即得包覆涂层。浸涂时应匀速浸入和取出,速度不宜过快,防止带入气泡或使涂层不均匀。工件浸入前应清洗干净,无水分和溶剂残留,浸涂时间应根据工件的大小等因素确定。喷涂是采用特制的设备,将包覆材料加热熔化,在高压气体作用下由喷管喷出,涂装到金属表面。

热塑性包覆涂层具有良好的屏蔽性、能渗出有防锈性的油液,对金属制品可起到长期防护作用;无毒、施工简单、可重复利用等优点。目前热塑性包覆涂层技术已在部分采油平台法兰等部位得到应用。

3.5.3　衬里技术

1. 概述

衬里是通过在被保护对象内表面衬耐蚀材料实现防腐的一种处理技术,主要用于钢质设备或管道内表面腐蚀防护,根据腐蚀环境不同可选择的衬里材料包括不锈钢、钛、铅、陶瓷、橡胶、玻璃钢等。

管道或设备衬里质量的关键是如何保证衬里材料与被保护表面之间具有足够的结合强度,而被保护表面的性质对结合强度有着重要的影响。一般来说,被保护表面须满足以下几方面的要求:良好的润湿性,即被保护表面与黏结剂完全润湿;表面具有一定的粗糙度,表面粗糙度越大,越有利于黏结强度的提高;表面清洁,如果表面存在锈层、水或油污等,则会显著影响黏结剂与被保护表面的黏结性能。

2. 常用的衬里防腐技术

1)砖板衬里

砖板衬里是最早应用的一种衬里技术,早在 20 世纪 30 年代,该技术主要用于高温、高压以及腐蚀严重部位的防护,常用的砖板有辉绿岩板、玄武岩岩板、耐酸瓷砖板等。砖板衬里的质量主要取决于黏结剂和施工质量,另外与衬里结构的设计也有密切关系。用作防腐衬里的黏结剂除了要求有较高的黏结强度外,还应具有良好的耐蚀性、抗渗透性、热稳定性、施工性等,主要有硅酸盐和树脂类黏结剂。硅酸盐类黏结剂中用得较多的是钢水玻璃黏结剂,是以水玻璃、氟硅酸钠、耐酸粉等调制而成,其耐酸和耐热性良好,但不耐碱和含氟化合物,抗渗透性比较差。树脂类黏结剂大多使用热固性树脂、填料、固化剂等调制而成,常见的热固性树脂包括酚醛树脂、环氧树脂、呋喃树脂等。

2)玻璃钢衬里

玻璃钢衬里是利用玻璃纤维增强塑料(俗称"玻璃钢"或"FRP")在混凝土或钢铁基体表面形成一层防护,具有整体性、抗渗性好和造价合理的特点。玻璃钢衬里一般采用玻璃纤维加玻璃纤维短切毡或表面毡的复合结构,厚度一般在 1~3mm 之间。常用的黏结剂有酚醛、环氧、呋喃、聚酯及其各种改性黏结剂,其中环氧黏结剂具有黏结力强、固化收缩率小等优点而应用最广泛。玻璃钢衬里主要用于高压容器、管道、圆筒形设备防腐。

3)橡胶衬里

橡胶具有良好的耐酸碱性、耐腐蚀性好、耐磨损性好、可靠性高等优点,广泛用于化学工业、制药工业、有色金属和食品工业等设备腐蚀防护,随着各种性能优异的合成橡胶不断涌现,橡胶衬里的应用范围正不断扩大。

橡胶衬里采用大块胶板刷浆后进行粘贴,为避免胶板未到位就黏附到金属上,一般都在胶板上覆盖一层不易黏附的垫布,然后将胶板卷起来进行施工,边粘贴边将垫布抽出,并施加一定的压力使胶板与基体更好地贴合。橡胶衬里粘贴完成后,还要进行硫化,硫化可以使线性高分子变为体型高分子结构,进一步增强橡胶的性能。橡胶衬里主要用于各种铁质设备防腐衬里、耐磨及冷热交替重要设备防腐衬里、水泥储罐、真空高温设备等[80]。

参考文献

[1] 金晓鸿,王健.防腐蚀涂装工程手册[M].北京:化学工业出版社,2008.

[2] 李焕.新型防锈颜料在工业涂料中的应用[J].涂料技术与文摘,2015,36(4):25-29.

[3] MARCHEBOIS H,KEDDAM M,SAVALL C,et al. Zinc-rich powder coatings characterisation in artificial sea water:EIS analysis of the galvanic action[J]. Electrochimica Acta,2004,49(11):1719-1729.

[4] 张华,傅鑫,石鹏飞,等.重防腐涂料深海环境失效行为研究[J].全面腐蚀控制,2018,32(01):13-17.

[5] 王亦工,陈华辉,裴嵩峰,等.水性无机硅酸锌涂层的结构及耐蚀性研究[J].腐蚀科学与防护技术,2006,18(1):41-44.

[6] 王天潇,方倩,郭常青,等.船舶饮水舱涂料的研究进展及应用[J].中国涂料,2018,33(5):20-22.

[7] 王东.水性船舶涂料的应用研究[J].化工设计通讯,2018,44(8):73-78.

[8] BILLINGHAM J,SHARP J V. Review of the performance of high strength steels used offshore[M]. Cranfield:Health & Safety Executive,2003.

[9] BATT C,DODSON J,ROBINSON M J. Hydrogen embrittlement of cathodically protected high strength steel in sea water and seabed sediment[J]. British Corrosion Journal,2002,37(3):194-198.

[10] 郭建章,高心心,张海兵.阴极充氢对1000 MPa级高强钢氢脆敏感性的影响[J].热加工工艺,2017,46(22):95-99.

[11] 李相波,马广义,陈祥曦,等.船用E500钢在海水中阴极极化氢脆敏感性研究[J].装备环境工程,2017,14(02):6-10.

[12] 陈祥曦,张海兵,赵程,等.阴极保护电位对E550钢氢脆敏感性的影响[J].腐蚀科学与防护技术,2016,28(02):144-148.

[13] 陈祥曦,马力,赵程,等.阴极保护电位对E460钢氢脆敏感性的影响[J].腐蚀与防护,2015,36(11):1026-1029,1071.

[14] 杨兆艳,闫永贵,马力,等.阴极极化对907钢氢脆敏感性的影响[J].腐蚀与防护,2009,30

(10):701 – 703.

[15] 常娥,闫永贵,李庆芬,等.阴极极化对921A钢海水中氢脆敏感性的影响[J].中国腐蚀与防护学报,2010,30(01):83 – 88.

[16] 谭文志,杜元龙,傅超,等.阴极保护导致ZC – 120钢在海水中环境氢脆[J].材料保护,1988,21(3):10 – 13.

[17] 周宇,张海兵,杜敏,等.模拟深海环境中阴极极化对1000MPa级高强钢氢脆敏感性的影响[J].中国腐蚀与防护学报,2020,40(05):409 – 415.

[18] 高心心,郭建章,张海兵.1000MPa级高强钢焊接件的氢脆敏感性研究[J].材料导报,2017,31(06):93 – 97 + 104.

[19] 林召强,马力,闫永贵.阴极极化对高强度船体结构钢焊缝氢脆敏感性的影响[J].中国腐蚀与防护学报,2011,31(01):46 – 50.

[20] 马力,曾红杰,闫永贵,等.Ga含量对Al – Ga牺牲阳极电化学性能的影响[J].腐蚀科学与防护技术,2009,21(2):125 – 127.

[21] 马力,李威力,曾红杰,等.低驱动电位Al – Ga合金牺牲阳极及其活化机制[J].中国腐蚀与防护学报,2010,30(4):329 – 332.

[22] 闫永贵,马力,钱建华.一种低驱动电位铝合金牺牲阳极:CN101445936[P].2009 – 06 – 03.

[23] 姚萍,王廷勇,王辉,等.应用于海洋工程阴极保护的高性能低电位铝牺牲阳极材料[P].CN201811618917.2.2019 – 04 – 12.

[24] 王洪仁,姚萍,李相波,等.一种长寿命铁合金牺牲阳极:200710015151.4[P].2008 – 01 – 09.

[25] 王海军.热喷涂材料及应用(热喷涂技术丛书)[M].北京:国防工业出版社,2008.

[26] 王永兵,刘湘,祁文军.热喷涂技术的发展和应用[J].电镀与涂饰,2007,026(007):52 – 55.

[27] 中国机械工业联合会.曹庆,邝益壮,王春华.热喷涂 – 粉末 – 成分和供货技术条件:GB/T 19356—2003[S].北京:中国机械工业联合会,2003.

[28] 顾明亮.金属粉末火焰喷涂技术与发展[J].科技创新导报,2008(20):13.

[29] 张燕,张行,刘朝辉,等.热喷涂技术与热喷涂材料的发展现状[J].装备环境工程,2013(3):59 – 62.

[30] 张梦婷,刘敏,邓春明,等.Ti – Ni热喷涂层的制备及其空泡腐蚀性能[J].材料保护,2013(09):6 + 29 – 31 + 56.

[31] 李言涛.喷涂锌铝覆盖层在海洋环境中的腐蚀行为及失效机理[D].青岛:中国科学院海洋研究所,1999.

[32] 张菁.锌铝涂层表面处理技术应用[J].科研,2017(1):34 – 35.

[33] 胡有权.采用热喷涂铝治理舰船腐蚀的可行性分析[C]//中国机械工程学会.全国机电装备失效分析预测预防战略研讨会.北京:中国机械工程学会,1998:295 – 300.

[34] 佐藤隆一,方正春.船用螺旋桨的空泡腐蚀[J].国外舰船技术(材料类),1980(07):43 – 49.

[35] 孙小东,刘刚,李龙阳,等.热喷涂锌铝合金超疏水涂层的制备及性能[J].材料研究学报,

2015,29(7):523-528.

[36] 钟厉,王昭银,张华东.冷喷涂沉积机理及其装备的研究进展[J].表面技术,2015,44(4):16-20.

[37] ASSADI H,GÄRTNER F,STOLTENHOFF T,et al. Bonding mechanism in cold gas spraying[J]. Acta Materialia,2003,51(15):4379-4394.

[38] ASSADI H,KREYE H,GÄRTNER F,et al. Cold spraying—a materials perspective[J]. Acta Materialia,2016,116:382-407.

[39] VILAFUERTE J. Current and future applications of cold spray technology[J]. Metal Finishing,2010,108(1):37-39.

[40] 李文亚,CODDET C.基于冷喷涂的多孔钛与钛合金的制备与表征[J].稀有金属材料与工程,2009,38(s3):260-263.

[41] MARROCCO T,HUSSAIN T,MCCARTNEY D G,et al. Corrosion performance of laser posttreated cold sprayed titanium coatings[J]. Journal of Thermal Spray Technology,2011,20(4):909-917.

[42] TAO Y,XIONG T,SUN C,et al. Effect of $\alpha-Al_2O_3$ on the properties of cold sprayed $Al/\alpha-Al_2O_3$ composite coatings on AZ91D magnesium alloy[J]. Applied Surface Science,2009,256(1):261-266.

[43] BRIAN S,EDEN T J,POTTER J K,et al. Cold spray Al-5% Mg coatings for the corrosion protection of magnesium alloys[J]. Journal of Thermal Spray Technology,2011,20(6):1352-1358.

[44] DIAB M,PANG X,JAHED H. The effect of pure aluminum cold spray coating on corrosion and corrosion fatigue of magnesium(3% Al-1% Zn)extrusion[J]. Surface & Coatings Technology,2017,309:423-435.

[45] 赵惠,黄张洪,李平仓,等.镁合金表面锌铝合金冷喷涂层性能的研究[J].特种铸造及有色合金,2010,30(08):5,27-29.

[46] 东建中.达克罗(锌铬膜)金属表面防腐技术的应用概况[C]//中国机械工程学会表面工程分会.全国表面工程学术会议.兰州:中国机械工程学会表面工程分会,2006:363-366.

[47] 李光玉,连建设,江中浩,等.锌铝涂层的研究开发与应用[J].金属热处理,2003,28(9):8-12.

[48] 王俊.热烧结锌铝涂层及其复合涂层失效过程的研究[D].青岛:中国海洋大学,2009.

[49] 赵芳,许立坤,李相波.铝粉含量对锌铝涂层微观形貌和耐蚀性的影响[J].材料开发与应用,2012,27(03):46-50.

[50] 沈品华.无铬锌铝涂层[C].中国表面工程协会.中国电镀技术研讨会.广州:中国表面工程协会,2008:8-10

[51] 乔维,蔡晓兰,李明明,等.采用硅烷黏结剂制备无铬锌铝涂层[J].电镀与涂饰,2010,29(12):61-63.

[52] 宋积文,杜敏.无铬锌铝涂层发展现状[J].腐蚀与防护,2007(08):411-413.

[53] 程延海,陈祖坤,张新美.达克罗技术的研究进展及展望[J].石油化工腐蚀与防护,2006

(03):16-19.

[54] 马壮,黄圣玲,李智超,等.达克罗技术近期研究进展[J].现代涂料与涂装,2008,11(6): 17-19,22.

[55] 丁文成.烟酸及异烟酸衍生物的合成及其缓蚀性能的研究[D].武汉:华中科技大学,2012.

[56] LIN Y M,YEN S C. Effects of additives and chelating agents on electroless copper plating [J]. Applied Surface Science,2001,178(14):116-126.

[57] 李能斌,罗韦因.化学镀铜原理、应用及研究展望[J].电镀与涂饰,2005(10):46-50.

[58] 贾韦,宣天鹏.化学镀镍在微电子领域的应用及发展前景[J].稀有金属快报,2007,26(3): 1-6.

[59] 刘家琴,叶敏,吴玉程,等.Ni-Co-P/CNTs复合微波吸收剂的制备及表征[J].兵器材料 科学与工程,2009,32(2):21-24.

[60] 胡光辉,吴辉煌,杨防祖,等.镍磷化镀层的耐蚀性及其与磷含量的关系[J].物理化学学 报,2005,21(11):1299-1302.

[61] 郭鹤桐,刘淑兰,王金根,等.化学镀镍-磷合金中磷的含量对镀层性能的影响[J].电镀与 精饰,1989(06):6-10.

[62] 高荣杰,杜敏.化学镀双层镍磷合金镀层封孔前后的耐蚀性[C]//全国腐蚀电化学及测试 方法专业委员会.2010年全国腐蚀电化学及测试方法学术会议.杭州:中国腐蚀与防护学 会腐蚀电工化学及测试方法专业委员会,2010:117.

[63] 刘迎春,俞宏英,孟惠民,等.化学镀镍-磷合金镀层溶胶-凝胶封孔技术[C]//中国腐蚀 与防护学会耐蚀金属材料专业委员会.第七届全国化学镀会议.深圳:中国腐蚀与防护学 会耐蚀金属材料专业委员会,2004.

[64] 邸柏林.论钢铁的铝锌合金热浸镀层[J].表面技术,1994,23(1):1-5.

[65] 黄建中,王成蓓.稀土元素在热浸镀中的作用[J].特殊钢,1998(01):46-48.

[66] 张艳艳,张延玲,李谦,等.合金元素对Zn-Al系热浸镀层结构与性能的影响机理[J].过 程工程学报,2009,9(s1):465-472.

[67] 卢锦堂,许乔瑜,孔纲.热浸镀技术与应用[M].北京:机械工业出版社,2006.

[68] 章小鸽.镀锌保护钢铁的效率和新型锌镀层的发展前景[J].中国腐蚀与防护学报,2010, 30(2):166-170.

[69] KOLL T,ULLRICH K,FADERL J,et al. Properties and potential applications of novel ZnMg alloy coatings on steel sheet[J]. Revue de Metalluri,2004,124(7-8):543-550.

[70] MORISHITA M,KOYAMA K,MORI Y. Inhibition of anodic dissolution of zinc-plated steel by electrodeposition of magnesium from a molten salt [J]. ISIJ International,1997,37(1):55-58.

[71] 谢素玲.电镀锌-铁合金工艺的现状[C]//天津市电镀工程学会.天津市电镀工程学会第 九届学术年会.天津:天津市电镀工程学会,2002.

[72] LAMMEL P,RAFAILOVIC L D,KOLB M,et al. Analysis of rain erosion resistance of electropla-ted nickel-tungsten alloy coatings[J]. Surface and Coatings Technology,2012,206(8):2545-2551.

[73] 涂抚州,蒋汉瀛.Ni-Fe-P、Ni-W-P合金与镀层性能[J].电镀与涂饰,1999,18(3)

18 – 21.

[74] 杨余芳. Ni – Fe、Ni – Fe – Cr 合金箔及 Ni – Cr 合金电沉积工艺和基础理论研究[D]. 长沙：中南大学,2006.

[75] 欧雪梅,易春龙. 电沉积工艺对锌 – 镍合金镀层镍含量的影响[J]. 表面技术,2001,30(4)：12 – 14.

[76] 王虹斌,方志刚,蒋百灵. 微弧氧化技术及其在海洋环境中的应用[M]. 北京:国防工业出版社,2010.

[77] 屠振密,李宁,朱永明. 钛及钛合金表面处理技术和应用[M]. 北京:国防工业出版社,2010.

[78] 何新快,陈白珍,张钦发. 缓蚀剂的研究现状与展望[J]. 材料保护,2003(08)：1 – 3,8.

[79] 雷明虎. 橡胶衬里应用及材质选择[J]. 广西化工,2001,30(3)：49 – 51.

[80] 潘一,徐荣其,刘守辉,等. 橡胶衬里技术的发展研究[J]. 当代化工,2013,42(3)：60 – 62,65.

第4章

腐蚀监检测技术

4.1 传统腐蚀检测方法

4.1.1 表观检查

表观检查是一种最为基本的腐蚀检测方法,通常采用肉眼或表观检测仪器设备直接对腐蚀造成的外观和形貌变化进行检测,能够直观地获取材料腐蚀外观、腐蚀特征、腐蚀程度等信息。表观检查分为宏观检查和微观检查[1],其应用非常广泛,多用于定性的腐蚀评价,是其他腐蚀检测方法的重要补充,适合从实验室到现场、从宏观到微观等多层面的腐蚀检测需求。

1. 宏观检查

宏观检查是指用肉眼或通过低倍放大镜对各类材料、设备、设施等在腐蚀过程中和腐蚀前后的宏观腐蚀形态以及去除腐蚀产物后的形貌进行检查和测量,也包括对腐蚀介质、腐蚀产物的观察和分析。宏观检查是一种比较粗略的检测方式,带有一定的主观性,但是该方法简捷方便,可以在不依靠任何精密仪器的情况下,对材料的腐蚀形貌、腐蚀类型、腐蚀程度、腐蚀部位的结构特点等进行初步的确定,是一种非常有价值的定性方法。

宏观检查通常会使用放大镜、反射镜、内窥镜、照相机、摄像机等光学仪器设备进行辅助观察,获取并记录腐蚀的外观特征,以及直尺、千分尺等测量工具进行腐蚀测量,确定腐蚀坑的大小、深度等。在检查过程中,应特别注意裂纹、鼓泡、蚀孔、锈斑等腐蚀现象,着重检查焊缝、接口、弯头等特殊部位。检查时,通常应注意观察和记录下列信息:①材料的初始表面状态,如颜色、缺陷等;②材料表面腐蚀产物的颜色、形态及分布等;③腐蚀介质的变化,如溶液的颜色、腐蚀产物的数量等;④判别腐蚀类型,关注重点部位[2]。当需要进一步了解腐蚀破坏程度、查明腐蚀原因时,可在条件允许的情况下从腐蚀部位取样,通过化学分析、金相观察以及各种电子显微技术等其他手段,从微观的角度获得更多的结果和信息[3]。

2. 微观检查

微观检查是宏观检查的进一步发展和必要的补充,所获取的信息反映了材料腐蚀行为的统计平均结果,其代表性和直观性都比较强,但不能完全揭示腐蚀过程的真实情况。早期的微观检查主要依靠光学显微镜辅助进行,通常检查材料腐蚀前后的金相组织、判断腐蚀类型、确定腐蚀程度以及跟踪腐蚀发生和发展的情况等。近年来,随着现代物理研究方法和表面分析方法的发展,扫描电镜(SEM)、电子探针(EPMA)、X 射线光电子能谱法(XPS)、原子力显微镜(AFM)等逐步用于材料腐蚀的微观检查[4],不仅可以获取更加精细的微观形貌,还可以测定材料的物理参量、分析晶体结构以及鉴别元素、分析元素的分布和价态等。

4.1.2 质量法

材料的质量会因腐蚀而发生系统性的变化,通过质量变化来评定材料腐蚀速率和耐蚀性是质量法的理论基础。质量法是通过单位时间、单位面积上因腐蚀而引起的材料质量变化来评价材料腐蚀程度的一种方法。该方法简单直观,便于操作,既适合实验室应用,也适合现场使用,是材料腐蚀定量评定的最基本方法。质量法分为质量增加法和质量损失法。

1. 质量增加法

材料发生腐蚀后,当腐蚀产物牢固地附着在试样上,而且在试验条件下不溶于溶液介质,也不会被外部的物质所玷污时,可以利用质量增加法对材料的腐蚀损伤程度进行评定,金属的高温氧化腐蚀、Ti 合金和 Zr 合金等耐蚀金属的腐蚀都是可以采用质量增加法进行评定的典型示例,该方法适用于均匀腐蚀和晶间腐蚀,但不适合其他类型的局部腐蚀。

质量增加法是将预先制备好的试验样品进行处理,通过尺寸测量、称重获取样品的原始数据,然后置于腐蚀介质中,试验结束后取出,连同腐蚀产物一起再次称重,获取腐蚀后的重量数据,通过试验前后腐蚀试样重量的增加量来表征材料的腐蚀程度。对于质量增加法,一般情况下一个试样在腐蚀 – 时间曲线上只有一个数据点。当腐蚀产物牢固地附着在试样表面,且具有恒定组成时,可以通过同一试验样品增重量的连续或周期性的测量,得到完整的腐蚀增重量随时间的变化曲线,实现对试验样品腐蚀随时间变化规律的研究。

质量增加法是间接获取腐蚀数据的方法,数据中包含了腐蚀产物的重量,若要知道腐蚀金属的量需要根据腐蚀产物的组成对数据进行换算,多数情况下腐蚀产物的相组成非常复杂,精确地分析往往有困难,多价金属会生成不同价态的腐蚀产物,也增加了换算的难度,因此限制了腐蚀增重法的应用范围。

2. 质量损失法

质量损失法是应用较为广泛的一种简单而直接的腐蚀测量方法,这种方法要求对腐蚀试验后试验样品的全部腐蚀产物进行清除,然后获取试验样品的最终重量。通过对腐蚀试验前后试验样品质量损失的计算,直接得出试验样品的质量损失值,不需要依据腐蚀产物的物相组成进行换算,可以直接得到由于腐蚀而损失的金属重量。质量损失法对腐蚀产物附着的牢固性、腐蚀产物的组成、腐蚀产物的可溶性等没有限制,几乎适合于所有金属材料、各种腐蚀类型的综合性腐蚀评定。

腐蚀产物的清除是质量损失法的重要环节,也是影响腐蚀数据准确性的关键步骤,理想的腐蚀产物清除方法应该是只清除腐蚀产物而不损伤基体金属。腐蚀产物的清除可大致分为机械方法、化学方法和电解方法。这些清除腐蚀产物的方法往往会破坏腐蚀产物,使腐蚀产物中蕴含的信息丢失,因此清除腐蚀产物一般会提取腐蚀产物样品,并通过微观结构分析、化学分析等手段确定腐蚀产物的结构和组成。

3. 质量法的应用

质量法在实际工作中的典型应用是腐蚀挂片,腐蚀挂片依据材料腐蚀会引起其质量发生变化这一原则,通过工况环境中挂置的腐蚀试样在单位时间内、单位面积上由腐蚀引起的质量变化来评价材料的腐蚀,是一种简单而直观的腐蚀定量检测方法,既适用于实验室,又适用于现场试验。多数情况下,腐蚀挂片法是通过腐蚀试样因腐蚀引起的质量损失来评定腐蚀程度,因此试验结束后要求去除全部腐蚀产物,试验前后样品的质量损失即为因腐蚀而损失的金属量,但是腐蚀产物的去除方法不得当会引入较大的人为误差,而理想的腐蚀产物去除方法应该是完全除去腐蚀产物而不会损伤基体金属,为此我国制定了一系列的标准[5-8]来规范腐蚀挂片法的腐蚀检测过程,以保证检测结果的准确性和有效性。

腐蚀挂片一般采用专门的夹具来固定试样,使试样与夹具之间、试样与试样之间互相绝缘,防止电偶腐蚀效应的影响,并尽量减少试样与夹具之间的接触面,防止缝隙腐蚀的发生。腐蚀挂片所需夹具的构型和尺寸通常根据检测部位的实际情况、试样的结构和大小以及生产工艺的特点进行设计,夹具自身的材料应具有较好的耐蚀性和必要的绝缘性。

腐蚀挂片是目前工业设备腐蚀检测中广泛应用的方法,可定量测定均匀腐蚀速率,直观了解腐蚀现象,确定腐蚀类型。但该方法存在一定的局限性,只能给出两次检查之间的总腐蚀量和试验周期内的平均腐蚀速率,无法反映具有重要意义的腐蚀介质变化引起的瞬时腐蚀变化,也无法检测短期内的腐蚀量或偶发的局部腐蚀行为。

4.1.3 电阻法

1. 电阻法基本原理

金属的腐蚀会造成线性或平板试样横截面积减小,引起电阻的增大。电阻法就是通过测量金属试样电阻的变化来检测腐蚀。

根据金属材料的电阻定律(式(4-1)),金属的电阻与其长度成正比,与其横截面积成反比,即

$$R = \rho \frac{L}{S} \tag{4-1}$$

式中:R 为金属材料的电阻(Ω);ρ 为金属材料的电阻率($\Omega \cdot mm$);L 为金属材料的长度(mm);S 为金属材料的横截面积(mm^2)。

当具有一定形状、尺寸和确定组织结构的某种金属材料受到腐蚀后,材料电阻的变化与其腐蚀速率等腐蚀信息之间存在着一定的对应关系。对于特定的金属材料来说,当长度确定不变时,其电阻的变化只与材料腐蚀前后的横截面积有关,电阻变化与腐蚀量的关系式为

$$\frac{R_t - R_0}{R_t} = \frac{S_0 - S_t}{S_0} = \frac{W_0 - W_t}{W_0} \tag{4-2}$$

式中:R_0、S_0、W_0 分别为金属试样原始的电阻值、横截面积和质量;R_t、S_t、W_t 分别为金属试样在腐蚀过程中某一测定时间 t 的电阻值、截面积和质量。

对于不同几何形状的试样,在均匀腐蚀条件下的腐蚀量和腐蚀速率具有以下的经验表达式。

若为丝状试样,则腐蚀深度为

$$x = r_0 \left(1 - \sqrt{\frac{R_0}{R_t}} \right) \tag{4-3}$$

腐蚀速率为

$$v = \frac{r_0}{t} \left(1 - \sqrt{\frac{R_0}{R_t}} \right) \times 8760 \quad (mm/a) \tag{4-4}$$

式中:r_0 为试样原始半径(mm);t 为腐蚀时间(h)。

若为带状试样,则腐蚀深度为

$$x = \frac{1}{4} \left[(a+b) - \sqrt{(a+b)^2 - 4ab \frac{R_t - R_0}{R_t}} \right] \tag{4-5}$$

腐蚀速率为

$$v = \frac{(a+b) - \sqrt{(a+b)^2 - 4ab \frac{R_t - R_0}{R_t}}}{t} \times 2190 \quad (mm/a) \tag{4-6}$$

式中:a、b分别为试样的原始宽度(mm)和厚度(mm)。

电阻法检测材料的腐蚀信息时不会受到腐蚀介质的限制,可应用于气相、液相、导电或不导电的介质中,而且测量时不需要取出试样,也不必除去腐蚀产物,因此可以实现实时、原位的测量,具有灵敏度高、反应速度快的特点。

2. 电阻的测量方法

在金属的腐蚀过程中,电阻的变化一般较小,而且受到周围环境温度的影响,因此要准确测量金属腐蚀试样的电阻变化,通常应采用精确的电桥法,如惠斯登电桥或凯尔文电桥,而且还要解决测量中的温度补偿问题,一般会采用与腐蚀试样同种材料、同样尺寸的温度补偿试样,在后者表面采用涂料涂覆等方法避免其腐蚀。图4-1是电阻测量的基本电桥法原理图,当电桥平衡时,由于温度补偿试样$R_补$与被测试样R_X材料相同,因此温度对两者的影响是同步的,这样$R_X/R_补$的变化纯粹是因腐蚀引起的电阻值的变化[9]。电阻法材料腐蚀检测的灵敏度与试样的横截面密切相关,试样越细越薄则灵敏度越高,因此电阻法对试样加工的要求非常严格。对于腐蚀速率较小体系的测量需要更长的时间,而且无法测定局部腐蚀特征,在非均匀腐蚀场合的测量,将存在较大误差,所测腐蚀速率会随材料腐蚀不均匀程度的加重而偏离增大。

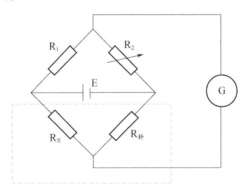

图4-1　电阻法测量的基本电桥法原理图

3. 电阻法的应用

电阻法在腐蚀监测领域的典型应用是电阻探针技术,该技术通过测量金属试样在腐蚀过程中的电阻变化来获得腐蚀损耗和腐蚀速率。1928年,电阻探针第一次应用于研究大气腐蚀。至1970年,我国的炼油系统开始广泛应用电阻探针对不同部位的腐蚀状态进行监测,优化工艺参数,该方法经过几十年的工业实践应用,其原理已经非常成熟。电阻探针在实际使用中包含一套完整的腐蚀监测系统,监测系统由电阻探针、数据采集器、通信转换器、数据管理分析工作站等主要部分组成,如图4-2所示[10]。腐蚀监测系统的核心部件是电阻探针,是依据电阻法原理而设计开发的监测金属腐蚀信息的功能器件,其敏感元件是感知腐蚀的金属测试片部分。作为暴露于待监测环境中的敏感元件,在监测过程中,将金属试片中的一面暴露于待监测环境中,数据采集器或腐蚀监测仪对金属试片进行通电,监测其电阻变化,根据式(4-1)推导出腐蚀厚度变化,以获得金属的腐蚀信息,然后通过通信转换器将数据传输到数据管理分析工作站,工作站将进行数据的接收、存储、备份以及分析工作,最终以简单易懂的形式将数据呈现出来,以便分析和利用。

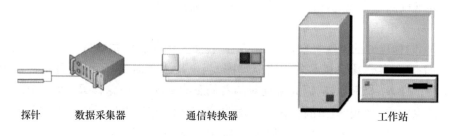

探针　　　　数据采集器　　　　　　通信转换器　　　　　　　　　　工作站

图 4-2　电阻探针腐蚀监测系统示意图

4.2　腐蚀电化学测试方法

4.2.1　电位法

电极电位是金属材料的一个重要热力学参数,电位法是基于材料电极电位与其腐蚀状态之间存在的某种特定对应关系,通过电极电位的测量来检测腐蚀,在防腐蚀工程技术中得到广泛的应用。电位法作为一种腐蚀检测方法,能够在不改变金属表面状态的条件下从测量对象本身得到快速响应,适合腐蚀状态的实时、在线监测。在实际应用中,电位测量一般有两类:①无外加电流作用时自然腐蚀电位及其随时间变化的测量;②有外加电流作用下极化电位及其随电流或随时间变化的测量。电位法广泛地应用于阴极保护系统中腐蚀状况的监测,可用于确定阴极保护程度及发生腐蚀的倾向,但无法反映出腐蚀的速率。该方法与其他电化学检测技术一样,只适用于电解质体系,并且要求腐蚀介质具有良好的分散能力,以便探测到全面的电位状态。

单个金属电极的绝对电极电位值是无法测定的,但电池的电动势是可以精确测定的。只要将所研究的金属电极与另一参比电极组成原电池,测量其电动势,就可以确定金属电极的相对电极电位[11]。参比电极是自身电位稳定的不极化或难极化的电极体系,国际上统一将氢标准电极的电极电位规定为零,在实际测量时,经常采用比较方便的饱和甘汞参比电极、Ag/AgCl 参比电极、Cu/饱和 $CuSO_4$ 参比电极等,表4－1列出了常用的几种参比电极及其适用介质。由于电极电位的测量均是相对于特定的参比电极,因此在记录试验结果时,必须说明是相对于何种参比电极。

表 4－1　常用的参比电极及其适用介质

名称	电极电位/V	温度系数/(mV/K)	适用介质	简写
标准氢参比电极	0.000	0	酸性介质	SHE
饱和甘汞参比电极	0.244	－0.65	中性介质	SCE
海水甘汞参比电极	0.296	－0.28	海水	——
饱和 Ag/AgCl 参比电极	0.196	－1.10	中性介质	——
海水 Ag/AgCl 参比电极	0.251	－0.62	海水	——
Cu/饱和 $CuSO_4$ 参比电极	0.316	＋0.02	中性介质	CSE

注:各电极的电极电位值是指25℃时相对于标准氢电极的电位值。

4.2.2　线性极化法

线性极化技术又称为微极化区测量技术,通过在腐蚀电位附近施加微小极化的方法来测量金属的腐蚀速率。对于活化极化控制的腐蚀体系,当自然腐蚀电位 E_k 与两个局部反应的平衡电位相差甚远时,可通过以下方程式描述极化电流密度 i 与电极电位 E 的关系,即

$$i = i_k \left\{ \exp\left[\frac{2.3(E - E_k)}{b_a} \right] - \exp\left[\frac{2.3(E_k - E)}{b_c} \right] \right\} \qquad (4-7)$$

式中:i_k 为自腐蚀电流密度;b_a 和 b_c 分别为金属阳极溶解反应和去极化剂阴极还原反应的 Tafel 常数。

当 $\Delta E = E - E_k$ 很小时($\Delta E < \pm 30\text{mV}$,常用 $\pm 10\text{mV}$),可将式(4－7)中的指数项按级数展开并略去高次项,得到以下表达式,即

$$R_p = \frac{\Delta E}{\Delta I} = \frac{b_a b_c}{2.3(b_a + b_c)} \frac{1}{i_k} \qquad (4-8)$$

式(4－8)即是著名的 Stern－Geary 方程式,又称为线性极化方程式,最早由 Stern 和 Geary 在 1957 年提出该技术,之后 Mansfeld 等对其作出进一步阐述。它表明在微极化区内,E－I 极化曲线呈直线关系,该直线的斜率 $R_p = \Delta E/\Delta I$(极化阻力)与 i_k 成反比,因此当微极化区内 E－I 极化曲线的斜率及 Tafel 常数 b_a 和 b_c 已知,通过式(4－8)可求得自腐蚀电流密度 i_k,此方法称为线性极化技术。

采用线性极化技术来测定材料的腐蚀速率,首先应测定极化阻力 R_p。对于 R_p

的测量通常采用控制电流法或控制电位法逐点测量腐蚀电位附近的稳态 $E-I$ 极化曲线,再由线性区的斜率确定 R_p,也可以采用动电位扫描的方法测定腐蚀电位附近的极化曲线。由式(4-8)可以看出,只需对腐蚀体系在腐蚀电位附近微小极化区内的稳态 $E-I$ 极化曲线进行测定,便可通过 $E-I$ 极化曲线在 E_k 处的斜率 $(dE/dI)_{E_k}$ 或 E_k 附近线性段的斜率 $(\Delta E/\Delta I)_{\Delta E \to 0}$ 来确定 R_p。一些商品化的线性极化测试仪会采用小幅度交流方波电流(或电位)作为激励信号实现极化阻力测量,该方法在一个周期内交替进行阳极极化和阴极极化,通过 $E-I$ 曲线上的某一特定数据点的测量来确定 R_p,适用于腐蚀电位附近的极化曲线具有良好线性关系的体系。小幅度交流方波测量方法简便,极化对电极表面状态的影响小,E_k 的漂移对测量结果的影响较小,具有较多的优点,但采用该方法时,须注意方波电流幅值和频率的选择;否则会对测量结果造成较大的影响。极化阻力 R_p 的测量可以采用经典三电极体系,而在现场监测时,通常会使用同种材料的三电极系统或双电极系统。

在使用线性极化法进行测量时需要注意,腐蚀体系的某些性质及试验方法本身也会影响精确测量。式(4-8)在推导过程中忽略了金属阳极溶解和去极化剂阴极还原逆反应,并进行了一次近似处理。此外,溶液的电阻以及金属表面腐蚀产物的电阻也会直接影响测量。在使用线性极化法时,可通过对线性极化方程式进行修正[12]、选取合适的 Tafel 常数 b_a 和 b_c、进行欧姆补偿等减小测量误差。

另外,在使用线性极化方程时,还需要知道 Tafel 常数 b_a 和 b_c 或总常数 B,才能计算得出 i_k,确定 Tafel 常数或总常数的方法可进一步查阅文献[13]。

4.2.3 电化学阻抗法

1. 电化学阻抗技术与阻抗谱

电化学阻抗技术是一种准稳态的电化学测量技术,其原理是当角频率为 ω 的小幅度正弦波电信号(电流 $\tilde{I}$ 或电位 $\tilde{E}$)对一个处于定态下的电极体系进行扰动时,电极体系会作出与角频率相同的正弦波响应(电位 $\tilde{E}$ 或电流 $\tilde{I}$),其频率响应函数 $\tilde{E}/\tilde{I}$ 就是阻抗 Z。随着频率响应分析仪的快速发展,交流阻抗的测试精度越来越高,超低频信号阻抗谱也具有良好的重现性,再加上计算机技术的进步,对阻抗谱解析的自动化程度越来越高。

由不同频率下测得的一系列阻抗就可绘制出电极体系的阻抗谱(EIS)。电化学阻抗谱由 E. Pelboin 在 1972 年首次提出用作测量金属腐蚀的方法[14],现已被广泛地应用于腐蚀科学领域的研究,其特点是对处于稳态的体系施加一个无限小的正弦波扰动,不会影响电极的表面状态,而且应用的频率范围宽($10^{-2} \sim 10^5$ Hz),能同时测量电极过程的动力学参数和传质参数,并可通过详细的理论模型或经验的等效电路(如电阻和电容等理想元件)来表示体系的法拉第过程、空间电荷以及电子和离子的传导过程。最初测量电化学阻抗是采用交流电桥和李沙育方法,这些方法既费时间又较烦琐,而且干扰的影响较大。随着电子技术的发展,锁相技术(如频率响应分析仪、锁相放大器等)开始用于电化学阻抗测试,该技术具有灵敏度高、测试方便的特点,而且容易使用扫频信号实现频域阻抗谱的自动测量,促进了电化学阻抗谱技术的迅速发展[15]。

电化学阻抗谱技术在腐蚀研究领域的优势主要表现在:①采用小幅度正弦波扰动信号对电极极化,在电极上交替出现阳极过程和阴极过程,不会导致极化现象的累积性发展,当频率足够高时,每半周期所持续的时间很短,不致引起严重的浓差极化及电极表面状态变化;②可以从 EIS 图上非常容易地判断出总过程包含几个子过程动力学步骤以及这些步骤的动力学特征;③不会造成测量过程中由欧姆降带来的麻烦;④可用于测定某些体系难以用稳态技术测量的腐蚀速率等。

2. 等效电路

目前,等效电路法仍是电化学阻抗谱的主要分析方法,它能够比较直观地联系电化学阻抗谱与电极过程动力学模型。对于一个电极体系,在不同频率下施加小振幅正弦波电信号并测量其响应,可将实测的结果绘成 Bode 图或 Nyquist 图,如果能够另外用一些电学元件以及电化学元件构成的电路来模拟电极过程,使得这个电路的阻抗谱与实测的电极体系的电化学阻抗谱相同,就称这一电路为该电极体系或电极过程的等效电路,构成等效电路的元件称为等效元件。

在腐蚀体系中,只有为数不多的等效电路真正适用于处在(或接近)动态平衡的自由腐蚀界面。对于一个简单的腐蚀体系来说,金属电极/溶液界面阻抗特征的等效电路如图 4-3 所示,图中 R_{sol}、C_d 和 R_f 分别表示溶液电阻、界面电容和法拉第阻抗。

当阳极和阴极反应为电荷传递控制时,法拉第阻抗 R_f 满足:

$$R_{F(j\omega)} = RT/\{F[(1 - a_c)n_c + a_a n_a]i_{corr}\} = K/i_{corr} = R_p \qquad (4-9)$$

式中:F 为法拉第常数;a 为传递系数;n 为得失电子数;K 为常数;i_{corr} 为腐蚀电流;R_p 为电荷传递单元的极化电阻;下角 a 表示阳极反应;下角 c 表示阴极反应。

总的阻抗可表示为

$$Z(j\omega) = R_{sol} + \frac{R_p}{1 + j\omega C_d R_p} \qquad (4-10)$$

式(4-10)的阻抗随频率的变化曲线如图 4-3 中曲线 1 所示,阻抗的绝对值在高频和低频各有一个拐点,两拐点之间是斜率为 1 的直线。高频拐点设为 R_∞,低频设为 R_0,分别对应于 R_{sol} 和 $R_{sol} + R_p$,因此 $R_p = R_0 - R_\infty$。在现场测量时,可根据这一特征,选择两个适合的频率进行腐蚀速率的监测,频率的选择与测量体系的腐蚀速率、界面电容和溶液电阻的大小有关。为消除测量回路中较高阻抗的影响，通常选用两电极体系，将两个面积相等的电极相对放置，并施加一定频率的交流信号，可以测量出一系列的两个相同阻抗的组合，就可以得到两个电极的平均腐蚀速率。

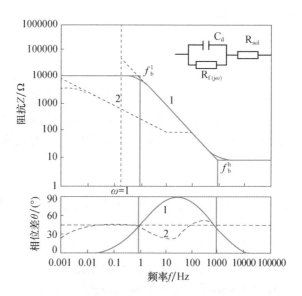

图4-3　金属电极/溶液界面的等效电路及阻抗和
相位差随频率的变化曲线

4.2.4　电化学噪声法

最初，噪声被看作测量中的"误差"，直到1968年，Iverson研究双电极体系（腐蚀金属电极和Pt）时，首次观察到了金属电极的电位随时间的波动现象[16]，之后人们对电化学噪声技术进行了大量的理论研究和应用研究，近年来随着电化学仪器灵敏度的显著提高以及计算机在数据采集、信号处理与快速分析技术的巨大进步，电化学噪声逐渐成为腐蚀研究领域的重要手段。

电化学噪声（electrochemical noise）是由腐蚀过程或其他电化学反应产生的，是指电化学动力系统演化过程中，其电学状态参量（如电极电位、外测电流密度等）随机非平衡自发波动的现象[17]。这种波动是由于研究电极体系发生电极反应而引起的电极表面电位信息的变化，体现了系统从量变到质变的演化信息[18]。分析这些噪声谱不仅能够得到腐蚀过程的信息，而且还可判读腐蚀的特征，如点蚀特征、应力腐蚀等。

电化学噪声技术在腐蚀监检测领域的优势主要表现在[19]:①是一种原位无损检测技术,检测过程不会给腐蚀过程施加外界扰动;②灵敏度高,可以用于低电导环境和薄液膜条件下的腐蚀监测;③无须预先建立被测体系电极过程模型;④可用于远程监测。

1. 电化学噪声的测试

按照检测信号的不同,电化学噪声可分为电位噪声(EPN)和电流噪声(ECN),分别反映由于腐蚀引起腐蚀电位或电偶电流的微幅波动。电化学噪声的测量方法比较简单,可以在电极体系恒电位极化或开路电位的情况下进行。当在开路电位下测定时,检测系统一般采用双电极体系,分为同种电极系统和异种电极系统两种方式。EPN 的测量可以通过记录腐蚀电极和另一腐蚀电极(或一低噪声参比电极)之间的电位差而得到,而 ECN 的测量一般通过两个名义上相同的电极间的电流得到,也可以通过测量将一电极保持在固定电位而得到的电流。研究表明,电极面积会影响噪声电阻,具有不同研究面积的同种电极系统的电化学噪声能够反映出电极过程的机理。

电化学噪声测试一般由两个同材质工作电极(WE1、WE2)及一个参比电极(RE)构成,其中 WE2 接地,WE1 连接运放(OP)反相端,组成零阻电流计(ZRA),电流与电位信号经 A/D 转换后由计算机采集,如图 4-4 所示。有时可用细铂丝取代常规电化学噪声测量系统中的 WE1,这样可以避免两个工作电极同时产生电化学噪声的相互干扰,能够简化噪声谱的辨识[20-21]。熊奇[22]提出了满足 ZRA 检测且耦合电位 $E_g = E_{corr}$ 的 WE1 电极选用原则,解决了 WE1 与 WE2 的面积比问题,采用小面积 Pt 或陶瓷涂层材料的 WE1 电极和相应的参比电极制成了用于现场测试的电化学噪声测试传感器,并通过电位噪声的标准偏差 S_V、电流噪声的标准偏差 S_I 和噪声电阻 R_n 等进行现场腐蚀检测[23]。

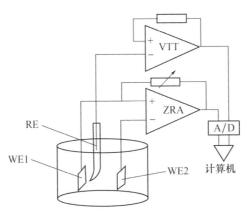

图 4-4 电化学噪声测试装置示意图[19]

2. 电化学噪声的解析

电化学噪声测试对被测体系没有干扰,能够反映材料真实的腐蚀状况,但是金属腐蚀过程中其本身的电化学状态随机波动[24],产生大量噪声信号和数据点,可以采用数学方法进行分析。数据解析的目标是区分不同的腐蚀类型,处理结果一般呈总结格式。电化学噪声图谱和数据的准确解析是电化学噪声技术中比较困难的一部分。

电化学噪声的解析包括时域分析方法和频域分析方法,时域分析方法包括时域的谱图分析和时域统计分析,谱图分析主要是确定特征暂态峰,从而判断腐蚀发生的形式及程度。

时域统计分析中,通常采用标准偏差 S、噪声电阻 R_n 和孔蚀指标 P_I 来评价腐蚀类型和腐蚀速率。

(1)标准偏差 S 分为电位和电流的标准偏差,分别与电极过程中电位或电流瞬时值和平均值所构成的偏差成正比(式(4-11))。一般认为,随腐蚀速率的增加,电位噪声的标准偏差 S_V 随之减小,电流噪声的标准偏差 S_I 随之增大,有

$$S = \sqrt{\sum_{i=1}^{n}\left[x_i - \sum_{i=1}^{n} x_i/n\right]^2 \bigg/ (n-1)} \qquad (4-11)$$

式中:x_i 为电位或电流的瞬时值;n 为采样点数。

(2)孔蚀指标 P_I 是电流噪声的标准偏差 S_I 与电流的均方根 I_{RMS} 的比值(式(4-12)和式(4-13))。一般认为,当 P_I 取值接近 1.0 时,表明孔蚀的产生;P_I 值为 0.1~1.0 时,预示局部腐蚀的发生;P_I 值接近于零则说明电极表面发生均匀腐蚀或保持钝化状态。

$$P_I = \frac{S_I}{I_{RMS}} \qquad (4-12)$$

$$I_{RMS} = \sqrt{\frac{1}{n}\sum_{i=1}^{n} I_i^2} \qquad (4-13)$$

(3)噪声电阻 R_n 定义为电位噪声与电流噪声的标准偏差的比值,即

$$R_n = \frac{S_V}{S_I} \qquad (4-14)$$

噪声电阻的概念由 Eden 首先提出,可根据 Butter-Volmer 方程从理论上证明其与线性极化电阻的一致性。

频域分析方法是通过时频转换技术将电位或电流随时间的变化规律(时域谱)转换为功率谱密度(PSD)曲线(频域谱),根据 PSD 曲线的水平部分(白噪声水平)、转折点频率、倾斜部分的斜率和截止频率等特征参数,分析电极过程的规律。频域分析引入了谱噪声电阻 R_{Sn}^0 的概念,它是对电位和电流同时采样,经时频转换为 PSD 后,得到噪声电阻谱,即

$$R_{Sn}(\omega) = \left| \frac{E_{FFT}(\omega)}{I_{FFT}(\omega)} \right| = \left| \frac{E_{PDS}(\omega)}{I_{PDS}(\omega)} \right|^{1/2} \tag{4-15}$$

$$R_{Sn}^0 = \lim_{\omega \to 0} R_{Sn}(\omega) \tag{4-16}$$

式中：$E_{PDS}(\omega)$ 和 $I_{PDS}(\omega)$ 分别为相应频率下 PSD 的电位和电流。

研究表明，谱噪声电阻 R_{Sn}^0 尽管小于 EIS 得到的 R_p 值，但在 Bode 图上噪声电阻谱与 EIS 谱具有相同的斜率，并具有极好的一致性。

4.2.5　恒电量法

恒电量技术是一种快速测定瞬时腐蚀速率的暂态方法，早在 1961 年 Barker[25] 就在论文中介绍了恒电量测量技术，直到 1978 年，Kanno、Suzuki、Sato 等才将恒电量技术成功地用于测定材料的腐蚀速率和 Tafel 常数[26-27]。

当一个小量的电荷 Δq 施加到金属电极上，电极的极化值为 ΔE_0，若小极化情况下电极的双电层电容 C_d 为常数，则

$$\Delta E_0 = \frac{\Delta q}{C_d} \tag{4-17}$$

当电流切断后，电极电位逐步衰减到初始电位，电位衰减曲线上 t 时刻的电位极化值 ΔE_t 与反应电流密度 i_t 之间仍服从电化学极化方程，即

$$i_t = i_k \left[\exp\left(\frac{2.3\Delta E_t}{b_a} \right) - \exp\left(\frac{-2.3\Delta E_t}{b_c} \right) \right] \tag{4-18}$$

当 ΔE_t 的数值很小时，$0 \sim t$ 时间内，腐蚀反应消耗的电量为

$$\Delta q_t = \int_0^t i_t dt = \int_0^t \frac{1}{R_p} \Delta E_t dt = C_d (\Delta E_0 - \Delta E_t) \tag{4-19}$$

经过整理，求解可以得到

$$\lg \Delta E_t = \lg \Delta E_0 - \frac{t}{2.3 R_p C_d} \tag{4-20}$$

由式(4-20)可以看出，$\lg \Delta E_t \sim t$ 呈直线关系，斜率为 $-\frac{1}{2.3} R_p C_d$，截距为 $\lg \Delta E_0$。根据式(4-17)可计算出 C_d，然后可根据对数转换曲线的斜率计算出极化阻力 R_p，还可以通过建立物理模型并加以解析来获得多个电化学参数[28]。当施加的电量能够产生 50mV 或更大的过电位时，恒电量法可用来测定 Tafel 常数。

恒电量测试电路原理图如图 4-5 所示，可调的恒定电量由直流稳压电源对电容 C 充电提供，电容器上所充的电荷通过接通继电器 RL 的电路而施加到研究电极 W 上，记录装置记录下产生的电位阶跃和它的衰减经放大器进行阻抗变换后的数据，附加继电器 RL' 可在电容器放电开始的某预订时间打开电路，以消除溶液欧姆降的干扰。

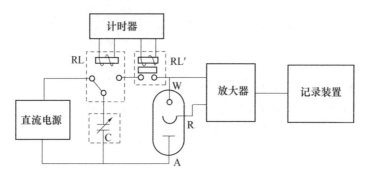

图 4-5 恒电量测试电路原理图

恒电量技术是一种极具应用潜力的腐蚀监测方法,其在腐蚀监检测领域的优势主要表现在:①电化学暂态检测技术施加的电信号不仅微小,而且是瞬时的,测量的是电位衰减变化,而电位衰减对工作电极面积大小不敏感,因此就等量的扰动而言,可以比直流稳态线性极化电阻技术更快、更准确地测量瞬间腐蚀速率[29];②可以迅速测定低腐蚀速率而不受溶液欧姆降的影响,而且通过拉普拉斯或傅里叶变换等时-频变换技术从恒电量激励下衰减信号的暂态响应曲线得到电极系统的阻抗频谱;③可以实现实时在线无损测量,既可测定瞬时腐蚀速率,又可把瞬时腐蚀速率连续记录下来,进行绘图积分得到平均腐蚀速率。

4.3 其他腐蚀监检测方法

4.3.1 超声波腐蚀检测

超声波是指频率大于 20kHz 的声波,具有在不同的介质中连续传播的能力。超声波的形成需具备两个基本前提:有机械振动的声源和能传播振动的弹性介质。超声波的传播形式主要分为横波、纵波、表面波和兰姆波,其中横波和纵波在日常超声波探伤和测厚等检测中应用最广泛。由于超声波检测技术操作简单、测量准确、穿透能力强、测量范围广的优点,在腐蚀监检测方面具有重要的应用。

1. 超声波腐蚀检测原理

超声波腐蚀检测的实质是利用超声测厚原理对腐蚀减薄进行测量,即通过超声探头将超声波打入待测部件内部,使超声波在待测部件表面和底面发生折射、反射、散射等过程,所产生的超声回波信号进入超声波接收换能器,然后根据不同的测厚原理求得待测部件的厚度,通过对腐蚀前后厚度变化的测量,间接地实现腐蚀速率的无损检测,具有操作方便、测量精度高等特点。

　　超声波测厚需要根据被测物体的物理特性、结构和测试环境的不同,选用不同的测厚方法。按照测试原理的不同可分为共振法测厚、脉冲反射法测厚、兰姆波法测厚等几种。其中共振法测厚和兰姆波法测厚的精度高,但测量条件苛刻,不适于室外恶劣环境下长期的监测作业;脉冲反射法对被测材料要求整体不高,便于系统集成,是现场测厚应用最广泛的方法,应用相对成熟[30]。

　　1)共振法测厚

　　当可调频率的超声波垂直入射到具有两平行端面的待测试件时,若试件厚度为半波长的 n 倍(n 为整数),反射波与入射波互相叠加产生共振,则待测试件厚度满足下式[31]:

$$d = n\frac{\lambda}{2} = \frac{nc}{2f_n} \tag{4-21}$$

$$f_n = \frac{nc}{2d} \tag{4-22}$$

式中: d 为被检物体的厚度; λ 为超声波波长; c 为光速; f_n 为试件中第 n 次的共振频率。

　　若进行检测时,能够测得两个相邻的共振频率时,试件的厚度可表示为

$$d = \frac{c}{2(f_n - f_{n-1})} \tag{4-23}$$

　　共振干涉法测量的厚度范围主要集中在 $0.1 \sim 100\text{mm}$,测量精度很高,可达 0.1% ,但要求被测物体的表面平行且光洁。该方法不能直接读数,使用不方便。

　　2)脉冲反射法测厚

　　超声波在材料中传播时遇到分界面会发生声波反射、折射等现象,因而会在材料的表面和底面发生反射。若已知超声波在该材料中的传播声速,可利用其在材料内的往返时间计算出材料的厚度,试件厚度表示为

$$d = \frac{1}{2}ct \tag{4-24}$$

式中: t 为超声波在材料中往返一次的时间。

　　一般情况下脉冲测厚法的测量精度较低,只可进行粗略测量。但对材料表面平整度要求不高,可测凹面、粗糙面、带漆面材料的厚度,具有较强的适应性,因而得到广泛的应用。

2. 超声波腐蚀监测系统

　　超声波腐蚀监测系统主要由两部分构成,即超声波终端监测器和上位机通信。终端监测器主要包括超声波的发射、测量、回波信号处理等,完成数据采集、数据上传等功能;上位机部分完成系统通信及在线数据监控等功能。通过超声波腐蚀监测系统对被测点进行定点监测,将测量结果自动传输到上位机进行分析,使设备测量不受人为、空间等因素制约,提高了测量的稳定性和准确性,极大提高工作效率。

　　超声波监测系统的硬件电路主要由超声波激励电路、信号接收处理电路和电

源电路等三部分组成。其中激励电路是由高压电路、脉冲发射电路组成。系统选用发射高压窄脉冲的方式来激励超声探头产生超声波。回波信号处理电路则主要由放大滤波电路、检波比较电路、时间测量整形电路、控制电路和无线模块等部分组成。对回波小信号进行一系列处理后进行测量得到有用数据,实现系统监测功能。系统框图如图4-6所示。

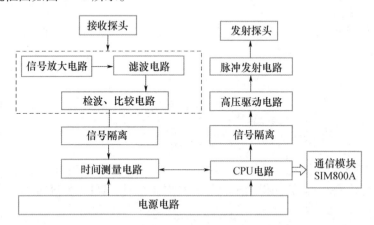

图4-6 超声波监测系统的硬件电路框图

　　超声波监测技术在使用的过程中,布点的位置和方式十分关键,测厚点的选择直接决定最终腐蚀评定的准确性,因而在选点时应遵循一定的原则和标准,具体布点应根据实际应用环境及应用需求而定。

4.3.2 涡流腐蚀检测

　　根据电磁感应原理,给线圈通以变化的交流电,穿过金属中若干个同心圆界面的磁通量将发生变化,因而会在金属块内感应出交流电。由于这种电流的回路在金属块内呈旋涡状,故称涡流。涡流是根据电磁感应原理产生的,所以涡流是交变的。同样,交变的涡流会在周围空间形成交变磁场,如图4-7所示。交变磁场的金属物体感应出的涡流分布和强弱与激励交流电的频率、被测部位的金属材料、尺寸和形状,以及检测线圈的形状、尺寸和位置有关,而且与金属材料或接近表面处的缺陷有关,在裂纹和蚀坑处,涡流会受到干扰,因此通过检测线圈测定由激励线圈形成的金属涡流大小、分布及其变化,就可以检测出材料表面缺陷和腐蚀情况,如可能存在的蚀孔、裂纹、晶间腐蚀、选择性腐蚀、全面腐蚀等。

　　涡流法检测仪器通常包括3个部分,即电磁激发源、检测感应涡流变化的传感器、指示或记录这些变化值的测量系统。涡流密度随深入金属而衰减的速度是金属电阻率和磁导率以及激励电源频率的函数,最佳频率随待测金属厚度而定。

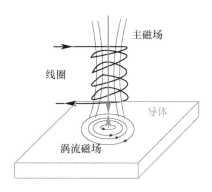

图 4 – 7　磁场线圈与涡流磁场原理

　　用涡流测量腐蚀损伤的灵敏度取决于所测金属的电阻率和磁导率,也取决于用来激励探头线圈的交流电频率,对铁磁材料来说,涡流的有效穿透能力很弱,这种技术实际上只能用来检查腐蚀表面,一般需要构件处于停车状态。对非磁性材料,可以选择适合的频率,在设备外壁上测量,由此检查内壁各个部位的状况,从而可对设备实现在线监测。

　　由涡流所确定的反电动势,对线圈和金属间的距离很敏感,这种特性可以用来测定各种有色金属材料上非导电的保护层厚度。当所检查的表面粗糙时,尽管采用具有补偿辐射作用的涡流仪可以减少误差,但粗糙表面本身仍会给测量结果带来影响。使用涡流法检测,通常用一个标定过已知缺陷的管子来校正仪器。

4.3.3　光纤腐蚀检测

　　光纤传感技术是 20 世纪 70 年代伴随光纤通信和光电子技术的发展而发展起来的一项新技术,是以光波为传输介质,通过光纤感知和传输外界被测量信号的新型传感技术。光纤本身体积小、质量轻,便于埋置于被测部位进行原位测量,而且光纤的工作频带宽,动态范围大,适合于遥测遥控,是一种优良的低损耗传输线。光纤传感技术还具有敏感度高、抗电磁干扰的特点,能方便地进行光电或电光转换,易与计算机网络相匹配进行网络化的测量,具有其他检测技术无法比拟的优势,尤其适合于易燃、易爆、空间受限及强电磁干扰等恶劣环境下使用。光纤传感技术从 20 世纪 90 年代开始逐步用于桥梁、管线等领域的腐蚀检测研究,通过光波参数的调制,能够实现腐蚀的直接检测(如金属敏感膜光纤传感器)以及与腐蚀相关的影响参数(Cl^-浓度、溶液的 pH 值、溶解氧含量、环境湿度、温度、材料的应力状态以及腐蚀产物等)的测量。光纤传感腐蚀监测技术以其独特的优势,近年来发展迅速,已逐步应用于飞机、桥梁和输油管线等的结构健康监测。该技术在海洋工程领域的应用刚刚起步,主要是材料的应力状态、环境温度等的监测,由于海洋工程领域的腐蚀问题相对突出,环境苛刻,对结构的安全性造成较大威胁,现有的光纤腐蚀传感器的应用还有一定的局限性,因此亟待新型光纤腐蚀传感技术的不断发展。

1. 光纤传感的基本原理[32]

无论何种光纤传感器,都需要一个敏感的探头或者传感臂,其作用是通过与待测对象的相互作用,将测量信息传递到光纤的导光波中或加载于光波之上,这个过程称为光波的调制。对于光纤传感技术来说,光波的调制是关键,按照调制方式的不同可分为强度调制、相位调制、偏振调制和波长调制等。在实际应用过程中,既可以通过同一种调制方式来实现多种待测量的检测,也可以采用多种光调制方式来实现同一待测量的检测,正因如此才会开发出更多更新的各类传感器。

1)光强度调制

实现光强度调制的方式主要有透射、反射、荧光强度、折射率变化等。

(1)透射方式。

一根固定光纤和一根隔开一小段距离的移动光纤结合在一起,就可实现光强度调制。当移动光纤沿径向、轴向移动或光纤不动而移动光闸时,透射到接收光纤的光强度会发生规律变化,如图4-8所示。

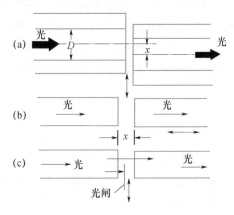

图4-8　透射型光强度调制

(2)反射方式。

将两根光纤并排放置,一根为发送光纤,一根为接收光纤,在两根光纤的端面放置反射体,当反射体与光纤端面的距离发生变化时,接收光纤的光功率将发生变化,实现反射型光强度调制。如果反射体的性质,如溶度、颜色等发生变化,同样会导致接收光纤的光功率变化。

(3)荧光强度。

荧光效应是指某些荧光物质的荧光特性随环境不同而变化的物理特性。荧光物质的荧光现象一般都会遵循斯托克斯或反斯托克斯定律,当一定波长的(红外或紫外)光激励荧光物质后,会产生一定波长的可见光,这种荧光及其余辉的强度随外界环境的变化而变化。如荧光材料 $YF_3:Y_b^{3+} - Er^{3+}$ 在940nm的近红外光激励下产生的荧光随温度的变化而不同,荧光余辉为

$$I(t) = AI_p(T)\exp\left[-\frac{t}{\tau(T)}\right] \qquad (4-25)$$

式中:A 为常系数;t 为余辉衰减时间;$I_p(T)$ 为停止激励时荧光峰值强度,是温度 T 的函数;$\tau(T)$ 为荧光余辉寿命,也是温度 T 的函数。

由此可见,荧光余辉受到外界信号(温度)的调制,通过荧光强度的变化即可解调出外界温度的变化。

(4)折射率变化。

在光纤纤芯折射率不变的情况下,如果部分包层的折射率随外界信号而变化,或者光纤部分纤芯与包层的折射率均发生变化,其相对折射率差随外界信号而变化,导致传感光纤敏感部位的渐逝波损耗,从而对光纤中的光强度进行调制。改变光纤折射率的方法很多,大致可分为两种:一是裸芯型,将光纤敏感部位的包层剥去形成裸芯,然后进入折射率随外界信号改变的液体中,以裸芯部位的液体作为包层,当液体包层的折射率变化时,光纤中光强度受到调制;二是光纤敏感部位涂覆变折射率包层或采用变折射率光纤。

2)光相位调制

光纤传感器中相位调制的灵敏度最高,有着十分广泛的应用。在1cm长的光纤中,常用波长的光相位变化达 10^5rad,如若能检测出 10^3rad 的相应变化,则导致1cm长的光纤总相位 10^{-3} 倍变化的物理量就会被检测出来。如果光纤的长度增加,就会得到更高的检测灵敏度。

光波相位 φ 由光波长 λ_0(真空)、介质折射率 n 和介质长度 l 决定,即

$$\varphi = k_0 n l = k l \qquad (4-26)$$

式中:k_0 为真空条件的波矢,$k_0 = 2\pi/\lambda_0$;k 为介质条件下的波矢,$k = k_0 n$。

由式(4-26)可以看出,k、n 和 l 的变化均导致光波相位的变化,从而实现相位调制。

3)光偏振调制

当外界信号(待测量)通过一定的方式使光纤中光波的偏振面发生规律性的偏转或产生双折射时,就会导致光波的偏转特性发生变化,利用这一特性可实现光纤传感的偏振调制。在单模光纤中传输的线偏振光波,通常通过两个相互垂直的偏振分量来等效,对于低双折射率单模光纤,在有限的光纤长度条件下,可认为线偏振态的固有变化不大,在外界因素作用下,双折射率增强,线偏振态发生明显变化,导致偏振态调制。如果采用高双折射率光纤(保偏光纤),它不受外界因素变

化的影响,在两根保偏光纤之间,插入偏振敏感器,用来感知外界因素变化,这是另一种偏振调制方法。无论采用哪一种调制方法,偏振调制的机制一般是利用光纤的电光效应、磁光效应或光弹效应等,因此该调制方式在电场、电压和磁场光纤传感测量方面应用较多。

4)光波长调制

外界信号(待测量)通过选频、滤波、模式耦合等方式使光纤中传输光的波长发生规律性改变,通过波长的检测实现对外界信号的测量,这种方式称为光波长调制。传统的光波长调制方式主要是法布里–珀罗干涉滤光以及各种位移式光谱选择等,近年来发展起来的光纤光栅滤光技术为光波长调制技术的发展开辟了新的思路。

(1)法布里–珀罗(F–P)干涉法。

一束平行光以一定的角度射入 F–P 干涉腔,当波长 λ_0 满足以下条件时,透射光或反射光的强度达到极大值,有

$$\lambda_0 = \lambda_0^{(m)} = \frac{2n'd\cos\varphi}{m - \dfrac{\varphi}{\pi}} \quad (m = 1,2,\cdots) \tag{4-27}$$

式中:d 为 F–P 干涉腔长度;n' 为腔内介质折射率;φ 为反射光的相位跃变。

一个 F–P 干涉腔可以看作具有多个透射带(或反射带)的滤光器,每个透射带(或反射带)对应一个干涉序 m,外界信号(待测量)通过一定方式改变干涉腔的长度 d 或折射率 n',就会导致透射带(或反射带)的波长 $\lambda_0^{(m)}$ 变化,从而实现光波长调制。

(2)光纤光栅法。

光纤光栅是利用光纤掺杂锗、磷等的光敏性,通过特定的工艺方法使纤芯的折射率沿纤轴方向周期性或非周期性地永久变化,在纤芯内形成空间相位光栅。光纤光栅应满足相位匹配条件,即

$$\beta_1 - \beta_2 = \Delta\beta = 2\pi/\Lambda \tag{4-28}$$

式中:Λ 为光栅周期;β_1 和 β_2 为耦合模的传播常数;$\Delta\beta$ 为耦合模之间的传播常数差。

根据光纤光栅周期的不同,分为短周期光栅和长周期光栅两类,短周期光栅称为布拉格光栅(FBG)或光纤反射光栅,光栅周期很小,一般小于 $1\mu m$,长周期光栅(LPG)也称光纤透射光栅,光栅周期较长,一般大于 $100\mu m$ 甚至几百微米。

布拉格光栅(FBG)的反射光波中心波长为

$$\lambda_B = 2n_{eff}\Lambda \tag{4-29}$$

反射光带宽(半峰值全宽)为

$$\delta\lambda_B = \lambda_B\left[\left(\frac{\Lambda}{L}\right)^2 + \left(\frac{\delta_n}{n_1}\right)^2\right]^{1/2} \tag{4-30}$$

反射率为

$$R_{\max} = \tanh^2\left(\frac{\pi\delta_n L}{\lambda_B}\right) \qquad (4-31)$$

式中:n_{eff} 为纤芯的有效折射率;L 为光栅长度;δ_n 为纤芯折射率起伏(其中角标 n 代表折射率);n_1 为纤芯折射率[33]。

长周期光栅(LPG)的透射光中心波长为

$$\lambda_L = (n_{\mathrm{co}} - n_{\mathrm{cl}}^{(m)})\Lambda = \delta_n^{(m)}\Lambda \qquad (4-32)$$

透射率为

$$T = \cos^2(\gamma L) + \frac{1}{\gamma^2}\hat{\sigma}^2 \sin^2(\gamma L) \qquad (4-33)$$

式中:n_{co} 为芯模的有效折射率;$n_{\mathrm{cl}}^{(m)}$ 为 m 阶包层模的有效折射率;$\delta_n^{(m)}$ 为芯模有效折射率与 m 阶包层模有效折射率之差;γ 为互耦系数;$\hat{\sigma}$ 为总耦合系数。

由于光纤光栅的栅距 Λ 是沿光纤轴向分布的,在外界因素的影响下,光纤将产生轴向的应变或折射率的变化,栅距也随着变化,因此光栅的中心波长会产生偏移,通过光纤光栅中心波长的变化量可实现外界因素的波长调制。

2. 光纤传感腐蚀监测方法

光纤传感技术通过不同的光波调制和解调方式,能够对上百个物理、化学参数进行测量。目前,通过光纤传感对腐蚀进行监测的方法主要包括以下两个方面:①通过金属腐蚀敏感膜或预应力结构对材料的腐蚀程度进行直接检测;②通过光纤传感器对腐蚀相关的环境参数或腐蚀产物等进行检测,间接评价材料的腐蚀情况;③利用光纤分布式测量的优势,进行多参数、全方位的立体网状腐蚀监测,实现材料腐蚀性能的综合评价。

1)直接检测腐蚀的光纤传感器

(1)金属敏感膜光纤腐蚀传感器。

金属敏感膜光纤腐蚀传感器是基于光强度调制方式进行腐蚀检测的一个重要大类,其原理是通过物理、化学方法在去除部分包层的光纤纤芯表面沉积与被测金属腐蚀性能相近的金属敏感膜,形成一端金属包层,纤芯内传输的光由于渐逝波效应部分泄漏到金属包层中,在金属包层的吸收作用下,输出光功率将显著降低,如图 4-9 所示。当光纤传感探头处于腐蚀环境中,金属包层被逐渐腐蚀,进而由周围的腐蚀环境等低于纤芯折射率的物质充当包层,输出光功率增加,通过检测光功率的变化可推断金属的腐蚀程度[34-35]。

利用该原理的光纤腐蚀传感器具有传感器结构简单、检测设备易于实现的特点,在光纤腐蚀监测研究技术领域的起步较早。该方法通过在纤芯表面制备不同的金属敏感膜,如铝膜[36-39]、铁碳合金膜[40-42]、铜膜[43]等,制成传感探头,可以对金属 Al、Fe、Cu 等的腐蚀进行检测。这类传感器的主要问题是：①纤芯表面理想敏感膜的制备；②金属腐蚀状态与光波参数变化量之间定量、可靠的对应关系。

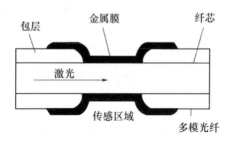

图 4-9　光强度调制型光纤腐蚀传感器原理

（2）光纤光栅腐蚀传感器。

光纤光栅腐蚀传感器的种类较多，可以通过不同的形式实现，但一般是利用材料腐蚀过程中发生的减薄或体积膨胀等现象，使光纤光栅的受力状态发生改变，最终导致其反射或透射光的中心波长发生偏移，实现对腐蚀的检测。该类传感器采用光波长调制方式，不受光源功率波动、光纤微弯效应及耦合损耗等因素的影响，抗外界干扰的能力更强，具有较大的发展潜力。

预应力松弛型[44-45]传感器是将布拉格光栅（FBG）预加一定的应力后固定在金属管或片上，当金属管或片发生腐蚀后，厚度减小，对光栅的预应力发生松弛，光栅的应变减小，中心波长发生偏移，通过偏移量的大小来监测腐蚀。

体积膨胀型[46]传感器是将布拉格光栅（FBG）固定到钢筋等金属的表面，直接监测钢筋等金属因腐蚀导致的体积变化。当钢筋等金属发生腐蚀后，直径增大，光栅受到的拉伸应变增大，使光栅的反射光波长发生变化，通过测量反射光波长的移动就得到钢筋等的锈蚀程度。

2）腐蚀相关参数检测的光纤传感器

材料的腐蚀是一个复杂的过程，其腐蚀行为与周围环境具有密切的关系。对于海洋环境来说，海水的温度、溶解氧含量、盐度等各种因素对材料腐蚀行为的影响都很大，而且各因素之间互相影响，不能与材料的腐蚀建立单一的数学关系，因此需要对多种参数进行综合监测，通过全面的分析，才能合理地对材料的腐蚀情况做出判断。

对腐蚀相关参数进行检测的光纤传感器种类更多，原理也不尽相同，主要是对影响腐蚀的环境因素、腐蚀溶液、产物离子和材料的应力等进行检测。目前这类传感器可以实现对环境湿度、温度的检测，溶液的溶解氧含量、Cl^- 浓度等的检测，Al^{3+}、Cu^{2+} 等产物离子的检测以及材料应力的检测[47-51]。

4.4　腐蚀监检测技术的典型应用

4.4.1　钢筋混凝土的腐蚀监检测

通常情况下,混凝土中的钢筋在高碱性环境中会形成一层致密的表面钝化膜,保护钢筋免受腐蚀。当混凝土受到 Cl^- 浸蚀或碳化作用等影响时,钢筋所处的碱性环境被酸化,导致钢筋表面的钝化膜产生局部破坏。在其他腐蚀条件(水和氧等)的共同作用下,钢筋将发生腐蚀。混凝土的腐蚀损坏已屡见不鲜,造成难以计数的经济损失,因此探究钢筋混凝土的腐蚀机理,实时监测钢筋混凝土的腐蚀情况具有重大意义。

1. 钢筋混凝土的腐蚀失效

在钢筋混凝土结构中,钢筋腐蚀普遍存在,随着腐蚀的发展,将发生混凝土胀裂,使得钢筋腐蚀在后期加速发展,导致钢筋混凝土结构维修难度和成本增大。钢筋混凝土结构的腐蚀失效过程可分为 3 个阶段,如图 4 - 10 所示。

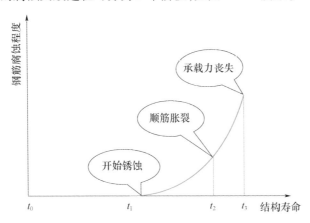

图 4 - 10　钢筋腐蚀与结构寿命的关系

(1)腐蚀产物的累积。当环境中的 O_2、Cl^- 和 H_2O 侵入到混凝土内部,会破坏钢筋表面的钝化膜,导致钢筋发生腐蚀而产生腐蚀产物。腐蚀产物逐渐填充钢筋与混凝土之间的孔隙,并在钢筋表面累积,随着钢筋腐蚀的发展,腐蚀产物向混凝土内部扩散。

(2)内部裂缝的发展。钢筋发生腐蚀之后体积会增大,挤压周围的混凝土,从而产生应力,即锈胀力。当腐蚀产物继续累积,产生的锈胀力大于钢筋混凝土的约束力,混凝土内部就会产生锈胀裂缝。

（3）混凝土发生破坏。锈胀裂缝随着腐蚀的进行继续增大和扩展，直至贯穿混凝土保护层，在混凝土表面形成沿着钢筋方向的裂缝。裂缝的加大使得腐蚀性介质沿着裂缝更快地侵入到混凝土内部，钢筋的腐蚀速率急剧增加，结构受到破坏。

混凝土中钢筋的腐蚀是典型的电化学腐蚀反应，如图4-11所示，包括4个主要过程。

①阳极区的形成：钝化膜遭破坏形成的阳极区，Fe 原子变为阳离子，同时释放两个电子。

②电子传输：阳极区释放的电子通过钢筋传输至阴极区。

③阴极区反应：阴极区附近混凝土空隙中的 H_2O 和 O_2 吸收电子，还原反应发生，产物为 OH^-。

④锈蚀产物生产过程：阳极脱钝区释放出的电子随钢筋涌向阴极钝化区，同时产生的 Fe^{2+} 朝四周扩散转移，同钝化区形成的 OH^- 发生反应，产生 $Fe(OH)_2$。$Fe(OH)_2$ 又被继续氧化成 $Fe(OH)_3$，脱水后的产物为 Fe_2O_3 或 Fe_3O_4[52]。

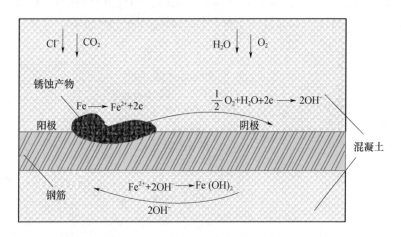

图4-11　钢筋腐蚀的电化学反应示意图

2. 钢筋混凝土的腐蚀监检测方法

常用的钢筋混凝土腐蚀检测方法有剔凿检测法、钻孔取样法、半电池电位法、混凝土电阻率测量法、综合分析判断法和嵌入式电化学测量法等。剔凿检测法和钻孔取样法能够较准确地反映钢筋腐蚀状况，但两者都会破坏结构的完整性。半电池电位法、混凝土电阻率测量法和综合分析判断法对结构破坏极小或无破坏，但只能定性地判断钢筋腐蚀状态。线性极化、交流阻抗、电阻探针、电化学噪声等可嵌入式电化学传感器也常用于钢筋腐蚀状况的检测。其中，半电池电位法和内嵌式腐蚀传感器在实际工程中应用最为广泛。

1）半电池电位法

钢筋在混凝土中的腐蚀是一种电化学过程,在钢筋表面会形成阳极区(活化区)和阴极区(钝化区),钢筋的活化区和钝化区显示出不同的腐蚀电位。钢筋在钝化时,腐蚀电位变正;由钝态转入活化态(腐蚀)时,腐蚀电位变负,因此通过电位值可以评估钢筋的腐蚀状态。钢筋 - 混凝土的电化学特性可以看作半个弱电池组,钢筋的作用是一个电极,混凝土是电解质,通过 Cu/饱和 CuSO₄ 参比电极的半电池与钢筋 - 混凝土的半电池构成一个全电池,混凝土中钢筋腐蚀产生的电化学反应会引起这个全电池的变化,因此通过测量全电池的电压变化可以对钢筋的腐蚀进行检测,这种方法称为半电极电位法。国内外利用这一方法制定了相应的评判标准,根据监测数据对钢筋腐蚀状态进行评价,评价依据如表 4 - 2 所列。但该方法仍存在一定的局限性,P. R. Vassie[53] 以及加拿大的 P. Gu、J. J. Beaudoin[54] 通过大量的试验验证钢筋腐蚀发展机理以及腐蚀速率半电位移动方向等因素的影响,但不能准确地判断出钢筋的腐蚀速率。同时,O_2 这一不确定因素会严重影响到钢筋的阴极反应从而使半电位极低,使检测结果偏离正确方向。

表 4 - 2　混凝土中钢筋的腐蚀状态评判标准

标准名称	电位/mV	评判标准
美国 ANSI/ASTM C876 标准	> - 200	5% 腐蚀概率
	- 200 ~ - 350	50% 腐蚀概率
	< - 350	95% 腐蚀概率
中国国家标准 GB/T 50344—2019	> - 200	无锈蚀活动性或锈蚀活动性不确定,锈蚀概率 5%
	- 200 ~ - 350	钢筋发生锈蚀概率 50%,可能存在坑蚀
	- 350 ~ - 500	钢筋发生锈蚀概率 95%

2）内嵌式腐蚀传感器的应用

内嵌式传感器可长久安置于混凝土中,在不破坏结构的基础上,实现钢筋腐蚀的在线连续监测,能较好地克服人工监测的不足,现已成为国内外钢筋腐蚀监测研究的热点。目前应用较多的内嵌式传感器有 S + R 阳极梯、CorroWatch 多探头腐蚀传感器和 ECI 埋入式腐蚀监测仪等。

混凝土钢筋结构受到 Cl^- 浸蚀和碳化作用,其作用深度随着时间的增加而不断深入,若将一系列传感单元按照梯形的布置形式埋置在混凝土保护层的范围内,可依据到达不同深度传感器单元的检测结果,建立钢筋的脱钝发展模型,推断出钢筋开始锈蚀的时间,通过一系列的传感单元可以获取动态的、长期的钢筋脱钝和钢筋腐蚀的关键参数信息,阳极梯腐蚀监测原理图如图 4 - 12 所示。

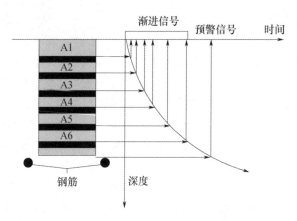

图 4 – 12　阳极梯腐蚀监测原理图

阳极梯监测系统内部是一个包括阳极组和阴极连接的宏观电池电路系统,其组成如图 4 – 13 所示。阳极由多根埋置深度不同的钢筋组成,阴极为正电位的 Ti 棒,钢筋与 Ti 棒之间的混凝土在宏观电池系统中充入导电介质,当阳极棒脱钝时,阴阳极之间回路的宏观电流就会发生改变,通过监测混凝土中阳极梯系统的电学参数变化,可间接反映出混凝土中钢筋的腐蚀情况。

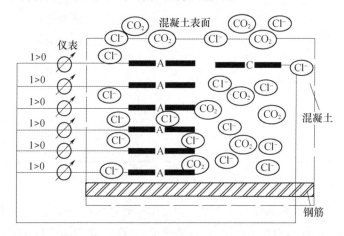

图 4 – 13　阳极梯监测系统的宏观电池示意图

阳极梯监测系统分为预埋式和后装式。预埋式在工程建设过程中预先埋入建筑中;后装式针对的是已经建成的重要基础设施工程。

(1)预埋式。

20 世纪 80 年代末,德国首先发明了梯形阳极混凝土结构预埋式耐久性无损监测传感系统,如图 4 – 14 所示。它由浇入混凝土的一组钢筋梯段传感器、一个阴极和互连引出结构的导线组成,能够测量钢筋段腐蚀各阶段电学参数。"梯子"两侧的竖杆由不锈钢制成,并与钢筋段绝缘,导线安装在竖杆中孔内并由树脂固定,然后倾斜地安装于监测部位的混凝土保护层中,使每一钢筋段与混凝土表面保持不同的距离。当钢筋段脱钝时,此钢筋段与不锈钢之间的回路电学参数发生改变。

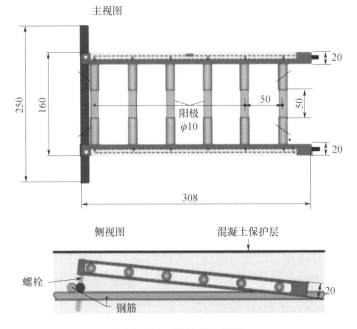

图4-14　阳极梯示意图

（2）后装式[55]。

对于已建成的重要基础设施工程,为了跟踪混凝土结构的耐久性情况,可采用后装环形阳极监测系统,如图4-15所示。该系统由阳极环和阴极棒组成,通过在结构上钻孔安装就位。

图4-15　后装式环形阳极监测系统

目前梯形阳极系统已在中国的香港和台湾地区使用[56],国内腐蚀界已经认识到混凝土耐久性监测的重要性,在杭州湾跨海大桥[57]和苏通大桥也采用了阳极梯监测系统[58]。

4.4.2 土壤的腐蚀监检测

随着工业化进程发展对能源、电信等需求的不断增长,世界各国在地下铺设了大量的管道、通信电缆、钢桩、油气井套管及其他各种地下构筑物。这些地下构筑物处于具有一定腐蚀性的土壤中,能否长期安全运行将直接关系到国民经济的发展、人民生命财产的安全与生态环境的保护,因此土壤中金属设施的腐蚀越来越引起人们的普遍重视。

土壤是由土粒、水、空气所组成一种复杂多相结构,土壤颗粒间形成大量毛细管微孔或孔隙,孔隙中充满空气和溶解有盐类和其他物质的水,形成电解质溶液。土壤的性质和结构是不均匀的、多变的,导电性与土壤的干湿程度及含盐量相关,其物理、化学性质,尤其是电化学特性直接影响着土壤腐蚀过程的特点,土壤组成和性质的复杂多变性使不同的土壤腐蚀性相差很大。土壤腐蚀与在电解液中腐蚀一样,是一种电化学腐蚀。大多数金属在土壤中的腐蚀是属于氧去极化腐蚀,只有在强酸性土壤中,才发生氢去极化腐蚀。土壤腐蚀的条件极为复杂,使腐蚀过程的控制因素差别也较大,大致有以下几种控制特征:对于大多数土壤来说,当腐蚀决定于腐蚀微电池或距离不太长的宏观腐蚀电池时,腐蚀主要为阴极过程控制。在疏松、干燥的土壤中,随着氧渗透率的增加,腐蚀则转变为阳极控制。对于由长距离宏观电池作用下的土壤腐蚀,如水平接地体经过透气性不同的土壤形成氧浓度差腐蚀电池时,土壤的电阻成为主要的腐蚀控制因素,为阴极 – 电阻混合控制。

1. 土壤腐蚀的监测方法

埋片失重法是最传统的土壤腐蚀研究方法,可以提供各种土壤环境对材料腐蚀性的可靠数据,但试验周期长,需要大量的试片,费时费力,难以揭示出材料土壤腐蚀的机制,也很难了解试件埋入土壤后各阶段的腐蚀变化情况。为克服埋片失重法的局限性,快速而准确地评价土壤的腐蚀性,国内外科学工作者提出了根据土壤理化性质评价土壤腐蚀性的方法,试图通过已知的土壤理化因素,对土壤的腐蚀性作出评价。土壤的理化性质包括含水量、含盐量、电阻率、pH 值、总酸度等,这些因素或单独起作用,或几种因素结合起来共同影响金属材料在土壤中的腐蚀行为,根据指标的多少可分为单项指标法和多项指标综合法。

1)单项指标法

单项指标法是指通过土壤电阻率法、含水量法、含盐量法等单项指标判断土壤的腐蚀性。此外,还有根据土壤中交换性酸总量和 pH 值、氧化还原电位、对地电位等理化性质判断土壤的腐蚀性。单项指标法虽然在有些情况下较为成功,但过于简单,经常会出现误判现象。实际上,没有一个土壤因素可单独决定土壤的腐蚀性,必须考虑多种因素的交互作用。

2) 多项指标综合法

多项指标综合法(Baeckman 法)综合了与土壤腐蚀有关的多项物理、化学指标,包括土质、土壤电阻率、含水量、pH 值、酸碱度、硫化物、中性盐、埋设试样处地下水的情况、氧化还原电位等,通过对土壤有关因素进行分析评价,给出评价指数,然后将这些评价指数累计起来,再给出腐蚀性评价等级。这种方法具有一定的实用价值。但是,不同的土壤理化因素作用大小可能差别很大,同时考虑因素过多,在实际应用中很难收集齐全,而且有的因素的测量也十分不便,实用中该法的评价结果也并不理想。

2. 土壤腐蚀实时监测

土壤腐蚀的原位实时测量可以在不中断试验的情况下获得试件的腐蚀信息、土壤参数的变化情况,有利于及时掌握土壤腐蚀状况,研究土壤腐蚀行为机理。随着测试技术的进步,国内外均开展了土壤腐蚀原位测试探头的研制。M. J. Wilmott 等研制了一种检测土壤参数的 Nova 电极,在电极头部布有多个传感器,可以原位测量土壤电阻率、氧化还原电位、温度、管地电位。根据建立的土壤腐蚀模型,结合所测参数可以对土壤腐蚀性进行评价,可以预测腐蚀状况[59]。

中国科学院南京土壤研究所研制了可以连续监测土壤含盐量、含水量、温度、氧化还原电位、电阻率、电位梯度、氯离子浓度变化的土壤腐蚀测试仪[60]。该仪器所用探头由不同的电极或传感器构成,可以长期埋设在土壤中连续监测土壤理化性质及金属腐蚀过程,成功应用于大庆、大港、新疆、沈阳、成都等土壤腐蚀实验站。李谋成、林海潮等[61]研制的土壤腐蚀速率测量仪采用弱极化测量技术可以快速地进行现场测试,可以检测金属在土壤中的腐蚀电流密度、腐蚀电位、土壤电阻率、氧化还原电位及温度等参数。经实验室和野外现场试验表明,稳态腐蚀电流密度与埋片失重腐蚀速率之间具有较好的相关性。土壤腐蚀实时、原位检测新方法、新技术、新仪器的研制开发为土壤腐蚀行为机理研究、土壤腐蚀性评价以及建设工程地下部分的监检测工作提供可靠依据和有力保障。

4.4.3　阴极保护效果监测

阴极保护技术广泛应用于埋地管道、海洋工程、桥梁隧道等多个工程领域,为各类设施提供了长效的腐蚀保护。在实践中,阴极保护的效果一般通过阴极保护电位等相关参数的测量进行评价。目前,对于阴极保护效果的检测和评估,已从早期的现场检测逐渐发展为基于网络通信技术的自动化、智能化远程监测[62],为阴极保护效果的综合评价提供了更为有效手段。

1. 主要的阴极保护参数

在对阴极保护效果进行检测和评价时,通常采用的阴极保护参数主要有以下几种[63]。

1)自然腐蚀电位

自然腐蚀电位是指在不使用任何防腐保护措施时,金属在使用环境中的自然电位,又称为开路电位。自然腐蚀电位在阴极保护系统中是一个重要的参数,一般通过对比自然腐蚀电位值与使用阴极保护技术后的保护电位值来考量阴极保护的防腐蚀效果。

2)保护电位

根据《金属和合金的腐蚀　基本术语和定义》(GB/T 10123)的定义,保护电位为"进入保护范围所需达到的腐蚀电位临界值",它是阴极保护状态描述的关键参数之一,是对金属腐蚀进行阴极保护判断的标准,也是对阴极保护效果进行监测和控制的重要指标。大量试验表明,碳钢在土壤及海水中的最小保护电位约为 $-0.85V$ (相对于 CSE)。

3)保护电流密度

保护电流密度为"从恒定在保护电位范围内某一电位的电极表面上流入或者流出的电流密度"。在传统的阴极保护参数体系标准中,保护电流密度并不是一个恒定不变的数值,因此在实际应用中并不使用电流密度这一参数作为阴极保护的控制参数。只有在无法测定电位的情况下,才把阴极保护控制参数设定为保护电流密度。随着阴极保护的广泛应用与腐蚀程度的不同,在实际应用中交流腐蚀和过保护情况越来越频繁地出现。为了避免此类情况对测量精度的干扰,研究人员在新的保护规范中将保护电流密度作为判断交流腐蚀和过保护情况的重要参数而被应用。

2. 阴极保护智能监测系统

1)系统的组成及功能

智能化阴极保护监测系统能够实现对整个阴极保护系统运行状况的远程监测、管理和维护,可在很大程度上提高阴极保护管理水平和效率。阴极保护智能监测将与保护对象息息相关的状态信息、安全信息、腐蚀信息及环境信息等集中收集、统一管理、综合分析、智能决策,可以实现基础数据集成、测试桩集中管理以及阴极保护智能调节和决策[64-65]。

阴极保护智能监测系统包括监测主机、参比电极、数据采集模块、数据传输电缆、测试桩等部分。典型的阴极保护及监测系统示意图如图4-16所示。

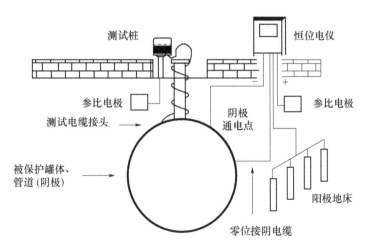

图 4 - 16　典型阴极保护及监测系统示意图

阴极保护智能监测系统通常具备以下功能。

(1)数据统一管理功能。

系统可以通过公用通信网络远程获取恒电位仪、测试桩的运行数据,通过连接到云端平台的终端设备(PC、智能手机)可实时显示阴极保护运行状况,达到阴极保护数据统一管理的目的。同时,云端数据库可对智能阴极保护设备参数进行调整和记录,便于专业人员进行更加全面的分析和应用。

(2)基于地理信息系统(GIS)的管理功能。

有的系统集成 GIS 功能,将管道、储罐、场站的信息及阴极保护相关数据整合显示在 GIS 界面上,并可随时根据需求显示阴极保护运行数据的统计图表。

(3)报警及故障诊断分析。

系统对采集的阴极保护运行数据进行分析,当出现问题时,系统会自动报警,并对运行数据进行判断,给出故障的原因和相应的建议处理措施,提高阴极保护系统管理效率。

4.4.4　智能腐蚀监测技术的发展

纵观腐蚀监测技术的发展,信息技术的三大支柱——传感技术、通信技术和计算机技术,共同推动了腐蚀监测技术的智能化发展。腐蚀监测技术的智能化包括腐蚀监测仪器的智能化采集和腐蚀监测技术的网络化管理和应用,具有以下基本特征:仪器扩展功能强大、实现在线实时测量、自动测试、设计制造方便、操作简单、低电压低功耗等,结合以数据库为核心的数据查询与分析系统,能够准确、全面地对现场信号进行采集,对采集后的数据进行系统分析。

1. 智能化采集

智能化腐蚀监测仪的发展经历了 3 个阶段：第一阶段是仪器用计算机通过各种专用接口组成自动测试系统，金属腐蚀的电化学本质决定了电化学方法是腐蚀测量最有效的方法之一，智能化腐蚀监测仪是由最初的微机控制电化学仪器发展而来的；第二阶段是把微处理器放入仪器内部，通过内部接口把测试部件与计算机连接起来，而各个智能化仪器又通过 GPIB 接口与外部计算机相连接组成自动测试系统；第三阶段是把微处理器放入仪器内部，程序固化在 ROM 中，无须与外部计算机连接的自动测试仪器。

智能化腐蚀监测仪一般是以微处理器为核心，配置硬件组成不同的模块，通过数据总线、控制总线、地址总线，将传感器检测到的腐蚀信息转化为电信号，通过 A/D 和 D/A 转换接口，微处理器进行试验控制、采集数据、计算出腐蚀量数据并打印结果[66]。智能化腐蚀监测仪通过多种传感器集成，能同时检测腐蚀程度和腐蚀环境参数。美国 Impact - tek 公司研制出了 CorrSemTM 腐蚀监测系统，可以采集、处理和储存温度、气压、相对湿度、电化学噪声和电化学阻抗；Luna Innovations 公司开发的用于腐蚀监测的无线智能传感器系统，可以测量温湿度、Cl^-、湿润时间以及腐蚀极化电阻[67]。

2. 网络化管理和应用

基于网络化传输和信息化管理的应用大大提高了各类工程设施和装备的腐蚀控制水平和管理效率。区域性阴极保护系统智能化管理可以实现恒电位仪运行数据和测试桩数据的远程监测、恒电位仪同步通断控制等功能[68]，通过该系统管理人员可以及时掌握区域阴极保护系统的运行状况，提高了阴极保护的测试及评价水平，解决了阴极保护数据测量的合理性和时效性问题。其系统架构如图 4 - 17 所示，根据应用功能，划分为设备层、网络层和应用层。

（1）设备层主要包含用于监测及控制的相关仪器与设备，如智能测试桩和智能恒电位仪等。可自动将数据传输至远程服务器，并接受服务器的指令控制。

（2）网络层主要包含提供数据通信的传输网络和同步通断电位测试的同步授时网络。

（3）应用层为用户交互界面，由部署在服务器上的软件实现，提供对设备层的远程管理服务以及数据的记录和分析。

腐蚀信息的传输根据智能腐蚀监测系统的实际安装环境，可选择有线或无线传输模式。王海向[69]提出的在线超声测厚系统覆盖了 6 个联合装置，每个联合装置部署 10 个监测点和 1 套无线网关，通过无线网关接入到在线测厚系统软件平台，如图 4 - 18 所示。服务器安装在中心控制室，通信转换器安装在现场机柜，构建了与中心控制室服务器的监测系统通信网络。

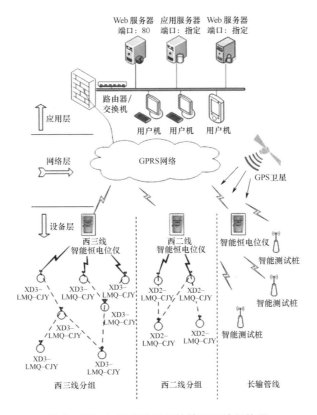

图 4 – 17　智能化阴极保护管理系统架构图

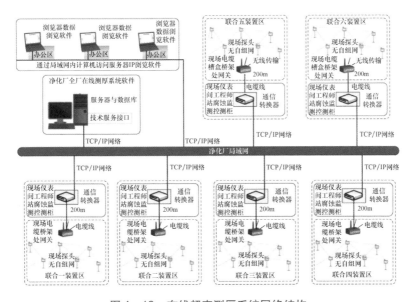

图 4 – 18　在线超声测厚系统网络结构

参考文献

[1] 李久青,杜翠薇. 腐蚀试验方法及监测技术[M].北京:中国石化出版社,2007.

[2] 许立坤,朱新河,张亚军,等. 海洋工程的材料失效与防护[M].北京:化学工业出版社,2014.

[3] 吴荫顺,方智,何积铨,等. 腐蚀试验方法与防腐蚀检测技术[M].北京:化学工业出版社,1996.

[4] 顾浚祥,林天辉,钱祥荣,等. 现代物理研究方法及其在腐蚀科学中的应用[M].北京:化学工业出版社,1990.

[5] 中国船舶重工集团公司. 船舶及海洋工程用金属材料在天然环境中的海水腐蚀试验方法:GB/T 6384—2008[S].北京:国家质量监督检验检疫总局,2008.

[6] 中国钢铁工业协会. 金属和合金的腐蚀　金属和合金在表层海水中暴露和评定的导则:GB/T 5776—2005[S].北京:国家质量监督检验检疫总局,2005.

[7] 中国钢铁工业协会委员会. 金属和合金的腐蚀　腐蚀试样上腐蚀产物的清除:GB/T 16545—2015[S].北京:国家质量监督检验检疫总局,2015.

[8] 机械电子工业部武汉材料保护研究所. 腐蚀试样的制备、清洗和评定:JB/T 6074—1992[S].北京:机械电子工业部,1992.

[9] 刘幼平. 设备腐蚀与控制技术[J].设备管理与维修,1997(9):38-41.

[10] 陈凤琴,付冬梅,周珂,等. 电阻探针腐蚀监测技术的发展与应用[J].腐蚀科学与防护技术,2017,29(6):669-674.

[11] 周伟舫. 电化学测量[M].上海:上海科学技术出版社,1985.

[12] 宋诗哲,陈武平,姜伟. 腐蚀电化学研究中的微计算机在线测量与分析 Ⅰ、由极化测量解析计算金属的腐蚀速度[J].中国腐蚀与防护学报,1985,5(3):197-195.

[13] 曹楚南. 腐蚀电化学原理[M].北京:化学工业出版社,2004.

[14] 余强,司云森,曾初升. 交流阻抗技术及其在腐蚀科学中的应用[J].化学工程师,2005(9):35-37.

[15] 扈显琦,梁成浩. 交流阻抗技术的发展与应用[J].腐蚀与防护,2004,25(2):57-61.

[16] IVERSON W P. Transient voltage changes produced in corroding metals and alloys[J]. Journal of Electrochemical Society,1968,115(6):617-617.

[17] BLANC G,GABRIELLI C,KSOURTI M,et al. Experimental study of the relationships between the electrochemical noise and the structure of the electrodeposits of metals[J]. Electrochemica Acta,1978,23(4):337-340.

[18] BERTOCCI U,HUET F. Noise analysis applied to electrochemical systems[J]. Corrosion,1995,51(2):131-144.

[19] 董泽华,郭兴蓬,郑家燊. 电化学噪声的分析方法[J].材料保护,2001,34(7):20-24.

[20] CHEN J F,SHADLEY J,RYBICKI E F,et al. Pitting corrosion monitoring with an improved electrochemical noise technique[C]//NACE Corrosion 99. San Antonio,Texas:NACE,1999:4.

［21］余兴增,邱富荣,许世力. 电化学噪音分析的数据处理［J］. 腐蚀科学与防护技术,1999,11(4):25－28.

［22］熊奇. 金属腐蚀电化学噪声检测电极系统及其应用［D］. 天津:天津大学,2008.

［23］宋诗哲,王吉会,李健,等. 电化学噪声技术检测核电环境材料的腐蚀损伤［J］. 中国材料进展,2011,30(5):21－26.

［24］宜爱国. 电化学噪声测试技术［J］. 武汉化工学院学报,2003,25(2):20－22.

［25］BARKER G C. In transactions of the symposium on electrode processes［M］. New York:Wiley Publishing,1961.

［26］KANNO K I,SUZUKI M,SATO Y. An application of coulostatic method for rapid evaluation of metal corrosion rate in solution［J］. Journal of the Electrochemical Society,1978,125(9):1389.

［27］KANNO K I,SUZUKI M,SATO Y. Tafel slope determination of corrosion reaction by the coulostatic method［J］. Corrosion science,1980,20(8－9):1059－1066.

［28］赵常就,陈林生,赵子微. 从恒电量微扰下的 $\Delta E_t \sim t$ 曲线求取塔菲常数［J］. 中国腐蚀与防护学报,1992,12(4):342－350.

［29］RODRIGUEZ P,GONZDEZ J A. Use of the coulostatic method for measuring corrosion rates of embedded metal in concrete［J］. Magazine of Concrete Research,1994,46(167):91－97.

［30］王润. 基于超声波技术的在线腐蚀监测系统应用研究［D］. 青岛:中国石油大学(华东),2018.

［31］王正刚. 超声测厚仪的研究［J］. 声学技术,1991,10(4):15－18.

［32］王惠文. 光纤传感技术与应用［M］. 北京:国防工业出版社,2001.

［33］赵勇. 光纤光栅及其传感技术［M］. 北京:国防工业出版社,2007.

［34］WADE S A,WALLBRINK C D,MCADAM G,et al. A fibre optic corrosion fuse sensor using stressed metal－coated optical fibers［J］. Sensors and Actuators B:Chemical,2008,131(2):602－608.

［35］闫磊朋,洪晓华,李威,等. 基于金属腐蚀敏感膜的光纤腐蚀传感器现状［J］. 腐蚀与防护,2008,29(4):199－201,215.

［36］WOODRUFF M W,SIRKIS J S. Corrosion sensing of aluminum using optical fiber［J］. Proceedings of SPIE,1994,2191:511－515.

［37］RUTHERFORD P S,IKEGAMI R,SHRADER J E,et al. Aluminum alloy clad fiber optic corrosion sensor［J］. Proceedings of SPIE—The International Society for Optical Engineering,1997,3042:248－259.

［38］DONG S,LIAO Y,TIAN Q. Intensity－based optical fiber sensor for monitoring corrosion of aluminum alloys［J］. Applied Optics,2005,44(27):5773－5777.

［39］BENOUNIS M,JAFFREZIC－RENAULT N. Elaboration of an optical fibre corrosion sensor for aircraft applications［J］. Sensors and Actuators B:Chemical,2004,100(1/2):1－8.

［40］陈伟民,黎学明,黄宗卿,等. 钢筋腐蚀监测的光波导传感方法原理探索［J］. 光子学报,1999,28(2):129－133.

[41] DONG S,PENG G,LUO Y. Preparation techniques of metal clad fibres for corrosion monitoring of steel materials[J]. Smart Materials and Structure,2007,16(3):733 – 738.

[42] 雒娅楠. 碳钢光纤腐蚀传感器的敏感膜制备及传感特性研究[D]. 天津:天津大学,2003.

[43] BENOUNIS M , JAFFREZIC – RENAULT N , STREMSDOERFER G , et al. Elaboration and standardization of an optical fibre corrosion sensor based on an electroless deposit of copper[J]. Sensors and Actuators B:Chemical,2003,90(1/3):90 – 97.

[44] JONES M E,GREENE J A. Optical fiber grating – based strain and corrosion sensor[J]. Proceedings of SPIE,1996,2948:94 – 100

[45] GREENE J A,JONES M E,DUNCAN P G. Grating – based optical fiber corrosion sensor[J]. Proceedings of SPIE,1997,3042:260 – 266

[46] 严云,江毅,LEUNG C K Y. 用光纤光栅测量混凝土中钢筋的腐蚀[J]. 四川建筑科学研究,2005,31(6):148 – 151.

[47] 罗鸣,董飒英,程文华,等. pH 值与湿度的光纤传感器研究[J]. 分析科学学报,2007,23(1):25 – 29.

[48] 张建标. 基于荧光猝灭原理光纤氧传感器研究[D]. 武汉:武汉理工大学,2003.

[49] BEY S K A K,LAM C C C,SUN T,et al. Chloride ion optical sensing using a long period grating pair[J]. Sensors & Actuators,2008,141(2):390 – 395.

[50] COOPER K R,ELSTER J,JONES M,et al. Optical fiber – based corrosion sensor systems for health monitoring of aging aircraft[C]//2001 IEEE Autotestcon Proceedings. IEEE Systems Readiness Technology Conference. Valley Forge,Pennsylvania:The Institute of Electrical and E-lectronics Engineers Aerospace and Electronics Systems Society,2001:847 – 856.

[51] DONG S Y,LIU Y F,TAN X Q,et al. Optical fiber long – period grating – based Cu_2 + measure-ment[C]//Asia – Pacific Optical Communications Committee. Conference on Passive Compo-nents and Fiber – Based Devices II pt. 1. Shanghai(CN):Asia – Pacific Optical Communications Committee,2005:479 – 484.

[52] 郭亚唯. 基于阳极梯系统的混凝土腐蚀监测试验研究[D]. 大连:大连海事大学,2017.

[53] DHIR R K,NEWLANDS M D. Controlling concrete degradation[M]. London:ICE Publishing,1999.

[54] GU P,BEAUDOIN J J. Obtaining effective half – cell potential measurements in reinforced con-crete structures[M]. Ottawa:Institute for Research in Construction,National Research Council of Canada,1998.

[55] 胡梦莹,李宏强,朱昌荣,等. 混凝土结构耐久性监测系统在核电厂中应用的可行性研究[J]. 全面腐蚀控制,2017,31(05):36 – 39.

[56] 干伟忠,RAUPACH M,金伟良. 欧洲混凝土结构耐久性监测系统的研究与应用[C]//中国力学学会. 第14届全国结构工程学术会议论文集(第二册). 烟台:中国力学学会,2005:38 – 41.

[57] 干伟忠,吕忠达,方明山,等. 杭州湾跨海人桥混凝土结构耐久性监测系统设计[C]//中国公路学会桥梁和结构工程分会. 2005 年全国桥梁学术会议论文集. 杭州:中国公路学会,2005:758 – 764.

[58] 丁万平,胡治平,陈志坚.Canin - LTM 钢筋锈蚀监测技术在苏通大桥中的应用[J].江西科学,2005,23(5):567 - 568,608.

[59] 董超芳,李晓刚,武俊伟,等.土壤腐蚀的实验研究与数据处理[J].腐蚀科学与防护技术,2003,15(3):154 - 160.

[60] 吴均,张道明,孙慧珍,等.土壤腐蚀环境因素的原位连续动态检测[J].腐蚀科学与防护技术,1995,7(3):278.

[61] 李谋成,林海潮,郑立群,等.土壤腐蚀性检测器的研制[J].中国腐蚀与防护学报,2000,20(3):33 - 38.

[62] 钱建华,汪成宿.模块化阴极保护远程监测系统设计与实现[J].全面腐蚀控制,2020,34(05):48 - 53.

[63] 杨军强.长输油气管道阴极保护无线监控系统研制[D].西安:西安石油大学,2014.

[64] 梁云,练宗源,戴慰慰,等.高效绿色能源智能阴极保护系统[J].全面腐蚀控制,2016,30(5):9 - 11,86.

[65] 王爱玲,刘玉展,余东亮,等.山区管道阴极保护智能采集监控管理系统应用[J].油气田地面工程,2019,38(A01):149 - 153.

[66] 朱卫东,陈范才.智能化腐蚀监测仪的发展现状及趋势[J].腐蚀科学与防护技术,2003(01):29 - 32.

[67] 王长春,袁慎芳,常鸣,等.飞行器腐蚀环境智能监测节点的设计与实现[J].测控技术,2014,33(07):31 - 34.

[68] 方卫林.一种站场区域性阴极保护智能化管理系统[J].腐蚀与防护,2020,41(3):59 - 62.

[69] 王海向.腐蚀在线智能监测与管理技术研究[J].石油化工自动化,2019,55(02):50 - 53.

第 5 章

—— —— —— ——

船舶的腐蚀控制

5.1 概 述

5.1.1 船舶的范围

船舶泛指能够航行或停泊于水域进行交通运输作业或国防等特殊服务的工具。船舶种类繁多,根据不同的使用要求具有不同的技术性能、装备和结构型式。按使用对象划分,可分为民用船舶和军用舰船;按船体材料划分,可分为木质船、钢质船、铝质船、玻璃钢船等;按航行的区域划分,可分为远洋船、沿海船和内河船等。其他的分类方式还包括按动力装置、推进方式、功能用途和规格等进行划分。目前,常见的船舶以钢质结构为主。考虑到海洋环境的腐蚀性更严重,本章涉及的船舶主要指服役于海洋环境的大型钢质船舶,包括军用水面舰船和民用远洋船舶。

5.1.2 船舶腐蚀特点

钢质船舶的主体结构以及各种附属设施主要由钢材建造,少量部件采用其他金属和非金属材料。在海洋环境的长期浸蚀作用下,钢质船体的腐蚀问题尤为严重,如图 5-1 所示。根据船舶结构和服役环境特征,船舶腐蚀环境主要包括 4 个区域:全浸区,即船体全部浸没于海水中的区域;水线区,指轻、重载水线之间,即海水干湿交替、含氧量充足的区域;海洋大气区,指水线以上,处于海洋大气之中的甲板和上层建筑外部;内部结构区,主要包括各种舱室和设备设施,如压载舱、海水管路等[1-4]。各区域的局部腐蚀环境差异较大,且存在海水冲刷、结构应力等特殊工况,使得各区域的腐蚀类型和腐蚀程度不尽相同,其中,腐蚀问题较突出的是船体水下区域、内部舱室和海水管系。常见的腐蚀类型包括均匀腐蚀、点蚀、冲刷腐蚀、空泡腐蚀、电偶腐蚀、应力腐蚀、缝隙腐蚀、微生物腐蚀等。腐蚀一方面造成船体材料的消耗与浪费,降低船体结构的强度,威胁船舶服役安全,缩短船舶的使用寿命;另一方面还会影响船舶的在航率,增加维护维修成本,腐蚀产生的金属锈垢还会污染环境。一旦船体出现腐蚀漏孔,就可能导致大量海水倒灌,给船上货物、设备等财产安全,甚至船员的生命安全带来极大威胁。我国作为远洋贸易大国,每年因船体腐蚀而造成的直接经济损失就高达 300 多亿元。

图 5 - 1　腐蚀严重的船体

1. 船体水下区域的腐蚀特点

船体水下区域可分为艏部、艉部、船舷和船底 4 部分。

当船舶航行时,海水对艏部产生较大的流体冲击作用,船舶航速越高,冲击作用越强烈,使艏部遭受冲刷腐蚀。此外,艏部区域还经常受到锚链、浮冰等漂浮物的撞击,防护涂层容易遭到破坏,从而使艏部面临严峻的腐蚀风险。

艉部通常包括船壳、螺旋桨、舵板、艉轴等结构,其中,螺旋桨普遍采用铜合金材质,其他结构以钢质为主,船体与螺旋桨通过艉轴连接在一起。由于异种金属间的电化学活性差异,螺旋桨对其他钢质结构产生明显的电偶腐蚀作用。当螺旋桨转动时,会产生强烈的水流冲击作用,使艉部壳板、舵叶和桨叶遭受明显的冲刷腐蚀破坏。当螺旋桨转速较高时,还会在螺旋桨周围产生空化现象,从而导致螺旋桨发生严重的空泡腐蚀。

船舷部位外壳体受到的水流冲刷作用比艏部小,但当船舶靠码头时,该区域特别容易遭到撞击或摩擦作用,防护涂层易损坏,船体同样存在腐蚀风险。

在船体底部,污损海生物和微生物较多,厌氧菌的活动和海生物死亡腐烂产生的硫化氢会加剧船体的腐蚀。海生物的排泄物除了助长腐蚀之外,还会侵入船底涂膜中,将涂膜破坏,从而造成严重的局部腐蚀。此外,由于一般船体钢结构与水翼、声呐罩等不锈钢结构接触,也会导致船体发生电偶腐蚀。

船体结构水下部位的焊缝及焊接热影响区也是腐蚀的重灾区。由于焊缝与母材存在一定的电位差,当焊缝金属的电位低于船外壳板的电位时,容易诱发焊缝区的电偶腐蚀。另外,焊接过程的热输入及残余应力也是诱导焊缝腐蚀的重要原因。

2. 船体内舱的腐蚀特点

船体内舱包括各类住舱、货舱、设备舱、空舱、压载舱、油舱、淡水舱等,其中,压载舱长期处于海水/空气干湿交替状态,所处的腐蚀环境比浸泡在海水中的船体更加恶劣。当有海水压载时,压载舱受到海水的强腐蚀作用。当海水排放后,压载舱的内壁会留下一层水膜,并处于潮湿或湿热的大气环境中,在这种含盐薄液膜电解质条件下,由于供氧非常充分,导致钢结构表面产生严重的腐蚀。另一方面,舱底以及一些结构表面存在泥沙、油污等沉积物以及积水,会促进微生物的生长和繁殖,导致其发生微生物腐蚀。由于压载舱结构复杂,有的压载舱如艏尖舱、艉尖舱等操作空间狭小,难以进行维护维修,所以往往成为船舶腐蚀的重灾区。船舶压载舱内部腐蚀如图5-2所示。压载舱腐蚀已成为影响船舶结构完整性、运行可靠性以及服役安全性的重要因素[5-7]。

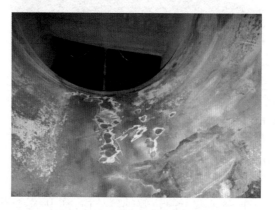

图 5-2　船舶压载舱内部腐蚀

3. 海水管路的腐蚀特点

海水管路系统是船舶推进保障系统、发电机保障系统和辅助系统等的重要组成部分,对保障船舶动力装置、辅助机械和设备的正常工作具有重要作用。目前,船舶海水管路系统的管材以及泵、阀、滤器等相关设备普遍采用铜合金材质,如紫铜、黄铜、白铜等,少量管路选用不锈钢或钛合金材质。海水管路系统由于管径小(一般都小于400mm)、弯头、三通、阀门、法兰接头等附件较多,管内海水介质大部分时间处于流动状态,且流速高,紊流程度大,因此管路系统材料既要遭受海水的浸蚀作用,还要遭受流体的冲刷、冲击等作用[8-15],极易发生点蚀和冲刷腐蚀等,甚至引起腐蚀穿孔事故,如图5-3所示。此外,由于受管径和冲刷工况等限制,常用的防护涂层等腐蚀防护措施难以适用于海水管路系统,目前船舶海水管路主要采用牺牲阳极进行保护[16],但牺牲阳极的安装数量和保护范围相对有限,从而使船舶海水管路的腐蚀问题无法得到彻底解决,已成为船舶上腐蚀问题最严重的部位。

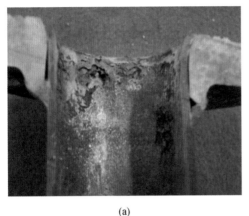
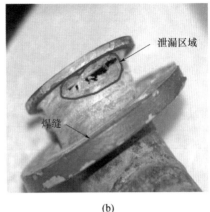

泄漏区域

焊缝

(a)　　　　　　　　　　　　　　　　(b)

图 5 - 3　船舶海水管路腐蚀

(a)紫铜管壁脱成分腐蚀;(b)B10 海水管路泄漏部位腐蚀。

5.1.3　船舶防腐蚀技术

船舶的腐蚀问题对国民经济和国防建设有着重大的影响,各国对船舶的腐蚀问题十分重视,均发布了相应的标准、规范用于船舶的腐蚀防护,如美国的海军船舶通用规范、MIL 军用标准,英国的 BS 标准以及挪威的 DNV 规范等都提出了采用阴极保护与涂层联合的防腐蚀措施,并对防腐蚀方案设计、防腐蚀产品和设备选型、系统安装、调试验收和日常维护等内容进行了详细的规定[17-18]。

我国船舶防腐蚀技术的研究与应用始于 20 世纪 60 年代,经过数十年的发展,通过对有机涂层保护、牺牲阳极保护和外加电流保护等技术进行深入研究与验证[19],目前防腐蚀技术已趋于成熟和完善,并制定了一系列腐蚀防护国家标准、国家军用标准和船舶行业标准,可有效指导船舶的防腐蚀设计与应用。

近年来,随着计算机仿真技术的快速发展,计算机模拟仿真预测和优化技术也逐渐应用到船舶腐蚀防护设计中来,显著提升了船舶的腐蚀防护设计水平和应用效果。

1. 涂层保护技术

涂层保护是船舶应用范围最广的保护技术。船舶各部位处于复杂的腐蚀环境之中,不同部位所处的腐蚀环境不同,对涂料性能也提出了不同的要求。根据使用部位和功能的不同,船舶涂料可分为车间底漆、防锈涂料、连接涂料、防污涂料、水线涂料、船壳涂料、甲板涂料、压载舱涂料、饮水舱涂料、油舱涂料、防污涂料等。船舶涂料的分类及用途见表 5 - 1。

表5-1　船舶涂料的分类及用途

分类	涂料类型	应用部位及用途
水线以下船舶涂料	防锈涂料	作为防腐涂料应用于船舶水线以下的直底和平底部位
	连接涂料	连接船舶防锈涂料与防污涂料
	防污涂料	应用于船舶水线以下的直底和平底部位,防止海生物附着、生长
水线区域船舶涂料	水线涂料	应用于船舶重载水线和轻载水线之间的外表面
水线以上船舶涂料	防锈涂料	作为防腐涂料应用于船舶水线以上的上层建筑、外板
	船壳涂料	作为耐候装饰涂料应用于水线以上的上层建筑部位
	甲板涂料	应用于船舶水线以上甲板及内舱甲板部位
内舱涂料	压载舱涂料	作为防腐涂料应用于船舶压载舱内表面
	饮水舱涂料	作为专用防腐涂料应用于饮水舱内表面
	油舱涂料	作为防腐涂料应用于除航空煤油、航空汽油等特种油品外的油舱内表面
其他部位涂料	防火涂料	应用于船舶内装防火部位等
	耐热涂料	作为耐热防锈漆应用于烟囱、蒸汽管路等高温部位
	管路涂料	作为防腐、标识涂料应用于各类管路
	舾装件防护涂料	作为防腐涂料应用于舾装件,要求与主涂层体系配套(包含车间底漆)
	阳极屏涂料	应用在外加电流阴极保护系统辅助阳极,起到防腐蚀、屏蔽的作用

目前,水线以下船体防护涂料大致分为三类:第一类为传统的油性涂料和沥青系防腐蚀涂料;第二类为以环氧树脂、乙烯树脂、氯化橡胶等为主体的高性能防护涂料;第三类为20世纪80年代出现的高性能涂料,主要有改性环氧树脂涂料、玻璃鳞片涂料、无溶剂环氧涂料等。水线以上防护涂料主要采用具有高耐久性、耐候性、保光性、保色性的船舶涂料,如聚氨酯、丙烯酸、氟碳涂料等,并已在大型船舶上广泛应用[20]。

我国从20世纪60年代以来,在船舶防腐涂料研究方面开展了大量工作,取得了显著成果,已研制出适合水面船舶的多种涂料,如环氧类防腐涂料、聚氨酯类防腐涂料、橡胶类防腐涂料、氟树脂防腐涂料、有机硅树脂涂料、聚脲弹性体防腐涂料以及富锌涂料等,其中环氧类防腐涂料所占市场份额最大。以海洋化工研究院有限公司、厦门双瑞涂料公司等研究机构和涂料厂商为代表,研发的长效防腐涂料防护期效可达10年以上,基本满足了船舶防腐需求[12]。

2. 阴极保护技术

阴极保护技术也是各类船舶广泛采用的防腐蚀技术之一。根据保护电流来源不同,阴极保护技术可以分为牺牲阳极保护技术和外加电流保护技术。牺牲阳极保护技术因结构简单、无须电源供应等优势,在船舶压载舱等部位大量使用;外加电流保护技术因其保护范围广、安装电极数量少,且不增加流体阻力等特点,更适用于船舶外壳体的腐蚀防护。

1)牺牲阳极保护技术

20 世纪 60 年代,七二五所在国内首先开展了锌合金牺牲阳极的研制工作,并于 70 年代研制出了 Zn – Al – Cd 合金牺牲阳极(其成分与国外标准不同,但性能相近),在海水中的工作电位为 – 1.00 ~ – 1.05V(相对于 SCE),电流效率达 95% 以上。锌合金牺牲阳极的电流效率高,但其理论电容量有限,因此又研发了电容量更高的铝合金牺牲阳极。

我国铝合金牺牲阳极的研究大致经历了三个阶段,由常规铝合金牺牲阳极到高效铝合金牺牲阳极,再到近期针对特殊工作环境而研发的专用型铝合金牺牲阳极。在 20 世纪 60 年代中后期,首先研制了 Al – Zn – Sn 系三元铝合金牺牲阳极和 Al – Zn – In 系三元铝合金牺牲阳极。在 70 年代中后期成功研制出了 Al – Zn – In – Cd 四元铝合金牺牲阳极,并获得了国防工办三等奖和国家科学技术进步奖三等奖。1985 年,七二五所制定了国家标准《铝 – 锌 – 铟系合金牺牲阳极》(GB 4948—85),首次明确了铝合金牺牲阳极的技术要求和选材依据,达到国际先进水平,并在船舶及海洋工程装备的腐蚀防护中得到了广泛应用,取得了良好的保护效果。随后在"七五""八五"期间,我国对高效铝合金牺牲阳极进行了重点研究,研制了电流效率达到 90% 以上的高效铝合金牺牲阳极,并将其纳入国家标准。近年来,针对干湿交替环境、淡海水环境、低温海水环境等特殊服役环境,以及针对具有氢脆敏感性金属材料的腐蚀防护,也研制了一系列特种铝合金牺牲阳极。

除锌合金牺牲阳极和铝合金牺牲阳极外,自 20 世纪 80 年代以来,针对船舶上铜合金、不锈钢等正电位金属的腐蚀防护需求,还开发了铁基牺牲阳极材料。铁基牺牲阳极材料具有更合适的保护电位和消耗速率,可为正电位金属提供长效、安全可靠的腐蚀防护,目前铁阳极已广泛用于船舶铜合金海水管路和冷凝器设备。

在牺牲阳极保护设计方面,我国也开展了相关工作。1966 年,针对当时海军主要舰艇腐蚀防护的迫切需求,七二五所通过进行大规模实船调研,在摸清两大类型舰艇的腐蚀状况和腐蚀规律后,有针对性地提出了防腐蚀设计方案。经过多次实船试验,对牺牲阳极的材质、规格型号、安装数量和布局等进行了优化设计,编制了我国首套舰艇牺牲阳极保护方案,经过实船验证,原水下艇体壳板、美人架、舵板等腐蚀严重的部位,防腐效果明显,得到了建造厂的认可,决定在各类船舶上全面推广应用。

20 世纪 80 年代后期,七二五所先后编制了《水面舰船牺牲阳极保护设计与安装》(GJB 157—86)和《海船牺牲阳极保护设计和安装》(GB 8841—88),针对船舶牺牲阳极保护技术设计、安装、保护效果检测等做出了详细的规定。

自 1986 年起,牺牲阳极保护技术在我国远洋货轮上也得到了广泛应用,大连造船厂、天津新港造船厂、广州造船厂、青岛远洋公司、天津远洋公司、广州远洋公司等多家单位先后在新造的远洋货轮船体和压载舱的防腐设计中采用了七二五所的牺牲阳极保护技术。在远洋货轮压载舱牺牲阳极保护设计的过程中,七二五所在国内首次探讨了阴极保护沉积膜的形成与结构,及其在空载时起到的防腐蚀作用。

经过多年发展,我国牺牲阳极保护技术已达到国际一流水平,牺牲阳极已完全实现国产化,在船舶、大型复杂海洋工程结构中成功得到了应用。同时,陆续为美国、日本、荷兰、芬兰、阿曼苏丹国、埃及、伊朗、新加坡、马来西亚、斯里兰卡、孟加拉国、巴基斯坦等多个国家提供牺牲阳极产品和技术服务。

2)外加电流保护技术

外加电流保护技术于 20 世纪 50 年代开始用于船体防腐。该技术是由外部电源通过辅助阳极对船体施加阴极电流,使船体金属发生阴极极化,从而抑制金属的阳极溶解行为,达到船体防腐蚀的目的。船舶无论是在系泊还是在航行状态,外加电流保护系统都可以随外界条件变化(如航速、海域、油漆破损程度等)而自动调节输出电流,使船体电位始终处于最佳保护范围。

船舶外加电流保护系统主要由恒电位仪、辅助阳极和参比电极组成,其他必要的系统组件还包括电缆及接头、轴接地装置、阳极屏等。恒电位仪是外加电流保护系统的重要组件,可以将输入的交流电整流成直流电,并经由辅助阳极向被保护的船体提供阴极极化电流,同时通过监测船体的保护电位自动调节输出电流。目前常用的恒电位仪主要有可控硅恒电位仪、磁饱和恒电位仪、大功率晶体管恒电位仪以及开关电源恒电位仪等。辅助阳极是船舶外加电流保护系统中的关键部件,用于承载船体保护电流的输出,目前普遍采用的辅助阳极材料主要包括 Pb – Ag 合金(含铅银微铂)、铂复合阳极以及钛基混合金属氧化物阳极。参比电极用于监测船体保护电位,主要有 Cu/饱和 $CuSO_4$ 参比电极(CSE)、锌参比电极以及 Ag/AgCl(AgX)参比电极。

我国自 20 世纪 60 年代初期开始对适用于中型船舶的外加电流阴极保护系统进行研究。1964 年,七二五所在上海海洋渔业公司的"373"号渔轮上进行了国内首次船舶外加电流保护试验,采用的辅助阳极为高硅铸铁,参比电极为锌参比电极,电源为硒整流器。1966 年,在海军北海舰队某型拖轮上安装了七二五所研制的外加电流保护装置,其中恒电位仪为电子管与磁放大器相结合的自控恒电位仪,辅助阳极为圆盘形 Pb – Ag 合金阳极,该套装置的安装使用为后续导弹驱逐舰的阴极保护提供了重要的借鉴经验。1970 年,七二五所研制出可控硅恒电位仪和粉压型 Ag/AgCl 参比电极,并在当时所有的导弹驱逐舰上安装、使用。1975 年,成功开发了适用于水下船舶的外加电流保护系统,其电源设备为可控硅恒电位仪,辅助阳极为镀铂钛阳极,参比电极为 Ag/AgCl 参比电极和锌参比电极。

1982 年,七二五所制定了《船体外加电流阴极保护系统》(GB/T 3108—82),在该标准中,对外加电流保护技术的设计和应用均做出了明确规定。

近年来,七二五所研制了高性能金属氧化物阳极材料,其工作电流密度可达 $2000A/m^2$,耐击穿电位超过 40V,使用寿命可达 20 年,总体技术达到国际先进水平,适用于大型船舶的阴极保护。

经过多年的发展,外加电流保护技术已在各类大中型船舶特别是军用舰船上安装使用,均取得了良好的保护效果。到目前为止,我国海军大中型现役和在建的舰船全部采用外加电流保护技术[21]。

目前,船舶阴极保护采用的设计方法主要有经验法、缩比模型法和数值仿真法[22-25]。近年来,越来越多的研究人员开始将计算机数值仿真技术应用到阴极保护的理论计算和优化设计中。

阴极保护数值仿真技术利用有限元或边界元法求解描述阴极保护电场的偏微分方程,从而获得被保护结构物表面的保护电流和保护电位分布。通过优化调整阳极规格、数量以及布置位置,来获得技术经济性最佳的阴极保护设计方案。同时,阴极保护数值仿真技术还可预测不同条件下的阴极保护效果及其变化趋势。该方法解决了经验设计法保护电位分布不均匀、保护效果预测困难,以及缩比模型法无法表征缩比前后电化学反应过程的变化等问题。七二五所基于边界元法建立了阴极保护优化设计软件平台,并积累了典型金属材料的阴极保护边界条件,可应用于船舶、海洋平台、管道等各类海洋工程结构的阴极保护设计和优化。随着船舶防腐蚀技术的发展,阴极保护数值仿真技术将在船舶、海洋工程装备等结构物上得到越来越多的应用。

5.2　舰船腐蚀防护案例分析

舰船的腐蚀控制是一项系统工程,贯穿于舰船的设计、建造、使用和维护的全寿命过程,其基本方法包括合理的设计和选材,采用舰船涂料以及阴极保护等措施。舰船的不同结构部位所处的工况环境存在很大的差异,因此需要针对不同部位的腐蚀特点采取相应的腐蚀控制方法。

5.2.1　舰船船体腐蚀控制

船体腐蚀控制是防止船体钢材受周围大气、海水或河水、水生生物等浸蚀造成的腐蚀。目前,舰船主要通过选用耐蚀材料、采用涂层保护和阴极保护等方法进行腐蚀控制。

1. 耐蚀材料的选用

1)船体用结构钢

船体结构在选材时除考虑力学性能(冲击韧性、抗弯、抗裂等)、焊接性能、加工性能(冷热加工、火工矫形等)、化学成分等各种因素外,还要从腐蚀角度考虑到材料的抗腐蚀性能(如平均腐蚀速率、金属在海水中的电位等),选用抗腐蚀性能好的船体结构材料,目前,舰船主体结构钢材宜采用 10CrNi3MoV 钢、10CrNi5MoV 钢、10CrNiCu 钢或 14MnVTiRe 钢以及 B、D、E 级钢;上层建筑应尽量采用与主船体电位相同或相近的材料,采用的焊接材料也应与母材相匹配。焊接材料的选择、试验和工艺评定等应充分考虑材料的耐电化学腐蚀性能。

2)管路材料

管路材质的耐蚀性是影响海水管系腐蚀程度的主要因素,这是管系固有的特性。其耐蚀性取决于该材质的热力学、动力学性能,如化学活性、电位势、达到钝化状态的可能性和腐蚀成膜的稳定性,并与材质的均匀性、内外表面的质量、热处理工艺、加工质量等有直接关系。

应从舰船的类别、工况环境、设计要求、管材来源及经济性等方面进行综合分析,在设计论证时确定海水管系的材质,对不同类型舰船选材有所区别。

2. 船体涂层保护

1)舰船水线以上部位

水线以上部位的涂料通常包含防锈漆、船壳漆和甲板漆等,满足该部位的防腐、装饰需求。涂装过程一般为:船用防锈漆涂装在表面处理的裸露钢材上,或涂装在配套性良好的车间底漆上,再在其漆膜上涂装船壳漆或甲板漆。

常用的防锈漆分为单组分防锈漆和双组分防锈漆,单组分防锈漆包括醇酸防锈漆、氯化橡胶防锈漆、丙烯酸类防锈漆、乙烯基防锈漆等,通常应用于船体内部舱室,如生活舱、办公舱等;双组分防锈漆如环氧类防锈漆等,可应用于水线以上干舷、外板及内舱等区域。

船壳漆涂覆在舰船水线以上的建筑外部,也可用于桅杆和起重机械设备。对船壳漆的具体性能要求为:与防锈漆具有良好的结合力、耐候性良好、耐干湿交替性能良好。目前船壳漆主要采用聚氨酯涂料,如可复涂聚氨酯面漆、聚氨酯热反射船壳漆、脂肪族聚氨酯面漆等。采用环氧防锈漆的船体水线以上船壳部位,为提供其装饰性能和保色保光性能,一般采用脂肪族聚氨酯面漆;为改善上层建筑居住舱、生活舱等舱室的生活环境,节约能耗,一般采用反射率较高的聚氨酯热反射船壳漆。

甲板漆通常为防锈底漆与耐候耐磨的甲板面漆组成的配套涂层体系,一般分为常规甲板漆和特种防滑甲板漆,通常为醇酸甲板漆、丙烯酸甲板漆、环氧甲板漆、环氧防滑甲板漆、聚氨酯防滑甲板漆等。为了实现防滑性能,一般常规防滑甲板漆在面漆施工时撒入一些防滑骨料,如金刚砂、橡胶粒料、塑料粒料、碳化硅、石英砂等;特种防滑甲板漆设计一般由防腐漆、中间弹性层、防滑甲板面漆配套组成,中间弹性层的加入,可以有效缓解船载设备的冲击,提升涂层的保护性能。

某舰船体水线以上部位涂层配套方案如表5-2所列。

表5-2 舰船水线以上部位涂层配套方案[2]

涂漆部位	涂层名称		配套体系	涂刷道数	干膜总厚度 /μm	备注
上层建筑、水密门、风雨密门、舱口盖、梯、桅、旗杆、天幕柱、钢质固定栏杆、钢质风暴扶手、箱柜、艇架、挡浪板,以及各种通风头和百叶窗等	第1套	防锈底漆	氯化橡胶铝粉(或铁红)防锈漆	3	150~180	—
		面漆	氯化橡胶面漆	2	70	任选一种
			丙烯酸面漆	2	80	
	第2套	防锈底漆	环氧富锌防锈漆	1	70	—
		中间漆	环氧云铁防锈漆	1	100	
		面漆	丙烯酸面漆	2	80	
	第3套	防锈底漆	双组分环氧底漆	2	200	钢质栏杆、天幕柱、艉艋旗杆等必须经过镀锌和磷化处理后再按舱面舾装件涂装要求进行涂装
		面漆	丙烯酸聚氨酯面漆	1	50	
	第4套	防锈底漆	环氧富锌防锈漆	1	70	
		中间漆	环氧云铁防锈漆	1	100	
		面漆	可复涂聚氨酯面漆	2	70	
	第5套	防锈底漆	环氧云铁防锈漆	1	125	—
		面漆	环氧面漆	1	100	
热反射船壳(含甲板)部位	—	防锈底漆	环氧底漆	2	100	—
		中间漆	环氧中间漆	1~2	40~80	
		面漆	双组分聚氨酯型涂料	2	60	
露天甲板	第1套	防锈底漆	环氧铁红防锈漆	2	80	面漆耐磨性顺序:聚氨酯>环氧>氯化橡胶
		中间漆	氯化橡胶铝粉防锈漆	1	50	
		面漆	氯化橡胶甲板漆	2	80	
	第2套	防锈底漆	铝粉氯化橡胶防锈漆	3	105	
		面漆	氯化橡胶醇酸甲板漆	2	70	
	第3套	防锈底漆	环氧防锈底漆	3	200	
		面漆	环氧甲板漆	2	100	
	第4套	防锈底漆	环氧聚氨酯防锈底漆	2	105	
		面漆	聚氨酯甲板漆	3	105	

续表

涂漆部位	涂层名称		配套体系	涂刷道数	干膜总厚度/μm	备注
防滑甲板	第1套	防锈底漆	环氧防锈底漆	3	总厚度约（含防滑粒料）1500	—
		中间漆	聚氨酯弹性中间漆	1		
		面漆	聚氨酯甲板漆	3		
	第2套	防锈底漆	铝粉环氧防锈漆	2	180	—
		面漆	聚氨酯甲板漆	2	170	

2）舰船水线区部位

水线部位长期处于干湿交替、阳光照射充分、氧含量充足的环境下，腐蚀较强烈，对水线涂料提出了更高的要求：与船用防锈漆结合力良好；耐大气老化性能良好；耐干湿交替；耐海水浸泡；耐油污等。由于该部位海生物生长旺盛，目前主要的解决方案是采用防锈涂料和防污涂料涂装在重载水线以下的方式解决。如采用富锌底漆＋重防腐涂料＋聚氨酯或乙烯面漆＋防污漆，总厚度大于1mm的涂层体系，可达到10年的保护期，某舰船体水线区域面漆涂料配套方案如表5-3所列。

表5-3 船体水线区域面漆涂料配套方案

涂层名称	配套体系	涂刷道数	干膜总厚度/μm	备注
水线面漆	氯化橡胶水线漆	2	70	任选一种防锈漆与防污漆配套相同
	丙烯酸水线漆	2	80	
	环氧水线漆	1	100	
	自抛光防污漆	—	与船底防污漆同	

3）舰船水线区以下部位

舰船水线区以下部位涂层体系为连接漆＋防锈漆＋防污漆。其中，防锈漆不与海水直接接触，其一般通过连接漆与防污漆一起配套使用。因此，防锈漆要与连接漆、防污漆以及临时保护的车间底漆具备良好的配套性。目前水线以下防锈漆主要分为三大类：①传统的沥青和油性体系；②以改性环氧、乙烯、环氧沥青、乙烯沥青和氯化橡胶树脂为主的普通类型防锈漆；③以纯环氧为主的高性能重防腐漆。

连接漆应用于船体外板水线以下部位，船体防锈漆和船体防污漆之间，起增强防污涂层在防锈涂层上的附着力的作用。与防污涂层配套性好，防污涂层在连接涂层上附着力强。连接漆分为单组分和双组分两种类型。

防污漆根据是否含有防污活性物质和是否具有自抛光性能分成3个类型：Ⅰ型为含防污剂的自抛光漆或磨蚀型防污漆；Ⅱ型为含防污剂的非自抛光型或非磨

蚀防污漆;Ⅲ为不含防污剂的非自抛光或非磨蚀的防污漆。Ⅰ型和Ⅱ型防污漆按照防污剂的化学组成可分为3类。A类:Cu 和 Cu 化合物。B 类:不含 Cu 和 Cu 化合物的防污剂。C 类:其他。由于防污漆涂装必须在船舶进干船坞期间才能完成,因此在选用防污漆时,要求防污漆的防污期效与船舶进坞周期相匹配。防污漆按其使用期效分短期效、中期效和长期效,具体要求如表5-4所列。

表 5-4　防污漆防污期效

期效	短期效	中期效	长期效
使用期	<3 年	3~5 年	≥5 年
判定	经过规定年限使用后,防污涂层没有因附着力损失引起的起泡和片状脱落,防污涂层没有因过量磨蚀或防污能力的降低而造成的防污失效(从水线到轻载水线间少量的海泥和污损除外)		

舰船水线区以下部位防锈防污涂层体系技术要求如表5-5所列。

表 5-5　防锈防污涂层体系技术要求

检测项目	技术要求			检测方法
	短期效	中期效	长期效	
浅海浸泡性,海生物生长旺季①	1 年	2 年	3 年	参照 GB/T 5370—2007
动态模拟试验,周期②	3 个月	5 个月	8 个月	参照 GB/T 7789—2007

①浅海浸泡性不适用于Ⅲ型防污漆,Ⅰ型和Ⅱ型防污涂层体系试验后,防锈涂层应无剥落和片落。防污涂层试验样板的污损生物覆盖面积不大于10%,或防污性评分不低于85(GB/T 5370—2007)。

②动态模拟试验适用于所有类型防污涂层。防污涂层经过规定的周期试验后,防锈涂层应无剥落和片落。在试验结束时,Ⅰ型和Ⅱ型防污涂层试验样板的污损生物覆盖面积不大于10%,或防污性评分不低于85(GB/T 5370—2007)。Ⅲ型防污漆的试验样板的硬壳污损生物(藤壶、硬壳苔藓虫、盘管虫等)覆盖面积应不大于25%(注明适用的最长海港静态浸泡时间)。

某船体水线以下部位采用环氧类或氯化橡胶类配套船底涂料(含底漆、防锈漆和防污漆)体系,总厚度达250μm 以上,配合阴极保护技术,保护期效可达 5 年以上。涂层配套方案如表5-6所列。

表 5-6　船体水线以下部位涂层配套方案[2]

涂层名称		配套体系	涂刷道数	干膜总厚度/μm
第1套	防锈漆	铝粉环氧沥青船底漆	2	100
	中间漆	铝粉氯化橡胶防锈漆	1	40
	防污漆	环氧长效防污漆	3	150
		氯化橡胶防污漆	2	140

涂层名称		配套体系	涂刷道数	干膜总厚度/μm
第2套	防锈漆	氯化橡胶沥青防锈漆	3	200
	中间漆	氯化橡胶铁红厚浆型防锈漆	1	50
	防污漆	丙烯酸长效厚浆型防污漆	2～3	200
第3套	防锈漆	环氧沥青防锈漆	2	100
	中间漆	氯化橡胶铁红厚浆型防锈漆	1	50
		氯化橡胶铝粉厚浆型防锈漆	2	70
	防污漆	丙烯酸长效型防污漆	2～3	200
		厚浆型环氧防污漆	2	150
第4套	防锈漆	环氧沥青防锈漆	2	300
	中间漆	乙烯沥青涂料	1	50
	防污漆	无锡自抛光防污漆	3	240
第5套	防锈漆	双组分环氧底漆	1	150
	中间漆	改性环氧中间漆	1	75
	防污漆	耐高速无锡自抛光防污漆	2	240

3. 船体牺牲阳极阴极保护

最早船舶采用的牺牲阳极材料是锌合金牺牲阳极,由于其存在相对密度大、理论电容量小等缺点,一般使用寿命只有2～3年,不能满足与长效防腐漆配套使用的保护期要求。而铝合金牺牲阳极由于其电容量大、价格便宜,所以发展比较快,已取代了锌合金牺牲阳极并广泛用于舰船的腐蚀控制中。

1）牺牲阳极保护设计准则

钢质船体保护电位处于 −0.80～−1.05V 之间(相对于 Ag/AgCl 参比电极,本节下同);铝质船体保护电位处于 −0.90～−1.05V 之间[26]。

牺牲阳极的总重量应满足被保护船体防护年限的要求。

2）牺牲阳极材料

在进行船体牺牲阳极保护时,可采用铝合金或锌合金牺牲阳极,推荐铝合金牺牲阳极。铝合金牺牲阳极性能、规格型号见《铝－锌－铟系合金牺牲阳极》(GB/T 4948—2002)[27];锌合金牺牲阳极性能、规格型号见《锌－铝－镉合金牺牲阳极》(GB/T 4950—2002)[28]。

3）牺牲阳极阴极保护案例

（1）基本情况。

某钢质船采用长效防腐涂料与牺牲阳极联合防腐方案,修理间隔期3年,要求

船体保护电位达到 $-0.80 \sim -1.05\text{V}$。

设计基础信息为:船体为钢质,涂覆防腐涂料,总保护面积 1800m^2;螺旋桨为裸露 Cu 合金,保护面积 25m^2;舵为钢质,涂覆防腐涂料,保护面积 22m^2。

该案例按照《水面舰船牺牲阳极保护设计和安装》(GJB 157A—2008)进行设计。

(2)选取保护电流密度。

①船体:10mA/m^2。

②螺旋桨:400mA/m^2。

③舵:100mA/m^2。

(3)总保护电流。

$$I = \sum i \cdot S \qquad (5-1)$$

式中:I 为总保护电流(mA);i 为保护电流密度(mA/m^2);S 为保护面积(m^2)。计算得出,总保护电流为 30200mA,即 30.2A。

(4)选取牺牲阳极规格。

根据《铝 - 锌 - 铟系合金牺牲阳极》(GB/T 4948—2002),选择 A21H - 4 型 Al 合金牺牲阳极,其毛重 10kg,净重 9kg,外形尺寸为 $600\text{mm} \times 120\text{mm} \times 50\text{mm}$,实际电容量 $2600\text{A} \cdot \text{h/kg}$,消耗率 $3.37\text{kg/}(\text{A} \cdot \text{a})$。

牺牲阳极接水电阻为

$$R = \frac{\rho}{L + B} \qquad (5-2)$$

式中:R 为牺牲阳极接水电阻(Ω);ρ 为海水电阻率($\Omega \cdot \text{cm}$),取 $25\Omega \cdot \text{cm}$;L 和 B 分别为单块牺牲阳极长度和宽度,分别取 60cm 和 12cm。计算得出牺牲阳极接水电阻为 0.35Ω。

牺牲阳极发生电流量为

$$I_f = \frac{\Delta E}{R} \qquad (5-3)$$

式中:I_f 为牺牲阳极发生电流量(mA);ΔE 为牺牲阳极驱动电压,取 0.3V。计算得牺牲阳极发生电流量为 860mA。

牺牲阳极寿命为

$$y = \frac{m\mu}{CI_m} \qquad (5-4)$$

式中:y 为牺牲阳极寿命(年);m 为单块牺牲阳极净重(kg),取 9kg;μ 为牺牲阳极利用系数,取 0.80;C 为牺牲阳极消耗率($\text{kg/}(\text{A} \cdot \text{a})$),取 $3.37\text{kg/}(\text{A} \cdot \text{a})$;$I_m$ 为单块牺牲阳极平均发生电流量(A),$I_m = (0.7 \sim 0.8)I_f$,取 $I_m = 0.75I_f$;计算得牺牲阳极寿命为 3.31 年,满足 3 年修理间隔期要求。

（5）牺牲阳极的用量。

牺牲阳极的用量按下式计算：

$$N = \frac{I}{I_f} \tag{5-5}$$

计算得出牺牲阳极用量为 35.1 块，取 36 块。

（6）核算牺牲阳极总质量。

实际牺牲阳极总质量为

$$M = Nm \tag{5-6}$$

计算得出，实际牺牲阳极总质量为 324kg。

计算牺牲阳极需求总质量为

$$M' = I'C\frac{y'}{\mu} \tag{5-7}$$

式中：M' 为牺牲阳极需求总质量（kg）；I' 为全船平均保护电流（A），$I' = (0.7 \sim 0.8)I$（I 为全船所需保护电流的数值，也即由式（5-1）计算得到 30.2A），取 $I' = 0.75I$；y' 为设计保护年限（年），取 3 年。

计算得牺牲阳极需求总质量为 286.2kg。实际设计牺牲阳极总质量满足使用要求。

（7）牺牲阳极布置。

牺牲阳极均布置在轻载水线以下，长度方向沿流线方向安装。船体所需的牺牲阳极均匀对称地布置在舭龙骨和舭龙骨前后的流线上。侧推装置的牺牲阳极布置在筒体内部。螺旋桨和舵板所需的牺牲阳极均匀地布置在艉部船壳板及舵板上。须注意的是，距螺旋桨叶梢 300mm 范围内的船壳板上和单螺旋桨船的无阳极区（图 5-4）不可布置牺牲阳极。

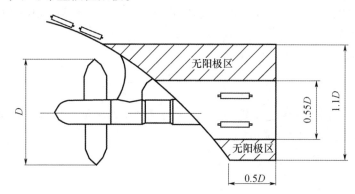

图 5-4　船体无阳极区示意图

（8）牺牲阳极的安装。

牺牲阳极可以采用焊接连接或螺栓连接的安装形式，安装方法见图 5-5 和图 5-6。

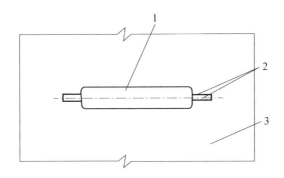

图 5 - 5 牺牲阳极焊接连接法

1—牺牲阳极;2—铁芯及焊缝;3—船体。

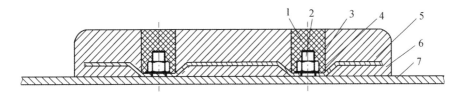

图 5 - 6 牺牲阳极螺栓连接法

1—密封填料;2—螺栓;3—螺帽;4—垫片;5—铁芯;6—牺牲阳极;7—船体。

安装前,牺牲阳极的非工作面(与船体紧贴的一面)涂刷两道防锈涂料;安装后,牺牲阳极工作表面严禁涂漆或油污。

(9)船体保护电位检测。

舰船下水后在船舷两侧从前至后各取 3~5 个测量点,用万用表及便携式参比电极在测量点处测量保护电位值,船体保护电位测量的结果应达到设计要求。测量船体电位示意图见图 5 - 7。

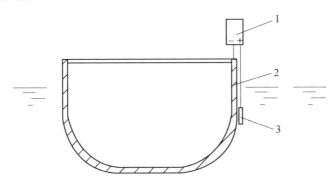

图 5 - 7 船体电位测量示意图

1—数字万用表;2—船体;3—参比电极(便携式 Cu/饱和 $CuSO_4$ 或 Ag/AgCl 参比电极)。

（10）牺牲阳极更换。

坞修时牺牲阳极达到设计寿命，需进行全部更换；如未达到设计寿命，但剩余保护年限不满足下一个坞期要求，也应更换；如牺牲阳极工作面不溶解，也需要更换。

4. 船体外加电流阴极保护

对大型船舶而言，外加电流阴极保护法相比牺牲阳极保护法更具有优势，是目前广泛采用的一种阴极保护方式。

船体外加电流阴极保护系统主要包含恒电位仪、辅助阳极、阳极屏蔽层、参比电极、螺旋桨轴接地、舵接地等部件。其中螺旋桨轴、舵接地的作用是使螺旋桨轴、舵与船体形成良好的电性连接，增加系统对螺旋桨、舵板保护的可靠性。

1）外加电流阴极保护法设计准则

在海水中，船体钢板的保护电位范围相对于 Ag/AgCl 参比电极应达到 -0.80 ~ -1.00V，特殊情况下，当阳极布置位置受到限制时，保护电位范围可为 -0.75 ~ -1.00V。

船舶在航速变化或给定电位变化时，恒电位仪的输出电压和输出电流也应随之相应变化，并使船体达到保护电位范围。

2）外加电流阴极保护法案例

该案例按照《船体外加电流阴极保护系统》（GB/T 3108—1999）、《船用参比电极技术条件》（GB/T 7387—1999）、《船用辅助阳极技术条件》（GB/T 7388—1999）进行设计，案例中的公式、符号含义等可查阅标准详解[29-31]。

（1）保护面积计算。

某钢质舰船采用外加电流阴极保护系统保护方案，船体计算各部位面积如下。

船体浸水面积，即

$$S_1 = 1.7TL_{WL} + \frac{\Delta}{T} \qquad (5-8)$$

式中：S_1 为非平底水面船体浸水面积（m^2）；T 为船舶吃水深度（m）；L_{WL} 为船体满载水线长（m）；Δ 为满载排水量（m^3）。计算得浸水面积为 2664m^2。

螺旋桨表面积，即

$$S_2 = \frac{\pi n}{2}d_1^2\eta + n\pi d_2 L \qquad (5-9)$$

式中：S_2 为螺旋桨表面积的数值（m^2）；n 为螺旋桨数量；d_1 为螺旋桨直径（m）；η 为螺旋桨盘面比；d_2 为桨毂直径（m）；L 为桨毂长度（m）。计算得螺旋桨表面积为 87m^2。

舵板表面积：$S_3 = 31m^2$；导流罩表面积：$S_4 = 63m^2$。

（2）保护电流密度。

船外壳板：40mA/m^2；螺旋桨：500mA/m^2；舵：150mA/m^2；导流罩：350mA/m^2。

（3）全船总保护电流。

$$I = \sum i \cdot S = 176.76\mathrm{A}$$

经过综合计算和选型,选用 2 台 120A/20V 开关电源型恒电位仪,参比电极、辅助阳极参照《船用参比电极技术条件》(GB/T 7387—1999)和《船用辅助阳极技术条件》(GB/T 7388—1999)进行设计,系统成套表如表 5 - 7 所列。

表 5 - 7　外加电流阴极保护系统成套表

部件名称	规格/型号	数量	备注
恒电位仪	120A/20V	2 台	开关电源型
辅助阳极	CYB 型	8 套	含水密装置
参比电极	CCY 型	4 套	含水密装置
环氧腻子涂料	H8702 - 5 型	200kg	涂覆阳极屏蔽层
接地装置	—	4 套	螺旋桨轴接地 2 套、舵接地 2 套

（4）恒电位仪选择和设计。

恒电位仪选用 2 台 120A/20V 开关电源型恒电位仪,安装在便于操作管理的舱室,禁止安装在弹药舱和电子设备舱等,布置示意图见图 5 - 8。

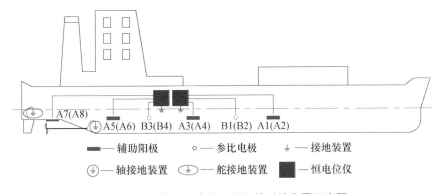

图 5 - 8　船体外加电流阴极保护系统布置示意图

恒电位仪安装完成后,用 500V 欧姆表分别测量恒电位仪三相电源输入端与机壳间的绝缘电阻,电阻值应不小于 10MΩ。

（5）辅助阳极选择和设计。

选用 8 套 CYB 型辅助阳极,在螺旋桨上方布置 2 套,艉部至舯部左、右舷各布置 3 套,高度在水线以下约 1.5m,两舷对称安装。辅助阳极见图 5 - 9。

辅助阳极安装完成后,测量阳极体或导电杆与阳极密封填料函或水密装置之间的绝缘电阻,在干燥状态下大于 1MΩ。

图 5 - 9　辅助阳极

　　辅助阳极安装完毕后,对水密装置内部充气 196kPa 进行密封性能检查,历时 15min 不漏气。

　　(6)参比电极选择和设计。

　　参比电极选用 4 套 CCY 型参比电极,每台恒电位仪使用 2 套,纵向布置于左、右舷辅助阳极中间,与辅助阳极高度一致(约水线以下 1.5m)。参比电极见图 5 - 10。

图 5 - 10　参比电极

　　参比电极安装完成后,测量参比电极体或导电杆与电极密封填料函或水密装置之间的绝缘电阻,在干燥状态下电阻大于 1MΩ。

　　参比电极安装完毕后,对水密装置内部充气 196kPa 进行密封性能检查,历时 15min 不漏气。

　　(7)阳极屏蔽层选择和设计。

　　阳极屏蔽层材料选用 H8702 - 5 型环氧腻子涂料,该涂料性能如下。

　　①附着力不小于 10MPa。

　　②耐冲击不小于 0.408kg·m。

　　③耐盐雾:1000h,无气泡、无脱落、无生锈。

　　④耐电压:(- 1.50 ± 0.02)V(相对于 Ag/AgCl 参比电极)。

涂覆尺寸原则是确保阳极屏蔽层边缘处船体电位不负于船体涂层的最大保护电位,按照《船体外加电流阴极保护系统》(GB/T 3108—1999)方法计算取整,阳极屏蔽层的尺寸为 3000mm × 2000mm,厚度由辅助阳极边缘向外逐渐减薄,厚度 0.5 ~ 3.0mm。阳极屏蔽层示意图见图 5 – 11。

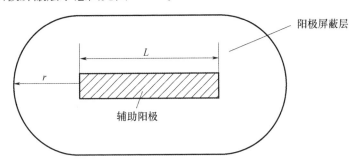

图 5 – 11　长条形阳极屏蔽层示意图

(8)接地装置。

安装螺旋桨轴接地装置,使螺旋桨与船体的电位差降到 0.1V 以下。

螺旋桨轴接地由导电环、电刷、刷握和刷握支撑架组成,其结构见图 5 – 12。

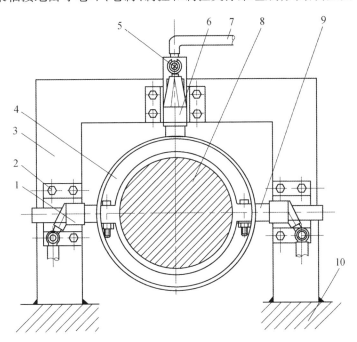

图 5 – 12　螺旋桨轴接地装置结构

1—刷握;2—固定螺栓;3—刷握支撑架;4—滑环;5—绝缘圈;6—测量刷握;

7—测量电缆;8—螺旋桨轴;9—碳刷;10—船体。

导电环一般采用黄铜制成两个半圆滑环,然后采用螺栓紧固,也可采用 Ag – Cu 合金制成圆环,两边箍紧。

电刷通常为铜 – 石墨,一般一套螺旋桨轴接地装置需要安装 3 副电刷,其中一副用作测量螺旋桨对船体的电位差,该电刷应与船体绝缘。

螺旋桨轴接地装置的安装位置应选择在干燥、无油污、便于观察和维护的部位。

舵接地,在舵机舱内用截面积不小于 $25mm^2$ 的船用软电缆使舵柱与船体相连,接地电阻小于 0.02Ω。

(9)系统调试方法及注意事项。

①系统接线检查。

船体外加电流阴极保护系统接线包含输入电源、辅助阳极、阴极、参比电极、延伸报警信号、零位接地、机壳接地、螺旋桨轴接地、舵接地。系统接线完毕后,需对接线正确性进行检查,应特别注意以下几点。

a. 辅助阳极和阴极切勿接反,如果接线错误,将会加速船体腐蚀。

b. 参比电极零位接地单独接地,严禁与阴极相连;否则将引起电位测量误差。

c. 参比电缆屏蔽线与零位接地相连,可有效防止参比电极信号干扰。

d. 恒电位仪机壳必须良好接地。

②自动工况调试(恒电位工作模式)。

a. 用万用表交流 750V 档测量恒电位仪的输入电源是否正常。

b. 恒电位仪开机,设定为恒电位工作模式。

c. 选择其中一支参比电极为参考参比电极(自动工况电位数据反馈)。

d. 设定电位为 – 0.80 ~ – 1.00V(相对于 Ag/AgCl 参比电极,2 台恒电位仪的设定电位值保持一致,且同步运行),观察各参比电极的测量电位、总输出电流、各辅助阳极电流、输出电压。

e. 舰船无论在系泊还是航行状态,恒电位仪的控制电位通常保持不变(控制误差 ±20mV),其他数据在额定值范围内变化为正常现象。

③手动工况调试(恒电流工作模式)。

a. 用万用表交流 750V 档测量恒电位仪的输入电源是否正常。

b. 恒电位仪开机,设定为恒电流工作模式。

c. 设定恒电流在合适值(使测量电位在 – 0.80 ~ – 1.00V(相对于 Ag/AgCl 参比电极)之间)。

d. 观察各参比电极的测量电位、总输出电流、各辅助阳极电流、输出电压。

e. 恒电流工作模式,总输出电流保持不变,其他数据在额定值范围内变化属于正常现象;注意观察各参比电极的测量电位,如测量电位超出额定值范围,可适当调整恒电流的设定值,以保证测量电位在 – 0.80 ~ – 1.00V 之间。

④船体保护电位测量。

外加电流阴极保护系统运行在自动工况下,在船舷两侧从前至后各取 5 个测量点,用万用表及便携式参比电极在测量点处测量保护电位值,船体保护电位在 $-0.80 \sim -1.00\text{V}$ 之间(相对于 Ag/AgCl 参比电极)。

5.2.2　舰船内舱腐蚀控制

舰船内舱的腐蚀控制一般采用涂料保护或涂料加牺牲阳极联合保护的方式[32-35]。

1. 舰船内舱涂料保护

根据液体舱内介质的性质不同,腐蚀条件各不相同,适用的涂料也各不相同,不同涂料对各种液舱的适应性见表 5 - 8。

表 5 - 8　不同涂料对各种液舱的适应性

液舱种类	涂料种类							
	沥青涂料	石油树脂涂料	漆酚树脂涂料	环氧沥青涂料	纯环氧涂料	导静电油舱涂料	酚醛环氧涂料	漂白环氧沥青涂料
饮、淡水舱、锅炉水舱	不合适	不合适	合适	不合适	优良	不合适	不合适	不合适
压载水舱、坞舱	合适	不合适	不合适	优良	不合适	不合适	不合适	优良
舱底水舱、冷却水舱	合适	不合适	不合适	优良	合适	不合适	不合适	优良
污油、污水舱、油水代换舱	不合适	不合适	不合适	合适	合适	不合适	不合适	优良
燃油舱	不合适	优良	不合适	不合适	不合适	不合适	不合适	优良
滑油舱	不合适	合适	不合适	不合适	优良	不合适	优良	优良
航空煤油舱	不合适	不合适	不合适	不合适	不合适	优良	不合适	不合适

常见舰船内舱涂料配套体系如表 5 - 9 所列。

表 5 - 9　内舱涂料配套体系

应用部位	涂料种类	涂装道数	单道干膜厚度/μm
淡水舱、淡水兼压载水舱	饮水舱漆	2	100 ~ 150
压载水舱	改性厚浆环氧防锈漆	2	120 ~ 150
煤油舱、燃油舱、滑油舱	环氧油舱漆	2	100 ~ 150

2. 船舶内舱牺牲阳极阴极保护

1)常用压载水舱牺牲阳极规格型号

常用压载水舱牺牲阳极的规格型号根据《铝 - 锌 - 铟系合金牺牲阳极》(GB/T

4948—2002)和《锌–铝–镉合金牺牲阳极》(GB/T 4950—2002)进行选择。

2)牺牲阳极保护案例

该案例采用防腐涂层与牺牲阳极联合防腐方案,按照《水面舰船牺牲阳极保护设计和安装》(GJB 157A—2008)进行设计。

(1)基本情况。

某钢质舰船,通海阀箱浸水面积如表5–10所列,采用牺牲阳极进行保护,有效保护年限5年。

(2)选取保护电流密度。

通海阀箱的保护电流密度取15mA/m²。

(3)保护电流的计算。

如表5–10所列,根据各通海阀箱的浸水面积求得保护电流值。

表5–10　通海阀箱的保护电流

名称	数量	浸水面积/m²	保护电流/mA
前辅机舱左舷通海阀箱63号	1	3.15	47.25
前辅机舱右舷通海阀箱63号	1	3.15	47.25
前辅机舱左舷通海阀箱72号	1	2.94	44.10
前辅机舱右舷通海阀箱72号	1	2.94	44.10
主机舱左舷通海阀箱72号	1	4.56	68.40
主机舱右舷通海阀箱72号	1	4.56	68.40
主机舱右舷通海阀箱92号	1	3.76	56.40
主机舱左舷通海阀箱98号	1	3.93	58.95
后辅机舱左舷通海阀箱107号	1	3.28	49.20
后辅机舱右舷通海阀箱107号	1	3.28	49.20
前水泵舱通海阀箱	1	2.3	34.5
3号空舱通海阀箱	1	6.59	98.85
后水泵舱通海阀箱	1	5.23	78.45
水中通信机舱	1	2	30

(4)选取牺牲阳极规格。

根据《铝–锌–铟系合金牺牲阳极》(GB/T 4948—2002)选择A21T型牺牲阳极,牺牲阳极外形尺寸为300mm×(110+130)mm×120mm,毛重12.5kg,净重10.8kg,实际电容量2600A·h/kg,消耗率3.37kg/(A·a)。

①单块牺牲阳极发生电流量为

$$R = \frac{\rho}{L+B} = 25/[30 + (11 + 13) \div 2] = 0.595(\Omega)$$

$$I_f = \frac{\Delta E}{R} = 0.3 \div 0.595 = 0.504(\text{A})$$

②单块牺牲阳极寿命为

$$y = \frac{m\mu}{CI_m} = 10.8 \times 0.8 / (3.37 \times 0.75 \times 0.504) = 6.78(\text{年})$$

A21T 型铝合金牺牲阳极经过计算寿命为 6.78 年,满足保护年限 5 年的要求。

(5)牺牲阳极用量计算。

根据 $N = \frac{I}{I_f}$ 计算通海阀箱总的牺牲阳极用量。将单块阳极发生电流值 $I_f = 0.504\text{A}$ 值代入进行计算,结果见表 5－11。

表 5－11　通海阀箱体所需牺牲阳极数量

名称	数量	阳极规格/mm	阳极数量/块
前辅机舱左舷通海阀箱 63 号	1		1
前辅机舱右舷通海阀箱 63 号	1		1
前辅机舱左舷通海阀箱 72 号	1		1
前辅机舱右舷通海阀箱 72 号	1		1
主机舱左舷通海阀箱 72 号	1		1
主机舱右舷通海阀箱 72 号	1	A21T 型 300mm × (110 + 130)mm × 120mm	1
主机舱右舷通海阀箱 92 号	1		1
主机舱左舷通海阀箱 98 号	1		1
后辅机舱左舷通海阀箱 107 号	1		1
后辅机舱右舷通海阀箱 107 号	1		1
前水泵舱通海阀箱	1		1
3 号空舱通海阀箱	1		1
后水泵舱通海阀箱	1		1
水中通信机舱	1		1

(6)核算牺牲阳极总质量。

实际牺牲阳极总质量为

$$M = Nm = 14 \times 10.8 = 151.2(\text{kg})$$

计算牺牲阳极需求总质量为

$$M' = I'Cy'/\mu = 0.77505 \times 0.75 \times 3.37 \times 5 \div 0.8 = 12.24(\text{kg})$$

根据计算,设计的牺牲阳极总质量满足使用要求。

因通海阀箱为独立阀箱,所以选取浸水面积最大、需要保护电流最大的 3 号空舱通海阀箱进行核算是否满足使用要求,若核算该舱室牺牲阳极质量满足要求,则其他舱室牺牲阳极质量均能满足要求。

3号空舱通海阀箱牺牲阳极质量计算如下。

实际牺牲阳极质量为

$$M = Nm = 1 \times 10.8 = 10.8(\text{kg})$$

计算所需牺牲阳极总质量为

$$M' = I'Cy'/\mu = 0.09885 \times 0.75 \times 3.37 \times 5/0.8 = 1.56(\text{kg})$$

根据计算,3号空舱通海阀箱牺牲阳极质量满足要求。

(7)牺牲阳极布置及安装。

①海底阀箱所需的牺牲阳极布置在阀箱内,靠底部安装。

②海底阀箱内牺牲阳极采用焊接连接方法,如图5-5所示。

③安装前,牺牲阳极非工作面(与被保护结构相贴的一面)涂两道防锈漆。

④安装后,牺牲阳极工作表面严禁涂漆或油污。

(8)牺牲阳极保护效果检测。

舰船进坞后,检查通海阀箱的锈蚀情况,无锈蚀发生。

5.2.3 舰船海水管路腐蚀控制

对于海水管路的腐蚀控制主要包括电绝缘隔离、阴极保护、合理设计(特别是流速)3个方面。

1. 海水管路电绝缘隔离防护

(1)舰船海水管路所有通舷外口处与船体材料不同的金属制成的管路和附件(阀门、粗水滤器等)与船体之间必须进行电绝缘隔离,海水管路中不同金属管路、附件(阀门、泵、冷却器、设备等)之间必须进行电绝缘隔离,一般措施是在构件与紧固件、两构件间安装塑料衬套或垫圈。水泵与管路之间采用橡胶挠性接头连接时,则不必做电绝缘处理。

(2)海水管路与所有固定用吊、支架之间必须进行电绝缘,一般可采用专用电绝缘吊、支架或衬橡皮垫的方式。但吊、支架卡环与管路外壁之间所衬橡皮垫的厚度必须大于12mm,邵氏硬度为55~66HA。

(3)绝缘法兰各易损绝缘零件达到更换周期后(一般在4年以上)应及时更换。

(4)绝缘垫片、密封垫片和紧固件绝缘零件在绝缘工作表面间的电阻值均应不小于500kΩ。

(5)为了防止电绝缘接头处被污染或因与其他物体接触而发生闭合,在安装完毕后对部件表面涂漆时,不要在外伸的测量片上涂漆。也不可用任何一种润滑油涂抹电绝缘垫片、衬套和垫圈。

2. 海水管路电化学保护

1）海水管路防腐蚀防海生物装置

海水管路防腐蚀防海生物装置由专用直流电源、电解阳极、接线箱等组成。每个海底门安装特制的铜合金和铁合金电极各一支（或在海底门滤器内安装一支特制的铜铁混合电极）作为阳极，以船体钢板作为阴极，加上直流电源进行电解。其中，电解铁合金电极产生 Fe^{2+}，电解铜合金电极产生 Cu^{2+} 和 Cu^+，水泵将含有这些离子的海水输送到整个海水管路，Fe^{2+} 以氢氧化物的形式吸附 Cu^{2+}、Cu^+，并在海水管路内壁上沉积形成保护膜，既防止海水管路腐蚀，又防止海生物附着。防污效果达96%以上，可以延长管系寿命5倍以上。

2）牺牲阳极

在铜质海水管路中铁合金牺牲阳极可以有效防止铜及其合金的腐蚀，铁合金牺牲阳极的电化学性能见表5－12。

表5－12　铁合金牺牲阳极的电化学性能

项目	开路电位 /V	工作电位 /V	实际电容量 /(A·h/kg)	电流效率 /%	消耗率 /(kg/(A·a))	溶解性能
电化学性能	-0.68 ~ -0.72	-0.58 ~ -0.62	≥930	≥95	9.37	腐蚀产物易脱落，表面溶解均匀

注:1. 参比电极:饱和甘汞电极(SCE)。

　2. 介质:天然海水。

根据阳极结构形式不同，铁合金牺牲阳极分为法兰间式铁合金牺牲阳极和管段式铁合金牺牲阳极。管段式铁合金牺牲阳极需要的安装空间较大，而法兰间式铁合金牺牲阳极需要的安装空间较小，其照片见图5－13和图5－14。管段式铁合金牺牲阳极参数见表5－13，法兰间式铁合金牺牲阳极参数见表5－14。

图5－13　管段式铁合金牺牲阳极

图5－14　法兰间式铁合金牺牲阳极

表 5 – 13　管段式 Fe 合金阳极参数

型号	管路通径 D_g/mm	阳极法兰通径 D_N/mm	配套法兰通径 $D_{N'}$/mm
JXG□ – 1	40	65	65/40
JXG□ – 2	50	80	80/50
JXG□ – 3	65	100	100/65
JXG□ – 4	80	125	125/80
JXG□ – 5	100	150	150/100
JXG□ – 6	125	175	175/125
JXG□ – 7	150	200	200/150

注:1. 阳极法兰为 CB 858—2004 标准法兰,配套法兰尺寸符合《P30 异径搭焊铜法兰》(CB 1044—83)要求,法兰及其紧固件和密封材料成套供应。

2. 被保护管道为 TP2 时,阳极法兰与配套法兰材料选择 HSi80 – 3 硅黄铜,护套铜管材料选择 TP2,型号标记为 JXGT 型;被保护管道为 BFe10 – 1. 6 – 1 时,阳极法兰与配套法兰材料选择 BFe30 – 1 – 1,护套铜管材料选择 BFe10 – 1. 6 – 1,型号标记为 JXGB 型。

表 5 – 14　法兰间式铁合金牺牲阳极参数

型号	管路通径 D_g/mm	配套法兰通径 $D_{N'}$/mm
JXF□ – 1	32	32
JXF□ – 2	40	40
JXF□ – 3	50	50
JXF□ – 4	65	65
JXF□ – 5	80	80
JXF□ – 6	100	100
JXF□ – 7	125	125
JXF□ – 8	150	150

注:1. 表中配套的法兰为 CB 858—2004 标准法兰,螺栓性能为 8.8 级且符合《六角头螺栓》(GB/T 5782—2000)标准,法兰及其紧固件和密封材料成套供应。

2. 被保护管道为 TP2 时,阳极体法兰和配套法兰材料选择硅黄铜 HSi80 – 3,型号标记为 JXFT 型;被保护管道为 BFe10 – 1. 6 – 1 时,阳极体法兰和配套法兰材料选择 BFe30 – 1 – 1,型号标记为 JXFB 型。

管段式铁合金牺牲阳极和法兰间式铁合金牺牲阳极与被保护管路的连接方式为承插法兰焊接;为保证防腐效果,在阳极与管路间连接导线,连接导线要牢固。

3. 海水管路材质和防腐措施推荐配套方案

在海水流动工况下,管路腐蚀控制的主要任务是在管内最大流量和管径预先确定的情况下计算管内实际海水流速,选择允许最大流速不小于实际流速的材料,或者在材料和最大流量预先确定的情况下,选择合适的管内径,使管内海水流速不大于所选材料的允许最大流速。各种海水管路材料及允许最大流速值可参考表 5 - 15。

表 5 - 15　各种海水管路材料及允许最大流速值

材料	允许最大流速/(m/s)	腐蚀控制措施
无缝钢管(20 号钢)	1.0	热镀锌保护,200 ~ 300 μm;牺牲阳极保护
紫铜管(TP2Y)	1.2	铁合金牺牲阳极,保护电位 -450 ~ -750mV
B10 铜镍管	3.6	
B30 铜镍管	4.5	
双相不锈钢(HDR)	>9	—
钛管(TA2、TA5)	>9	—

注:允许应急情况下瞬间海水流速超过允许最大流速值,表中数据为管径不小于 89mm 的海水管路而设,管径越小,允许最大流速值应越低。

B10 铜镍管允许最大流速值与管内径的关系如表 5 - 16 所列。

表 5 - 16　B10 铜镍管允许最大流速值与管内径的关系

管内径/mm	9.5	12.7	19.1	25.4	31.8	38.1	50.8	63.5	76.2	≥88.9
允许流速/(m/s)	1.18	1.57	1.98	2.37	2.56	2.76	2.96	3.16	3.55	3.6

注:当选用德国 KME 公司的 B10 或 B30 管时,管内径大于 50.8mm 的 B10 管,其流速允许值为 3.6m/s,B30 管的流速允许值为 4.5m/s。

海水管路材质和相应的防腐措施推荐配套方案见表 5 - 17。

表 5 - 17　海水管路材质和相应的防腐措施推荐方案

使用条件		管材 + 防腐方案
低流速	短时	紫铜管,紫铜管 + 铁合金牺牲阳极
	中时	紫铜管 + 铁合金牺牲阳极,B10 铜镍管
	长时	B10 铜镍管,B10 铜镍管 + 铁合金牺牲阳极
中流速	短时	B10 铜镍管
	中时	B10 铜镍管 + 铁合金牺牲阳极
	长时	B10 铜镍管 + 铁合金牺牲阳极,HDR 双相不锈钢管、钛管

使用条件		管材＋防腐方案
高流速	短时	B10 铜镍管＋Fe 合金牺牲阳极、HDR 双相不锈钢管、钛管
	中时	HDR 双相不锈钢管、钛管
	长时	HDR 双相不锈钢管、钛管

注:采用钛管或双相不锈钢管时,与其相邻的铜制或钢制设施应采取有效的绝缘连接措施。表中使用条件栏目中简称的含义说明如下。

低流速:海水流速小于 2.0m/s;中流速:海水流速为 2.0～4.5m/s;高流速:海水流速大于 4.5m/s。短时:指使用频率较低,一个中修期累积流动海水作用时间不超过 3000h 的海水管路;中时:指虽经常使用但不连续,一个中修期累积流动海水作用时间超过 3000h 的海水管路系统;长时:指经常连续遭到流动海水冲刷腐蚀作用的海水管路系统,如主、辅循环水系统,主、辅冷却水系统(含兼作冷却水系统的消防水系统)等。

5.2.4　舰船腐蚀控制优化设计

随着船舶保护技术的快速发展,近年来计算机仿真技术作为一种新型保护设计技术逐渐被使用,并且已在海军舰船、大型复杂海洋工程结构中得到了成功的应用。本节针对某护卫舰水下外壳体、艉舵、螺旋桨等部位的腐蚀问题,介绍牺牲阳极保护和外加电流保护联用的仿真优化设计案例。

1. 船体主要信息及牺牲阳极布置

针对某船水线以下与海水接触部分船体外壳进行仿真建模,模型涉及的船体结构主要包括水线以下船体外壳、艉舵、减摇鳍、轴系、美人架结构、螺旋桨等部位,各部位材料组成和面积如表 5－18 和表 5－19 所列。其中船体外壳采用外加电流阴极保护,其他则采用 Al－Zn－In－Mg－Ti 高效铝合金牺牲阳极保护。

表 5－18　某船水线各部分材料组成

结构名称	轴系	桨	艉轴架	减摇鳍	船体	导流罩	艉舵
材料组成	34CrMol	镍铝青铜	L907A	L907A	L907A	钛合金	L907A

表 5－19　某船各部分的表面积

结构名称	减摇鳍	美人架	艉舵	轴	螺旋桨	球鼻艏	船体
面积/m²	50.5	44.7	43.1	53.4	20.1	11.5	2.17×10^3

为了使船体水下结构的阴极保护电位更加均匀并确保腐蚀防护效果,在减摇鳍、美人架和艉舵的局部区域加装铝合金牺牲阳极,阳极型号规格、数量及布置方案详见表 5－20。

表 5 - 20　铝合金牺牲阳极型号规格、数量及布置方案

阳极名称	规格/mm	数量/块	布置方案
阳极 1	$300 \times 120 \times 50$	8	艉舵每面均分 2 块
阳极 2	$250 \times 100 \times 35$	16	美人架每面均分 2 块
阳极 3	$180 \times 70 \times 35$	8	减摇鳍每面均分 1 块

2. 船体系统阴阳极材料边界条件

腐蚀数值仿真模型评估时,船体结构及牺牲阳极物理化学特性的表征方式是通过向相应模型模块单元加载边界条件来实现的。该边界条件即材料的极化曲线。对于牺牲阳极取其阳极极化区参数进行赋值,而对于受保护的船体结构则取其阴极极化区参数进行赋值。由于船体不同结构所选用的材料不同,如螺旋桨材料为镍铝青铜材料,导流罩材料为钛合金,船体结构钢为 L907A。因此,在加载模型边界条件时应针对不同的材料特性进行匹配赋值。图 5 - 15 所示为高效铝合金牺牲阳极、镍铝青铜、L907A 钢和钛合金的极化曲线。

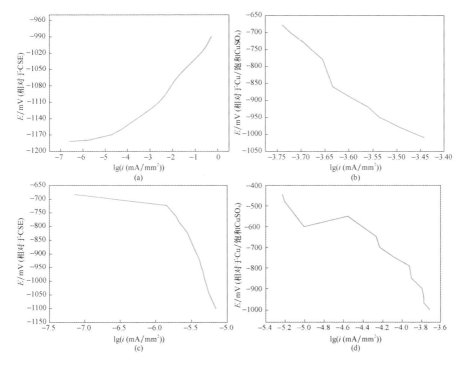

图 5 - 15　各种材料极化曲线

(a)高效铝合金牺牲阳极;(b)镍铝青铜;(c)L907A 钢;(d)钛合金。

3. 阴极保护参数仿真优化

进行阴阳极材料分组匹配,加载高效铝合金牺牲阳极极化边界条件、船体各结构材料极化边界条件及绝缘面边界条件,设置 4 支辅助阳极初始输出电流均为 2000mA,海水电导率为 4S/m,设置待优化参比电极目标电位为 -900mV(相对于 SCE),阈值范围 ±0.1mV。优化时模型自动对辅助阳极输出电流值进行优化迭代计算,经 8 次迭代计算,确定 4 支阳极输出电流值分别为 -1250mA、-1250mA、-800mA、-800mA 时,模型达到预期保护效果。

4. 阴极保护仿真优化计算结果

根据阴极保护参数优化输出结果,对保护电流进行取整,代入仿真计算软件运算模块进行计算,分析船体各结构组成部位的保护电位,明确各区域保护状态结果。

整船保护电位为 -860 ~ -1063mV(相对于 SCE),达到较好的保护状态,其辅助阳极布置及保护电位分布如图 5-16 所示。

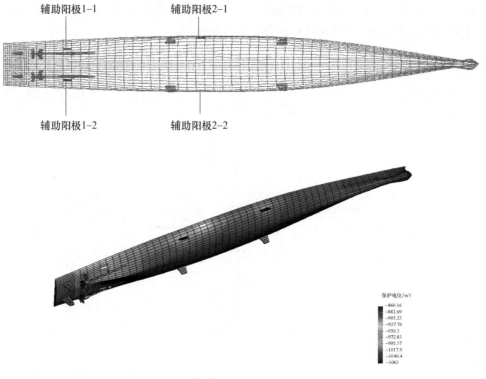

图 5-16 船体辅助阳极布置及保护电位分布

艉舵结构为 L907A 结构钢,其保护电位为 -928 ~ -1060mV(相对于 SCE),达到较好的保护状态,其牺牲阳极布置与保护电位分布如图 5-17 所示。

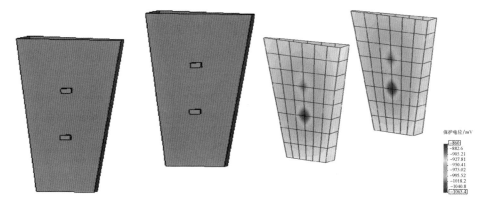

图 5 - 17　艉舵部位牺牲阳极布置与保护电位分布

美人架结构为 L907A 结构钢,其保护电位为 - 910 ~ - 1038mV(相对于 SCE)之间,达到较好的保护状态,其牺牲阳极位置与保护电位分布如图 5 - 18 所示。

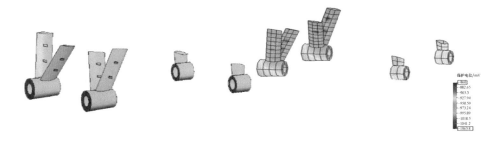

图 5 - 18　美人架部位牺牲阳极位置与保护电位分布

螺旋桨结构为镍铝青铜材料,考虑到流体影响,螺旋桨上不安装牺牲阳极,依靠船体和其他结构的阳极保护系统对其进行保护,其保护电位为 - 870 ~ - 912mV(相对于 SCE),达到较好的保护状态,其保护电位分布如图 5 - 19 所示。

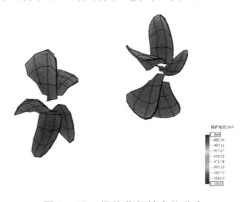

图 5 - 19　螺旋桨保护电位分布

5.3 远洋船舶腐蚀防护案例分析

远洋船舶是一类大型钢铁结构体,主要包括集装箱船、散货船、油轮等,作为全球主要的运输设备,在国际货物运输中发挥着极其重要的作用。与普通船舶相比,远洋船舶具有吨位大、航线长、跨境跨海域运输等特点,因此其腐蚀问题更加复杂。本节以集装箱船、散货船等的腐蚀防护为例进行分析阐述。

5.3.1 远洋船舶船体腐蚀控制

远洋船舶船体的涂层保护和牺牲阳极阴极保护案例分析以"太平泉"号170箱多用途集装箱船的腐蚀控制为例[36];外加电流阴极保护案例以9200TEU远洋集装箱船为例[37]。

1. 船体涂层保护

"太平泉"号在建造时,船底和水线部位涂长效防锈防污涂料,以此来避免船体发生腐蚀和海生物污损。

1)船底长效防锈防污漆配套方案

"太平泉"号船底长效防锈防污漆配套方案及用量见表5-21。乙烯系船底防锈防污漆具有附着力好、防锈防污能力强、可低温施工、干燥迅速等特点。可以满足船底长效防锈防污需求。

表5-21 "太平泉"号船底长效防锈防污漆配套方案及用量

涂料名称	代号	颜色	涂装方法	道数	干膜厚度/μm	理论涂布量/(kg/m²)	理论用量/kg	实际用量/kg
厚浆乙烯沥青船底防锈漆	V45-1	棕红色	刷涂、滚涂	2	≥120	0.2	513	620
			高压无空气喷涂	1	≥120	0.4		
厚浆乙烯沥青船底防锈漆	V45-2	棕黄色	刷涂、滚涂	2	≥120	0.2	513	620
			高压无空气喷涂	1	≥120	0.4		
乙烯防污漆	103-IV	褐红色	刷涂、滚涂	3	≥180	0.2	770	925
			高压无空气喷涂	2	≥180	0.3		

注:1. 实际用量取(1+20%)理论涂布量。

2. 上述涂料稀释剂为705稀释剂。

2)水线氯化橡胶漆配套方案

氯化橡胶系防锈漆具有良好的附着力、耐海水性、耐干湿交替、可低温施工、干燥迅速等特点,适用于水线区腐蚀防护。"太平泉"号水线氯化橡胶漆配套方案及用量见表5-22。

表5-22 "太平泉"号水线氯化橡胶漆配套方案及用量

涂料名称	代号	颜色	涂装方法	道数	干膜厚度/μm	理论涂布量/(kg/m²)	理论用量/kg	实际用量/kg
铝粉氯化橡胶防锈漆	AC9615	银灰色	刷涂、滚涂	2	≥100	0.2	236	288
			高压无空气喷涂	1	≥100	0.4		
厚浆铁红氯化橡胶防锈漆	AC9616	铁红色	刷涂、滚涂	2	≥100	0.23	271	324
			高压无空气喷涂	1	≥100	0.46		
各色氯化橡胶水线漆	CR2626	深绿色	刷涂、滚涂	2	≥100	0.16	188	216
			高压无空气喷涂	1	≥100	0.32		

注:1. 实际用量取(1+20%)理论涂布量。

　　2. 上述涂料稀释剂为704稀释剂。

3)涂装技术要求

(1)钢表面采用喷砂等进行除锈,除锈标准参考《涂装前钢材表面锈蚀等级和除锈等级》(GB/T 8923—88)的技术要求。

(2)涂装前必须将涂料搅拌均匀,特别是103-Ⅳ防污漆需要仔细搅拌。

(3)每道涂层的涂装间隔通常为24h,必要时可以提前,但必须在前道漆膜干透之后,才能涂后道漆。

(4)通常情况下,不得向涂料内添加稀释剂,必要时可添加不超过5%的稀释剂。

(5)最后一道103-Ⅳ防污漆涂装后,船舶应在24h内下水。

2. 船体牺牲阳极阴极保护

1)"太平泉"号集装箱船主要技术参数

"太平泉"号集装箱船主要技术参数见表5-23。

表5-23 "太平泉"号集装箱船主要技术参数

参数	数据
船长/m	84.57
船宽/m	15.00
满载吃水/m	5.30
船速/kn①	11
装箱数/TEU	170

参数	数据
满载水线长/m	81
型深/m	7.3
满载排水量/m^3	4568
载重/t	3286

① $1kn = 0.514m/s$。

2）牺牲阳极保护设计准则

"太平泉"号在设计时,船体采用牺牲阳极阴极保护,船体保护电位为 $-0.85 \sim -1.00V$（相对于 CSE）。

3）保护面积计算

船体浸水面积为

$$S_1 = 1.7TL_{WL} + \Delta/T = 1.7 \times 5.3 \times 81 + 4568 \div 5.3 = 1592(m^2)$$

螺旋桨表面积为

$$S_2 = 2(\pi d^2/4)\eta n = 2 \times (3.14 \times 3.15^2 \div 4) \times 0.41 \times 1 = 6.15(m^2)$$

舵板表面积按实际尺寸计算,即

$$S_3 = (2.3 + 1.8) \div 2 \times 3.7 \times 2 = 15.18(m^2)$$

4）保护电流密度

根据《海船牺牲阳极保护设计和安装》（GB 8841—88）选取保护电流密度:

(1)船体保护电流密度 $J_1 = 10mA/m^2$;

(2)螺旋桨保护电流密度 $J_2 = 350mA/m^2$;

(3)舵板保护电流密度 $J_3 = 200mA/m^2$。

5）牺牲阳极材料及规格型号

牺牲阳极材料选用锌-铝-镉合金牺牲阳极。船体阳极选用 ZAC-C5 型号,规格为 $400mm \times 100mm \times 40mm$,每块阳极发生电流值为 $I_f = 540mA$;海底阀箱阳极选用 ZAC-C8 型号,规格为 $200mm \times 100mm \times 40mm$,每块阳极发生电流值为 $I_f = 350mA$。

6）牺牲阳极用量

船体、螺旋桨、舵板等被保护构件所需要的阳极数量分别计算,具体如下。

保护船体所需阳极块数为

$$N_1 = \frac{J_1 S_1}{I_f} = (1592 \times 10) \div 540 \approx 30(块)$$

保护螺旋桨所需阳极块数为

$$N_2 = \frac{J_2 S_2}{I_f} = (6.15 \times 350) \div 540 \approx 4(块)$$

保护舵板所需阳极块数为

$$N_3 = \frac{J_3 S_3}{I_f} = (15.18 \times 200)/540 \approx 6(块)$$

全船所需 ZAC – C5 型号阳极数量为

$$N = N_1 + N_2 + N_3 = 30 + 4 + 6 = 40(块)$$

2 个海底阀箱需用 ZAC – C8 型号阳极 4 块。

7) 牺牲阳极布置

"太平泉"号船体牺牲阳极布置如图 5 – 20 所示,船体不同部位安装牺牲阳极数量如表 5 – 24 所列。

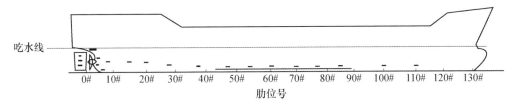

图 5 – 20　"太平泉"号船体牺牲阳极布置

表 5 – 24　船体不同部位牺牲阳极数量

船体部位	阳极数量/块
船首	4
舭龙骨	12
艉部	18
舵板	6
海底阀箱	4

8) 阳极安装技术要求

阳极安装技术具体要求如下:

(1) 安装前,阳极背面涂一层防锈漆;

(2) 阳极左、右舷对称布置,两侧数量相等;

(3) 舭龙骨处的阳极安装在舭龙骨表面中间处;

(4) 阳极的长度方向沿流线方向安装,背面紧贴船体;

(5) 焊接阳极时,要避开油舱位置;

(6) 安装后,阳极表面严禁涂漆或沾染油污。

3. 船体外加电流阴极保护

1) 9200TEU 远洋集装箱船主要技术参数

9200TEU 远洋集装箱船主要技术参数如表 5 – 25 所列,船体如图 5 – 21 所示。

表5－25　9200TEU远洋集装箱船主要技术参数

参数	数据
总长	299.95m
垂线间长	286.00m
型宽	48.20m
型深	24.60m
设计吃水	12.50m
结构吃水	14.80m
载重量(结构吃水)	113800t
主机	MAN B&W 9S90ME－C9.2 TierⅡ
功率(SMCR)	47430kW×78.0r/min
服务航速	22.0kn
续航力	45d
燃油消耗率	170t/d
航区	无限

图5－21　9200TEU远洋集装箱船

2)外加电流阴极保护方案

(1)保护面积。

由结构图纸得出船体湿表面积约为18560m²,螺旋桨面积约为100m²,舵面积约为200m²,船体、螺旋桨、舵的总湿表面积为18860m²。

（2）船体保护电位。

根据船体及其附属结构材料的电化学特性及船舶航行的区域,船体和舵的保护电位取 $-0.85 \sim -0.95V$（相对于 CSE）,螺旋桨的保护电位取 $-0.5 \sim -0.65V$（相对于 CSE）。

（3）船体保护电流密度。

表 5 – 26 列出了通常情况下螺旋桨和舵的保护电流密度。

表 5 – 26　螺旋桨和舵保护电流密度

部位	螺旋桨	舵
保护电流密度/（mA/m²）	$300 \sim 400$	$100 \sim 250$

结合 9200TEU 集装箱船实际运营海域的海水情况,选取船体水线面以下的保护电流密度为 $35mA/m^2$,螺旋桨的保护电流密度为 $400mA/m^2$,舵的保护电流密度为 $150mA/m^2$。

根据表 5 – 27 所列船体及各附件所取保护电流密度和所需保护电流,计算得出所需的总保护电流为 719.6A。

表 5 – 27　船体各部位保护电流密度和保护电流

部位	船壳	螺旋桨	舵
保护电流密度/（mA/m²）	35	400	150
保护电流/mA	649600	40000	30000

（4）恒电位仪、辅助阳极的选择及其布置。

船首和船尾各布置一台恒电位仪,输出 24V 直流电。该船选用 4 支 Pt – Pd 合金辅助阳极,设计工作年限超过 20 年。在船首处安装两支辅助阳极,每支辅助阳极额定输出电流 125A,船尾处安装两支辅助阳极,每支辅助阳极额定输出电流 250A,布置如图 5 – 22 所示。

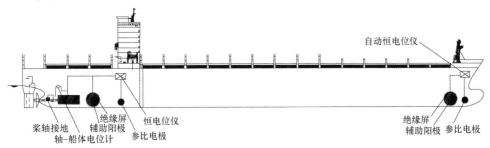

图 5 – 22　9200TEU 集装箱船外加电流阴极保护系统布置

（5）阳极绝缘屏。

绝缘屏材料为环氧树脂,通过计算设计阳极绝缘屏半径为1.5m。

（6）参比电极的选择和布置。

参比电极采用Ag/AgCl参比电极,全船共装4支,艏艉各2支,位置如图5-22所示。

（7）桨轴和舵接地装置。

共安装两套接地装置,一套为使推进器轴接地用的滑环电刷装置,一套用于舵接地的连接部件,安装位置如图5-22所示。

5.3.2 远洋船舶海水压载舱腐蚀控制

远洋船舶海水压载舱的腐蚀控制同样采用涂料和牺牲阳极联合保护的方式。

1. 压载舱涂层防护

根据IMO的PSPC要求,船舶压载舱涂料要求达到15年预期使用期效,具体技术指标如表5-28所列。主要采用厚膜型环氧防锈漆,必须通过第三方认可,或者在实船上已使用5年以上,涂层仍保持"良好"状态。船舶压载舱漆涂装2道,干膜厚度320μm,两道涂层之间颜色不同。

表5-28　船舶海水压载舱涂料的技术指标

检测项目		技术指标		检测方法
		环氧基涂层体系	非环氧基涂层体系	
基料和固化剂组分鉴定		环氧基体系	非环氧基体系	红外光谱法鉴定
密度/(g/mL)		符合产品技术要求	符合产品技术要求	GB/T 6750—2007
不挥发物/%				GB/T 1725—2007
储存稳定性	自然环境条件	≥1a	≥1a	GB/T 6753.3—1986
	(50±2)℃条件	≥30d	≥30d	
外观与颜色		合格	合格	见注①
名义干膜厚度/μm		320	符合产品技术要求	90/10 规则
模拟压载舱条件试验		通过	通过	GB/T 6823—2008 中附录A
冷凝舱试验		通过	通过	GB/T 6823—2008 中附录B

注:①漆膜平整。多道涂层系统,每道涂层的颜色要有对比,面漆应为浅色。

2. 压载舱牺牲阳极阴极保护

本部分以台州海轮的海水压载舱腐蚀防护为例[38-39]。台州海轮系青岛远洋运输公司6.8万吨散货轮,1982年由丹麦建造后交付使用,主要航线为中国—欧洲—美国(加拿大)。海轮上边舱的压载率为20%,最初采用环氧焦油涂覆层和铝合金牺牲阳极进行保护。至 1992 年 6 月维修时,发现舱内原有的铝合金牺牲阳极已消耗殆尽,涂覆层也发生了不同程度的破损(表 5 - 29),舱体存在腐蚀现象,因此对上边舱内的牺牲阳极进行了更换。

更换的牺牲阳极采用 Zn - Al - Cd 合金牺牲阳极,规格为 800mm × (56 + 74)mm × 65mm,单支阳极发生电流为 1200mA。

根据每个舱室的工况条件和涂覆层破损程度选择保护电流密度,其中,涂覆层未破损部位的保护电流密度统一按 $10mA/m^2$ 考虑,各个舱室设计的平均保护电流密度以及裸钢的保护电流密度如表 5 - 29 所列。

表 5 - 29　不同部位的保护电流密度和涂层破损率

部位	RS1	RS2	RS3	RS4	RS5	RS6
平均保护电流密度/(mA/m^2)	75	75	25	75	50	50
涂层破损率/%	80	40	20	35	50	20
裸钢保护电流密度/(mA/m^2)	91.3	172.5	85	196	90	210

注:以上计算结果基于带涂层甲板的保护电流密度 $10mA/m^2$。

通过计算每个舱室所需的保护电流确定牺牲阳极用量。牺牲阳极在舱内均匀分布,采用支架式焊接安装。

在舱内对应于不同保护电流密度代表点处,安装锌合金参比电极,用于监测船舱壁的保护电位,同时安装试验挂片,用于测试腐蚀速率和保护度,挂片材质为 Q235B 裸钢板,尺寸为 150mm × 75mm × 4mm,每测点处挂阴极保护试样和自腐蚀试样各 6 块,参比电极和试验挂片分布点及其在舱内的具体位置见图 5 - 23。

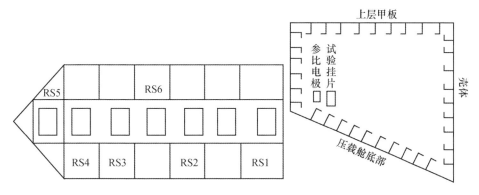

图 5 - 23　参比电极和试验挂片在压载舱中的分布示意图

从 1992 年 6 月 2 日始,进行了两个压载周期的电位监测,两压载期间隔 75 天,各测点的保护电位测量结果如图 5 - 24 所示。

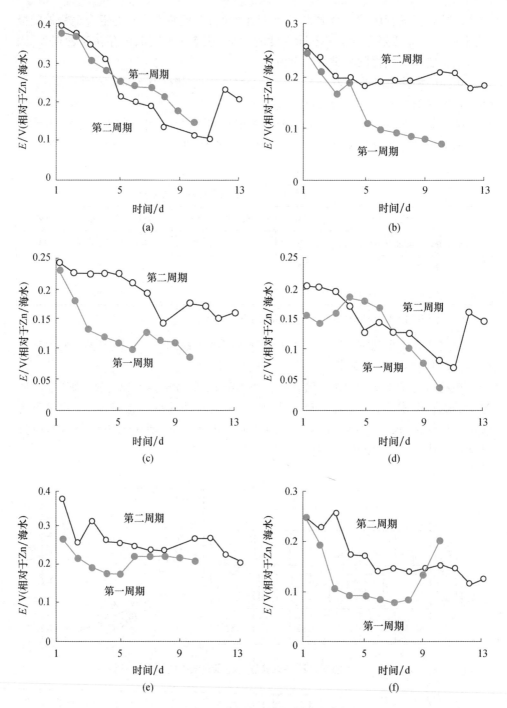

图 5-24　压载舱各测点保护电位变化

（a）～（f）RS1～RS6。

由图 5 - 24 所示的保护电位 - 时间变化曲线可知,这些测点的第二周期电位皆有不同程度的正移,说明在长达 75 天的空舱期内第一极化周期所产生的阴极保护作用已消失,再次浸水后需重新进行极化。

RS1 测点的保护电位为 0.1 ~ 0.4V(相对于 Zn 参比电极,本节下同)之间变化,极化 5 天后,电位才达 0.25V,这是由于该处涂覆层破损程度大,且与重油舱相邻,水温较高,因而需要较高的保护电流方可使电位迅速负移;RS2 和 RS5 测点的第二周期电位在 0.2 ~ 0.25V 之间变化,RS5 处极化 5 天后,电位才极化至 0.25V,主要由于该测点处于船形变化较大的部位,存在应力作用,这种情况下需较大的保护电流密度才能使电位迅速负移;RS3 测点处第二周期电位在 0.15 ~ 0.20V 之间变化;RS4 测点处第二周期极化 4 天后电位在 0.05 ~ 0.15V 之间变化;RS6 测点处第二周期极化 4 天后,电位基本维持在 0.15V,RS4 和 RS6 测点处的电位负于 0.15V,其保护效果较好。

1996 年 8 月 20 日台州海轮在天津港停靠码头时,取下了试验挂片,按 ASTM G1 有关方法去除腐蚀产物后称重,计算平均腐蚀速率,结果如图 5 - 25 所示。

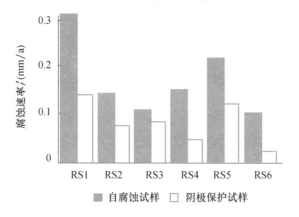

图 5 - 25　试验挂片的腐蚀速率

由图 5 - 25 知,RS1 和 RS5 两测点处试样的自腐蚀速率均较高,其中 RS1 处自腐蚀试样已穿孔,局部腐蚀速率超过 0.5mm/a,主要原因是 RS1 处温度较高(由相邻的重油舱所致),高温环境加剧了试样的腐蚀。此外,该两处保护试样的腐蚀速率也相对较高,这与保护电位测试结果相一致,该两处测点的保护电位也较正,测试结果也说明在这两种条件下需较高的保护电流密度才能达到较负的保护电位和较高的保护度,因此在船舶压载水舱的阴极保护设计时,该类部位应作特殊考虑。RS2、RS3、RS4、RS6 等 4 个测点处试样的自腐蚀速率为 0.10 ~ 0.15mm/a,阴极保护试样的腐蚀速率均低于 0.1mm/a,该 4 点处保护试样的腐蚀速率及保护度与保护电流密度间的关系见图 5 - 26。

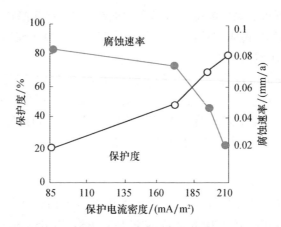

图 5 - 26　试样腐蚀速率和保护度随保护电流密度的变化

由图可见,随着保护电流密度的提高,保护试样的腐蚀速率下降,保护度升高。在保护电流密度为 85mA/m² 时,保护度仅为 20% 左右;保护电流密度超过 170mA/m² 时,对腐蚀的抑制作用更加明显;保护电流密度达到 210mA/m² 时,试样的腐蚀速率下降为 0.02mm/a,保护度接近 80% ,这对于压载率仅有 20% 的压载舱来说,保护效果是相当明显的,对比保护电流密度为 85mA/m² 时,试样的腐蚀速度下降 1/3,保护度提高 3 倍。因此,压载舱采用较大的保护参数具有一定的技术经济性。

5.3.3　远洋船舶海水管路腐蚀控制

"太平泉"号的海水管路系统在设计时选用了 DHCA 型防污防腐装置。该装置主要由恒流仪、控制箱、铜阳极、铝阳极、铅银微铂阳极、阴极接地座等组成。该装置的原理如图 5 - 27 所示,在海水系统的阀箱内安装电解阳极,由恒流仪输出低压直流电分别施加于铜阳极、铝阳极以及铅银微铂阳极上,通过电解铜阳极产生 Cu_2O,电解铝阳极产生 $Al(OH)_3$,在铅银微铂阳极上电解海水产生有效氯。含有效氯海水带着铜、铝絮凝物从系统中通过,可以防止海生物在管壁上附着并减缓管路的腐蚀。

该装置能自动控制,结构简单,安装和管理方便,具有防止海生物污损和防止海水腐蚀的双重作用。

1. 安装及技术要求

(1)铜、铝阳极的中心应保持一定的距离,建议不小于 200mm,离最近的钢结构不小于 200mm。

(2)阳极必须垂直安装。

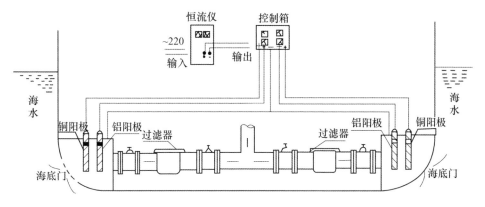

图 5－27　DHCA 型船用防污防腐装置原理图

（3）每个阳极必须与管路电性绝缘,在干燥状态下,绝缘电阻要大于 1kΩ,阳极与电缆的接点有良好的导电性,并用密封料密封。

（4）铜、铝阳极固定座的焊缝及阳极密封处必须进行耐压试验,在压力达到 0.2MPa 条件下无渗漏。

（5）恒流仪和控制箱尽量靠近阳极安装,以缩短电缆,降低直流电耗。

（6）阴极接地点要靠近阳极,阴、阳极之间的海水通路中避免有屏障结构,防止杂散电流的产生。

2. 装置的实际使用情况

该轮的 DHCA 型防污防腐装置于 1992 年 6 月下水后通电使用,设备运行一直正常。根据该轮总的海水用量,在夏季,每个铜、铝阳极的工作电流为 0.3A 左右,每个铅银微铂阳极的工作电流为 4A 左右。在冬季,每个铜、铝阳极的工作电流为 0.2A 左右,每个铅银微铂阳极的工作电流为 3A 左右。

海水管路系统安装了该装置后,经上坞检查,从海底阀箱一直到冷却器的海水管路、过滤器及冷却器均无海生物附着。海水管路、过滤器、阀门等也无明显腐蚀。

5.3.4　远洋船舶腐蚀控制仿真设计

在船舶外加电流（ICCP）阴极保护设计中,影响电位分布的因素主要为船体湿表面形状与面积,辅助阳极位置,外加电流大小和阴极极化行为。为了真实准确地对船舶阴极保护电位和电流密度分布进行数值仿真,基于上述各因素建立数值仿真模型和边界条件。

数值仿真模型中船舶结构为 9200TEU 远洋集装箱船水线以下部分,包括水下船体湿表面、螺旋桨驱动轴、螺旋桨叶片、船尾舵等结构。船长 300m、宽 48m,结构吃水 12.5m,船艏为球鼻艏造型,船艉布置一只螺旋桨与一只悬挂艉舵。

1. 边界条件设定

船艏阴极保护仿真模型包括船体、艉舵、螺旋桨驱动轴、螺旋桨叶片4个部分，其中船体、艉舵和螺旋桨驱动轴为碳钢材料，螺旋桨叶片为高锰铝青铜材料，船体、螺旋桨驱动轴与艉舵均涂覆防腐涂料。采用电化学工作站测定碳钢和高锰铝青铜材料在静止海水中的极化曲线，如图5－28所示。

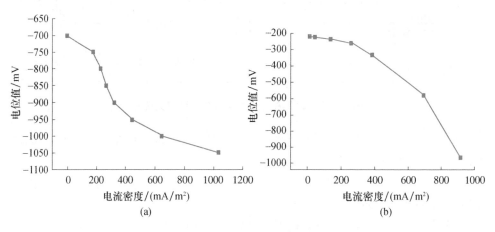

图5－28 碳钢和高锰铝青铜的极化曲线

（a）碳钢；（b）高锰铝青铜。

防腐涂层是阴极保护工程的一个重要影响因素，涂层的存在可以减小阴极保护所需要的电流密度。通过参考国内外相关标准文献，通过引入涂层破损率来确定带涂层金属材料的保护电流密度，即在不更改电位的条件下，将裸钢电流密度乘以涂层的破损率。例如，假定船体涂层的破损率为1％，也就是碳钢极化曲线电流密度大小减为原值的1％，相应的电位值不变，如图5－29所示。

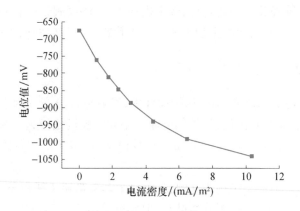

图5－29 涂层破损率为1％时碳钢的极化曲线

将上述各金属材料电位与电流的关系曲线作为边界条件加载到阴极表面,阳极电流加载到辅助阳极表面,同时,绝缘表面不设置边界条件,求解时默认为绝缘。设定海水的电导率为4S/m,允许收敛误差0.5mV,进行求解。

2. 阴极保护仿真计算结果

对9200TEU集装箱船阴极保护数值仿真模型进行不同涂层破损率时保护电位分布预测,得到以下仿真结果。

表5-30给出各涂层破损率工况下的数值仿真计算误差报告,从中可以看出流入模型电流与流出模型电流的差值为电流总量3%左右,电位误差为0.2mV左右,小于设定的误差极限0.5mV,计算结果被判定为收敛,且仿真计算收敛性良好。

表5-30 阴极保护电位分布计算结果误差表

涂层破损率工况	流入模型电流/mA	流出模型电流/mA	流入流出电流差	电位误差/mV	电流差值百分比/%	计算迭代次数
1%破损	400285	398925	1359.9	0.1996	0.3397	4
2%破损	405352	404010	1342.4	0	0.3311	6
5%破损	413845	412476	1369.0	0.1654	0.3308	36
8%破损	414391	413009	1382.3	0.2121	0.3395	40

经过仿真计算,给出9200TEU远洋集装箱船阴极保护电位分布,如图5-30所示,整个船体表面阴极保护电位分布相对均匀,并且基本都在最小保护电位-850mV以下,可以认为船体处于完好的阴极保护之中。但是在一些局部区域,如船体近阳极部位和螺旋桨驱动轴,还存在比较明显的过保护或保护不足现象。

图5-30 船体阴极保护电位分布(涂层破损率2%)

如图5-31所示,在靠近船尾的辅助阳极周围,船体出现明显的过保护现象,其中最低的电位低于-3.0V,这与在施加保护电流参数时设定的初始值较大有直接关系,在实际工程中通常采用施加阳极屏即可解决该问题。

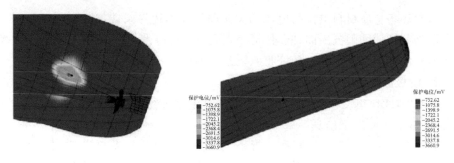

图 5-31   船体近阳极区过保护情况（涂层破损率 2%）

图 5-32 所示为艉舵、螺旋桨叶片和螺旋桨驱动轴部位的保护电位，由于螺旋桨叶片与艉舵初始保护电流参数设定较大，其保护电位均达到了预期的目标值。螺旋桨驱动轴的叶根部位由于受青铜叶片极化影响，没能达到最小保护电位的目的，这些微小的电位差异在阴极保护实际操作中难以避免。由于保护电流的极化作用，螺旋桨驱动轴表面的电位降低了，这也从一定程度上减弱了局部区域的电偶效应，有益于船艉动力装置的腐蚀防护。

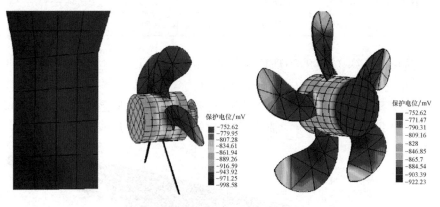

图 5-32   艉舵、螺旋桨叶片和螺旋桨驱动轴部位的保护电位分布情况（涂层破损率 2%）

图 5-33 分别给出了 9200TEU 集装箱船在不同破损率工况下的阴极保护电位在水线下 1m、船底中线处和艉舵上沿船长方向的电位分布。船舶的防腐涂层破损率越大，所需的阴极保护电流越大；当阴极保护电流大小保持不变时，随着涂层破损率的增大，阴极保护电位值逐渐正移，当涂层破损率不大于 5% 时，阴极保护电位值位于 -850mV（相对于 CSE）以下，当涂层破损率继续增大时，阴极保护电位大于最小保护电位 -850mV（相对于 CSE），集装箱船得不到有效的保护。阴极保护电位值在船体中部分布较均匀，在艉艉靠近辅助阳极的位置，电位较低，易造成过保护。

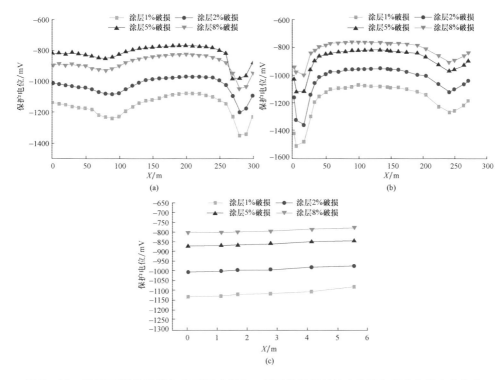

图 5-33　9200TEU 集装箱船在不同破损率工况下的阴极保护电位沿船长方向的电位分布

(a)船体水线下 1m 处；(b)船底中线处；(c)艉舵处。

参考文献

[1] 胡士信,孟宪级,徐快,等.阴极保护工程手册[M].北京:化学工业出版社,1999.

[2] 肖千云,吴晓光,高新华,等.舰船腐蚀防护技术[M].哈尔滨:哈尔滨工程大学出版社,2011.

[3] 鲍戈拉德 И Я.海船的腐蚀与保护[M].王曰义,杜桂枝,译.北京:国防工业出版社,1983.

[4] 颜世文,于全虎.钢质海船的腐蚀原因与防护[J].江苏船舶,2003,20(3):17-20.

[5] VERSTRAELEN H,BAERE K D,SCHILLEMANS W,et al. In situ study of ballast tank corrosion on ships – Part 1[J]. Materials Performance,2009,48(10):48-51.

[6] VERSTRAELEN H,BAERE K D,SCHILLEMANS W,et al. In situ study of ballast tank corrosion on ships – Part 2[J]. Materials Performance,2009,48(11):54-57.

[7] BAERE K D, VERSTRAELEN H, RIGO P, et al. Study on alternative approaches to corrosion protection of ballast tanks using an economic model[J]. Marine Structures,2013,32:1-17.

[8] 陈光章,吴建华,许立坤,等.舰船腐蚀与防护[J].舰船科学技术,2001,2:38-43.

[9] 顾彩香,吉桂军,朱冠军,等.船舶的腐蚀与防腐措施[J].船舶工程,2010,32(2):1-4.

[10] MATHIAZHAGAN A. Design and programming of cathodic protection for ships[J]. International

Journal of Chemical Engineering and Applications,2010,1(3):217-221.

[11] 韩恩厚,陈建敏,宿彦京,等.海洋工程结构与船舶的腐蚀防护——现状与趋势[J].中国材料进展,2014,33(2):65-76.

[12] 方志刚,刘斌.潜艇结构腐蚀防护[M].北京:国防工业出版社,2017.

[13] 周永峰,王洪仁.船舶海水管系的环境腐蚀研究进展[J].材料开发与应用,2008,48(6):16-20.

[14] 王培,逄昆,张海峰,等.船舶海水管路青铜截止阀腐蚀失效分析[J].材料保护,2018,51(10):143-146.

[15] 杨辉,杨瑞.某船海水管路泄漏失效原因分析[J].材料开发与应用,2016,31(03):28-32.

[16] 张文毓.船舶海水管系腐蚀与防护[J].船舶物资与市场,2019(10):11-16.

[17] Cathodic protection design:DNV-RP-B401[S].Norway:DET NORSKE VERITAS,2010.

[18] Ships and marine technology-Cathodic protection of ships:ISO 20313:2018[S].Geneva:International Organization for Standardization,2018.

[19] 颜东洲,黄海,李春燕.国内外阴极保护技术的发展和进展[J].全面腐蚀控制,2010,24(3):18-21.

[20] 侯世忠.船舶的腐蚀防护技术现状与应用[J].全面腐蚀控制,2017,31(3):21-26.

[21] 孙明先.舰船阴极保护技术的现状与发展[J].舰船科学技术,2001,2:44-46.

[22] 于楠,梁成浩,吴建华,等.基于缩比模型理论的船舶外加电流阴极保护系统水线下表面电位的研究[J].腐蚀与防护,2006,6(7):276-279.

[23] 吴建华,梁成浩,于楠,等.基于缩比模型模拟的船体单区域外加电流阴极保护系统[J].大连海事大学学报,2010,36(1):34-38.

[24] 吴建华,云凤玲,邢少华,等.数值模拟计算在舰艇阴极保护中的应用[J].装备环境工程,2008,3(5):1-4,66.

[25] 邢少华,彭衍磊,张繁,等.压载舱阴极保护系统性能仿真及优化[J].装备环境工程,2011,8(1):5-9,14.

[26] 中国船舶重工集团公司.水面舰船牺牲阳极保护设计和安装:GJB 157A—2008[S].北京:国防科学技术工业委员会,2008.

[27] 中国船舶重工集团公司.铝-锌-铟系合金牺牲阳极:GB/T 4948—2002[S].北京:国家质量监督检验检疫总局,2002.

[28] 中国船舶重工集团公司.锌-铝-镉合金牺牲阳极:GB/T 4950—2002[S].北京:国家质量监督检验检疫总局,2002.

[29] 中国船舶重工集团公司.船体外加电流阴极保护系统:GB/T 3108—1999[S].北京:国家质量技术监督局,2000.

[30] 中国船舶重工集团公司.船用参比电极技术条件:GB/T 7387—1999[S].北京:国家质量技术监督局,2000.

[31] 中国船舶重工集团公司.船用辅助阳极技术条件:GB/T 7388—1999[S].北京:国家质量技术监督局,2000.

[32] 邢少华,张博,闫永贵,等.涂层破损对船体阴极保护电位分布的影响[J].材料开发与应

用,2016,31(1):69 – 73.

[33] 侯志强,邢少华.压载水舱阴极保护设计与保护效果评价[J].材料保护,2008,6(41):1,67 – 68.

[34] 杨青松,王胜龙,谢晓君,等.船舶用压载舱涂料研究进展[J].材料开发与应用,2011,26(3):103 – 106.

[35] 陶乃旺,吴兆敏,曾登峰,等.压载舱涂料 PSPC 试验及结果探讨[J].材料开发与应用,2013,28(6):59 – 62.

[36] 李长彦,张桂芳,金显华,等.关于"太平泉"轮防腐蚀防污损的应用研究[J].材料开发与应用,1994,9(5):4 – 9.

[37] 郭宇.船舶与海洋结构物阴极保护电位数值仿真与优化设计[D].哈尔滨:哈尔滨工程大学,2013.

[38] 吴建华,陈仁兴,刘光洲,等.台洲海轮海水压载舱的牺牲阳极法阴极保护[J].中国腐蚀与防护学报,1998,18(4):297 – 301.

[39] 李长彦,张桂芳,张健.千吨轮的牺牲阳极阴极保护[J].材料开发与应用,1992,7(2):17 – 22.

第6章

—— —— ——

海洋工程的腐蚀控制

6.1 概　　述

6.1.1 海洋工程的范围

海洋工程是指以开发、利用、保护、恢复海洋资源为目的,工程主体位于海岸线向海一侧的新建、改建、扩建工程,分为海岸工程、近海工程和深海工程。海岸工程包括海岸防护工程、围海工程、海港工程、河口治理工程等;近海工程主要包括浮船式平台、移动半潜平台、自升式平台、海上风电设施等,从 20 世纪后半叶开始,随着大陆架海域石油与天然气的大规模开采,近海工程迅速发展。随着开采技术的日益进步,油气、矿产资源等开采技术由近海向深海迈进,现已能在水深 3000m 有余的海域钻井采油,在水深 4000m 的洋底采集锰结核,在水深逾 6000m 的大洋进行钻探。海洋工程装备是人类认识海洋、利用海洋和开发海洋的重要条件保障,对解决我国能源紧张,实现国民经济可持续发展具有重要意义。本章重点分析了石油平台、海上风电以及海底管线腐蚀控制技术,并结合典型工程案例分析海洋工程防腐蚀技术应用。

6.1.2 海洋工程腐蚀环境分类及特点

海洋工程装备服役于海洋环境,海水作为强腐蚀介质,导致铸铁、低合金钢和中合金钢无法在海水中建立钝态,甚至含 Cr 的高合金钢也难以在海水中形成稳定钝态,会遭受严重的腐蚀破坏作用。海洋工程还承受台风(飓风)、波浪、潮汐、海流、冰凌、海生物污损等的强烈作用,力学与腐蚀协同作用更加剧了海洋工程结构损伤。海洋工程耗资巨大,事故后果严重,为了保证海上生产的顺利进行,保证作业人员的安全和保护环境,做好海洋工程设施的防腐尤其重要。

根据《海港工程钢结构防腐蚀技术规范》(JTS 153 - 3—2007),结合环境特点,海洋工程装备腐蚀环境划分如表 6 - 1 所列。

表 6 - 1　海洋工程装备腐蚀环境划分

掩护条件	划分类别	大气区	飞溅区	潮差区	全浸区	海泥区
有掩护条件	按设计水位	设计高水位加 1.5m 以上	大气区下界至设计高水位减 1.0m 之间	飞溅区下界至设计低水位减 1.0m 之间	潮差区下界至海泥面	海泥面以下
无掩护条件	按设计水位	设计高水位加 (η_0 + 1.0m) 以上	大气区下界至设计高水位减 η_0 之间	飞溅区下界至设计低水位减 1.0m 之间		
	按天文潮位	最高天文潮位加 0.7 倍百年一遇有效波高 $H_{1/3}$ 以上	大气区下界至最高天文潮汐减百年一遇有效波高 $H_{1/3}$ 之间	飞溅区下界至最低天文潮位减 0.2 倍百年一遇有效波高 $H_{1/3}$ 之间		

注:1. η_0 值为设计高水位时的重现期 50 年,$H_{1/3}$(波列累积频率为 1/3 的波高)为波峰面高度。

2. 当无掩护条件的海洋工程装备无法按有关规范计算设计水位时,可按天文潮位进行划分。

1. 大气区

大气区是指海面飞溅区以上的大气区和沿岸大气区,相对于内陆大气,具有湿度大、盐分高及干湿循环效应明显等特点。由于海洋大气湿度大,水蒸气在毛细管作用、吸附作用、化学凝结作用的影响下,易在海洋工程装备表面形成水膜,而 Cl^-、CO_2 等盐分溶解在水膜中,形成导电良好的液膜电解质,易发生电化学腐蚀。由于金属材料微观组成差异,处于电解质溶液环境,形成了众多微观腐蚀原电池,导致金属腐蚀。海洋大气腐蚀性远比内陆大气强,研究表明,海洋大气中的材料腐蚀速率相对于内陆大气要快 4 ~ 5 倍。

2. 飞溅区

飞溅区一般是指平均高潮位以上海浪飞溅所能润湿的区段。飞溅区除了海洋大气区中的腐蚀影响因素外,还受到海浪的冲击和潮水的浸泡,具有海盐粒子量更高,浸润时间更长,干湿交替更频繁等特点。飞溅区一方面氧含量、湿度高,加速了金属腐蚀,另一方面浪花冲击破坏了金属表面的保护膜/涂层,使得腐蚀加速,是海洋环境腐蚀最严酷的区带。

3. 潮差区

潮差区是指平均高潮位和平均低潮位之间的区域,该区特点是涨潮时被水浸没,退潮时又暴露在空气中,即干湿交替呈周期性的变化,涨潮时发生海水腐蚀,退潮时主要发生大气腐蚀,但表面的潮湿度明显高于海洋大气环境。此外,潮差区海洋工程装备还受海生物污损影响,由于附着部位发生氧浓差腐蚀,生物附着部位腐蚀较快,在冬季有流冰的海域,潮差区的钢铁设施还会受浮冰的撞击。

4. 全浸区

全浸区是指低潮线以下直至海床的区域,根据海水深度不同,分为浅海区(低潮线以下 20 ~ 30m 以内)、大陆架全浸区(在 30 ~ 200m 水深区)、深海区(大于 200m 水深区)。3 个区影响钢结构腐蚀的因素因水深而不同。浅海区,具有海水流速较大、存在近海化学和泥沙污染、O_2 和 CO_2 处于饱和状态、生物活跃、水温较高等特点,该区腐蚀以电化学和生物腐蚀为主,物理、化学作用为次。在大陆架全浸区,随着水的深度加大,含气量、水温及水流速度均下降,生物也减少,钢腐蚀以电化学腐蚀为主,物理与化学作用为辅,腐蚀程度较浅海区轻。深海环境与浅层海水环境显著不同,压力、溶解氧含量(DO)、温度等均发生显著变化。随着深度增加,溶解氧含量逐渐减小,500 ~ 1000m 深度范围内海水溶解氧含量最小;当深度超过 1000m 以后,由于厌氧微生物代谢产生氧气,所以随着深度增加,溶解氧含量又缓慢增加。根据文献[1 - 3]报道,南加利福尼亚海、印度洋、中国南海溶解氧含量随海水深度的变化如图 6 - 1 所示。

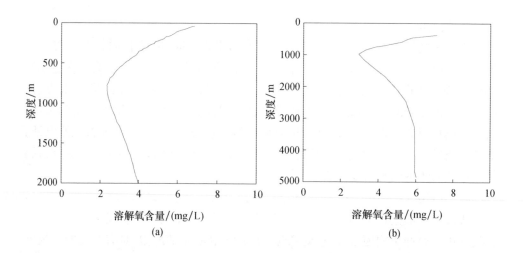

(a)   (b)

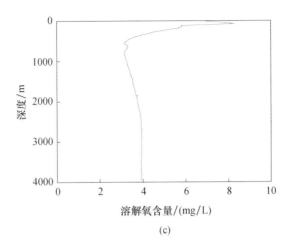

(c)

图 6-1　不同海域溶解氧含量随海水深度的变化

(a)南加利福尼亚海;(b)印度洋;(c)中国南海。

温度是影响材料腐蚀的另一个重要因素,海水温度受光照影响大,因此表层海水温度最高,0~300m 范围内海水温度随着深度增加显著降低,深度大于 1000m 以后,所有大洋海水温度差别不大,基本稳定在零点以上几度,且不随季节变化。南加利福尼亚海水温度随深度的变化如图 6-2 所示[1]。

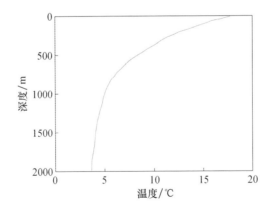

图 6-2　南加利福尼亚海水温度随海水深度的变化

深海海水盐度受蒸发、降水影响较小,盐度范围变化较小,平均盐度在 3.5% 左右。大西洋大洋舌海水盐度随深度的变化如图 6-3 所示[4]。pH 值与海水溶解氧含量、压力密切相关,溶解氧含量越高,pH 值越低;压力越大,pH 值越低[5],通常 pH 值随着深度增加而逐渐降低,大西洋和太平洋海水 pH 值随深度的变化如图 6-4 所示[6],大西洋表层海水 pH 值约为 8.1,深度超过 1000m 的深海环境海水 pH 值基本稳定在 7.7;而太平洋海水 pH 值略低于大西洋,表层海水 pH 值约为 7.8,深度超过 1000m 的深海环境海水 pH 值约为 7.6。

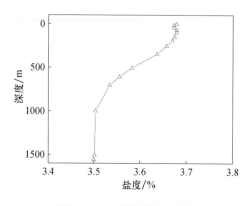

图6-3 大洋舌海水盐度随
深度的变化

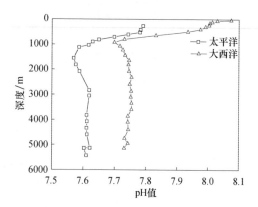

图6-4 大西洋和太平洋海水 pH 值随
深度的变化

5. 海泥区

海泥区主要是指海床以下部分,主要由海底沉积物构成。饱和的海水土壤,沉积物的物理性质、化学性质和生物性质都会影响腐蚀性,是一种比较复杂的腐蚀环境。海底的沉积物通常含有细菌,如硫酸盐还原菌会在缺氧环境下生长繁殖,生成有腐蚀性的硫化物,对海洋工程装备造成比较严重的腐蚀。

以碳钢、低合金钢建造的海上采油钻井平台为例,图6-5 给出了各种海洋环境区带的腐蚀速率对比。

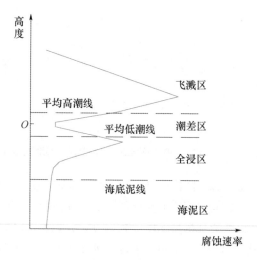

图6-5 钢铁在不同海洋环境区带的腐蚀速率对比

6.1.3　海洋工程防腐蚀技术

不同的环境条件,海洋工程腐蚀机制不同,不同的区带需要采取不同的防护措施。防腐技术的选择应根据海洋工程的环境条件、结构部位、使用年限、施工和维护等因素综合确定。

1. 海洋大气区防腐蚀技术

在大气区域,腐蚀是由于空气中的水分和氧气引起的。海上湿度大、长时间日照、高浓度盐雾,水汽和电解质积存在结构表面形成液膜,构成了电化学腐蚀的介质条件。海洋工程大气区普遍采用涂层技术进行保护,包括底漆、中间漆和面漆。

(1)底漆。

防腐底漆是影响海洋工程防腐效果的关键,要求其具有高附着力及防腐性能。20 世纪 40 年代,以海上石油平台为代表的海洋工程装备采用乙烯基涂料、环氧/胺涂料、氯化橡胶涂料进行保护。20 世纪 50 年代,以无机硅酸锌涂料作底漆,热塑性树脂涂料作面漆的多层涂层体系在当时获得了巨大成功,并一直沿用 30 ~ 40 年。20 世纪 70 年代,由于无机硅酸锌涂料对表面处理要求过于苛刻,逐步被环氧富锌底漆取代。

(2)中间漆。

底漆和面漆往往不是同一类树脂基体,为了使不同类型涂层之间黏结良好,中间层漆在涂料中起到承上启下的作用,要求其和底漆、面漆都有良好的层间附着力。海洋工程用中间漆典型特点是含有颗粒或者鳞片状锌粉、玻璃鳞片、纳米级石墨烯与钛粉等,起到阻隔海水渗透到钢基体表面的作用。

(3)面漆。

底漆虽然具有良好的耐海水腐蚀性能,但其耐紫外老化性能较差,必须在其表面配套耐老化性能优良的面漆。常用的防腐面漆已从单组分醇酸面漆发展为性能更优的丙烯酸面漆、环氧面漆、聚氨酯面漆、氟碳面漆等双组分面漆,其中聚氨酯面漆、氟碳面漆由于其优良的耐候性能,目前广泛用于南海等强光照环境海洋工程。

2. 飞溅及潮差区防腐蚀技术

飞溅及潮差区是在潮汐和波浪作用下干湿交替的区域,溶解氧含量高、湿度大,且经常受到波浪泼溅和冲击,是腐蚀最严重的区域。由于飞溅及潮差区的构件交替地浸没在海水中和暴露在大气中,是实施防腐保护最困难的区域。目前常采用增加腐蚀余量的办法,其余量大小由海洋工程装备的使用寿命、所用钢材年平均腐蚀速率等因素来确定,规范建议在中国南海不得小于 14mm,在中国其他海域不得小于 10mm(平均寿命为 30 年)。飞溅区和潮差区无法形成持续的离子导电回路,阴极保护技术受到限制,主要通过涂层技术进行防护,包括环氧底漆加厚膜型环氧玻璃鳞片涂层体系、无机富锌加高强度环氧涂层体系、无机富锌加环氧粉末涂层体系等,为保证涂层防腐寿命,总膜厚在 $550 \sim 1000\mu m$ 范围内。20 世纪末 21 世纪初,针对石油平台飞溅区和潮差区防腐涂层超过设计寿命失去防护作用,钢桩发生了较为严重的腐蚀问题,研发了复层包覆防腐蚀修复技术,由防蚀膏、防蚀带、衬里和防蚀保护罩组成的复合防护涂层具有良好的现场施工性能,并具有良好的防护性能,已广泛用于旧石油平台防腐涂层修复和新建海洋工程飞溅区与潮差区腐蚀防护。

3. 全浸区及海泥区防腐蚀技术

全浸区及海泥区普遍采用阴极保护法或者阴极保护联合涂层法进行防护,阴极保护法包括牺牲阳极保护法和外加电流保护法。

1)牺牲阳极阴极保护

(1)石油平台用牺牲阳极研制。

针对海洋工程结构复杂、所需保护电流大、防腐寿命要求长等特点,七二五所通过牺牲阳极材料研发,解决了牺牲阳极电容量低导致的寿命短、深海环境牺牲阳极性能下降等关键技术问题,为海洋工程装备全海深腐蚀防护提供解决方案。

20 世纪 90 年代,针对 Al – Zn – In – Cd、Al – Zn – In – Sn、Al – Zn – In – Si 和 Al – Zn – In – Sn – Mg 合金牺牲阳极电流效率不高、寿命无法满足海上石油平台防腐需求,七二五所于 1990 年研发了 Al – Zn – In – Mg – Ti 高效牺牲阳极,电流效率达到 90% 以上,并编制了《铝 – 锌 – 铟系合金牺牲阳极》(GB/T 4948—2002)国家标准,该型牺牲阳极广泛应用于海洋石油 981 平台、春晓气田、荔湾 3 – 1 气田、西江油田等平台腐蚀防护,显著提升了海洋工程寿命。

针对深海环境低温、低溶解氧环境,Al – Zn – In 系合金牺牲阳极电容量显著降低、溶解形貌差的问题,七二五所通过合金元素协同作用研究,研发了 Al – Zn – In – Mg – Ti – Ga – Mn 深海用牺牲阳极[7],南海 1200m 深海环境测试结果表明,电流效率达到 90% 以上。针对深海高强钢氢脆敏感性增强问题,研发了 Al – Zn – Ga – Si 低电位牺牲阳极[8],工作电位 – 0.75 ~ – 0.85V,电流效率达到 80% 以上,为深海工程装备腐蚀防护提供了性能优良的牺牲阳极保护材料。Al – Zn – Ga – Si 低电位牺牲阳极已用于康菲蓬莱 19 – 3 油田 A 平台海水泵不锈钢套管阴极保护,取得了良好的防护效果。

(2)导管架平台用大型牺牲阳极铸造工艺优化。

石油平台用牺牲阳极规格尺寸大,单块浇铸成型时间长,容易产生冷隔、跨面裂纹和内部剖切孔洞等质量缺陷。由于跨面裂纹的存在,按常规工艺生产出的大型导管架牺牲阳极过程检验合格率不足 30%,需靠后续维修打磨才终检合格。七二五所针对石油平台用大型牺牲阳极内部缩孔等质量问题,从浇铸温度、模具预热、冷却速度、冒口尺寸等几个方面,开展了熔炼工艺优化研究,确定了最佳熔炼工艺,解决了生产大型牺牲阳极产品内部易出现气孔问题。

其他影响因素不变的情况下,浇铸温度对牺牲阳极质量的影响如表6－2所列。浇铸温度低于700℃时,浇铸速度过慢时阳极侧面、两端堵头处易出现冷隔,因铝液温度低、流动性差等问题易造成冒口提前凝固不能充分补缩,冒口易出现孔洞。超过780℃阳极开始出现大量小裂纹。浇铸温度在700～780℃之间,阳极整体质量最优。

表6－2　浇铸温度对牺牲阳极质量的影响

浇铸温度/℃	阳极整体质量	存在问题
680～700	一般	阳极侧面、两端堵头处存在冷隔,剖切冒口易出现孔洞
700～780	优良	存在细小跨面裂纹,符合标准要求
780～800	一般	裂纹显著增多,剖切检验内部有气孔、缩孔出现

模具温度对牺牲阳极铸造质量的影响同样显著,如表6－3所列。当模具预热温度低于200℃,阳极表面有冷隔、边缘处有缺失现象。当模具温度达到280℃以上时,可以减小牺牲阳极冷却时的收缩量,从而有效地防止热裂的出现。当模具温度大于400℃时,由于牺牲阳极冷却不彻底,导致牺牲阳极底部粘连。模具的最佳温度为200～400℃。

表6－3　模具温度对牺牲阳极铸造质量影响

模具温度/℃	阳极整体质量	存在问题
<200	一般	阳极侧面、两端堵头处存在冷隔,阳极边缘缺失
200～400	优良	边缘存在细小裂纹
>400	一般	易冷凝不彻底,阳极底部粘连

牺牲阳极在模具内的自然冷却时间并不是越长越好,冷却时间对牺牲阳极质量的影响如表6－4所列。大型导管架牺牲阳极一般自然冷却10～20min后浇适量水后可一次起模成功,阳极表观质量优良。当自然冷却时间大于20min时,因阳极与铁芯、模具收缩比不同步,应力导致阳极在模具内即开始出现裂纹,自然冷却时间大于25min时裂纹数量显著增多。

表6－4　冷却时间对牺牲阳极质量的影响

自然冷却时间/min	是否浇冷却水	阳极质量	存在问题
<10	是	差	不浇水无法起模,阳极急冷易出现大型裂纹
10～20	是	优良	存在细小跨面裂纹

续表

自然冷却时间/min	是否浇冷却水	阳极质量	存在问题
20 ~ 25	否	一般	起模后阳极有裂纹
> 25	否	差	裂纹显著增多(在模具内开始出现裂纹)

冒口尺寸对牺牲阳极质量的影响如表 6 – 5 所列。通过适当增大冒口直径,冒口直径在 60 ~ 100mm 之间,利于充分补缩,阳极剖切检验内部无孔洞,但冒口增大到 100mm 以上时阳极冒口部位不易成型,冒口周围易出现凹陷现象。

表 6 – 5　冒口尺寸对牺牲阳极质量的影响

冒口尺寸(直径)/mm	阳极整体质量	存在问题
50 ~ 60	差	冒口周围易堆积氧化渣,剖切检验冒口处易出现孔洞
60 ~ 100	优良	无,剖切检验无孔洞
> 100	一般	冒口周围易出现凹陷现象

综上,通过牺牲阳极铸造工艺研究,确定导管架平台用大型牺牲阳极最佳铸造温度为 700 ~ 780℃,模具的最佳温度为 200 ~ 400℃,冷却时间为 10 ~ 20min,冒口最佳直径范围为 60 ~ 100mm,将牺牲阳极熔炼合格率提升至 80% 以上。工艺优化前后牺牲阳极内部质量对比如图 6 – 6 所示。

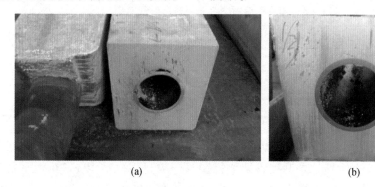

(a)　　　　　　　　　　　　(b)

图 6 – 6　工艺优化前后平台用大型牺牲阳极内部质量对比

(a)优化前;(b)优化后。

(3)海底管线用镯式牺牲阳极研制。

海底管线用镯式牺牲阳极厚度薄,半径大,内部铁芯结构复杂,影响牺牲阳极质量,当铁芯位置紧靠阳极内表面时,阳极表面容易出现裂纹和缩孔等表面质量缺陷;而当铁芯位置远离阳极内表面时,则阳极的寿命变短。通过优化设计及试验验证,确定铁芯距阳极内表面距离,在生产中采用模内校正、夹具固定等技术手段严格控制铁芯位置。此外,通过结构设计,使得铁芯外露的左右两部分的弧度正好相差铁芯的厚度,从而使阳极更加便于安装。镯式牺牲阳极对模具的设计和制造要求也非常高,要求考虑到模具基材与阳极合金的热膨胀系数差别、模具浇口位置方向、内外模形状厚度和导热速度及均匀程度的关系、表面粗糙度等因素,需通过高精度机械加工手段,使模具的制作达到生产高质量阳极产品的要求。

镯式牺牲阳极厚度薄,长度和内径大,导致在浇铸过程中各部位的冷却凝固速度差异较大,铸造过程中易发生的表面质量问题有收缩、冷隔、裂纹等,按常规工艺生产,合格产品仅为10%。研究发现,浇铸温度、模具温度、浇铸速度、起模时间、冷却时机、铁芯喷砂、补缩等工艺参数对阳极表面质量存在直接影响。七二五所为提升海底管线防护用镯式阳极成品率,确定了最佳铸造工艺。通过预热模具、预浇烫模、缩短浇铸间隔、模具保温等手段提高模具温度,使先浇液不在高温模具上附着;并在模具内壁涂刷专用涂料,增加模具厚度,提高表面的粗糙度和质量,牺牲阳极成品率从10%提高到了95%以上。

2) 外加电流阴极保护

与牺牲阳极法相比,外加电流阴极保护方法具有输出电流量大,适用于大型海洋工程装备腐蚀防护,不会增加装置重量,不产生重金属离子污染海水,安装工作量少的优点,而广泛用于大型海上石油平台、海上风电保护,如海洋石油981平台、揭阳神泉风电机组桩基等腐蚀防护。海洋工程装备常用的外加电流阴极保护技术主要有固定式外加电流阴极保护系统、抗拉伸外加电流阴极保护系统和远地式外加电流阴极保护系统[9]。这3种外加电流阴极保护系统适用范围如表6-6所列。

表 6-6　不同外加电流阴极保护系统适用范围及优缺点对比

分类	适用范围	优点	缺点
固定式	浅表海域	与海洋工程装备一起安装,可靠性高	辅助阳极附近保护电位较负,需屏蔽处理
拉伸式	浅、中海域	保护电位较均匀,安装灵活,易于检查	支撑钢缆连接件容易遭受风暴、腐蚀等破坏
远地式	中、深海域	保护电位分布均匀	需要水下安装,施工难度大;海底阳极电缆容易受到破坏

6.2　石油平台腐蚀防护案例分析

6.2.1　海上油气平台工程概况

据统计,2010年世界海洋油气探明可开采量为13215亿桶,占全球油气盆地总量约35.8%[10],并且每年逐步增长,2019年全球新发现储量在1亿桶油当量(约

1.36×10^7 t) 以上的海上油气田共 28 个,总储量约 14.2 亿 t 油当量,占当年发现总量的 79.2%。随着海洋油气开发技术飞速发展,一方面,全球深水油气产量不断攀升,1998 年,全球深水油气产量仅为 1.5 亿 t,占全球海洋油气总产量的 18%;2008 年,全球深水油气产量为 3.4 亿 t;2019 年,全球深水油气产量已达 5.4 亿 t;另一方面,深水油气成本逐渐降低,自 2013 年以来,全球深水油气开采成本降幅已经超过了 50%,部分深水项目开发成本可控制在 40 美元/桶以下,竞争力明显增强。中国已成为全球最大的原油和天然气进口国,油气对外依存度依旧呈上升趋势,面临的能源安全形势十分严峻。作为海洋大国,我国海洋油气资源丰富,但总体勘探程度相对较低,发展海洋油气是我国油气资源开发的长期战略。

海上油气平台分为固定式平台和移动式平台,固定式平台主要包括导管架式平台、混凝土重力式平台,移动式平台包括坐底式平台、自升式平台、钻井船、半潜式平台、张力腿式平台、牵索塔式平台。海上油气开发始于 1896 年,美国石油公司利用木质栈桥在加利福尼亚州的萨默兰海岸建造了世界上第一座海上石油平台。20 世纪初期,在美国路易斯安那州的湖泊地区,以及委内瑞拉的马拉开波湖上,人们以木桩搭制木质钻井平台,开采埋藏在湖底的油气资源,后来这种技术自然延伸到墨西哥湾的沿岸浅海地区。1937 年,第一座木质离岸的钻井平台在墨西哥湾建立。这一时期的水上钻井平台都是木制的,其水下基础及平台多由柏木制成。1946 年 Kerr McGee 石油公司在墨西哥湾建设了世界上第一座钢质石油平台,平台的所有打桩、安装等建造作业都是在海上进行的。一年后,第一座导管架平台出现,导管架全部在陆上预制完成,运至海上采油处再定位、安装、合拢,大大地提高了工作效率以及降低了海上作业成本,成为海上尤其是浅海地区油气资源开采最主要的平台结构形式。

为了提高钻探井平台的可迁移性,以及使之适应在不同海域、不同水深和不同类型特点的钻探采油作业,还发展了多种移动式钻井装置,包括驳船式、坐底式、自升式、半潜式、张力腿式、牵索塔式平台以及钻井船。不同类型的钻井平台有着不同技术经济特点、不同的工作环境和作业功能。例如,坐底式平台适用于浅海和海陆过渡地带,在 20~120m 水深以内的海域中,自升式平台具有作业成本低、稳定性好的明显优势;而半潜式平台、钻井船适用于深海油气开发,目前全球共有约 160 座半潜式平台和 40 余条钻井船。近年我国的钻井平台建造技术突飞猛进,由 708 所和上海外高桥造船有限公司设计和建造的深水半潜式钻井平台"海洋石油 981"于 2012 年 5 月 9 日在南海东部 1500m 深水的荔湾 6-1 井正式开钻,该平台具有勘探、钻井、完井与修井作业等多种功能,最大作业水深 3050m,钻井深度可达 12000m,代表了当今世界海洋石油钻井平台技术的最高水平。钻井船的建造是造船行业中的高技术领域,2015 年大连中远船务工程有限公司建成了世界上在建的最大深水钻井船大连开拓者号,该船全长约 290m,型宽 50m,可以在水深 3050m 海域进行钻井作业,钻井深度 12000m。

6.2.2　导管架平台牺牲阳极保护

作为海上石油钻采及生产基地的石油平台,导管架平台结构庞大复杂,腐蚀环境恶劣,维护成本高,设计寿命一般超过 20 年。为了保证海上石油生产的安全和高效,做好平台等设施防腐蚀的研究、设计、实施、维护和评估,就显得尤其重要。沙特阿美阿拉伯湾石油平台阴极保护项目是首个由我国自主设计和供货的国际石油平台防腐项目,本节以该项目为例,介绍导管架牺牲阳极阴极保护技术。

1. 工程概况

该项目包括 MRJN、ZULF、SFNY 和 RBYN 油田 28 个标准化 SSS 导管架,其中 ZULF 和 RBYN 油田 CRPO 49 导管架群安装 10 个导管架,包括 ZULF 1240/1249、ZULF 1350/1359、ZULF 1410/1419、ZULF 1530/1539、ZULF 2100/2109、ZULF 2110/2119、RBYN 10/19、RBYN 100/109、RBYN 110/119 和 RBYN 120/129。ZULF 1240/1249、ZULF 1350/1359、ZULF 1530/1539、RBYN 10/19 导管架为 9 × 32 和 1 × 38 导线 SSS 护套,牺牲阳极设计寿命为 7 年;ZULF 1410/1419 导管架为符合最新 SA 标准的 10 × 32 导线 SSS 护套,牺牲阳极设计寿命为 7 年;ZULF 2100/2109、ZULF 2110/2119、RBYN 100/109、RBYN 110/119、RBYN 120/129 导管架为符合最新 SA 标准的 9 × 32 和 1 × 38 导线 SSS 护套,牺牲阳极设计寿命为 25 年。

CRPO 49 导管架群所在海域海水平均温度为 25℃,海水深度为 15 ~ 60m,电阻率为 20Ω·cm。

2. 防腐蚀设计

1)防腐蚀设计寿命要求

ZULF 1240/1249、ZULF 1350/1359、ZULF 1530/1539、ZULF 1410/1419、RBYN 10/19 导管架防腐蚀设计寿命不少于 7 年,ZULF 2100/2109、ZULF 2110/2119、RBYN 100/109、RBYN 110/119、RBYN 120/129 导管架防腐蚀设计寿命不少于 25 年。

2)保护电流密度设计

综合考虑 CRPO 49 导管架群所处的阿拉伯湾海域海水环境,根据业主要求,不同部位保护电流密度设计如表 6 - 7 所列。

表 6 - 7　CRPO 49 导管架保护电流密度

部位	保护电流密度/(mA/m²)		
	初期	平均	末期
海水中的涂覆钢	13(7 年)/15(25 年)	15	15
海泥中的涂覆钢	6	6	6

续表

部位	保护电流密度/（mA/m²）		
	初期	平均	末期
海水中裸钢	65(7年)/75(25年)	75	75
海泥中裸钢	20(7年)/30(25年)	30	30

3）保护电流计算

根据结构图纸以及设计水位，按式（6-1）计算，CRPO 49 导管架保护面积及保护电流如表 6-8 所列。

$$I = i_c S f_c \qquad (6-1)$$

式中：i_c 为平均保护电流密度（mA/m²）；S 为被保护对象面积（m²）；f_c 为涂层破坏因子。

表 6-8　CRPO 49 导管架保护面积及保护电流

导管架	部位	保护面积/m²	电流密度/（A/m²）	保护电流/A
ZULF 1240/1249	海水（裸露）	4585	0.065	298.025
	海水（涂漆）	2456	0.013	31.928
	海泥区	1588	0.020	31.760
	井的额外电流需求	10 口	5A/口	50
	小计			411.713
ZULF 1350/1359	海水（裸露）	6269	0.065	407.485
	海水（涂漆）	2456	0.013	31.928
	海泥区	1632	0.020	32.640
	井的额外电流需求	10 口	5A/口	50
	小计			522.053
ZULF 1410/1419	海水（裸露）	6198	0.065	402.87
	海水（涂漆）	2456	0.013	31.928
	海泥区	1629	0.020	32.580
	井的额外电流需求	10 口	5A/口	50
	小计			517.378

续表

导管架	部位	保护面积 /m²	电流密度 /（A/m²）	保护电流 /A
ZULF 1530/1539	海水（裸露）	5727	0.065	372.255
	海水（涂漆）	2456	0.013	31.928
	海泥区	1617	0.020	32.340
	井的额外电流需求	10 口	5A/口	50
	小计			486.523
ZULF 2100/2109	海水（裸露）	135	0.075	10.125
	海水（涂漆）	8448	0.015	126.72
	海泥区	1621	0.030	48.630
	井的额外电流需求	10 口	10A/口	100
	小计			285.475
ZULF 2110/2119	海水（裸露）	119	0.075	8.925
	海水（涂漆）	7882	0.015	118.23
	海泥区	1609	0.030	48.270
	井的额外电流需求	10 口	10A/口	100
	小计			275.425
RBYN 10/19	海水（裸露）	4114	0.065	267.41
	海水（涂漆）	2456	0.013	31.928
	海泥区	1584	0.020	31.680
	井的额外电流需求	10 口	5A/口	50
	小计			381.018
RBYN 100/109	海水（裸露）	92	0.075	6.900
	海水（涂漆）	6592	0.015	98.880
	海泥区	1584	0.030	47.520
	井的额外电流需求	10 口	10A/口	100
	小计			253.300

导管架	部位	保护面积/m²	电流密度/(A/m²)	保护电流/A
RBYN 110/119	海水(裸露)	75	0.075	5.625
	海水(涂漆)	6289	0.015	94.335
	海泥区	1572	0.030	47.160
	井的额外电流需求	10 口	10A/口	100
	小计			247.12
RBYN 120/129	海水(裸露)	84	0.075	6.300
	海水(涂漆)	6483	0.015	97.245
	海泥区	1617	0.030	48.510
	井的额外电流需求	10 口	10A/口	100
	小计			252.055

4)牺牲阳极规格及数量设计

(1)牺牲阳极类型选取。

由于牺牲阳极阴极保护电位分布均匀、可靠性高、无须维护,国内外90%以上的水深不超过200m海上石油平台采用牺牲阳极阴极保护技术,国外一般按照DNV-RP-B401标准进行设计,国内参照JTS-153标准进行设计。牺牲阳极材料选材方面,国内外工程都会选用Al-Zn-In系合金牺牲阳极,该种阳极在浅海区域的电化学性能表现优异,且有丰富的工程应用经验。

(2)牺牲阳极规格和数量设计。

根据业主要求,防腐寿命7年和25年的导管架均选用尺寸为$(2400+2438)$mm×$(172+241)$mm×203mm牺牲阳极进行保护,单支牺牲阳极净重254kg,毛重296kg。根据公式,计算单支牺牲阳极初期和末期发生电流量,即

$$I_f = \frac{\Delta E}{R_a} \qquad (6-2)$$

式中:I_f 为单支牺牲阳极发生电流量(A);ΔE 为驱动电压(V),取值0.30V;R_a 为牺牲阳极接水电阻(Ω),即

$$R_a = \frac{\rho}{2\pi L}\left(\ln\frac{4L}{r} - 1\right) \qquad (6-3)$$

其中:ρ 为海水/沉积物电阻率(Ω·m),取0.20Ω·m;L 为阳极长度(m);r 为牺牲阳极半径(m),即

$$r = \frac{C}{2\pi} \qquad\qquad (6-4)$$

其中:C 为牺牲阳极横截面周长(m)。

根据初期和末期所需保护电流,以及牺牲阳极初期和末期发生电流量,计算得到初期和末期所需牺牲阳极数量如表6-9所列。

表6-9　CRPO 49 导管架不同服役阶段所需牺牲阳极数量

导管架	满足平均电流需求牺牲阳极数量	满足初始电流需求牺牲阳极数量	满足最终电流需求牺牲阳极数量	牺牲阳极数量
	84	73	100	100
	9	8	11	11
ZULF 1240/1249	9	8	11	11
	14	12	17	17
	116	101	139	139
	115	100	137	137
	9	8	11	11
ZULF 1350/1359	9	8	11	11
	14	12	17	17
	147	128	176	176
	114	99	136	136
	9	8	11	11
ZULF 1410/1419	9	8	11	11
	14	12	17	17
	146	127	175	175
	105	91	125	125
	9	8	11	11
ZULF 1530/1539	9	8	11	11
	14	13	17	17
	137	120	164	164

续表

导管架	满足平均电流需求牺牲阳极数量	满足初始电流需求牺牲阳极数量	满足最终电流需求牺牲阳极数量	牺牲阳极数量
ZULF 2100/2109	4	4	4	4
	53	53	53	53
	20	20	20	20
	42	42	42	42
	119	119	119	119
ZULF 2110/2119	4	4	4	4
	49	49	49	49
	20	20	20	20
	42	42	42	42
	115	115	115	115
RBYN 10/19	75	66	90	90
	9	8	11	11
	9	8	11	11
	14	12	17	17
	107	94	129	129
RBYN 100/109	3	3	3	3
	41	41	41	41
	20	20	20	20
	42	42	42	42
	106	106	106	106
RBYN 110/119	2	2	2	2
	39	39	39	39
	20	20	20	20
	42	42	42	42
	103	103	103	103

续表

导管架	满足平均电流需求牺牲阳极数量	满足初始电流需求牺牲阳极数量	满足最终电流需求牺牲阳极数量	牺牲阳极数量
	3	3	3	3
	40	40	40	40
RBYN 120/129	20	20	20	20
	42	42	42	42
	105	105	105	105

(3)牺牲阳极寿命核算。

为保证牺牲阳极寿命满足设计要求,牺牲阳极总发生电流量应满足下式:

$$Q_t = NQ_s \geqslant 8760 I_{cm} t_f \qquad (6-5)$$

式中:I_{cm} 为平均保护电流(A);t_f 为设计寿命(年);Q_s 为单支牺牲阳极发生电量。

计算结果表明,牺牲阳极寿命满足设计要求。

6.2.3　导管架平台外加电流保护

与牺牲阳极阴极保护相比,外加电流阴极保护技术具有安装阳极数量少,保护电位、保护电流可调,可实现自动控制的优点,由于辅助阳极安装数量少,保护电位分布均匀性控制技术难度大,辅助阳极附近过保护会发生氢脆断裂、远离辅助阳极部位欠保护,发生腐蚀风险较大,在海上石油平台应用较少。我国 20 世纪 90 年代以及 21 世纪初投产石油平台,现已进入设计寿命晚期或超期服役,部分平台牺牲阳极已无法对平台起到保护作用,需要进行延寿设计。本节以文昌二期 14-3WHPA 平台防腐延寿为案例,介绍外加电流阴极保护技术在海上石油平台的应用。

1. 工程概况

文昌二期包括 19-1WHPA、19-1WHPB、15-1WHPA、14-3WHPA、8-3WHPA 等 5 个导管架,8-3WHPA 设计寿命 15 年,19-1WHPA、19-1WHPB、15-1WHPA、14-3WHPA 设计寿命 20 年。14-3WHPA 平台 2008 年投产,设计安装了 498 支(1900+2100)mm×(160+180)mm×170mm 牺牲阳极进行保护,结构如图 6-7 所示,截至 2017 年,投产 9 年,由于牺牲阳极消耗过快,局部出现保护电位偏正现象。2017 年 9 月通过 ROV 检测了 346 支阳极消耗情况,按表 6-10 所述的牺牲阳极消耗评价等级,339 支阳极评级为 C 级,7 支阳极消耗等级为 D 级,露出阳极铁芯。为了确保 14 – 3WHPA 平台服役期内结构安全,采用外加电流阴极保护技术进行防腐系统的维护延寿。

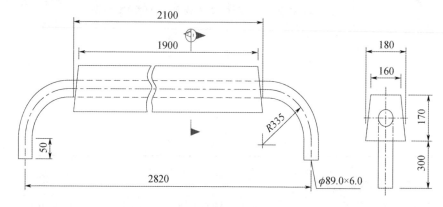

图 6 – 7　牺牲阳极结构

表 6 – 10　牺牲阳极消耗评价等级

形貌	表面状态	等级
	表面状态完好,无点蚀(消耗 0 ~ 5%)	A
	表面状态良好,轻微点蚀(消耗 6% ~ 20%)	B
	表面腐蚀,发生点蚀,形状发生改变(消耗 21% ~ 50%)	C
	表面状态差,大量点蚀,铁芯外露(消耗 50% 以上)	D

2. 防腐蚀设计

1)防腐蚀设计目标

设计寿命不少于 20 年,保护电位处于 – 800 ~ – 1100mV 范围内。

2)防腐方案选择

阴极保护电流密度设计过小,是导致 14 – 3WHPA 平台牺牲阳极保护系统实际寿命小于设计寿命的重要原因,根据该平台的服役环境特点,重新设计了阴极保护电流密度,原保护电流密度和更改后的保护电流密度对比如表 6 – 11 所列。

表6-11　14-3WHPA平台牺牲阳极保护电流密度对比

部位	原保护电流密度/(mA/m²)			更改后的保护电流密度/(mA/m²)		
	初期	中期	末期	初期	中期	末期
海水中的涂装钢材	10	20	35	10	30	40
海水中的裸钢	100	35	35	150	70	100
海泥中的裸钢	20	20	20	20	20	20

14-3WHPA导管架设计寿命为20年,根据ROV勘验结果,在第9年的时候阳极就消耗了50%,剩余阳极理论上只能使用7.2年,不能满足设计寿命要求。

根据14-3WHPA平台结构尺寸,计算导管架保护面积和所需保护电流如表6-12所列,当剩余阳极基本消耗完后,要维持导管架阴极保护,至少需要1392.3A电流维持阴极保护的需求。采用同6.2.2节相同的计算方法,计算14-3WHPA平台需要额外增加496块牺牲阳极或者增加2套750A的外加电流阴极保护系统,然而安装496块牺牲阳极的安装费用是外加电流系统的4~5倍,因此选择外加电流阴极保护技术对14-3WHPA导管架平台进行延寿防护。

表6-12　14-3WHPA平台牺牲阳极保护面积和所需保护电流

部位	保护面积/m²	所需保护电流/A		
		初期	中期	末期
海水中的涂装钢材	1000	10.0	30.0	40.0
海水中的裸钢	17394	2609.1	1217.6	1739.4
海泥中的裸钢	6234	124.7	124.7	124.7
井口(4口)	—	20.0	20.0	20.0

3)外加电流阴极保护设计

(1)恒电位仪设计。

恒电位仪输入电压为三相四线380V,频率50Hz,输出电流范围为直流0~750A,输出电压范围为0~36V,恒流精度≥±1%,冷却方式为变压器油冷却,并具有变压器油高温保护功能和数据存储功能,能在-30~+45℃、相对湿度不大于95%、气压86~106kPa环境中安全稳定工作。恒电位仪为基座式结构,如图6-8所示,柜体前部是电器控制箱,后部主体是变压器油箱,整流变压器、滤波元件和整流元件放置在油箱内;油箱侧面装有油标,测量变压器油温和液位;后部安装放油阀和硅胶呼吸器;油箱上部有注油孔和吊装吊环;两侧有整机吊装吊耳。

图6-8　导管架外加电流阴极保护恒电位仪外观

(2)辅助阳极设计。

采用2套远地式辅助阳极对导管架进行阴极保护,每套远地式辅助阳极上装有2根管状金属氧化物(MMO)阳极。辅助阳极支撑结构设计成立方体钢结构,采用无缝钢管和工字钢焊接而成,如图6-9所示,支撑结构和阳极间采用高分子材料进行绝缘,并通过螺栓固定。为避免辅助阳极底座腐蚀,底座钢结构表面涂覆两道环氧玻璃鳞片油漆,漆膜厚度300μm,同时采用牺牲阳极保护。远地式辅助阳极配有1根供电主电缆,主电缆与辅助阳极分支电缆的连接在密封接线盒中完成,接线盒采用密封材料填充。主电缆为深水防水直流电缆,设计寿命20年,电缆载流为直流750A,600V级绝缘,耐磨耐冲击,硬钢丝铠装,聚乙烯护套。

图6-9　远地式辅助阳极底座

采用数值模拟优化计算,确定辅助阳极距离导管架70m时,保护电位分布均匀且处于设计范围内。根据14-3WHPA平台海底管线和电缆走向,确定两套远地式辅助阳极位于平台西北方向和东南方向,如图6-10所示。

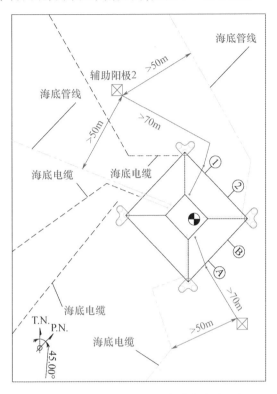

图6-10 14-3WHPA平台外加电流阴极
保护辅助阳极平面布置

(3)施工安装。

外加电流阴极保护主电缆采用电缆护管和钢缆进行保护,从平台顶部至底部电缆采用护管进行保护,远地式辅助阳极至平台海底部分采用钢缆固定。文昌14-3WHPA导管架平台A1和B1腿有原电缆护管,A2和B2腿有立管,后期改造在Row 1面安装了1条立管和1条电缆护管,综合考虑安装的可行性,在Row B1和Row A2安装外加电流电缆护管。钢缆结构形式为斜拉伸,主结构为镀锌钢丝加外部聚乙烯护套。钢缆上端固定于导管架桩腿上的固定装置(-29m),下端固定于重托,重托距离导管架底部横撑27m左右。参比电极由高纯锌和Ag/AgCl复合参比电极组成,固定于钢缆上,每15m左右一组,用于监测导管架电位。

6.3 海上风电腐蚀防护案例分析

6.3.1 海上风电工程概况

海上风能资源较陆上丰富,且受环境制约少,具有风电机组容量大、年利用小时数高等优点,使得近海风力发电技术成为研究和应用的热点。自 20 世纪 80 年代起,欧洲就开始积极探讨海上风电开发的可行性,瑞典于 1990 年安装了第一台试验性海上风电机组,2019 年英国的海上风力装机超过 1000 万 kW。我国东部沿海 70m 高度以下,风能资源可开发量为 5×10^5 MW,不仅资源潜力巨大且开发利用市场条件良好。上海东海大桥海上风电项目是我国首个大型海上风电项目,总装机容量 102MW,装有 34 台 3MW 风电机组,2010 年 6 月全部并网发电。到 2019 年底,我国累计并网海上风电装机容量 593 万 kW,占全球的 21%,仅次于英国、德国,位居世界第三位。

海上风电机组通常由塔头(风轮与机舱)、塔架和基础三部分组成。风电机组基础作为风电机组的支承结构,根据与海床固定的方式不同,可分为固定式和浮式两大类,适用于不同的水深。固定式一般应用于浅海,适应的水深范围为 0~50m,其结构形式主要分为桩承式基础和重力式基础。根据基桩的数量和连接方式,桩承式基础分为单桩基础、三脚架基础、导管架基础和群桩承台基础等;重力式基础根据墙身结构形式不同可分为沉箱基础、大直径圆筒基础和吸力式基础等。浮式基础主要用于 50m 以上水深海域,分为 Spar 式基础、张力腿式基础和半潜式基础 3 类等。

6.3.2 近海风电机组桩基腐蚀防护

海上风电机组基础长期处于海洋环境中,不仅要承受结构自重、风荷载,还要承受海洋环境中的波浪、水流、冰凌等环境因素的作用。此外,由于风电机组运行过程中产生的振动,使得基础容易产生疲劳损伤。因此,采取长期有效的防腐蚀措施,对于确保海上风电系统的安全运行起着至关重要的作用。本小节结合江苏响水近海风电场,分析桩基防腐蚀设计及技术应用。

1. 工程概况

中国三峡集团江苏响水近海风电场于 2015 年 5 月开工建设,2016 年 10 月竣工并网发电,是当时国内一次性建成单体容量最大的海上风电场。项目位于江苏响水县灌东盐场、三圩盐场外侧海域,风电场中心离岸距离约 10km,沿海岸线方向长约 13.4km,垂直于海岸线方向宽约 2.6km,场区面积 34.7km²,场区水深

8～12m。全场共安装 55 台风机，总装机容量 202MW。风电场配套建设一座 220kV 海上升压站、84.6km 的 35kV 场内集电线路、12.9km 的 220kV 送出海缆和一座陆上集控中心。

响水近海风电场共装有 55 座风机，其中 4MW 风机 37 座，3MW 风机 18 座，每座风机桩基结构形式和尺寸如表 6 - 13 所列。

表 6 - 13　桩基结构形式及尺寸表

机型	风机数量	桩基结构形式	桩基尺寸
4MW	37 座	高桩承台	每机位 8 根直径为 1.6m，长度为 61.5～81.5m 的钢桩
3MW	18 座	单桩基础	12 根直径为 4.3～5.6m，6 根直径为 4.3～5.8m，钢桩长度均为 64～76m

2. 防腐蚀设计

1）防腐蚀设计目标

风电机组桩基防腐蚀设计寿命不少于 30 年。根据国内外海洋工程保护电位设计要求，在保护年限内，桩基钢结构保护电位范围为 -0.85～-1.10V（相对于 CSE）。

2）防腐方案设计

近海风电机组桩基保护面积小，所需的保护电流密度小，且由于离岸较近，安装容易，采用环氧重防腐涂层加牺牲阳极阴极保护系统的联合防腐蚀方案，通过防腐涂层有效隔离桩基钢结构与海水，减小桩基防腐蚀电流需求，延长牺牲阳极寿命；牺牲阳极为涂层破损部位钢结构提供防腐蚀电流，抑制钢结构局部腐蚀，提升防腐蚀效果。

（1）保护范围。

根据响水潮位统计数据，高潮位为 1.84m，低潮位为 -1.62m，泥面标高为 -12～-6m，响水风电机组桩基保护范围为整个桩基础，高潮位 1m 以上采用涂层保护，1m 以下采用涂层加牺牲阳极保护。

（2）涂层防护方案。

①高桩承台结构桩基涂层防护方案。高桩承台结构桩基防腐涂层方案见表 6 - 14。由于飞溅区及潮差区供氧充分，腐蚀性强，且退潮时牺牲阳极无法与涂层起到联合保护作用，采用 3 道环氧重防腐涂料进行保护，涂层厚度达到 1000μm；同时考虑飞溅区及潮差区还受到太阳辐射作用，涂层应具有良好的耐老化能力，在环氧重防腐涂料基础上设计 60μm 厚度脂肪族聚氨酯面漆进行防紫外老化保护；牺牲阳极可持续对全浸区桩基起到保护作用，因此全浸区设计 2 道环氧重防腐涂料和 1 道改性环氧耐磨漆进行保护，涂层总厚度约为 600μm。

表 6 – 14　高桩承台结构桩基防腐涂层方案

范围	底漆	面漆
飞溅区及潮差区	环氧重防腐涂料 3 道,总干膜厚度 1000μm	脂肪族聚氨酯面漆 60μm,1 道
全浸区	环氧重防腐涂料 2 道,总干膜厚度 400μm	改性环氧耐磨漆 200μm,1 道

②单桩结构桩基础外表面、内表面涂层配套方案。单桩结构桩基础外表面、内表面涂层配套方案见表 6 – 15,外表面防腐方案同高桩承台结构桩基防腐方案,内表面采用 3 道 1000μm 环氧重防腐涂料进行保护,由于内表面不会受到紫外辐射作用,无须采用耐老化的脂肪族聚氨酯面漆进行保护。

表 6 – 15　单桩结构桩基础外表面、内表面涂层配套方案

桩基部位	涂层范围	底漆	面漆
外表面	– 5.0 ~ + 10.0m	环氧重防腐涂料总干膜厚度 1000μm,3 道	脂肪族聚氨酯面漆 60μm,1 道
	– 12.0 ~ – 5.0m	环氧重防腐涂层总干膜厚度 400μm,2 道	改性环氧耐磨漆 200μm,1 道
内表面	– 12.0 ~ + 10.0m	环氧重防腐涂料总干膜厚度 1000μm,2 ~ 3 道	—

(3)牺牲阳极保护设计。

①牺牲阳极选型。根据响水风电服役环境海水电导率以及防腐蚀寿命设计要求,依据《铝 – 锌 – 铟系合金牺牲阳极》(GB/T 4948—2002)选用高效 Al – Zn – In – Mg – Ti 合金牺牲阳极,牺牲阳极尺寸为 2300mm × (220 + 240)mm × 230mm,净重为 294kg,毛重为 310kg。Al – Zn – In – Mg – Ti 合金牺牲阳极电化学性能如表 6 – 16 所列。

表 6 – 16　Al – Zn – In – Mg – Ti 合金牺牲阳极电化学性能

项目	工作电位 /V	实际电容量 /(A·h/kg)	电流效率 /%	消耗率 /(kg/(A·a))	溶解状况
电化学性能	– 1.05 ~ – 1.12	≥2600	≥90	≤3.37	腐蚀产物容易脱落 表面溶解均匀

②牺牲阳极数量计算。影响阴极保护电流密度大小的主要因素与被保护金属的种类、腐蚀介质性质(主要是导电性、含氧量、氯离子含量、流速、风浪、pH 值、温度和污染等因素)、金属表面状态(包括是否涂漆、涂漆种类和涂覆工艺质量等)、有效保护年限和外界条件的影响等因素(如风浪、海流)有关。这些因素的变化可以使阴极保护电流密度由几 mA/m² 变化到几百 mA/m²。响水风电机组桩基阴极保护电流密度按《海港工程钢结构防腐蚀技术规范》(JTS 153 – 3—2007)规定的保护电流密度选取,如表 6 – 17 所列。

表 6 – 17　桩基不同阶段保护电流密度

环境介质	表面状态	保护电流密度/（mA/m²）		
		初始值	平均值	末期值
静止海水	裸钢	100	70	90
流动海水	裸钢	150	80	100
海泥	裸钢	25	20	20
海水	涂层	10	40	50

根据桩基保护面积,采用式(6 – 1) ~ 式(6 – 4)计算响水风电机组桩基牺牲阳极数量如表 6 – 18 所列。

表 6 – 18　响水风电机组桩基牺牲阳极保护方案

桩基础形式	单座机位牺牲阳极数量/支	牺牲阳极总数量/支
高桩承台	32	1184
单桩基础	12	216

3. 施工及安装

涂层的施工按产品施工要求进行,牺牲阳极安装过程如下。

1)高桩承台结构牺牲阳极安装

根据牺牲阳极安装位置,在桩基钢管桩上预先焊接定位板,沉桩后牺牲阳极水下焊接到定位板上。为保证牺牲阳极与钢桩电导通,牺牲阳极与钢管桩之间焊接部位不涂防腐涂层。

2)单桩结构桩基础牺牲阳极安装

单桩结构桩基础所有牺牲阳极焊接在集成式套笼结构最下面一层支撑钢管处,牺牲阳极与圈梁(支撑钢管)处的焊缝等级为二级,为保证导电性,牺牲阳极与圈梁之间焊接部位不涂防腐涂层,对导电无影响的表面均要进行涂层保护,防护涂层方案同表 6 – 15。待集成套笼结构现场施工安装完成后,桩基与集成式套笼圈梁现场焊接。

6.3.3　海上风电机组桩基腐蚀防护

海上风电机组离岸更远、海水深度更大、施工难度更大,要求防腐蚀寿命更长、可靠性更高、现场施工工作量少。由于牺牲阳极通常需要现场安装作业,使得其在海上风电腐蚀防护上的应用受到限制,普遍采用涂层联合外加电流阴极保护方案进行防护,本节以国家电投揭阳神泉 400MW 海上风电为例,分析海上风电机组桩基防腐蚀技术的实施。

1. 工程概况

国家电投揭阳神泉 400MW 海上风电场项目场址位于揭阳市神泉镇南面海域,

场址中心离岸距离约26km,水深33~39m,高潮位1.46m,低潮位-0.19m,设计平均水位+0.67m,平均海床面(泥面)标高-36m,桩底标高-91.5~-86.5m,海水电阻率取25Ω·cm。海上风电机组桩基础采取8.8~9.1m单桩基础结构形式,钢管桩直径为8600mm,布置29台7.0MW和37台5.5MW风电机组,同时配套建设1座220kV海上升压站和陆上集控中心。

2. 防腐方案设计

1)防腐蚀设计目标

钢管桩基防腐设计年限为不低于30年,其中:

(1)防腐涂料设计寿命不低于15年;

(2)外加电流阴极保护系统,可在海底使用30年以上,辅助阳极、参比电极等关键部件,设计年限不低于30年;

(3)初始保护电位不小于-1100mV,防止氢脆;

(4)海泥海水界面保护电位不大于-900mV,防止微生物腐蚀;

(5)保护电位不大于-800mV。

2)防腐方案设计

海上风电机组桩基所需保护面积和电流大,且水深较深,若采用牺牲阳极保护,所需牺牲阳极数量较多,且施工难度大,通常采用外加电流阴极保护。针对揭阳神泉风电环境特点,采用环氧重防腐涂层加外加电流阴极保护的联合防腐蚀方案进行保护。由于海缆布设需要在桩基泥面以上部位开孔,造成桩基内侧、外侧海水连通,桩基内、外表面均需要防护。

(1)防腐涂层设计。

根据防腐涂料设计寿命不低于15年要求,国家电投揭阳神泉海上风电机组桩基外表面、内表面涂层配套方案见表6-19。

表6-19 揭阳神泉海上风电机组桩基外表面、内表面涂层配套方案

部位	区域	第一道涂层	第二道涂层	第三道涂层	第四道涂层
外表面	-8.5~20m高程范围	环氧重防腐涂料2~3道,总干膜厚度1000μm			脂肪族聚氨酯面漆80μm
	-48~-8.5m高程范围	环氧重防腐涂料2~3道,总干膜厚度800μm			
内表面	20.0m至内平台高程范围	环氧富锌漆80μm,环氧重防腐涂料1~2道,500μm			
	内平台高程至内平台1m以上高程范围	热喷锌150μm,环氧重防腐涂料2~3道,总干膜厚度1000μm			
	内平台-48~1m高程范围	环氧重防腐涂料2~3道,总干膜厚度800μm			

(2)外加电流阴极保护设计。

①保护电流计算。影响构件阴极保护电流密度大小的主要因素与被保护金属的种类、腐蚀介质性质(主要是导电性、含氧量、氯离子含量、流速、风浪、pH值、温

度和污染等因素有关）、金属表面状态（包括是否涂漆、涂漆种类和涂覆工艺质量等）、有效保护年限和外界条件的影响等因素（如风浪、海流）有关。根据桩基保护电位范围为 $-800 \sim -1100$ mV 的设计目标，以及服役环境特点，参照《海上风电场钢结构防腐蚀技术标准》（NB/T 31006—2011）、《水运工程结构耐久性标准》（JTS 153—2015），桩基保护电流密度及所需保护电流如表 6-20 所列。

表 6-20 揭阳神泉海上风电机组桩基不同部位保护电流计算结果

上水位/m	下水位/m	保护面积 /m²	钢桩外壁		钢桩内壁	
			保护电流密度 /(mA/m²)	保护电流 /A	保护电流密度 /(mA/m²)	保护电流 /A
0	-5	110	38	4.18	80	8.8
-5	-14	211	38	8.02	80	16.88
-14	-18	103	38	3.91	80	8.24
-18	-36	486	38	18.47	80	38.88
-36	-91.5	1499	20	29.98	20	29.98

②辅助阳极设计。

a. 辅助阳极选型。根据表 3-8 给出的各种类型辅助阳极工作电流密度和消耗率，镀铂钛阳极、铂钛复合阳极、铂铌复合阳极、钛基 MMO 阳极满足使用寿命要求。钛基 MMO 阳极是在钛基体上被覆一层贵金属氧化物膜，该阳极具有较高的性价比：排流量大、重量轻、寿命长、易加工安装。考虑到铂复合阳极成本较高，从经济性角度，设计采用钛基 MMO 阳极。

b. 辅助阳极数量计算。桩基内壁设计采用尺寸为 $\phi25$mm × 1000mm 钛基 MMO 阳极进行保护，该型阳极最小输出电流 33A，桩基内壁采用 4 支该型号辅助阳极进行保护。

桩基外壁设计采用 $\phi290$mm 钛基 MMO 阳极进行保护，该型阳极最小输出电流 33A，每座桩基采用 4 支钛基 MMO 阳极进行保护。

c. 辅助阳极位置设计。采用数值仿真技术研究了图 6-11 所示的两种不同辅助阳极位置的防护效果。方案一分布于桩基同侧的两支辅助阳极距离桩基较近，且成同一水平面布置，方案二分布于桩基同侧的两支辅助阳极距离桩基较远且上下错位 1000mm。通过边界元仿真软件，计算得到方案一和方案二在不同保护电流下，桩基保护电位如表 6-21 所列。由表 6-21 可知，采用方案一设计方案，输出电流达到 20A 时，桩基所有部位才能满足设计要求，而设计方案二输出电流达到 15A 时，所有部位即可达到保护要求，且保护电位分布更均匀，因此选用方案二对桩基进行外加电流阴极保护。

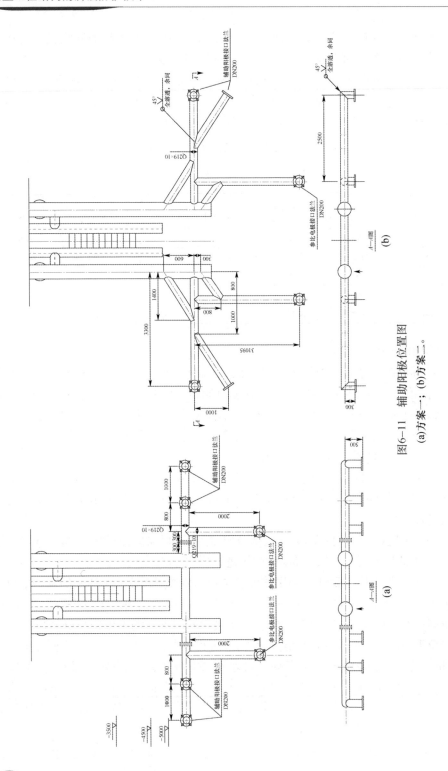

图6-11 辅助阴极位置图
(a)方案一; (b)方案二。

表 6-21　桩基保护电位仿真计算结果

保护电流 /A	方案一			方案二		
	海水中电位 /mV	海泥中电位 /mV	有效保护范围 /m	海水中电位 /mV	海泥中电位 /mV	有效保护范围 /m
10	-826 ~ -902	-783 ~ -819	6	-828 ~ -876	-791 ~ -850	16.4
15	-845 ~ -952	-793 ~ -837	18	-848 ~ -914	-804 ~ -878	全部
20	-860 ~ -994	-801 ~ -851	全部	—	—	—

③参比电极设计。参比电极应具有极化小、稳定性好、不易损坏、使用年限长等特性,并适应所处的环境介质。在海水介质中,Ag/AgCl 参比电极和 Zn 参比电极均可采用,虽然 Zn 参比电极稳定性较 Ag/AgCl 参比电极稍差,但后者受环境因素影响小,寿命长,更适合于海水、淡海水、淡水介质作为长期参比电极使用,因此选用 Zn 电极作为外加电流阴极保护用参比电极。其中桩基内壁安装 2 支圆柱结构参比电极,外壁安装 2 支圆盘状参比电极,如图 6-12 所示。

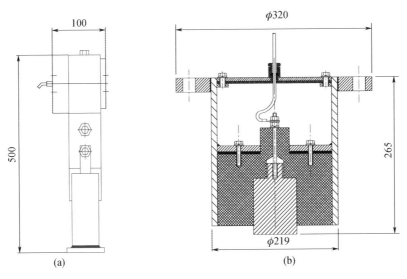

图 6-12　参比电极结构
(a)圆柱状参比电极;(b)圆盘状参比电极。

④恒电位仪设计。采用智能化高频开关型恒电位仪,结构具有组件化、模块化程度高、体积小的特点;性能具有效率高、噪声低、可靠性高、纹波系数小等优点,同时具有完备的智能管理系统,可在中控室对在线恒电位仪进行运行操作,包含输出参数调节和设置操作及所有运行参数、运行状态、故障信息的采集等。恒电位仪规格型号 120A/24V,3 路输出连续可调,内、外壁独立控制,一路备用,可自动切换。

3. 施工及安装

涂层施工按产品施工要求进行,外加电流阴极保护系统安装过程如下。

1)恒电位仪安装

恒电位仪通过地脚螺栓安装到内承台上。

2)辅助阳极与参比电极安装

桩基内壁辅助阳极、参比电极通过悬索吊装,外壁辅助阳极、参比电极通过法兰安装,如图6-13所示。

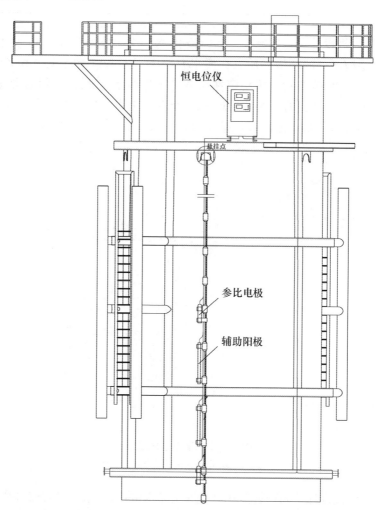

图6-13　桩基外表面、内表面外加电流阴极保护系统安装示意图

3)连接电缆安装

桩基外壁辅助阳极电缆、参比电极电缆采用钢质套管保护,从下往上布设,在

距离内承台下部 0.6m 对桩基开孔,通过金属软管保护将辅助阳极电缆、参比电极电缆引至桩基内部,再穿过内承台连接到恒电位仪;桩基内壁辅助阳极电缆、参比电极电缆与吊装绳索一起穿过内承台连接到恒电位仪。

6.4　海底管线腐蚀防护案例分析

6.4.1　海底管线工程概况

海底管线作为海洋工程中的重要组成部分,因具有输送快捷、安全、经济可靠等特点得到了广泛应用,成为石油输送的"海上生命线"。截至目前,约有数十万公里的海底管线铺设在世界各地,我国较长的海底管线是崖城 13 – 1 气田工程,海底输气管线长达 778km,崖城管线分为两个部分,一部分为崖城 13 气田至香港的天然气输送管线,为亚洲最长的海底天然气管道;另一部分为崖城 13 气田至海南南山终端的海底管道,主要输送凝析油及部分天然气。我国首个深水气田荔湾 3 – 1 气田,是位于南海东部海域的亚洲最大对外合作深海油气平台之一,已累计贡献清洁天然气 156 亿 m^3。荔湾 3 – 1 气田是南海东部海域的主力天然气田,其生产的南海深水天然气在珠海高栏终端处理后,通过中国海油建设的天然气管网输送到广东省的燃气电厂、工业企业和居民家中,贯穿粤港澳大湾区的大半个地区。目前,珠海和高栏两个天然气终端每年为粤港澳大湾区输送清洁天然气近 58 亿 m^3。近年来国内正在服役的海底输油管线项目有番禺/惠州天然气开发项目、文昌气田项目、荔湾 3 – 1 深水气田项目、绥中 36 – 1、垦利 3 – 2、番禺 34 – 1、丽水 36 – 1、黄岩 14 – 1 项目、锦州 9 – 3、秦皇岛 32 – 6 项目、锦州 25 – 1 项目、锦州25 – 1/25 – 1s Ⅱ期、涠洲 6 – 9/10 项目、惠州大亚湾海底管线项目。

6.4.2　海底管线牺牲阳极保护

海底管线所处的环境一般比较恶劣,通常是波浪、海流、泥沙输移共同作用下引起的局部冲刷导致管线悬空振动,最终疲劳损坏,造成大量的环境污染及经济损失。考虑到海底管线真实运行的介质环境为深处于海底的海泥环境中,这给海底管线的检测保养和维修带来了重重困难。因此,国家对海管腐蚀的重视程度与日俱增。荔湾 3 – 1 气田是中国第一个真正意义上的深水油气田,本节以荔湾 3 – 1 油气田项目海底管线阴极保护设计为例,介绍海底管线牺牲阳极保护技术。

1. 工程概况

荔湾 3 – 1 油气田位于中国南海东部,北偏西距离香港约 300km,东北方向距离东沙群岛约170km,平均水深1500m。项目工程开发按照区域开发思路,新建一座中心平台,带动荔湾及周边气田开发。根据此开发原则,工程开发方案中需新建一条中心平台至高栏岛终端管道,管道采用单层配重管结构形式。根据现有资料,中心平台水深为192m,管道为30英寸(约76.2cm)混凝土配重层(40~110mm)单层登陆管线(261km)。管线防腐涂层为3L-PE/3L-PP(3L为3层结构,即最底层环氧底漆+中间层黏结剂+表层聚乙烯(PE)/聚丙烯(PP)材料)。

2. 阴极保护设计

1)防腐蚀设计目标

荔湾3-1气田海底管线牺牲阳极保护寿命不低于50年,保护电位范围为-800~-1100mV。

2)防腐方案设计

(1)设计参数确定。

进行海底管线阴极保护设计前,需要确定环境电阻率参数、保护电流密度、涂层破损率、牺牲阳极实际电容量和利用系数。荔湾3-1气田海底管线所处海泥介质电阻率为85Ω·cm,采用3层聚丙烯涂层进行保护,涂层初期破损率为3%,末期破损率为4%,平均破损率为3.5%,参考DNV-RP-B401的取值方法,管线平均设计保护电流密度为0.02A/m^2,阳极电容量设计值按短期试验结果乘以0.8的系数取值,分别为1600A·h/kg,利用系数为0.8。

(2)牺牲阳极类型与结构设计。

根据荔湾3-1气田海底管线服役环境,选用铝合金牺牲阳极对海底管线进行保护。牺牲阳极结构形式为镯式结构,通过卡箍安装在管线外表面,如图6-14所示。

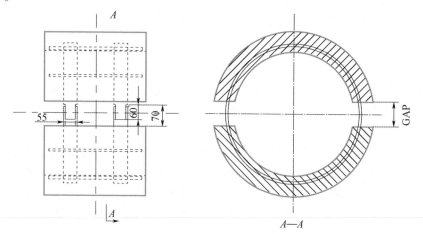

图6-14　卡箍型镯式铝合金牺牲阳极示意图

（3）牺牲阳极用量设计。

海底管线牺牲阳极用量需要满足平均保护电流需求量、末期保护电流需求量和末期保护距离需求量。

①满足平均保护电流需求量的牺牲阳极数量计算。海底管线所需平均保护电流量按式（6－1）计算，所需牺牲阳极数量为

$$N = \frac{8760 I_{cm} t_f}{Q_s m u} \tag{6-6}$$

式中：u 为牺牲阳极利用系数，取值为 0.8；m 为单支牺牲阳极净重（kg）。

②满足末期保护电流需求量的阳极数量计算。末期阳极表面积按式（6－7）计算，接水电阻按式（6－8）计算，即

$$A_f = \pi \left[D_{i,a} + 2 t_a (1 - u) \right] L_a - 2 L_a \left[\frac{D_{i,a} + 2 t_a (1 - u)}{2} \left(2 \arcsin \left(\frac{\frac{g}{2}}{\frac{D_{i,a} + 2 t_a (1 - u)}{2}} \right) \frac{\pi}{180} \right) \right]$$

$$\tag{6-7}$$

式中：$D_{i,a}$ 为阳极内径（m）；t_a 为阳极厚度（m）；g 为缝隙宽度（m）；L_a 为阳极长度（m）。

$$R_a = \frac{0.315 \rho}{\sqrt{A_f}} \tag{6-8}$$

末期单支阳极发生电流量 I_{af} 按式（6－2）计算，末期保护电流需求量和牺牲阳极数量分别按式（6－9）和式（6－10）计算，即

$$I_{cf} = i_{cm} S f_{cf} \tag{6-9}$$

$$N_f = \frac{I_{cf}}{I_{af}} \tag{6-10}$$

式中：f_{cf} 为末期涂层破损系数。

③满足末期保护距离的阳极数量计算。阳极末期保护距离按式（6－11）计算，满足末期保护距离的阳极数量按式（6－12）计算，即

$$L = \frac{d(D - d)}{\rho_{me} D f_{cf} i_{cm} k} \left\{ - \frac{R_{af} I_{cf}(\text{tot})}{L_{tot}} + \sqrt{\frac{R_{af}^2 I_{cf}^2(\text{tot})}{L_{tot}^2} + \frac{\rho_{me} i_{cm} k f_{cf} D}{d(D - d)} \Delta E} \right\}$$

$$\tag{6-11}$$

式中：ρ_{me} 为管道材质电阻率（$\Omega \cdot m$）；d 为管线壁厚（m）；L_{tot} 为管线总长度（m）；k 为设计影响因子。

$$N = \frac{L_{tot}}{L} \tag{6-12}$$

海底管线所需牺牲阳极数量取平均保护电流、末期保护电流和末期保护距离计算最大值，牺牲阳极间距为管线长度除以阳极数量，计算结果如表 6－22 所列，共安装 4131 支牺牲阳极。

表 6 – 22   荔湾 3 – 1 海底管线不同管段牺牲阳极数量

管段	长度/km	阳极间距/m	阳极数量
KP10 ~ KP25	15	36	415
KP25 ~ KP65	40	48	829
KP65 ~ KP88	23	60	384
KP88 ~ KP103	15	48	316
KP103 ~ KP146	43	72	595
KP146 ~ KP201	55	72	760
KP201 ~ KP212	11	72	153
KP212 ~ KP231	19	72	263
KP231 ~ KP242	11	72	153
KP242 ~ KP261	19	72	263

6.4.3   海底管线腐蚀状况检测评估技术

海底管道长期服役于腐蚀严酷的海洋环境,洋流、盐度、浅海人类活动都会对其造成影响,容易造成管道损伤,且难以发现和修复,一旦发生泄漏,将会对海洋生态环境带来不可估量的损害并造成巨大的直接经济损失。我国海上油田海底管道数量越来越多,服役时间越来越长,已有近 1/3 的海管进入中后期服役阶段,腐蚀泄漏风险越来越大,海管的生产安全问题日益突出。对海底管道进行检测和评价就显得极为重要。

1. 海底管线腐蚀检测技术

海底管线常用腐蚀检测技术为外观检查法、保护电位测量法等。外观检查主要包括管道涂层破损情况、管道腐蚀情况、牺牲阳极的消耗情况、牺牲阳极的电连接情况、牺牲阳极附着海生物情况等,但该技术仅适用于非埋设的海底管道设施。保护电位测量法是通过 ROV 测量管线与参比电极间电位实现,通过保护电位判断海底管线的防腐蚀效果,该方法同样仅适合非埋设的海底管道。对于掩埋于海泥之下的管道,国内外开展了金属磁记忆法和电场测量法研究。2013 年中海油能源发展装备技术有限公司在中海油海底管道检测技术验证评价中心进行了水下金属磁记忆检测技术的试验,并于 2014 年将该技术成功应用于渤海某海底管线机械缺陷的检测,该方法只能检测管线机械缺陷部位,无法用于管线防腐涂层和牺牲阳极的状态检查。电场测量法原理是涂层破损部位所需保护电流密度大,其周围的电场强度高,适用于埋设和非埋设管线涂层破损部位检测。

2. 海底管线检测分析

通过 Volantis 调查船搭载 125HP 工作级 ROV 对荔湾 3 - 1 海底管线防腐涂层破损检测和录像,测试结果表明管线涂层共发生 36 处破损,部分破损状态如图 6 - 15 所示。通过水下检测结果统计,管线涂层破损部位集中在 3 ~ 6 点钟位置,这主要是由于管线铺设施工过程中,受海况影响,船舶摇晃不定,造成托管架尾部右侧滚轮与管线撞击、挤压损伤,铺管时托架与管线发生较大的挤压力,从而导致管线的管端水泥被挤碎,由于水泥混凝土在托管架和管线间夹杂,造成硬物的划伤,托管架受损后有金属部件突起,造成混合型划伤。

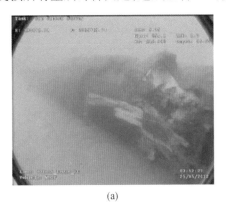 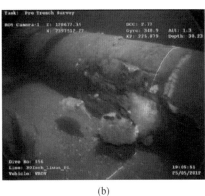

(a)　　　　　　　　　　　　　　　　(b)

图 6 - 15　荔湾 3 - 1 海底管线防腐涂层状态检查

(a) KP213. 938 处破损;(b) KP225. 879 处破损。

参考文献

[1] JENKINS J F. Pioneering study of deep ocean corrosion [C]//NACE International Corrosion Conference & Expo Annual Conference & Exposition. San Diego:NACE International,2006:1 - 13.

[2] VENKATESAN R,VENKATASAMY M A,BHASKARAN T A,et al. Corrosion of ferrous alloys in deep sea environments [J]. British Corrosion Journal,2002,37(4):257 - 266.

[3] 侯健,郭为民,邓春龙.深海环境因素对碳钢腐蚀行为的影响[J].装备环境工程,2008,5(6):82 - 84.

[4] 舒马赫 M,李大超.海水腐蚀手册[M].北京:国防工业出版社,1985.

[5] 郭为民,李文军,陈光章.材料深海环境腐蚀试验[J].装备环境工程,2006,3(1):10 - 15.

[6] 黄雨舟,董丽华,刘伯洋.铝合金深海腐蚀的研究现状及发展趋势[J].材料保护,2014,47(1):44 - 44.

[7] 余波,孙明先,闫永贵,等.镁含量对 Al - Zn - In - Mg - Ti - Ga - Mn 合金牺牲阳极组织和性

能的影响[J].材料开发与应用,2012,27(003):56-59.

[8] 曲本文,马力,闫永贵,等.海水温度对 Al-Zn-Ga-Si 低电位牺牲阳极性能的影响[J].腐蚀科学与防护技术,2015,027(003):259-263.

[9] 詹晖.海洋石油导管架平台外加电流阴极保护优化设计[D].青岛:中国海洋大学,2015.

[10] 江文荣,周雯雯,贾怀存.世界海洋油气资源勘探潜力及利用前景[J].天然气地球科学,2010,21(6):989-995.

第7章

—— — ——

桥隧工程的腐蚀控制

7.1 概　　述

7.1.1 桥隧工程的范围

交通建设在国家经济发展中起着十分重要的先行作用,跨海大桥和海底隧道是国家交通基础设施建设的重要组成部分。根据承重结构材料不同,跨海大桥和海底隧道可分为钢质大桥/隧道(如东海大桥、杭州湾大桥、上海长江大桥、崇启大桥、深中通道海底沉管等)和混凝土结构大桥/隧道(如青岛海湾大桥、港珠澳大桥海底沉管等)。跨海大桥的钢桩、钢筋混凝土桩、钢壳沉管海底隧道或钢筋混凝土海底隧道,由于长期处于海水或海泥中,受海水中有害离子浸蚀,混凝土内部钢筋或钢壳等结构发生锈蚀,危及构筑物的使用寿命,甚至影响桥隧的安全运营和投资效益。因此,在工程建设中,防腐蚀是桥隧从设计、施工、使用全过程必须优先考虑的重要环节,通过广泛应用各种先进有效的防腐蚀方法,提升防腐蚀效果,不仅可以节约大量的桥梁维护费用、延长桥隧使用寿命,同时也产生巨大的经济和社会效益。

7.1.2 桥隧工程的腐蚀类型及特点

跨海大桥及海底隧道主要建造材料分为钢筋混凝土和钢质结构,其中钢质跨海大桥腐蚀环境及腐蚀特点同海洋工程装备,详见 6.1.2 小节。本节重点分析混凝土结构腐蚀特点。

1. 钢筋混凝土腐蚀原因

钢筋混凝土是由钢筋和混凝土两种力学性质完全不同的材料所组成的一种复合材料,通过混凝土和钢筋协同作用提高力学性能。钢筋在碱性混凝土环境处于钝化状态,不发生腐蚀,但长期的工程应用实践表明,钢筋腐蚀引起混凝土劣化造成的钢筋混凝土结构破坏现象十分普遍,是造成钢筋混凝土结构在远小于设计使用年限的情况下过早失效的重要原因之一[1]。混凝土中钢筋腐蚀主要原因是海水、Cl^-、CO_2等通过混凝土缺陷渗入内部,导致混凝土发生酸化、电阻率降低,使得钢筋发生腐蚀,钢筋腐蚀产生的腐蚀产物的体积比原钢筋体积要大得多,对周围的混凝土产生应力,当应力超过混凝土的抗拉强度时,混凝土就会出现裂缝。混凝土出现裂缝后,露出的钢筋暴露于更加严重的Cl^-、O_2和湿气环境中,腐蚀加速。随着腐蚀的继续,混凝土出现层裂,层裂通常发生在钢筋位置或钢筋附近,最终导致混凝土胀裂破坏,如图7-1所示[2]。

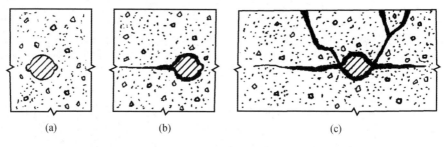

图7-1 腐蚀引起的混凝土破坏
(a)混凝土裂缝;(b)混凝土层裂;(c)混凝土胀裂破坏。

2. 钢筋混凝土腐蚀破坏类型

海洋环境中混凝土结构腐蚀的主要类型有Cl^-浸蚀、碳化浸蚀、镁盐硫酸盐浸蚀及碱-骨料反应等,其中Cl^-浸蚀导致的钢筋锈蚀是钢筋混凝土结构耐久性退化的最主要原因,其所造成的破坏和损失也是最严重的。

1)Cl^-浸蚀

桥梁钢筋混凝土结构通常具有较大的钢筋保护层厚度和高质量混凝土,且高碱性的环境条件(pH = 12~13),使得钢筋处于钝化状态,可对其起到长久的保护作用。但跨海大桥、海底隧道长期服役于海洋环境,Cl^-含量高,具有极强穿透能力的Cl^-会透过混凝土毛细孔或混凝土表面的裂缝到达钢筋表面,当钢筋周围混凝土孔隙液中的Cl^-含量达到临界值时,钢筋钝化膜就会局部破坏发生腐蚀,该临界值称为混凝土的氯化物临界浓度。氯化物临界浓度是表征混凝土中钢筋耐腐蚀性能的一个重要指标。氯化物临界浓度受混凝土孔隙液中的OH^-浓度、钢筋的电位、钢筋/混凝土界面的孔隙、水泥成分、湿含量、水灰比和温度等多因素影响,不同混凝土结构氯化物临界浓度往往不同。表7-1是美国混凝土协会[3-5]对混凝土中Cl^-含量的规定,表7-2和表7-3分别是我国交通部规范《公路钢筋混凝土及预应力混凝土桥涵设计规范》(JTG 3362—2018)[6]和《海港工程混凝土结构防腐蚀技术规范》(JTJ 275—2000)[7]对桥梁混凝土 Cl^- 含量的规定。根据国内外相关标准,预应力钢筋混凝土氯化物临界浓度应低于普通钢筋混凝土,海水环境应低于无氯盐环境。

表 7 - 1　ACI 混凝土中 Cl^- 含量的限定值(占水泥质量分数)　　(单位:%)

混凝土类型		ACI 201.2R - 08	ACI 222R - 01	ACI 318 - 08
预应力钢筋混凝土		0.06	0.08	0.06
普通钢筋混凝土	湿环境,有氯盐	0.10	0.10	0.15
	一般环境,无氯盐	0.15	—	0.30
	干燥环境或有外防护层	无规定	0.20	1.00

表 7 - 2　《公路钢筋混凝土及预应力混凝土桥涵设计规范》(JTG 3362—2018)
对混凝土中 Cl^- 含量的限定值(占水泥质量分数)　　(单位:%)

环境类别	环境条件	最大氯离子含量	
		钢筋混凝土	预应力钢筋混凝土
I	温暖或寒冷地区的大气环境、与无浸蚀性的水或土壤接触的环境	0.30	0.06
II	严寒地区的大气环境、使用除冰盐环境、海滨环境	0.15	
III	海水环境	0.10	
IV	受浸蚀性物质影响的环境	0.10	

表 7 - 3　《海港工程混凝土结构防腐蚀技术规范》(JTJ 275—2000)
对混凝土中 Cl^- 含量的限定值(占水泥质量分数)　　(单位:%)

预应力混凝土	钢筋混凝土
0.06	0.10

混凝土中的氯化物有两种存在形式,一种溶解于混凝土孔隙液中,是水溶性的;另一种已经与水泥水化产物结合,是酸溶性的。一般认为,游离 Cl^- 参与氯化物的传输和钢筋的腐蚀过程,结合的氯化物一般不参与这两个过程。但是当环境发生改变,游离 Cl^- 与氯化物会发生相互转变,氯化物间接影响钢筋腐蚀。因此,以游离 Cl^- 含量还是总 Cl^- 含量作为临界浓度,尚无定论。

一些研究者认为 Cl^- 引起混凝土中钢筋去钝化应取决于钢筋周围混凝土中的 $[Cl^-]/[OH^-]$,而不是单纯的 Cl^- 含量,并给出了 $[Cl^-]/[OH^-] \leqslant 0.60$ 临界值,但多种因素综合影响研究发现,不同 pH 值碱溶液中具有不同 $[Cl^-]/[OH^-]$ 的临界值,能否将 $[Cl^-]/[OH^-]$ 作为临界值指标目前还尚无定论[8]。

综上，Cl⁻是导致跨海大桥和海底隧道混凝土结构腐蚀破坏的重要原因。Cl⁻通过扩散首先到达混凝土外层钢筋表面，形成腐蚀性环境，不仅导致钢筋发生自腐蚀，更导致混凝土内、外层钢筋发生电偶腐蚀，如图7-2所示[2]，由于外层Cl⁻浓度要远远大于内层钢筋附近Cl⁻浓度，导致外层钢筋腐蚀电位较内层钢筋更负，形成了宏观腐蚀电池，外层钢筋为阳极区，内层钢筋为阴极区，混凝土成为电解质，绑扎钢筋的铅丝等金属件成为金属导体，外层钢筋发生加速腐蚀。

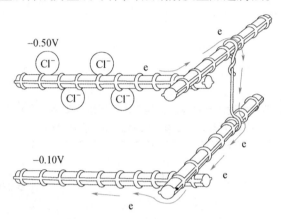

图7-2　Cl⁻导致钢筋发生电偶腐蚀示意图

2）碳化浸蚀

大气环境中CO_2以及海水中的HCO_3^-会通过混凝土微孔进入混凝土内部，与混凝土中的$Ca(OH)_2$反应生成$CaCO_3$，破坏混凝土的碱性环境，影响钢筋钝化膜的保持，最后$CaCO_3$又与CO_2作用转化为易溶于水的$Ca(HCO_3)_2$并不断流失，导致混凝土密实度减小，混凝土的强度降低，增加钢筋腐蚀。

3）镁盐硫酸盐浸蚀

硫酸盐浸蚀是一种常见的化学浸蚀形式，海水中的硫酸盐与混凝土中的$Ca(OH)_2$起置换作用而生成石膏，使混凝土变成糊状物或无黏结力的物质，主要反应过程为

$$SO_4^{2-} + Ca(OH)_2 + 2H_2O \longrightarrow CaSO_4 \cdot 2H_2O + 2OH^- \qquad (7-1)$$

生成的石膏在混凝土中的毛细孔内沉积、结晶，引起体积膨胀，使混凝土开裂，破坏钢筋的保护层。同时，所生成的石膏还与混凝土中固态单硫型水化硫铝酸钙和水化铝酸钙作用生成三硫型水化硫铝酸钙，如式（7-2）和式（7-3）所示。生成的三硫型水化硫铝酸钙含有大量的结晶水，其体积比原来增加1.5倍以上，产生局部膨胀压力，使混凝土结构胀裂，导致混凝土强度下降且破坏保护层。

$$3CaO \cdot Al_2O_3 + CaSO_4 \cdot 19H_2O + 2CaSO_4 \cdot 2H_2O + 8H_2O \longrightarrow$$
$$3CaO \cdot Al_2O_3 \cdot 3CaSO_4 \cdot 31H_2O \qquad (7-2)$$

$$4CaO \cdot Al_2O_3 \cdot 19H_2O + 3CaSO_4 \cdot 2H_2O \longrightarrow$$
$$3CaO \cdot Al_2O_3 \cdot 3CaSO_4 \cdot 31H_2O + Ca(OH)_2 \qquad (7-3)$$

海水中的 Mg^{2+} 能与混凝土中的成分产生阳离子交换,如式(7-4)和式(7-5)所示,生产 $Mg(OH)_2$,不仅破坏胶凝性,造成混凝土的溃散,而且新生成物不再能起到"骨架"作用,使混凝土的密实度降低或软化。

$$Mg^{2+} + Ca(OH)_2 \longrightarrow Ca^{2+} + Mg(OH)_2 \qquad (7-4)$$
$$Mg^{2+} + Ca-S-H \longrightarrow Ca^{2+} + Mg-S-H \qquad (7-5)$$

4)混凝土的碱-骨料反应

碱-骨料反应主要是指混凝土中的 OH^- 与骨料中的活性 SiO_2 发生化学反应,生成一种含有碱金属的硅凝胶。这种硅凝胶具有强烈的吸水膨胀能力,使混凝土发生不均匀膨胀,造成开裂,导致强度和弹性模量下降等不良现象,从而影响混凝土的耐久性。

3. 钢筋混凝土腐蚀破坏模型

钢筋混凝土腐蚀破坏包括腐蚀开始和腐蚀发展两个阶段,如图7-3所示[8]。腐蚀开始阶段为混凝土投入使用到混凝土内部 Cl^- 浓度达到临界浓度,使得钢筋去钝化并开始腐蚀,如图7-3中所示 T_i 时间段。T_i 长短与很多因素有关,包括钢筋种类、环境、氯化物、保护层厚度、混凝土类型等。氯化物的传输速度与混凝土材料有关,而氯化物极限浓度则与钢筋材料有关。如果混凝土没有裂缝,特别是宽度大于0.3mm的裂缝,T_i 主要与混凝土渗透性、保护层厚度、水泥种类、钢筋的耐腐蚀性能有关。如果混凝土存在裂缝,钢筋耐腐蚀性能成为唯一影响因素。对于质量差或开裂的混凝土,T_i 可能只有几年。

腐蚀发展阶段从钢筋腐蚀开始发展到严重腐蚀,承载能力不足或更换比维修更加经济时,如图7-3所示 T_p 段。腐蚀发展 T_p 时间长短取决于钢筋腐蚀速度,而腐蚀速度则很大程度上取决于混凝土的电阻率、氧含量和湿度、钢筋的种类和环境条件。腐蚀发展阶段又可分为以下两个时期。

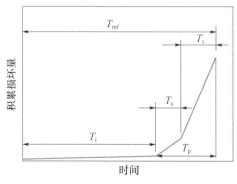

图7-3　钢筋混凝土腐蚀破坏模型

(1)从钢筋开始腐蚀到混凝土表面出现裂缝,即 T_c 阶段。

(2)混凝土表面裂缝发展为严重胀裂、剥落破坏,即已达到不可容忍的程度,即 T_s 阶段。

混凝土寿命 T_{mf} 为腐蚀开始阶段和腐蚀发展阶段时间之和,即 $T_{mf} = T_i + T_p = T_i + T_c + T_s$,正常情况下,在腐蚀破坏的 3 个时期 T_i、T_c 和 T_s 中,通常 T_i 最长,是决定混凝土使用寿命的主要阶段。

7.1.3 桥隧工程防腐蚀技术

1. 钢质跨海大桥防腐蚀技术

跨海大桥长度长、规模大、工作环境最苛刻、结构复杂、技术要求高,是一项跨海系统工程,通常设计基准期为 100 年以上。钢质跨海大桥主要依靠于钢桩进行支撑,而其在海水中往往遭受严重的腐蚀问题,因此钢管桩防腐蚀工程是百年大计工程,也是基础保障工程,具有以下技术难点。

(1)技术指标高。通常防腐蚀有效年限要求 100 年以上,保护度高达 95% 以上,最大腐蚀速度低于 0.03mm/a。

(2)防腐蚀方案设计难点多。方案设计要充分考虑咸淡水交替的影响、水中含沙量和水流的影响、承台套箱钢质模板的影响等。

(3)施工难度大。风浪、潮汐、水流等影响施工作业因素特多,水下施工作业能见度低。

(4)施工安全风险大。远离岸边,海况条件恶劣而特殊,风大、浪高、水流急、旋涡多、水下深浅不一,水下施工作业安全系数小;施工工作量大,需保护的钢管桩数量往往多达数千根。

针对上述钢质跨海大桥技术难点,七二五所采取了以下新材料、新技术、新工艺,解决了东海大桥防腐蚀问题,为钢质跨海大桥防腐蚀提供了解决方案,所参与的"东海大桥(外海超长桥梁)工程关键技术与应用"获得 2007 年度国家科学技术进步一等奖,荣获 2008 年度国家优质工程金质奖。

1)高效铝合金牺牲阳极

由于受长江和钱塘江入海影响,钢管桩工作海域为海淡水交汇区,含盐量相对较低,为 10.00‰ ~ 32.00‰,且随季节和潮汐变化而变化;水中含沙量偏高,为 1.30 ~ 10.828kg/m³;水流速度快,平均流速约为 2m/s;其水质腐蚀性相当强,钢管桩腐蚀严重。针对上述钢管桩工作海域特点和腐蚀情况,选用了适用于咸淡水交汇海域中的钢结构防腐蚀材料:Al – Zn – In – Mg – Ti 高效铝合金牺牲阳极,这种材料电流效率高达 90% 以上,电容量大于 2600A·h/kg,工作表面溶解均匀,电化学性能稳定。

2）水下区和泥下区裸管（无涂层）保护

钢管桩通常采用涂料和阴极保护技术联合防腐蚀，但是，由于泥下区沙石作用，钢管桩泥下区段涂料保护层会遭受机械破损，不可修复，有效保护性差，水中区段涂料保护层年久易老化而剥落，水中难以修复。针对跨海大桥钢桩涂层易老化破损问题，通过对牺牲阳极安装数量和位置进行精确设计，国内率先单独采用牺牲阳极进行阴极保护，保护电位普遍负于 - 900mV，且电位分布均匀，各区段均未发现任何锈迹，保护效果极佳。

3）水下湿法焊接工艺

由于钢管桩的材质为 Q345C 高强度锰钢，为了预防焊缝产生微裂纹，确保焊接质量，通常采用水下局部排水 CO_2 保护半自动焊安装固定阳极，这种焊接方法的优点就是可以在将局部可见度为零的海水排干情况下进行施焊，焊缝质量完全可以和陆上焊接相媲美，又因为排水气体是 CO_2，可以消除焊缝产生微裂纹的倾向，尤其是对 Q345C 材质进行水下焊接时，这种水下焊接方法更适用。但是，由于东海大桥海域水流特急，流速多在 2m/s 以上，流向不定，时有旋涡出现，涨潮和退潮期间无法进行水下作业，只能借助涨平潮和退平潮期间进行水下焊装阳极，而平潮时间又非常短。在这种极差的工况条件下，按照原制定的水下局部排水焊很难使排水罩稳定，很难在焊接一条焊缝（每支阳极四条焊缝）期间做到一次排水、一次性定位，需要反复多次排水和多次起弧，方可焊好一条焊缝，这样既影响了焊缝质量，又严重影响了工程进度。经国内外技术资料查询、现场实际操作考核，决定遵循美国 AWSD3.6 - 93 和 AWSD1.1 - 2000 标准，引进英国施工工艺，将原"水下局部排水 CO_2 保护半自动焊"改为"水下湿法焊接"，提高工效 5 倍以上，大大加快了施工进度。焊条采用英国 Hydroweld 公司研制的 Hydroweld FS 湿法焊条，在水质可见度为零的情况下，水下焊装牺牲阳极的焊缝质量与陆上焊缝质量相当，其性能指标全面达到了国际先进水平，如图 7 - 4 所示。

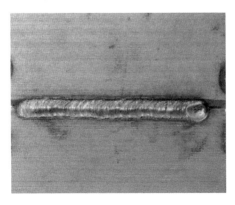

图 7 - 4　水下湿法焊缝形貌

2. 钢筋混凝土工程防腐蚀技术

混凝土结构桥隧工程常用的防腐蚀技术包括合理的结构设计、混凝土防护性能提升、混凝土表面涂层防护等。

1）合理的结构设计

合理设计结构形式和构造是防腐蚀的基本措施,跨海大桥和海底隧道混凝土结构形式应根据结构功能和环境条件进行选择,具体方法如下。

（1）大跨度的布置方案,减少与海水接触或被浪花飞溅的范围。

（2）设计合适的结构形式,几何形状应简单、平顺,减少棱角或突变,避免应力集中导致混凝土表面裂缝。

（3）处理好连接和接缝部位,对支座和预应力锚固等可能产生应力集中部位,采取相应结构措施避免混凝土承受拉应力;混凝土连接点处的施工应加倍小心,使连接混凝土的强度不低于本体混凝土强度,避免产生缝隙,不宜在浪溅处设计施工缝。

（4）腐蚀易发生在梁板、混凝土连接点、结构的凹凸部位、承受高静荷载或冲击荷载处、浪溅区以及结构的冰冻区域,应加强这些部位以保护钢筋免受腐蚀;为了保证混凝土尤其是钢筋周围的混凝土能浇注均匀和捣实,钢筋间距不宜小于50mm,必要时可考虑并筋,受力钢筋和构造钢筋宜构成闭口钢筋笼,以增加结构的坚固和耐久性。

2）混凝土防护性能提升

混凝土是一种多孔材料,各种腐蚀介质可以从孔隙中渗入混凝土内部造成危害。为了提高混凝土结构的耐久性,可以通过优化配合比,减小水灰比降低用水量,最大程度保证混凝土自身密实度完好,提高混凝土本身的抗 Cl^- 渗透性能和密实性,减少裂纹的发生。采用优质混凝土或高性能混凝土,提高混凝土密实度和抗渗性。

（1）混凝土原材料的选择。

水泥是混凝土的胶结材料,其性能直接决定了混凝土耐海水浸蚀性能。桥隧工程宜采用普通硅酸盐水泥、矿渣硅酸盐水泥、火山灰质硅酸盐水泥等,不得使用立窑水泥和烧黏土质的火山灰质硅酸盐水泥。普通硅酸盐水泥熟料中铝酸三钙含量宜控制在 6% ~12% 的范围内。当采用矿渣硅酸盐水泥、粉煤灰硅酸盐水泥、火山灰质硅酸盐水泥时,宜同时掺加减水剂或高效减水剂。

粗、细集料的耐蚀性和表面性能对混凝土的耐腐蚀性能具有很大影响。桥隧工程应选用质地坚固耐久的骨料,如天然河砂、碎石或卵石。发生碱 – 骨料反应的必要条件是碱、活性骨料和水,细骨料不宜采用海砂,不得采用可能发生碱 – 骨料反应的活性骨料。

拌制用水的 Cl^- 含量不宜大于 200mg/L,宜采用城市供水系统的饮用水,由于海水中含有硫酸盐、镁盐和氯化物,除了对水泥石有腐蚀作用外,对钢筋的腐蚀也有影响,因此不得采用海水拌制和养护混凝土。

（2）混凝土配合比设计。

在保证混凝土满足强度和泵送施工要求的前提下，通过减小水灰比，掺入膨胀剂、粉煤灰、高炉矿渣、微硅粉等多种掺合料，来提高混凝土密实度、耐渗透性以及抵抗腐蚀的能力；使用减水剂、加气剂、阻锈剂、密实剂、抗冻剂等外加剂，提高混凝土密实性或对钢筋的阻锈能力，从而提高混凝土结构的耐久性。

（3）高性能混凝土。

与普通混凝土相比，高性能混凝土不仅要求具有较高的强度，且在特定使用环境下具有高耐久性、高的体积稳定性以及良好的施工性等。受海洋环境的氯盐离子浸蚀、冻融循环干湿交替以及风浪潮的冲刷等恶劣因素影响，跨海大桥及海底隧道易因钢筋锈蚀，引起过早破坏，影响混凝土结构的耐久性。因此，服役于海洋环境的桥隧工程应优选高性能混凝土。

配制高性能混凝土应选用优质水泥、优质骨料，并掺加优质掺合料和高效减水剂。水泥宜选用标准稠度低、强度等级不低于 42.5 的中热硅酸盐水泥、普通硅酸盐水泥，不宜采用矿渣硅酸盐水泥、火山灰质硅酸盐水泥、粉煤灰硅酸盐水泥。细骨料宜选用级配良好、细度模数在 2.6 ~ 3.2 的中粗砂。粗骨料宜选用质地坚硬、级配良好针片状少、空隙率小的碎石，其岩石抗压强度宜大于 100MPa，或碎石压碎指标不大于 10%。减水剂应选用与水泥匹配的坍落度损失小的高效减水剂，减水率不宜小于 20%。掺合料可选用细度不小于 4000cm^2/g 的磨细高炉矿渣、Ⅰ、Ⅱ级粉煤灰及硅灰等。

（4）合理增加钢筋保护层厚度。

混凝土保护层是防止钢筋锈蚀的重要屏障，适当加大混凝土保护层的厚度，可以有效地延长结构物的使用年限。混凝土保护层厚度与 NaCl 含量之间的关系如图 7 - 5 所示，NaCl 的含量将随保护层厚度的增大而迅速降低。但保护层也不能过厚，以防混凝土本身的脆性和收缩导致混凝土保护层开裂。

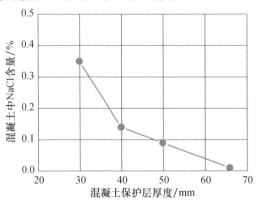

图 7 - 5　混凝土保护层厚度与 NaCl 含量关系

3）混凝土表面防护

（1）涂层防护。

涂层防护是在混凝土表面涂装有机涂料，通过隔绝腐蚀性介质与混凝土的接触达到延缓混凝土中钢筋腐蚀的目的。涂层防护是海洋环境混凝土结构耐久性重要防护措施之一，可有效阻止氯化物、溶解性盐类、O_2、CO_2 和海水等腐蚀介质的浸入，从根本上切断腐蚀的源头。混凝土属于强碱性的材料，防护涂层应具有良好的耐碱性、附着性和耐腐蚀性，常用的防护涂层有环氧树脂、聚氨酯、丙烯酸树脂、氯化橡胶和乙烯树脂等，主要用于平均潮位以上区域防护。涂层体系通常由底层、中间层和面层或底层和面层的配套涂料涂膜组成[9-10]。

（2）硅烷浸渍。

混凝土表面硅烷浸渍是采用硅烷类液体浸渍混凝土表层，利用硅烷特殊的小分子结构，穿透混凝土的表层，渗入混凝土表面深层，分布在混凝土毛细孔内壁，与暴露在酸性和碱性环境中的空气及基底中的水分产生化学反应，在毛细孔的内壁及表面形成防腐渗透斥水层，使混凝土具有低吸水率、低 Cl^- 渗透率和高透气性的特点。因化学反应形成的硅酮高分子与混凝土有机结合为一整体，使混凝土具有了一定的韧性以及自我修复功能，防止开裂且能弥补 0.2mm 的裂缝。硅烷浸渍适用于浪溅区混凝土结构表面的防腐蚀保护，宜采用异丁烯三乙氧基硅烷单体作为硅烷浸渍材料。硅烷作为一种新型的混凝土结构用有机防腐材料，不断向膏体化、凝胶化方向发展。

3. 钢筋防腐蚀技术

钢筋常用的防腐蚀技术包括喷涂钢筋涂层、阻锈剂防护等。

1）环氧涂层钢筋

环氧涂层钢筋是将填料、热固环氧树脂与交联剂等制成的粉末，采用静电喷涂工艺喷涂于经表面处理和预热的钢筋上，形成具有一层坚韧、不渗透、连续的绝缘涂层，从而达到防止钢筋腐蚀的目的。在普通钢筋表面喷涂的环氧树脂薄膜能明显提高钢筋的防腐蚀性能，此法是防止钢筋锈蚀的有效措施之一。涂层厚度一般在 $180 \sim 300 \mu m$ 范围内。采用静电喷涂的环氧涂层具有与基体钢筋黏结良好，抗拉、抗弯性能良好，对混凝土的握裹力影响很小，弹性和耐摩擦性良好，耐碱性和耐化学浸蚀等优点。环氧涂层钢筋防护技术的缺点是，对涂层完整性和施工工艺要求高，因为如果涂层存在破损，在腐蚀环境中，涂层破损部位钢筋局部锈蚀发展速度比无涂层钢筋快。

2）钢筋阻锈剂

钢筋阻锈剂可以有效阻止或延缓 Cl^- 对钢筋的腐蚀，其不仅能阻止环境中有害离子进入混凝土中，而且能使有害离子丧失侵害能力，抑制、延缓、阻止钢筋腐蚀过程，达到延长结构物使用寿命的目的。钢筋阻锈剂具有一次性使用而长期有效(能满足 50 年以上设计寿命要求),使用成本较低,施工简单、方便,适用范围广等优点。

钢筋阻锈剂本质是缓蚀剂,根据其作用原理的不同,可以分为阳极型阻锈剂、阴极型阻锈剂和复合型阻锈剂,这 3 种阻锈剂分别对阳极极化、阴极极化和阴阳极极化有阻滞作用。阳极型钢筋阻锈剂以亚硝酸盐、铬酸盐、苯甲酸盐为主要成分,其特点是具有接受电子的能力,能抑制阳极反应。阴极型阻锈剂以 Na_2CO_3 和 NaOH 等碱性物质为主要成分,其特点是阴离子为强的质子受体,它们通过提高溶液 pH 值,降低 Fe 离子的溶解度而减缓阳极反应,或在阴极区形成难溶性覆膜而抑制反应。复合型阻锈剂有硫代羟基苯胺等,其特点是分子结构中具有两个或更多的定位基团,既可作为电子受体,又可作为质子受体,兼具阳极型阻锈剂和阴极型阻锈剂的特性,能够同时影响阴阳极反应。因此,它不仅能抑制氯化物浸蚀,而且能有效抑制金属表面上微电池反应引起的锈蚀。

阻锈剂可与高性能混凝土、环氧涂层钢筋、混凝土表面涂层、硅烷浸渍等联合使用并具有叠加保护效果。

7.2　钢质大桥腐蚀防护案例分析

对于采用钢管桩作为基础的大型桥梁来说,钢管桩工作在水中,根据水质环境的不同,钢管桩又分为工作在海水环境中和淡水环境中两个种类。比如东海大桥钢管桩工作在海水环境中,上海长江大桥钢管桩工作在淡水环境中。另外,还有一种钢管桩工作在特殊的水域环境中,如崇启大桥。崇启大桥水域的水质随着季节的不同变化较大,每年的 4—10 月为丰水期,长江上游来水量较大,水质主要呈现淡水特征,10 月到次年 4 月为枯水期,长江上游来水量较少,受海水倒灌的影响,水质主要呈现海水特征。本书就以上述的 3 个大桥为例,分别介绍工作在不同环境中的钢管桩防腐蚀方案并分析其保护效果。

7.2.1　东海大桥钢管桩腐蚀防护案例分析

1. 工程简介

上海洋山深水港东海大桥是世界上第一座真正意义上的长度最长的跨海大桥,位于东海杭州湾嵊泗列岛海域,北起上海市南汇区芦潮港,途经小乌龟、大乌龟、颗珠山、小洋山等岛屿,直至洋山港池,总长 32.5km,其中陆上段长 3.7km,海上段长 25.3km,港桥连接段长 3.5km。全桥设主通航孔 1 处,辅通航孔 3 处,桥墩 484 座,其中有 331 座桥墩为钢管桩结构,钢管桩直径为 1500mm,长度为 50～81m,数量为 5338 根,材质为 Q345C,要求设计基准期为 100 年。

2. 环境条件

由于受长江和钱塘江入海影响,钢管桩工作海域为海淡水交汇区,含盐量相对较低,为 10.00‰ ~ 32.00‰,电阻率为 37.7 ~ 93.0Ω·cm,东海大桥海水盐度与电阻率关系如图 7 - 6 所示,且随季节和潮汐的变化而变化;水中含沙量偏高,为 1.30 ~ 10.828kg/m³;水流流速快,最大涨潮流速 185 ~ 231cm/s,流向 252° ~ 284°;最大落潮流速 202 ~ 241cm/s,流向 89° ~ 119°,平均流速为 2m/s 左右;其水质腐蚀性相当强,钢管桩腐蚀严重。平均海平面 + 0.23m;平均高潮位 + 1.86m;平均低潮位 1.34m;最大潮差 5.14m,平均潮差 3.20m,芦潮港至大乌龟岛钢管桩桥段自然泥面标高 - 12.5m ~ - 8.6,颗珠山至小洋山岛段自然泥面标高为 - 18.5 ~ - 19.9m。

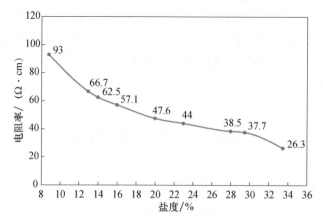

图 7 - 6　东海大桥海水盐度与电阻率关系

3. 防腐蚀设计

以东海大桥一个水中非通航孔 70m 跨连续低墩承台的 1 根钢管桩为单元进行防腐蚀设计,钢管桩直径为 1500mm,长度为 58m。

1)防腐蚀设计目标

(1)有效防腐蚀寿命不低于 35 年。

(2)在有效防腐蚀年限内,保护度不小于 95%,即钢管桩的腐蚀速率降至无保护桩的 5% 以下。

(3)在有效防腐蚀年限内,被保护钢管桩的保护电位自始至终控制在最佳保护电位范围: - 0.80 ~ - 1.0V。

(4)在有效防腐蚀年限内,钢管桩各区段无明显腐蚀,不产生蚀坑等集中腐蚀现象。

(5)在有效防腐蚀期限内,潮差段涂层耐盐雾、耐老化、耐湿热,抗振性和附着力强,不产生大面积剥离,最终自然破损率低于 30%。

(6)在有效防腐蚀年限内,防腐蚀系统对海域无污染作用,对钢管桩的强度无副作用。

2）涂层防腐蚀技术

（1）涂层范围的确定。

考虑到风浪的影响和施工期间的保护，以及为了加快潮差段的极化速度、缩短达到最佳保护电位的诱导期，确定每根钢管桩涂装范围是自钢管桩顶端开始（标高为 +1.50m）向下延伸至标高 -3.5m 以下，即每根钢管桩的涂覆长度为 4.5m。

（2）涂装面积。

根据钢管桩的几何尺寸和涂覆范围，求得每根钢管桩的涂装面积为 21.2m²，包括伸入承台部分的钢管桩总面积 7.1m²，处于潮差段的钢管桩总面积 14.1m²。

（3）涂料的选择。

由于钢管桩所处的腐蚀环境恶劣，并且设计防腐蚀年限高达 35 年以上，要求涂层达到较高的厚度，并且具有极好的附着力、耐磨性、耐海水腐蚀性和耐久性。综合本工程实际情况和技术要求，选用 725 - H53 - 9 环氧重防腐涂料，该涂料已在众多工程中应用，并获得理想的保护效果。该涂料由 3 组分组成，甲组分为基料（改性环氧树脂基料），乙组分为固化剂（改性胺固化剂），丙组分为粉料（耐磨填料及防锈颜料）。涂料细度为 40 ~ 100 目（粉料），干燥温度为 (25 ± 1)℃，表干不大于 2h，实干不大于 24h，容重为 1.8g/cm³，附着力大于 8MPa，表面硬度大于 6H，耐磨性为损失质量小于 0.055g/1000r。

（4）涂料用量。

①涂层厚度。根据涂层段所处的工作环境和有效防腐年限，参照相应的技术规范规定，考虑到施工条件，伸入承台内钢管桩段涂层干膜厚度为 100μm，潮差段涂层干膜厚度为 1100μm。

②环氧重防腐涂料用量（以 20% 损耗计）。根据涂覆面积、涂层厚度要求、涂料理论用量及施工过程中的涂料损耗，计算 1 根钢管桩的涂料用量如下。

承台部分的钢管桩用量为 7.1m² ×0.2kg/m² ×1.2 = 1.7kg

潮差段钢管桩涂料用量为 14.1m² ×2.2kg/m² ×1.2 = 37.2kg

③溶剂用量。

承台部分的钢管桩用量为 7.1m² ×0.005kg/m² = 0.04kg

潮差段钢管桩涂料用量为 14.1m² ×0.05kg/m² = 0.7kg

考虑到余量，每根钢管桩溶剂用量实取 0.8kg，综上计算，每根钢管桩涂料总用量为 39kg。

3）牺牲阳极保护技术

（1）保护面积。

根据承台和钢管桩的标高尺寸，充分考虑到海流冲刷对海底泥线的作用，平均海底泥线标高确定为 -15.0m，另外考虑到承台配筋对旁流的影响，计算单根钢管桩各区段的保护面积如下。

承台内钢管桩段面积：$S_1 = \pi \times 1.5 \times 1.5 = 7.1 (\mathrm{m}^2)$

潮差区段钢管桩面积：$S_2 = \pi \times 1.5 \times 3.0 = 14.1 (\mathrm{m}^2)$

海水全浸区段钢管桩面积：$S_3 = \pi \times 1.5 \times 12.0 = 56.5 (\mathrm{m}^2)$

海泥区段钢管桩面积：$S_4 = \pi \times 1.5 \times 41.5 = 195.5 (\mathrm{m}^2)$

承台内配筋面积：$S_5 = 5.3 \mathrm{m}^2$

综上计算，单桩牺牲阳极保护总面积：$S = S_1 + S_2 + S_3 + S_4 + S_5 = 273.2 \mathrm{m}^2$。

（2）保护电流密度。

根据被保护的钢管桩材质、表面状态、涂层质量与厚度、海域环境特点、有效保护年限和外界条件影响等有关因素，选取的保护电流密度分别如下。

①承台混凝土段：由于混凝土层比较厚和致密，所需保护电流相当小，承台混凝土区段的钢管桩保护电流密度取 $0.1 \mathrm{mA/m}^2$。

②潮差区段：由于在潮差段采用了高性能的环氧砂浆重防蚀涂层，具有极低的孔隙度和较厚的膜层，需要的保护电流较低，考虑到涂层一定的破损率，海水中有涂层段保护电流密度取 $20 \mathrm{mA/m}^2$。

③海水全浸段：所建设的大桥位于东海海区，由于受长江口和杭州湾的影响，其泥沙含量较高、海水流速较高，对钢桩的冲刷作用较强，需要较高的保护电流密度，根据东海海域海军码头保护的实测数据和工程经验，要得到较好的保护效果，海水中裸管段保护电流密度取 $95 \mathrm{mA/m}^2$。

④海泥段：根据全国各海区海泥中钢桩的保护状况和实测数据，参照相应规范，充分考虑到钢管桩泥中长度对保护电流密度的影响，海泥段钢管桩平均保护电流密度取 $5 \mathrm{mA/m}^2$。

⑤承台内配筋：承台内钢筋为裸面配置，根据相关规范和实际工程情况，承台内配筋的保护电流密度取 $1.0 \mathrm{mA/m}^2$。

（3）保护电流计算。

根据保护电流密度和被保护钢管桩的面积，求得保护电流为

$0.1 \times 7.1 + 20 \times 14.1 + 95 \times 56.5 + 5 \times 195.51 + 1 \times 5.3 = 6.63 (\mathrm{A})$

（4）牺牲阳极规格与数量计算。

根据东海大桥钢管桩工作海域的水质情况，选用 Al – Zn – In – Mg – Ti 高效铝合金牺牲阳极进行保护，其不仅适用于全海水工程，而且适用于水质盐度为 $32‰ \sim 41.8‰$ 的海域工程。牺牲阳极规格为 $1450\mathrm{mm} \times (180 + 210)\mathrm{mm} \times 200\mathrm{mm}$，单支牺牲阳极毛重 $157\mathrm{kg}$ 支，净重 $145\mathrm{kg/}$ 支。牺牲阳极发生电流量根据式（6-2）、式（6-3）和式（6-4）计算，求得单支牺牲阳极发生电流量为 $2.2 \mathrm{A/}$ 支，根据式（7-6）计算，牺牲阳极利用系数 u 为 0.9，I_m 为单支阳极平均发生电流，取

$0.50I_f$,牺牲阳极使用寿命为35.3年,满足防腐寿命不小于35年的技术要求。根据式(6－10)计算牺牲阳极用量为3支。

$$t = \frac{Q_s m u}{8760 I_m} \qquad (7-6)$$

4. 施工

1)防腐蚀涂层施工

(1)涂装环境要求。

环境温度不低于5℃,相对湿度低于85%,雨雪天气严禁露天施工,漆膜在未干透前,应避免摩擦、撞击及雨水或其他液体等沾染,更不得有人员践踏,施工现场应确保通风良好,确保安全施工。

(2)表面处理。

钢管桩涂装前应进行喷砂除锈,要求达到《涂装前钢材表面锈蚀等级和除锈等级》(GB/T 8923—88)中 Sa 2½级,喷砂后的钢材表面应无可见的油脂、污垢、氧化皮、铁锈等附着物,任何残留的痕迹应仅是点状或条纹状的轻微色斑;喷砂结束后应吹去钢管桩表面残存的灰尘,自检后请监理工程师进行检查,如不合格则重新进行喷砂。合格后立即进行第一道涂料的涂装,喷砂后的钢管桩严禁在未涂前过夜。

(3)涂装。

①刮涂底漆:桩顶＋1.5m至桩体标高－3.00m段(总长度为4.5m)经喷砂除锈合格的涂装表面采用稀释的配方刮涂第一道涂料,干膜厚度为100μm,底漆颜色为紫红色。

②刮涂第二道防腐漆:待第一道涂层指干(约2h)后,自桩体标高－3.00~0.00m段(总长度3m)刮涂第二道涂料,一次完成干膜厚度约为500μm,颜色为深灰色。

③刮涂第三道防腐漆:待第二道涂层指干(约2h)后即可进行,自桩体标高－3.00~0.00m段(总长度3m)刮涂第三道涂料,一次完成干膜厚度约为500μm,颜色为紫红色。

(4)检验。

涂层厚度均匀,涂膜不应有露底、流挂、气泡、粗粒、起皱等现象;待涂层实干后,即可用漆膜测厚仪测量涂层总厚度,涂层平均厚度达到1100μm,厚度最低值不低于900μm,若测量结果不符合要求,应进行补涂。

(5)涂层养护。

涂装完成后,要求5天以上的静置养护,钢桩方可进行吊装。如工期紧急,确需提前吊装时,应对涂层采取适当的防护措施,但养护期最少不得少于3天。

2)牺牲阳极阴极保护施工

(1)牺牲阳极焊接方法。

东海大桥牺牲阳极施工国内首次采用"水下湿法焊接",解决了东海大桥海域水流急、流向不定导致"水下局部排水 CO_2 保护半自动焊"受限问题,不仅在水质可见度为零的情况下,确保焊接质量达国际先进水平,更提高施工工效 5 倍以上。

(2)桩腿间电连接要求。

为了使钢管桩的阴极保护电位分布更为均匀,应使被保护的钢管桩成为电性连接的一体,针对实际具体情况,东海大桥钢管桩在承台内部通过钢筋将每个墩的钢管桩电性连接成为一体。

(3)临时结构物拆除。

东海大桥建造过程中,很多临时金属结构与钢管桩电性连接,这些结构将消耗牺牲阳极阴极保护电流,影响钢管桩的阴极保护效果,在阴极保护实施后需将其全部拆除。在桥梁建造过程中,电焊时应注意避免杂散电流对水下钢质结构物和牺牲阳极的加速腐蚀作用。

(4)牺牲阳极安装质量检查。

牺牲阳极安装后,通过潜水员水下探摸观察或水下摄像的方法对牺牲阳极的安装位置、阳极数量、焊缝质量等进行全面检查,并做好记录。

5. 防腐蚀效果检测

1)保护电位测量

2005 年 11 月下旬钢管桩牺牲阳极保护系统全面正式投运之后,分别于 2006 年 6 月和 2010 年 6 月,通过高内阻值($R > 10M\Omega$)数字万用表和便携式 Cu/饱和 $CuSO_4$ 参比电极,对东海大桥 572 座承台中的钢管桩保护电位进行了测量。2006 年测量结果表明,458 座承台中的钢管桩保护电位为 $-0.950 \sim -1.026V$,114 座承台中的钢管桩保护电位为 $-0.932 \sim -0.950V$;2010 年测量结果表明,570 座承台中的钢管桩保护电位为 $-0.950 \sim -1.016V$,只有 PM221 号墩两个承台中的钢管桩保护电位为 $-0.945 \sim -0.950V$,2010 年钢管桩保护电位较 2006 年负,详见表 7-4[11]。分析其主要原因,2006 年测量时牺牲阳极投入使用时间短,钢管桩未完全阴极极化;另外,随着钢管桩长时间的阴极极化,具有涂层保护作用的钙质阴极沉积膜的致密度在不断地增加,进而降低了钢管桩的保护电流密度。10 年后通过对东海大桥钢管桩在役牺牲阳极现场取样,观察溶解形貌,测试电化学性能,阳极剩余寿命为 $22.8 \sim 53.0$ 年,满足防腐设计指标要求[12]。

表 7-4 东海大桥钢管桩保护电位测量值

保护电位范围/V	承台数量/座		占总量的百分比/%	
	2006 年	2010 年	2006 年	2010 年
$-0.930 \sim -0.939$	38	0	6.64	0
$-0.940 \sim -0.949$	76	1	13.29	0.17

续表

保护电位范围/V	承台数量/座		占总量的百分比/%	
	2006 年	2010 年	2006 年	2010 年
− 0. 950 ~ − 0. 959	140	10	24. 48	1. 75
− 0. 960 ~ − 0. 969	102	29	17. 83	5. 07
− 0. 970 ~ − 0. 979	63	132	11. 01	23. 08
− 0. 980 ~ − 0. 989	40	162	6. 99	28. 32
− 0. 990 ~ − 0. 999	42	147	7. 34	25. 7
− 1. 000 ~ − 1. 260	71	91	12. 41	15. 91

2）涂层质量检测

2010 年,在退潮期测定钢管桩保护电位的过程中,对钢管桩涂层段进行检查,未发现任何一根钢管桩存在涂层变色、粉化和应力开裂等破损现象,也不存在涂层大面积剥离现象,涂层附着牢固,颜色光亮,无任何返锈现象,如图 7 – 7所示。

图 7 – 7　东海大桥钢管桩防腐涂层状态

3）钢管桩保护现状检查

东海大桥钢管桩正式投运 5 年后,于 2010 年 6 月下旬通过水下探摸和退潮期潮差段观察,未发现任何一根钢管桩产生锈蚀,保护完好,但几乎长满了海生物,如图 7 – 8 所示。

4）保护度计算

2010 年 6 月下旬,对 2005 年 10 月安装在 PM245 号墩承台 1 号桩上的试验挂片进行了检查,并取样进行处理、称重和计算保护度。测试结果表明,受保护试验挂片表面无任何锈痕,部分附着有海生物,而腐蚀(未保护)试验挂片表面已发生锈蚀,锈痕明显,并大面积丛生海生物,海生物大小尺寸也明显大于保护的试验挂片,其原因可能是被保护的试验挂片表面 pH 值高,并有钙质阴极沉积膜生成与破裂的影响,不利于海生物的生长。去除污损海生物后,未保护试片和受保护试片对比如图 7 − 9 所示。未保护试片表面由于腐蚀原因,表面凹凸不平,而受保护试片表面平整。

图 7 − 8　东海大桥钢管桩防护状态检查

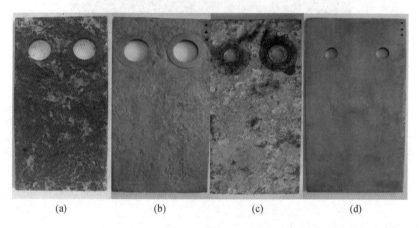

(a)　　　　　　(b)　　　　　　(c)　　　　　　(d)

图 7 − 9　东海大桥钢试片腐蚀形貌对比

(a)、(b)未保护试片清洗前后;(c)、(d)受保护试片清洗前后。

试验挂片经酸洗、烘干、称重处理后,未保护试片和受保护试片失重量计算结果如表 7 − 5 所列,潮差区保护度接近 95%,全浸区保护度大于 95%[13]。

$$P = \frac{P_腐 - P_保}{P_腐} \times 100\% \qquad (7 - 7)$$

表7-5　东海大桥钢管桩保护度计算

部位	腐蚀挂片平均失重量 $P_{腐}$/g	保护挂片平均失重量 $P_{保}$/g	失重量差值 $\Delta P = P_{腐} - P_{保}$/g	保护度 /%	备注
上	59.80	3.1	56.70	94.82	安装在潮差段
中	45.37	2.1	43.27	95.37	安装在全浸段
下	48.17	2.3	45.87	95.23	安装在泥线上

5）腐蚀速度计算

根据挪威船级社制定的 DNV-RP-B401 标准和我国部颁标准《海港工程钢结构防腐蚀技术规定》（JTS 153-3—2007）中的技术条款，施加阴极保护后的钢结构腐蚀量可按式（7-8）计算，保护度达到95%后，施加阴极保护的钢管桩35年有效期内的腐蚀量为0.525mm，腐蚀速率为0.015mm/a。

$$\Delta \delta = P_{腐} t(1 - P) \qquad (7-8)$$

式中：$P_{腐}$ 为钢管桩平均腐蚀速率（mm/a），取值为0.3mm/a。

7.2.2　上海长江大桥钢管桩腐蚀防护案例分析

1. 工程简介

上海长江大桥工程位于上海市东部，南起长兴岛，以桥梁形式跨长江北港水域，北至崇明岛陈家镇终点。大桥全长16.55km，长兴岛大堤至崇明岛大堤之间水域全长8.5km。北港水域江底呈现南北两个水道。南水道宽约4.2km，呈宽状U形，水深16～18m，江底略有起伏，幅度为3～4m；北水道宽约800m，最大水深约16m。

钢管桩防腐蚀保护的工程量包括主通航孔桥两侧非通航孔深水区的70m跨等高度预应力混凝土连续梁和100m跨等高度钢-混凝土组合梁下部基础的 ϕ1200mm 钢管桩共计1004根，支撑92个承台。

2. 环境条件

桥区属亚热带海洋性季风气候，冬冷夏热，四季分明，春季多雾，夏季常受台风影响，冬季偶尔降雪，气候温和，雨量充沛，年平均气温15.6℃。工程所在的长江口为中等强度的潮汐河口，口外为正规半日潮，口内潮波变形，为非正规半日浅海潮。潮波变形程度越向上游越大，导致潮位、潮差和潮时沿程发生变化。长兴岛实测最高潮位5.88m，实测最低潮位-0.29m，平均高潮位3.30m，平均低潮位0.84m，平均潮差2.46m。受海岸、河槽约束，进入工程所在区域潮流的运动形式为往复流，且落潮流历时长于涨潮流历时、落潮流流速大于涨潮流。桥区涨潮平均流向稳定在294°～314°之间，流速在0.30～0.88m/s之间，涨急流向基本稳定在297°～324°

之间,流速在 0.54 ~ 1.86m/s 之间;落潮平均流向基本稳定在 137° ~ 144° 之间,流速在 0.42 ~ 1.14m/s 之间,落急流向基本稳定在 140° ~ 144°,流速在 0.93 ~ 1.64m/s 之间。外高桥实测最大波高 3.2m,方向为 NNW,相应周期为 4.8s,风速为 25m/s。上海长江大桥位于长江入海口,属于淡水与咸水交互区,含有的主要离子如表 7-6 所列,主要含有 Cl^-、SO_4^{2-}、HCO_3^-、Mg^{2+}、Ca^{2+} 等,且各区域离子含量差异较大。长江口地区的泥沙主要是流域来沙,多年平均含沙量为 0.547kg/m³,根据大通水文站的资料统计,洪季长江水体含沙量为 1.01kg/m³,枯季为 0.10kg/m³,但因径流量大,年输沙总量高达 4.86 亿 t。每年 5—10 月为洪季,11 月至次年 4 月为枯季,洪水下泄水量占全年的 71.7%。2005 年 5 月 19 日在桥区取得涨落潮水样,涨潮时电阻率为 2326Ω·cm,落潮时电阻率为 3509Ω·cm。

表 7-6　水质检测数据表

部位	Cl^- 含量/(mg/L)	SO_4^{2-} 含量/(mg/L)	HCO_3^- 含量/(mg/L)	Mg^{2+} 含量/(mg/L)	Ca^{2+} 含量/(mg/L)
高潮位	883.2	155.8	135.8	79.4	60.9
低潮位	824.8	144.4	130.5	65.6	59.1
崇明岛陆域	505.9	96.0	238.6	53.9	65.3
长兴岛陆域	227.8	59.6	452.8	43.3	98.7
长江口实测最大氯化物含量,北港	4789	—	—	—	—
长江口江边底泥	1636.1	139.2	—	84.7	—

3. 防腐蚀设计

1)防腐蚀设计目标

钢管桩有效防腐蚀年限不低于 100 年(外加电流阴极保护系统寿命不低于 35 年,100 年内可二次更换)。

2)涂层防腐蚀技术

钢管桩外表面涂层选用熔结环氧粉末,厚度 400μm,涂层范围从桩顶以下 1.2 ~ 31.2m,涂层长度 30m。

3)外加电流阴极保护

(1)保护面积。

上海长江大桥钢管桩阴极保护区域包括潮差区、全浸区和海泥区。根据承台、钢管桩的标高尺寸和钢管桩的实际工况条件,首先要确定钢管桩在各个区段的长度,然后分别计算钢管桩在各个区段的面积。上海长江大桥 ϕ1200mm 钢管桩桩顶

标高 +2.7m,承台底标高 +1.5m,钢管桩伸入钢筋混凝土承台内 1.2m。封底混凝土底标高 +0.5m,平均低潮位 +0.84m,潮差的钢管桩包覆在混凝土中。水深 16 ~ 18m,桥墩基础河床可能发生最大冲刷深度在 10m 左右。另外,承台施工时,套箱钢底板(与钢管桩相连)通常不拆除,所以计算保护电流时,应将套箱钢底板的面积考虑在内。设计时以承台为单元进行计算,保护面积如表 7 - 7 所列。

表 7 - 7　上海长江大桥各承台钢桩保护面积

区段	墩号	承台桩数 /根	平均桩长 /m	承台内混凝土包覆段 /m²	全浸区涂层段 /m²	海泥区 /m²	承台套箱钢底板 /m²
主通航孔桥南侧非通航孔深水区(70m 跨等高度预应力混凝土连续梁)	PM29 ~ PM46	9	80.3	74.61	983.43	1665.00	50.30
	PM47 ~ PM51	10	79.4	82.90	1092.70	1816.20	49.17
主通航孔桥南侧非通航孔深水区(100m 跨等高度钢 - 混凝土组合梁)	PM52 ~ PM54	14	82.3	116.06	1529.78	2695.56	127.69
	PM55 ~ PM58	15	84	124.35	1639.05	2984.25	126.56
主通航孔桥北侧非通航孔深水区(100m 跨等高度钢 - 混凝土组合梁)	PM65 ~ PM68	15	81.8	124.35	1639.05	2859.90	126.56
	PM69 ~ PM71	14	83	116.06	1529.78	2732.52	127.69
主通航孔桥南侧非通航孔深水区(70m 跨等高度预应力混凝土连续梁)	PM72 ~ PM76	10	81	82.90	1092.70	1876.50	49.17
	PM77 ~ PM80	9	83.3	74.61	983.43	1766.79	50.30

(2)保护电流密度。

根据被保护钢管桩的表面状况(有无覆盖层及类型、覆盖层质量)、环境条件(如温度、介质的流速、pH 值、含盐量、通气程度、微生物的活动、泥沙的磨损)等有关因素,参照相关标准,并结合多年来的工程经验,选取保护电流密度。

①承台内混凝土包覆段:由于混凝土层比较厚和致密,所需保护电流密度相当小,承台内混凝土包覆段的钢管桩保护电流密度为 0.25mA/m²。

②全浸区涂层段:该段采用了 400μm 厚的熔结环氧粉末涂层,较厚的膜层具有较低的孔隙度,需要的保护电流密度较低。根据 DNV - RP - B401 标准对涂层破损率的计算,该涂层 35 年的平均破损率取 15%,全浸区涂层段钢管桩平均保护电流密度为 15mA/m²。

③海泥区:根据我国施加阴极保护的各海区海泥中钢桩的保护状况和实测数

据,参照相应规范,并考虑到钢管桩泥中长度对保护电流密度的影响,海泥区钢管桩保护电流密度为 $10mA/m^2$。

④承台套箱钢底板:套箱钢底板表面涂有 $400\mu m$ 厚的环氧沥青涂层,该涂层性能远不及环氧粉末涂层,所以需要的保护电流密度要大些,该部分的保护电流密度为 $30mA/m^2$。

(3)保护电流。

根据保护电流密度和被保护钢管桩的面积,求得每个承台的保护电流如表 7-8 所列,所需总保护电流为 362.74A。

表 7-8　各承台所需保护电流

区段	墩号	承台桩数/根	单根钢管桩所需保护电流/A	每个承台所需保护电流/A
主通航孔桥南侧非通航孔深水区(70m跨等高度预应力混凝土连续梁)	PM29~PM46	9	3.66	32.93
	PM47~PM51	10	3.61	36.05
主通航孔桥南侧非通航孔深水区(100m跨等高度钢-混凝土组合梁)	PM52~PM54	14	3.84	53.76
	PM55~PM58	15	3.88	58.26
主通航孔桥北侧非通航孔深水区(100m跨等高度钢-混凝土组合梁)	PM65~PM68	15	3.80	57.01
	PM69~PM71	14	3.87	54.13
主通航孔桥南侧非通航孔深水区(70m跨等高度预应力混凝土连续梁)	PM72~PM76	10	3.67	36.65
	PM77~PM80	9	3.77	33.95

(4)外加电流阴极保护系统设计。

由于上海长江大桥所处环境电阻率较高,而牺牲阳极保护驱动电位较小,保护距离有限,因此选用外加电流阴极保护技术进行保护。

①直流电源。外加电流阴极保护系统的电源设备是阴极保护的心脏,它能不断地向被保护钢管桩提供阴极保护电流,恒电位仪是目前应用最广泛的阴极保护直流电源设备。采用开关电源技术发展起来的开关式恒电位仪具有能耗低、效率高,稳定性好、可靠性高和抗电磁干扰能力强的优点,因此采用智能型开关式恒电位仪作为外加电流阴极保护系统的直流电源。将每个承台作为一个阴极保护单元,92 个承台共设置 92 台恒电位仪。以承台作为阴极保护单元的优点是:电源设备容量低,有利于提高设备寿命和可靠性;减少了箱梁与箱梁之间电缆铺设的麻烦,维修管理方便。恒电位仪设备置于桥面下箱梁内。根据承台的结构特点和钢管桩数量,选用两种型号的恒电位仪,由 9 根或 10 根钢管桩支撑的承台采用 I 型恒电位仪,由 14 根或 15 根钢管桩支撑的承台采用 II 型恒电位仪,其主要技术参数

如表 7-9 所列。由于上海长江大桥所处的水的电阻率较高,为了消除检测时阴极保护电位中的 IR 降影响,往往采用断电法测量钢管桩的保护电位。这就要求恒电位仪具有断电测试功能,即在测试期间输出电流中断 3s 不报警,从断转通状态,恒电位仪不允许处于全导通状态,并能在 50ms 内处于稳定状态。

表 7-9 恒电位仪技术参数表

序号	名称	技术参数
1	输入电源	三相,380V/50Hz
2	额定输出电压	I 型:70V;II 型:75V
3	额定输出电流	I 型:50A;II 型:75A
4	电位控制范围	-2.0 ~ +2.0V
5	单位控制偏差	±10mV
6	额定功率	I 型:3.5kW;II 型:5.6kW
7	防护要求	满足工业三防和海上三防要求
8	工作温度	-10℃ ~50℃
9	外形尺寸	$800(H)mm \times 600(B)mm \times 275(T)mm$

②辅助阳极。辅助阳极是外加电流阴极保护的关键组成部分之一,恒电位仪输出的保护电流需要通过辅助阳极经由介质传递到被保护的金属表面,辅助阳极的性能好坏会直接影响整个系统的可靠性和阴极保护的效果。能否保证外加电流阴极保护系统一次性设计寿命达到 35 年,辅助阳极的使用寿命指标是最关键的。

上海长江大桥外加电流阴极保护系统辅助阳极选用了美国 ELTECH System Corporation 公司生产的 LIDA® 混合金属氧化物阳极,具有以下特点:采用以 IrO_2 为主要活性组元的混合金属氧化物涂层,与基体中的 TiO_2 形成固溶体,具有极高的耐蚀性和稳定性;混合金属氧化物涂层电催化活性高,真实表面积大,极化小,在排出同样电流的情况下,输出电压更低、更稳定,效率更高;消耗率极低,约为 $3mg/(A \cdot a)$,并且消耗均匀。LIDA® 混合金属氧化物阳极在淡水介质中电流输出和寿命曲线如图 7-10 所示,额定排流量为 9.87A 时,$\phi25mm \times 1000mm$ 规格的阳极设计使用寿命可达到 35 年。根据钢管桩保护电流计算结果,每根钢管桩实际需要的保护电流最大约 3.88A,考虑到保护电流的均匀分布,实取 2 支阳极,1 支辅助阳极的最大排流量不超过 2.0A,所以辅助阳极设计寿命的安全系数是比较大的。LIDA® 混合金属氧化物阳极技术参数如表 7-10 所列。

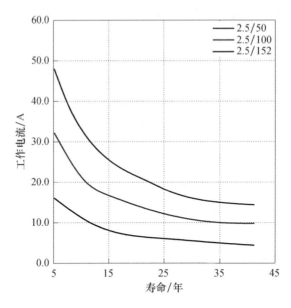

图 7 - 10　淡水中 LIDA® 阳极输出电流 - 设计寿命曲线

表 7 - 10　淡水中 LIDA® 混合金属氧化物阳极技术参数表

阳极型号	直径	长度	质量	表面积	环境温度	最大输出电流
2.5/100	25mm	1000mm	0.35kg	0.079m²	≥5℃	9.87A

③参比电极。参比电极功能是监测被保护结构物的电位和给恒电位仪提供控制信号,恒电位仪可根据参比电极测量电位的大小,自动调节输出电流,使被保护结构物的电位始终维持在最佳范围内。参比电极应电位稳定且重现性好;温度系数小;制备、使用和维护简单方便。根据上海长江大桥的水质,选用符合《船用参比电极技术条件》(GB/T 7387—1999)规定的高纯锌参比电极(≥99.999%),以保证参比电极在淡水中的稳定性。其电化学性能如下。

(1)电极电位: -1.014 ~ -1.044V(相对于 SCE)。

(2)电位稳定性: ±0.015V。

(3)阴极极化电流 10μA 的极化值:大于 -0.020V。

(4)阳极极化电流 10μA 的极化值:小于 +0.020V。

每个承台的钢管桩之间要求有良好的电连接,每根钢管桩安装的辅助阳极的规格、数量及位置基本相同,所以每个承台只选取一根钢管桩作为恒电位仪的控制点即可。为了简化参比电极的水下安装工作量,本设计将恒电位仪控制用参比电极和遥控监测用参比电极设计成一个探头,即一个电极探头里面装有两个参比电极。该工程用于控制或监测的探头数量为 92 个,参比电极数量为 184 支。

4. 阴极保护效果监测

为了监控阴极保护设备的运行状态、评定阴极保护系统的保护效果,必须对所有阴极保护设备的运行状态参数、钢管桩的保护电位进行监测。监测分为人工监测和自动程控监测。自动程控监测可以克服人工检测工作量大、数据量少、无法连续观测和实时分析等弊端。通过对运行中的阴极保护设备以及桥梁钢管桩等的阴极保护状况进行遥控遥测,可以方便、实时地获得阴极保护设备的运行状态参数和大桥钢管桩等结构部位的阴极保护参数,及时了解各监测点的阴极保护设备状态并及时评估承台下整个钢管桩是否处于正常的阴极保护之下。

遥控遥测作为实时监测桥梁钢管桩等钢结构物阴极保护状况的有效手段已经得到越来越多应用,它不仅可以实时自动监测保护电位的变化规律,对钢管桩的阴极保护状态进行评定和报警,而且可以对前期监测结果进行回放和分析处理。另外,还可以实现对阴极保护设备的远距离监控。这对于保证桥梁安全、提高科学管理水平有着重要意义。自动遥控遥测监测可供选择的通信方式有两种,即有线通信方式和无线通信方式。而无线通信方式可供选择的方案也有以下几种。

①无线数传电台。主要是用于大功率、远距离或通信量较大的场合。电台频率需要经过国家无线电管理委员会的许可。

②小功率无线通信。这类通信模块的传输距离一般在数公里左右,不需要经过国家无线电管理委员会的许可。

③蜂窝无线数字通信。由于采用了类似手机短信的通信方式,所以其传输距离不受限制。与第①种方案相比,部署成本低,不需要进行平台投资;缺点是需要负担短信通信费用。

1)系统组成

根据上海长江大桥的实际情况,采用无线通信方式,其主要优点是可以避免大量的桥面布线工作;对于无线通信方案,采用第二、三两种方案结合,即小功率无线通信和蜂窝无线短信通信方案。

虽然上海长江大桥长 16.55km,但是钢管桩部分相对比较集中,分别位于主桥的两侧,长度各为 2.21km 和 1.23km。因此,在主桥附近安装一个数据通信中转设备,该设备与数据监控系统之间采用小功率无线通信;与监控中心的上位机集中处理(SCADA - HMI)系统之间采用无线短信通信,阴极保护实时监控系统组成如图 7 - 11 所示。

(1)监测探头。监测探头为高纯锌参比电极,每个承台安装 1 个电位监测探头。

（2）恒电位仪上的数据监控系统。用于监测恒电位仪的工作状态、工作参数以及大桥各监测点的阴极保护电位,并与数据通信中转设备进行双向通信。该数据监控系统的数量与恒电位仪的数量相同,并安装在恒电位仪内。

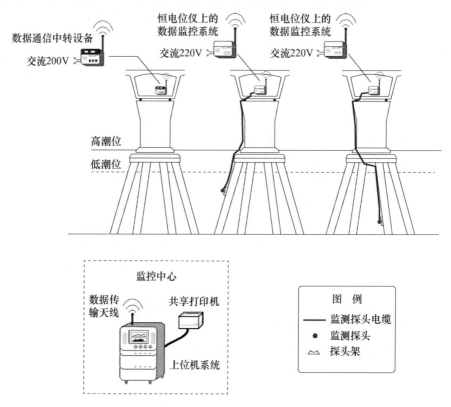

图7-11　上海长江大桥阴极保护实时监控系统组成

（3）数据通信中转设备。用于接收恒电位仪上的数据监控系统的传输数据,并负责向上位机集中处理系统传输数据;同时负责控制指令的中继传递。安装在合适部位桥面下的箱梁内。

（4）上位机集中处理系统。发送监控指令、接收遥测数据,进行数据分析处理,面向用户界面操作。安装在长兴岛上的桥梁养护管理中心控制室内。

2）恒电位仪上的数据监控系统

恒电位仪上的数据监控系统主要用于以下用途。

（1）采集钢管桩阴极保护电位以及恒电位仪的输入电压、输出电压、输出电流和任意一支阳极的发生电流等。

（2）控制恒电位仪工作状态,包括"开关控制"及"连续可调式输出控制"。

（3）数据远传与指令控制,通过与数据通信中转设备进行双向通信,将采集到的监测数据传送到数据通信中转设备,将控制指令数据通信中转设备传送到数据监控系统。工作原理如图 7 – 12 所示。

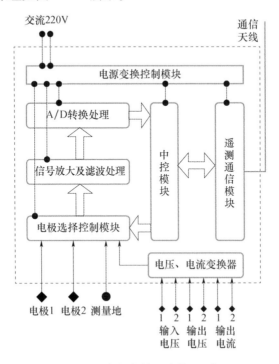

图 7 – 12 数据监控系统的原理框图

3)数据通信中转设备

数据通信中转设备功能为负责接收上位机集中处理系统指令,并将来自数据监控系统的遥测数据传给上位机集中处理系统。由于数据通信中转设备与上位机集中处理系统之间和与数据监控系统之间采用不同的遥测协议,因此,必须进行接收、解码、分析、再编码、发射等一系列过程,其原理图如图 7 – 13 所示。数据通信中转设备与上位机集中处理系统之间采用 GPRS 通信协议;数据通信中转设备与数据监控系统之间采用无线射频技术,可实现点对多点组网通信。数据通信中转设备内有两个无线数传模块,对应于不同的频率,使用两个信道。它们分别用来监视长兴岛方向和崇明岛方向的传送数据,进行点对多点组网。"点对多点组网"设置频率时,主站发频率一定要同从站收频率相同,主站收频率一定要与从站发频率相同,而收、发频率可以不相同。设置波特率和校验位时,主、从站应一致。

数据通信中转设备建议安装在主桥的桥面下箱梁内,或者最靠近主桥的数据监控系统附近,以利于传输遥测信号。

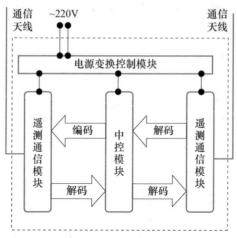

图 7 - 13　数据通信中转设备的原理框图

4)上位机集中处理系统

上位机集中处理系统主要功能包括:面向数据通信中转设备的遥测数据接收;面向数据监控系统的参比电极工作状态控制;面向恒电位仪的工作状态控制;面向用户的控制指令解析和执行,包括各种汇总报表及分析统计结果的计算及打印;对异常情况及时给出报警。继92套外加电流阴极保护装置正式通电运行之后,对监测系统中的 92 台前端采集器和 4 台数据中转设备工作状态调试与测试,结果表明,监测系统可准确测量恒电位仪输出电流、辅助阳极输出电流[14]。

5. 钢管桩防腐蚀效果检测

1)腐蚀电位检测

为了准确评定钢管桩外加电流阴极保护效果,在阴极保护系统正式通电之前,首先进行了钢管桩自腐蚀电位检测,检测结果如表 7 - 11 所列[15]。从表中数据可以看出,钢管桩自腐蚀电位为 - 0.55 ~ - 0.60V,钢管桩顶部(1 ~ 2 点位)受钢质模板和钢 - 混凝土结构的影响,自腐蚀电位偏正,为 - 0.40 ~ - 0.55V;钢管桩泥面处可能受硫酸盐还原菌的影响,或者受氧浓差电池的影响,自腐蚀电位偏负,约为 - 0.65 ~ - 0.69V。

表 7 - 11　上海长江大桥钢管桩腐蚀电位

承台编号	桩号	自腐蚀电位/V								
		1（桩顶）	2	3	4	5	6	7	8	9（泥面）
PM36A	6	- 0.41	- 0.49	- 0.53	- 0.55	- 0.56	- 0.58	- 0.61	- 0.61	- 0.67
PM36B	12	- 0.40	- 0.54	- 0.55	- 0.57	- 0.58	- 0.59	- 0.61	- 0.61	- 0.69

承台编号	桩号	自腐蚀电位/V								
		1 (桩顶)	2	3	4	5	6	7	8	9 (泥面)
PM47A	8	−0.43	−0.50	−0.51	−0.52	−0.54	−0.55	−0.60	−0.61	−0.64
PM47B	13	−0.37	−0.41	−0.60	−0.61	−0.56	−0.57	−0.60	−0.61	−0.75
PM54A	1	−0.39	−0.41	−0.55	−0.56	−0.57	−0.58	−0.59	−0.60	−0.66
PM54B	19	−0.40	−0.44	−0.56	−0.57	−0.57	−0.58	−0.60	−0.60	−0.63
PM68A	5	−0.47	−0.49	−0.56	−0.57	−0.58	−0.58	−0.59	−0.60	−0.67
PM68B	19	−0.48	−0.50	−0.54	−0.57	−0.57	−0.58	−0.59	−0.61	−0.68
PM69A	5	−0.44	−0.49	−0.53	−0.56	−0.57	−0.59	−0.59	−0.61	−0.66
PM69B	16	−0.48	−0.50	−0.54	−0.57	−0.57	−0.60	−0.65	−0.63	−0.67

钢管桩保护电位测量结果如表 7−12 所列。从表中数据可以看出,除接近承台钢质模底板 1.0m 范围内,钢管桩保护电位正于 −0.80V 以外,其余钢管桩各段保护电位均负于 −0.80V,且分布均匀,保护电位峰值最负为 −1.30V,达到了最佳保护状态。由于钢质模板未拆除,也未与钢管桩电性绝缘,使之上层辅助阳极输出保护电流大部分流入钢质模板,钢管桩顶部近 1.0m 段内得不到足够的保护电流,保护电位正于 −0.80V,尽管如此,该段保护电位较自然电位负移 200mV 以上,根据《滨海设施外加电流阴极保护系统》(GB/T 17005—1997)的技术规定,该段保护电位虽正于 −0.80V,但也得到了有效保护。

表 7−12 上海大桥钢管桩保护电位测量结果

承台编号	设备工作状态			桩号	保护电位分布/V								
	输出 电压 /V	输出 电流 /A	控制 电位 /V		1 (桩顶)	2	3	4	5	6	7	8	9 (泥面)
PM36A (11 根)	2.7	3.19	−0.90	6	−0.57	−0.79	−1.00	−0.98	−0.98	−0.99	−1.06	−0.96	−0.92
				7	−0.65	−0.84	−0.85	−0.86	−0.90	−0.95	−1.09	−0.97	−0.93
				9	−0.53	−0.68	−0.91	−0.88	−0.92	−0.96	−1.09	−0.92	−0.91
PM36B (11 根)	3.5	3.05	−0.90	12	−0.56	−0.71	−0.92	−0.92	−0.92	−0.93	−0.98	−0.90	−0.92
				13	−0.58	−0.82	−1.04	−1.02	−1.01	−1.03	−1.10	−0.92	−0.92
				18	−0.56	−0.64	−0.87	−0.87	−0.91	−0.94	−1.09	−0.98	−0.93

承台编号	设备工作状态			桩号	保护电位分布/V								
	输出电压/V	输出电流/A	控制电位/V		1（桩顶）	2	3	4	5	6	7	8	9（泥面）
PM47A（12 根）	3.4	6.47	−0.90	8	−0.59	−0.70	−1.02	−0.92	−0.91	−0.95	−1.10	−0.94	−0.90
				10	−0.64	−0.90	−1.01	−0.91	−0.98	−1.03	−1.09	−0.90	−0.87
				12	−0.51	−0.65	−0.93	−0.90	−0.91	−0.96	−1.13	−0.96	−0.91
PM47B（12 根）	3.4	7.31	−0.90	13	−0.54	−0.73	−1.01	−0.89	−0.90	−0.93	−1.07	−0.91	−0.88
				15	−0.66	−0.78	−0.84	−0.86	−0.91	−0.93	−1.09	−0.95	−0.92
				23	−0.53	−0.76	−1.04	−0.93	−0.89	−0.97	−1.10	−0.93	−0.89
PM54A（15 根）	2.9	4.45	−0.90	1	−0.59	−0.82	−1.04	−0.98	−0.91	−0.86	−1.12	−0.97	−0.86
				11	−0.60	−0.85	−1.25	−1.08	−0.92	−0.89	−1.21	−1.01	−0.86
				15	−0.63	−0.83	−1.20	−1.06	−0.90	−0.96	−1.18	−0.97	−0.86
PM54B（15 根）	4.3	11.6	−0.90	19	−0.60	−0.84	−1.05	−0.95	−0.90	−0.94	−1.21	−1.01	−0.87
				23	−0.63	−0.82	−1.05	−0.95	−0.90	−0.95	−1.20	−0.97	−0.85
				30	−0.64	−0.85	−1.16	−1.06	−0.90	−0.96	−1.21	−0.97	−0.86
PM68A（18 根）	3.6	5.00	−0.90	5	−0.59	−0.72	−0.91	−0.84	−0.86	−0.92	−1.13	−0.95	−0.92
				6	−0.57	−0.61	−1.00	−0.96	−1.00	−0.96	−0.98	−0.95	−0.93
				11	−0.56	−0.72	−0.94	−0.91	−0.95	−1.03	−1.14	−0.96	−0.90
PM68B（18 根）	3.5	6.26	−0.90	19	−0.55	−0.82	−1.15	−1.03	−1.03	−1.10	−1.14	−1.00	−0.94
				25	−0.59	−0.78	−1.04	−0.93	−0.97	−1.06	−1.25	−0.99	−0.94
				26	−0.57	−0.83	−1.07	−0.96	−0.99	−1.10	−1.24	−0.99	−0.93
PM69A（15 根）	3.7	4.27	−0.90	5	−0.58	−0.81	−0.98	−0.86	−0.93	−0.98	−1.10	−0.89	−0.88
				9	−0.53	−0.66	−0.96	−0.86	−0.88	−0.93	−0.95	−0.89	−0.88
				10	−0.51	−0.72	−0.84	−0.91	−0.97	−0.97	−1.07	−0.91	−0.88
PM69B（15 根）	4.3	5.48	−0.90	16	−0.57	−0.71	−1.06	−0.92	−0.94	−1.01	−1.16	−0.92	−0.90
				21	−0.62	−0.77	−0.93	−0.87	−0.96	−1.02	−1.18	−0.95	−0.92
				22	−0.55	−0.72	−1.07	−0.93	−0.96	−1.01	−1.20	−0.97	−0.92

2）钢管桩外观检查

2018 年,在钢管桩阴极保护系统投运 11 年后,上海长江大桥管理中心组织对长江大桥钢管桩外观进行了检查,检测方法为由潜水员在水下通过排水罩直接拍摄钢桩表面的照片,如图 7 - 14 所示。根据潜水员探摸并结合录像资料,钢管桩表面海生物附着较少,经清理后涂层光滑、平整,基本无损坏、锈蚀、变形等情况。经检验大桥钢桩表面涂层完好,抽查的 20 根钢桩表面未发现腐蚀破损现象。

 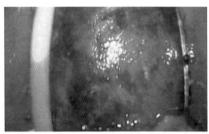

PM71号墩20号桩上部水下照片　　　　　M71号墩20号桩下部水下照片

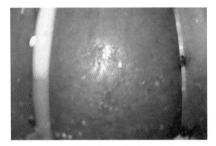 

PM46号墩8号桩上部水下照片　　　　　PM46号墩8号桩下部水下照片

图 7 - 14　上海长江大桥钢管桩腐蚀防护效果检查

7.2.3　崇启大桥钢管桩腐蚀防护案例分析

1. 工程简介

崇启大桥工程是上海至西安国家高速公路的重要组成部分,起自上海市崇明县陈家镇,止于江苏省启东市北。崇启大桥江苏段跨江大桥,长度为 4.544km,采用钢管桩基础,钢管桩材质为 Q345C,钢管桩直径为 1600mm。全工程水中段钢管桩共有 844 根,分布在 60 个墩位(113 座承台),其中引桥 PM4 ~ PM48、PM49 ~ PM56 号墩设 636 根钢管桩,每个墩位设有 12 根钢管桩;主桥主 1 ~ 主 7 号墩为主通航孔,其中主 1 和主 7 号墩为过渡墩,每个墩设 24 根钢管桩;主 2 ~ 主 6 号墩为主墩,每个墩设 32 根钢管桩。

2. 环境条件

崇启大桥位处长江入海口,平均水温 15℃左右,水流最大速度为 4.25m/s,最大波高为 3.5m,含沙量 1.2kg/m³,设计低潮位为 - 2.0m,设计高潮位为 - 0.5m,退大潮时只有 0.5m 左右钢管露出水面,基本上可以认为无潮差段,自然泥面标高为

$-0.77 \sim -6.64 \text{m}$。由于地处江海交汇环境中,桥址水域水质情况极其复杂,水质电阻率一年四季变化极大,Cl⁻含量最高时达 16000mg/L。设计前期,受业主委托在主通航孔处进行了为期 1 年的水质电阻率测试,测试结果如图 7-15 所示。由图 7-15 可知,崇启大桥桥址水域全年水质电阻率变化幅度很大,电阻率最小值为 $25\Omega \cdot \text{cm}$,最大值为 $2380\Omega \cdot \text{cm}$,1 年中大约有 9 个月的时间水质呈现海水特征,有 3 个月时间水质呈现淡海水特征。

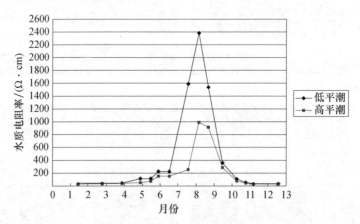

图 7-15　崇启大桥 49 号墩处全年水质电阻率变化情况

3. 防腐蚀设计

1)防腐蚀设计目标

(1)钢管桩防腐蚀有效保护年限不低于 35 年。

(2)在有效保护期内,被保护钢管桩的保护电位为 $-0.80 \sim -1.05\text{V}$,被保护的钢管桩表面不产生明显锈蚀。

(3)阴极保护系统运行期间,对周边环境无污染作用。

2)涂层防腐蚀技术

桩顶 $0 \sim 1\text{m}$ 间不涂漆;桩身标高 $-37 \sim 1\text{m}$ 间涂覆加强型双层环氧粉末涂层,涂层干膜厚度不小于 $800\mu\text{m}$;桩身标高 -37m 以下至海底部位,全涂覆普通单层环氧粉末涂层,涂层干膜厚度不小于 $300\mu\text{m}$。

3)牺牲阳极阴极保护

崇启大桥受长江和海水影响,电阻率变化幅度较大,为验证牺牲阳极阴极保护效果,2010 年 7 月,七二五所在 49 号墩开展了馈电试验,馈电试验的方案是每根桩安装 3 支高效铝合金牺牲阳极,单块铝合金牺牲阳极净重 131kg。2010 年 8 月 5 日,49 号墩处高平潮时电阻率为 $980\Omega \cdot \text{cm}$,低平潮时电阻率为 $2380\Omega \cdot \text{cm}$,低平潮和高平潮时保护电位测试结果分别如表 7-13 和表 7-14 所列。馈电试验的结果表明,在 1 年中电阻率最高的时候,高潮位保护电位完全达标,保护电位比较均匀,低潮时保护电位个别点达不到 − 0.80V,但是最正值也有 − 0.76V,因此在崇启大桥的水域环境中采用高效铝合金牺牲阳极阴极保护是可行的,可以获得很好的保护效果。

表 7 – 13　低平潮 49 号墩 1 号桩保护电位测试数据

参比电极位置/m	1 号钢管桩极化电位/V				2 号钢管桩极化电位/V			
	第一点	第二点	第三点	第四点	第一点	第二点	第三点	第四点
− 2	− 0.76	− 0.77	− 0.77	− 0.77	− 0.77	− 0.77	− 0.77	− 0.78
− 3	− 0.79	− 0.94	− 0.80	− 0.79	− 0.78	− 0.89	− 0.90	− 0.78
− 4	− 0.94	− 0.8	− 0.79	− 0.78	− 0.79	− 0.86	− 0.80	− 0.79
− 5	− 0.93	− 0.77	− 0.79	− 0.79	− 0.92	− 0.85	− 0.79	− 0.79
− 6	− 0.79	− 0.78	− 0.79	− 0.77	− 0.79	− 0.77	− 0.78	− 0.79
− 7	− 0.97	− 0.77	− 0.79	− 0.78	− 0.90	− 0.76	− 0.76	− 0.79
− 8	− 0.82	− 0.79	− 0.79	− 0.80	− 0.78	− 0.78	− 0.76	− 0.78

表 7 – 14　高平潮 49 号墩 1 号桩保护电位测试数据

参比电极位置/m	1 号钢管桩极化电位/V				2 号钢管桩极化电位/V			
	第一点	第二点	第三点	第四点	第一点	第二点	第三点	第四点
− 2	− 0.88	− 0.86	− 0.86	− 0.85	− 0.94	− 0.93	− 0.94	− 0.92
− 3	− 0.94	− 0.96	− 0.92	− 0.90	− 0.93	− 0.95	− 0.95	− 0.94
− 4	− 0.96	− 0.95	− 0.94	− 0.94	− 0.94	− 0.95	− 0.95	− 0.95
− 5	− 0.97	− 0.95	− 0.91	− 0.88	− 0.98	− 0.95	− 0.95	− 0.93
− 6	− 0.94	− 0.92	− 0.91	− 0.89	− 0.98	− 0.95	− 0.91	− 0.90
− 7	− 0.97	− 0.93	− 0.92	− 0.91	− 0.98	− 0.95	− 0.97	− 0.96
− 8	− 0.92	− 0.92	− 0.92	− 0.90	− 0.92	− 0.92	− 0.92	− 0.90

(1)保护面积计算。

崇启大桥钢管桩需要保护部位包括全浸区和海泥区,根据直径、桩长、桩顶标高、自然泥面标高、冲刷深度、斜率等基本参数,分别按式(7 – 9)和式(7 – 10)计算钢管桩全浸区和海泥区的长度,按式(7 – 11)和式(7 – 12)计算钢管桩全浸区和海泥区的浸水面积。

$$L_1 = (H_1 + H_2 - H_3) \cdot k \qquad (7-9)$$
$$L_2 = L - L_1 \qquad (7-10)$$
$$S_1 = \pi D L_1 \qquad (7-11)$$
$$S_2 = \pi D L_2 \qquad (7-12)$$

式中:L 为桩长(m);H_1 为自然泥面标高(m);H_2 为冲刷深度(m);H_3 为桩顶标高(m);k 为钢管桩斜率;D 为钢管桩直径(m)。

计算得到海水全浸区保护面积为 2060.23m²,海泥区保护面积为 18401.73m²。

另外,通过现场试验测试,发现承台底模板未拆除,并大部分与钢管桩电性连接,牺牲阳极阴极保护方案设计与计算时应予以考虑,即承台底模板应列入附加的保护对象,其附加的保护面积为 40.58m²。

(2)保护电流密度。

根据《海港工程钢结构防腐蚀技术规范》(JTS 153-3—2007)中 4.5.7 款的规定,并考虑到被保护钢管桩的实际表面状况(有无覆盖层及类型或覆盖层质量)、环境条件(如温度、介质的流速、pH 值、含盐量、含沙量、通气程度、微生物的活动)等有关因素,分别选取保护电流密度。钢管桩(裸露)全浸区维持期保护电流密度为 65mA/m²,钢管桩(裸露)海泥区维持期保护电流密度为 20mA/m²,承台底钢质模板维持期保护电流密度为 65mA/m²。

(3)涂层破损率。

根据《海港工程钢结构防腐蚀技术规范》(JTS 153-3—2007)的规定,钢管桩采用环氧粉末涂层,涂层破损率初期取 2%,阴极保护维持期涂层平均破损率取 25%。

(4)保护电流计算。

根据每根被保护钢管桩的面积和保护电流密度,按式(7-13)求得每根钢管桩的保护电流,即

$$I = i_1 S_1 f_c + i_2 S_2 f_c + S_n i_3 \qquad (7-13)$$

式中:S_1 为单根钢管桩水下区保护面积(m²);S_2 为单根钢管桩泥下区的保护面积(m²);S_n 为单根钢管桩分摊模板附加保护面积(m²);f_c 为涂层破损率,取 25%;i_1、i_2、i_3 分别为钢管桩(裸钢)全浸区、海泥区和承台底钢质模板保护电流密度(mA/m²)。

(5)牺牲阳极材料和规格设计。

采用 Al-Zn-In-Mg-Ti 高效铝合金牺牲阳极对崇启大桥进行保护,规格尺寸为 1600mm×(160+190)mm×185mm,单支阳极净重 131kg/支,单支阳极毛重 141kg/支。

(6)牺牲阳极发生电流和数量计算。

牺牲阳极发生电流量根据式(6-2)、式(6-3)和式(6-4)计算,求得单支牺牲阳极发生电流量为 1.43A/支。根据式(6-10)计算牺牲阳极用量为 3056 支,牺牲阳极总量为 430.896t。

（7）牺牲阳极寿命计算。

根据式（7-6）计算牺牲阳极寿命，牺牲阳极利用系数为 0.80，使用寿命为 36.2 年，满足防腐寿命不小于 35 年的要求。

4. 钢管桩防腐蚀效果检测

1）保护电位测量

崇启大桥阴极保护工程于 2011 年 12 月竣工验收，因当时正值冬季枯水期，测得的保护电位为 -1.03 ～ -1.10V 之间，保护效果很好，为再次验证在夏季丰水期时阴极保护效果，在 2014 年 8 月再次全面检测了大桥钢管桩保护电位，保护电位数据为 -1.03 ～ -0.86V 之间，也达到了标准的要求。

2）挂片试验

2020 年 5 月，在大桥运行 8.5 年后，崇启大桥管理处将钢桩上的挂片取下送往七二五所进行分析，未保护和保护试片处理前形貌对比如图 7-16 所示，去除腐蚀产物后形貌对比如图 7-17 所示。由图 7-17 可知，牺牲阳极保护后试片表面明显比未保护试片平整光滑。

（a）　　　　　　　　　　　　　（b）

图 7-16　处理前未保护和保护试片形貌对比
（a）未保护试片；（b）保护试片。

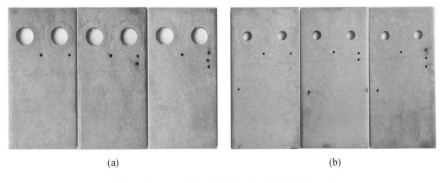

（a）　　　　　　　　　　　　　（b）

图 7-17　处理后未保护和保护试片形貌对比
（a）未保护试片；（b）保护试片。

对腐蚀挂片和保护挂片进行称重,通过失重计算腐蚀速率和保护度,如表 7 - 15 所列。根据测试结果,钢质试片保护度达到 87% 以上,腐蚀速率小于 0.004mm/a。

表 7 - 15　崇启大桥腐蚀速率与保护度计算

类别	位置	编号	原始质量 /g	试验后质量 /g	损失质量 /g	平均腐蚀速率 /(mm/a)	保护度
自腐蚀试片	上	1	1103.6	1036.275	67.325	0.0267	—
		2	1087.5	1017.272	70.228		
		3	1083.1	1007.858	75.242		
	中	1	1071.3	992.08	79.22	0.0294	—
		2	1103.1	1033.204	69.896		
		3	1105.9	1020.958	84.942		
	下	1	1083.4	1051.98	31.42	0.0264	—
		2	1110.3	1071.328	38.972		
		3	1185.2	1045.423	139.777		
阴极保护试片	上	1	1117.1	1110.198	6.902	0.0034	87.26%
		2	1137.4	1130.179	7.221		
		3	1164.1	1151.106	12.994		
	中	1	1159.1	1151.489	7.611	0.0025	91.36%
		2	1150.1	1143.178	6.922		
		3	1125.6	1119.9	5.7		
	下	1	1157.8	1155.705	2.095	0.0008	97.05%
		2	1113.1	1110.822	2.278		
		3	1130.5	1128.675	1.825		

3)钢管桩外观检查

2020 年 4 月至 5 月,崇启大桥管理处组织对 11~56 号墩、主 1~主 7 墩共 760 根钢管桩进行了水下照相检查,总计拍摄 2280 张水下照片,从外观照片和潜水员水下触摸感觉观察分析,钢管桩涂层完好,光滑,无剥离、脱落现象,钢管桩表面未发现锈迹。

7.3 混凝土大桥腐蚀防护案例分析

~~~~~~~~

7.3.1 青岛海湾大桥工程概况

1. 工程简介

青岛海湾大桥位于胶州湾北部,是青岛市交通规划中东西岸跨海通道的"一路、一桥、一隧"中的一桥,是青岛市道路交通网络布局中胶州湾东西岸跨海通道的重要组成部分,也是山东省"五纵四横一环"公路网主框架的重要组成部分。青岛海湾大桥横跨胶州湾海域,大桥起于青岛侧胶州湾高速李村河大桥北200m处,终于黄岛侧胶州湾高速东1km处,中间设立红岛互通。主线全长约28.057km,其中跨海大桥长25.171km,是我国规模最大的海湾大桥之一。

2. 环境条件

青岛海湾大桥处于胶州湾畔,濒临黄海,属季风气候区,气候季节变化明显。冬半年(10月至次年的3月)呈现大陆性气候特点,干燥、低温;夏半年(4—9月)受到东南季风影响,空气潮湿,雨量充沛,日间温差小,呈现典型的海洋性气候特征。青岛常年平均气温12℃左右,7月平均温度为24.2℃,1月平均温度为-0.5℃,年历史最高温度为38.9℃,历史最低温度为-14.3℃,年最高温度大于32℃的平均天数为2.8天。终年多东南和西北两个风向,并以偏东南风为全年主导风向,年平均风速4.9m/s。拟建工程区一年四季均有灾害性天气发生,主要灾害性天气有大风、冰雹、干旱、台风、寒潮、霜冻、浓雾、高温、暴雨等。胶州湾通常12月下旬开始结冰,2月中旬消失,一般来说,1月上旬至2月上旬为胶州湾的重冰期。青岛的年平均天然冻融循环次数为47次。胶州湾东西宽27.8km,南北长33.3km,湾口开口向东南,口门最窄处为3.1km,岸线长187km,海湾面积382km²,海湾平均深度约为7m,最大水深64m。胶州湾以团岛和黄岛的黄山嘴连线为界,分为内湾和外湾,属半封闭型强潮海湾。胶州湾属规则半日潮类型,两次高潮的高度基本一致,但低潮有日不等现象,两次低潮的高度略有差异,潮位高度如表7-16所列。依据本工程所在红岛海区一个月的潮位资料,以及青岛港30年的年最高、最低潮位资料来确定不同重现期年极值高、低水位,如表7-17所列。根据设计水位,青岛海湾大桥腐蚀区带划分如表7-18所列。

表 7-16 青岛港与红岛潮汐特征值

名称	青岛港(多年统计)	红岛港(1月统计)	青岛港(1月统计)
平均海平面/m	0	0.19	0.22
最高潮位/m	3.09	2.69	2.65

续表

名称	青岛港(多年统计)	红岛港(1月统计)	青岛港(1月统计)
最低潮位 m	-3.12	-2.26	-2.13
平均高潮位/m	1.39	1.72	1.70
平均低潮位/m	-1.40	-1.37	-1.29
平均潮差/m	2.78	3.10	2.29
最大潮差/m	4.75	4.68	4.49
平均涨潮历时	5h39min	—	—
平均落潮历时	6h46min	—	—

表 7-17 青岛海湾大桥设计潮位计算

项目	重现期/年			
	20	50	100	300
极端高潮位/m	3.04	3.20	3.33	3.54
极端低潮位/m	-3.20	-3.34	-3.44	-3.61

表 7-18 青岛海湾大桥区带划分

区带	大气区	飞溅区	潮差区	全浸区
范围/m	>5.91	-0.99 ~ 5.91	-0.99 ~ -3.16	< -3.16

青岛海湾大桥所在胶州湾内海水水质如表 7-19 所列,主要含有 Mg^{2+}、Cl^-、SO_4^{2-}、HCO_3^- 等离子,其盐度处于 29.4% ~ 32.9%。大气重度盐雾区、飞溅区、潮差区腐蚀等级为 E,其他区域为 D 级。

表 7-19 青岛海湾大桥所在胶州湾内海水水质表

项目	数值
Mg^{2+} 含量/(mg/L)	1109.6 ~ 1231.2
Cl^- 含量/(mg/L)	17680.7 ~ 17725.0
SO_4^{2-} 含量/(mg/L)	2317.4 ~ 2965.9
HCO_3^- 含量/(mg/L)	137.3 ~ 152.6
含盐度/%	29.4 ~ 32.9

青岛海湾大桥工程处于强腐蚀海洋大气环境与海水腐蚀环境,大桥各部位腐蚀等级划分如表 7-20 所列。

表 7 - 20　混凝土结构腐蚀等级

环境类别	作用等级	环境分区		工程部位	程度描述
近海或海洋腐蚀环境	D	大气区	轻度盐雾区（离平均水位 15m 以上的海上大气区，及离涨潮岸线 100m 以上的陆上环境）	引桥陆上部分墩柱箱梁、塔柱上部、海中及滩涂区墩柱上部、箱梁	严重
	E		重度盐雾区（离平均水位 15m 以下的海上大气区，离涨潮岸线 100m 内的陆上环境）	海中及滩涂区墩柱下部、塔柱下部（5.91 ~ 15m 或箱梁顶面）	非常严重
	D	海泥区		引桥桩基及土中承台、海中桩基泥下区	严重
	D	全浸区		海中桩基（ - 3.16m 以下至泥面）	严重
	E	飞溅区和潮差区		海中承台、墩柱下部（ - 2.40 ~ 5.91m）	非常严重

7.3.2　混凝土结构涂层保护

海洋环境条件下,混凝土结构的腐蚀破坏主要是由于浸蚀性介质渗入混凝土结构内部,引起混凝土碳化和钢筋腐蚀破坏造成的。青岛海湾大桥混凝土结构所处环境的主要腐蚀破坏因素包括 Cl^- 的浸蚀、破坏及冻融循环等。混凝土的外表面存在微小裂纹,周边环境中的 Cl^-、CO_2、H_2O 等通过这些微小裂纹渗透进入混凝土内部,引起混凝土的 pH 值降低并发生碳化,使得混凝土内部处于钝态的钢筋产生锈蚀,钢筋锈蚀的产物引起混凝土保护层的胀裂和剥落,引起混凝土结构裂缝和强度降低。因此,青岛海湾大桥重点涂装范围主要为海上和滩涂区承台、预制和现浇墩身部位的混凝土(自承台底部标高涂装至 +6.0m 标高的混凝土结构的表湿区)和钢箱梁。

1. 设计目标

表湿区混凝土结构涂层和钢箱梁防腐涂层设计使用年限不少于 20 年。

2. 表湿区混凝土防腐涂层

为了阻止混凝土基体的物理、化学腐蚀,在混凝土表面涂装防腐涂料是应用最广泛的一种手段。表湿区混凝土涂层系统由底层、中间层和面层涂料配套组成,涂层现场涂装过程中,由于海水飞溅和涨潮,涂料应具有湿固化性能,选用的配套涂料之间应具有良好的相容性。非通航孔桥飞溅区、潮差区、承台采用的保护涂层配套方案如表 7 - 21 所列[16]。

表 7 – 21　表湿区混凝土防腐涂层

涂层名称	规格型号	配套涂料名称	涂层干膜最小平均厚度/μm
底层	881 – S01	湿固化环氧树脂封闭漆	无厚度要求
中间层	881 – S02	湿固化环氧云母氧化铁	300
面层	881 – Y01	脂肪族丙烯酸聚氨酯面漆	90

3. 钢箱梁防腐涂层

青岛海湾大桥处于严酷的腐蚀环境,特别是 3 座通航孔桥钢箱梁作为主要承重结构,防腐涂装非常重要。结合青岛海湾大桥所处环境,并考虑涂层耐久性、施工性、经济性和美观性,钢箱梁采用的防腐涂层方案如表 7 – 22 所列[17]。

表 7 – 22　钢箱梁不同部位防腐涂层方案

涂装部位	二次喷砂处理要求	涂装体系	厚度/μm
钢箱梁外表面(除桥面)包括风嘴、三角撑外表面、钢锚箱外表面	清洁度 St 3,粗糙度 $Rz = 60 \sim 100\mu m$	大功率二次雾化电弧喷锌铝合金	120
		环氧封闭漆	30
		环氧云铁中间漆	100
		氟碳面漆	2×30
钢箱梁内表面(布置除湿机)	清洁度 Sa 2½,粗糙度 $Rz = 40 \sim 80\mu m$	环氧富锌底漆	2×40
		环氧厚浆漆	100
U 肋内部	清洁度 Sa 2½,粗糙度 $Rz = 40 \sim 80\mu m$	无机硅酸锌底漆	20
钢锚箱内表面、风嘴内表面	清洁度 Sa 2½,粗糙度 $Rz = 40 \sim 80\mu m$	环氧富锌底漆	80
		环氧云铁中间漆	160
		环氧面漆	50
钢箱梁外表面损伤处	清洁度 Sa 2½,粗糙度 $Rz = 40 \sim 80\mu m$	环氧富锌底漆	80
		环氧云铁中间漆	160
		氟碳面漆	2×30
高强螺栓孔部位(摩擦面)	清洁度 Sa 2½,粗糙度 $Rz = 40 \sim 80\mu m$	无机富锌防锈防滑涂料	120 ± 40

4. 防腐涂层施工

1)混凝土表面处理及要求

混凝土构件涂装时龄期不应少于 28 天,并应通过验收合格。如混凝土的龄期少于 28 天需要涂装时需通过试验确定。

金属预埋件进行防腐蚀处理,手工(电动工具)打磨至 St3 级,涂一层环氧富锌底漆和一层环氧中间漆,其范围为从伸入混凝土内 25mm 处起至露出混凝土外的所有表面。

外露铁件凿去铁件周围混凝土达到不少于 60mm 深度,除去铁件后,用淡水清洗干净混凝土表面,涂刷一道环氧类混凝土界面处理剂,并用不低于原有混凝土质量等级的水泥砂浆修补平整。

混凝土表面存在的裂缝、缺陷应按照青岛海湾大桥防腐工程招标文件的有关规定进行修补。

混凝土采用高压水(压力不小于 20MPa)清洁,或者使用各种动力打磨工具等方法,彻底除去混凝土表面上的不牢灰浆、尖角、碎屑、海生物、苔藓、油污等污染物及其他松散附着物;必要时可用适当溶剂清除油污。

清理后的混凝土表面应用淡水冲洗干净,混凝土表面应无油污等影响涂层质量的物质,并用环氧腻子修补平整。

淡水冲洗后残留在混凝土表面上的水珠、水迹可用棉布、海绵等吸湿工具抹去,然后待混凝土自然风干,或用压缩空气吹干,涂装前的混凝土表面应干燥,混凝土表面的含水量不宜大于 6%。

在混凝土表面已完成涂装的涂层上涂装下一道涂层前,应对上一道涂层表面进行清洁处理,应使用淡水彻底除去涂层上的盐分、泥尘、油污等污染物,可用清洁剂清除油污。如上一道涂层太光滑影响下一道涂层的黏结强度,应对上一道涂层进行拉毛处理。

2) 涂装施工

用表面湿度仪测量混凝土表面的含水量,若混凝土表面的含水量大于等于 6% 时不得涂装。用吊链式手摇型湿度计测量干、湿球温度,根据干、湿球温度用露点计算器计算露点温度和相对湿度;或用露点仪直接测量空气温度、相对湿度、表面温度、露点温度。若空气相对湿度大于等于 85% 时不得涂装。用基材测温仪测定基材温度,当基材温度低于露点温度 3℃时不得涂装。

根据涂料的物理性能、施工条件、涂装要求和被涂构件的情况制定涂装工艺,且施工流程和施工工艺应切实可行。青岛海湾大桥采用高压无气喷涂施工。当条件不允许时,可采用刷涂或滚涂。按生产厂规定的比例混合涂料,一套涂料混合好后,必须在规定的混合使用期内用完。因各种原因超过了混合使用期的涂料不得继续使用。使用机械式搅拌器搅拌涂料,并保证有足够的搅拌时间,确保涂料完全搅拌均匀。涂料稀释剂的添加量不应超过说明书规定的最大用量。喷涂施工应符合行业标准《高压无气喷涂典型工艺》(JB/T 9188—1999)的要求。各涂料施工工艺参数如表 7-23 所列。喷涂时应随时采用湿膜梳进行湿膜测试,以保证最佳和最合适的干膜厚度。涂层之间的重涂间隔应参照使用说明书及现场气温确定,重涂间隔应符合规定的要求。在湿固化环氧封闭漆施工后,如有可见的混凝土表面气孔、缺陷等,应使用环氧腻子修补平整,确保涂层表面的平整、连续。

表7－23 涂料施工工艺参数

涂料名称	喷涂压力 /MPa	喷嘴口径 /mm	稀释剂 (最大用量)	同类漆重涂间隔(常温) /h	下道漆涂装间隔(常温) /h
湿固化环氧树脂封闭底漆	15～20	0.38～0.42	5%	4～36	—
湿固化环氧云母氧化铁	25	0.42～0.58	2%	4～48	8～72
脂肪族丙烯酸聚氨酯面漆	15～20	0.38～0.42	5%	5～144	—

3)施工质量控制与检查

施工过程中,应对每一道工序包括混凝土表面处理、各道涂层施工等进行认真检查并通过验收。按设计要求的涂装道数和涂膜厚度进行施工,随时用涂层测厚仪检查湿膜厚度,以控制涂层的最终厚度及其均匀性。涂装过程中应随时注意涂层湿膜的表面状况,当发现漏涂、流挂、变色、针孔、裂纹等情况时,应及时进行修复处理。每道涂装施工前应对上道涂层进行检查,上道涂层检查合格后才能进行下一道涂层施工。

涂装后应进行涂层外观目视检查,涂层表面应平整和色泽均匀、无气泡、无针孔、裂缝等缺陷。涂装完成7天后应进行涂层干膜厚度测定,以测点的涂层干膜厚度算术平均值代表涂层的平均干膜厚度,涂层系统平均干膜厚度应不小于$390\mu m$,最小干膜厚度应不小于$293\mu m$。当不符合上述要求时,应根据情况进行局部或全面补涂,直至达到要求的规定厚度。涂层系统应记录干膜总厚度的最大值、最小值和平均值。涂装完成7天后用拉脱式涂层黏结力测试仪测定涂层系统的黏结强度。以测点的黏结强度算术平均值代表涂层系统的黏结强度代表值。涂层系统的黏结强度代表值应不小于1.5MPa,最小黏结强度测点值应不小于1.2MPa。涂层黏结强度不能达到1.5MPa时,可在原检测点附近涂层面上,按加倍测点重做涂层黏结强度检测。如仍不合格,涂层施工应返工。

涂层黏结强度测定完成后,用相同的涂层系统配套修补测点位置破损的涂层。预制混凝土构件涂层在吊装、运输、安装过程中的破损部位修补,应按原涂层构件相同的涂料和施工工艺进行修补。

7.3.3 混凝土内部钢筋结构腐蚀防护

本小节以青岛海湾大桥大沽河通航孔桥和红岛通航孔桥为例,介绍跨海大桥混凝土内部钢筋外加电流阴极保护设计。大沽河通航孔桥由1个索塔、2个辅助墩和2个过渡墩组成,红岛通航孔桥由1个索塔、4个过渡墩组成。

1. 设计目标

(1)外加电流阴极保护系统设计寿命为 100 年。

(2)施加外加电流阴极防护的混凝土钢筋的保护电位满足下述规定之一。

①对于 Ag/AgCl/0.5M KCl 参比电极,瞬时断开电位负于 -720mV(阴极保护电流断开 0.1 ~ 1s 间测量)。

②24h 内,电位衰减大于 100mV。

③在超过 24h 更长时间的连续衰减条件下,电位衰减大于 150mV。

2. 阴极保护设计

1)保护区域划分

考虑通航孔桥索塔、辅助墩和过渡墩相距较远,外加电流阴极防护以墩台为单元进行设计,即每个墩台采用一台恒电位仪进行保护,不仅有利于系统的管理和维护,更避免两个承台之间电缆铺设的麻烦,降低能耗。大沽河通航孔桥索塔、每个辅助墩、每个过渡墩及红岛通航孔桥索塔、每两个相邻过渡墩为一个保护单元,共分为 8 个保护单元。由于每个墩台的承台、墩/塔座和墩/塔身各区域的钢筋排布密度不同,工作环境条件不同(青岛海湾大桥为无掩体海洋工程设施,被保护混凝土结构处于飞溅区和全浸区,承台侧表面四周包裹防撞钢套箱和承台顶表面长期积存海水等环境),所需保护电流、阳极数量及安装布置不同,为了使各部位各区域保护电流分布均匀、保护效果一致,采取分区设计的方法。每个设计单元分塔身/墩身和塔座/墩座为一个保护区、承台侧面四周为一个保护区、承台顶面为一个保护区,共 3 个保护区,分别计算每个保护区域的保护面积,所需保护电流和所需阳极进行分区安装布置。

2)保护面积计算

根据大沽河通航孔桥和红岛通航孔桥结构,计算通航孔桥索塔、过渡墩、辅助墩钢筋混凝土结构需保护钢筋的表面积如表 7 - 24 所列。

表 7 - 24　外加电流阴极防护各部位需保护钢筋的表面积

单元	分区		需保护钢筋的表面积/m^2	混凝土表面积/m^2
大沽河通航孔桥索塔	1 区	承台侧面	703.4	678.3
	2 区	承台上表面	578.5	240.5
	3 区	塔座	1203.8	584.2
		塔身	34.3	20
大沽河通航孔桥过渡墩(辅助墩,单个)	1 区	承台侧面	469.6	437.7
	2 区	承台上表面	758.8	433.84
	3 区	墩座	382.9	235.6
		墩身	111.8	73.8

单元	分区		需保护钢筋的表面积/m²	混凝土表面积/m²
红岛通航孔桥索塔	1 区	承台侧面	660.4	800.6
	2 区	承台上表面	1034.3	620.6
	3 区	塔座	770.6	474.2
		塔身	113.4	72
红岛通航孔桥过渡墩（单个）	1 区	承台侧面	177.6	217.6
	2 区	承台上表面	85.8	49.7
	3 区	墩座	202.8	123.6
		墩身	61.1	39.3

3）保护电流密度选取

钢筋混凝土结构所需阴极保护电流密度与钢筋的表面 Cl⁻ 浓度、混凝土结构的保护层质量和厚度、环境介质条件（如 pH 值、碳化、通气程度、温度）等因素有关。新建混凝土结构初始阶段实施的阴极防护所需电流密度较低，一般为 $0.2\sim2\text{mA}/\text{m}^2$，随着混凝土结构的劣化、腐蚀介质的侵入，腐蚀程度逐步增加，所需保护电流密度不断增加，一般为 $2\sim20\text{mA}/\text{m}^2$。在以往多项类似工程中，选取保护电流密度为 $10\text{mA}/\text{m}^2$，并取得了良好的保护效果。

钢筋混凝土结构所需阴极保护电流密度与钢筋的表面 Cl⁻ 浓度有直接关系。根据菲克第二定律和青岛海湾大桥的实际工况条件，根据式（7-14）计算大桥 100 年时混凝土结构中钢筋表面的 Cl⁻ 浓度，即

$$C_{xt} = C_i + (C_s - C_i)\left[1 - x\left(12tD_0\right)^{\frac{1}{2}}\right]^2 \qquad (7-14)$$

式中：C_{xt} 为混凝土中 t 时间、x 渗透深度的 Cl⁻ 浓度（%）；C_i 为混凝土中初始 Cl⁻ 浓度，取值 0.025%；C_s 为混凝土表面海水 Cl⁻ 浓度，取值 1.42%；x 为 t 时间海水在混凝土内的渗透深度（mm），青岛海湾大桥钢筋外层混凝土厚度最小处为 9.9mm；t 为时间（年），青岛海湾大桥保护年限为 100 年；D_0 为扩散系数，取值 $1.92\times10^{-12}\text{m}^2/\text{s}$。

将以上数值代入公式，得 $C_{xt} = 0.57\%$。

Cl⁻ 浓度与钢筋保护电流密度关系如图 7-18 所示，Cl⁻ 浓度为 0.57% 时，对应的电流密度约为 $10\text{mA}/\text{m}^2$。因此，根据青岛海湾大桥混凝土结构的性能、环境介质条件等实际因素，参照以往类似多项工程经验和相关标准，本方案选取的电流密度为 $10\text{mA}/\text{m}^2$。

4）保护电流计算

根据选取的保护电流密度和被保护钢筋的表面积，求得每个保护单元各个区

域钢筋所需的保护电流,见表7-25,所需总保护电流141A。

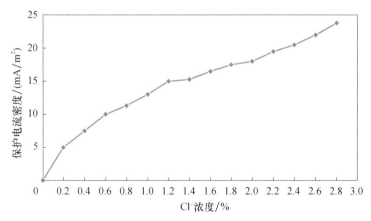

图7-18　Cl⁻浓度与钢筋保护电流密度关系

表7-25　青岛海湾大桥各区域钢筋所需保护电流

部位	分区		钢筋面积/m²	保护电流密度/(mA/m²)	所需保护电流/mA
大沽河通航孔桥索塔	1区	承台侧面	703.4	10	7034
	2区	承台上表面	578.5	10	5785
	3区	塔座	1203.8	10	12038
		塔身	34.3	10	343
大沽河通航孔桥过渡墩（辅助墩,单个）	1区	承台侧面	469.6	10	4696
	2区	承台上表面	758.8	10	7588
	3区	墩座	382.9	10	3829
		墩身	111.8	10	1118
红岛通航孔桥索塔	1区	承台侧面	660.4	10	6604
	2区	承台上表面	1034.3	10	10343
	3区	塔座	770.6	10	7706
		塔身	113.4	10	1134
红岛通航孔桥过渡墩（单个）	1区	承台侧面	177.6	10	1776
	2区	承台上表面	85.8	10	858
	3区	墩座	202.8	10	2028
		墩身	61.1	10	611

5)辅助阳极设计

(1)辅助阳极规格的选择。

辅助阳极设计选用钛网带状混凝土用辅助阳极(以下简称 MMO 网带状阳极),其消耗速率约为 3mg/(A·a),寿命满足 100 年设计指标要求。

根据每个设计单元每个区域钢筋排布的紧密程度、保护面积和所需保护电流不同,对承台四周侧面钢筋采用类型 2 规格 MMO 网带状阳极进行保护,对其他区域的钢筋采用类型 1 规格 MMO 网带状阳极进行保护,详细参数如表 7-26 所列。

表 7-26 MMO 网带状阳极规格参数

性能		规格	
		类型 1	类型 2
输出电流/(mA/m)		5.3	2.7
尺寸	宽度/mm	20	10
	厚度/mm	0.9	0.9
	长度/m	26	26
单卷重量/(g/卷)		738	369
电阻率/(Ω/m)		0.22	0.43
设计使用寿命/年		100	100

(2)辅助阳极用量计算。

根据各区域所需保护电流和 MMO 网带状阳极单位长度输出电流,确定所需 MMO 网带状阳极的长度,如表 7-27 所列,其中类型 1 辅助阳极共 21892m,类型 2 辅助阳极共 16770m。

表 7-27 青岛海湾大桥各区域所需 MMO 网带状阳极的长度

部位	分区		保护电流/mA	辅助阳极型号	辅助阳极输出电流/(mA/m)	辅助阳极长度/m
大沽河通航孔桥索塔	1 区	承台侧面	7034	Type 2	2.7	2605.3
	2 区	承台上表面	5785	Type 1	5.3	1091.5
	3 区	塔座	12038	Type 1	5.3	2271.3
		塔身	343	Type 1	5.3	64.8
大沽河通航孔桥过渡墩(辅助墩,单个)	1 区	承台侧面	4696	Type 2	2.7	1739.1
	2 区	承台上表面	7588	Type 1	5.3	1431.7
	3 区	墩座	3829	Type 1	5.3	722.4
		墩身	1118	Type 1	5.3	210.9

续表

部位	分区		保护电流/mA	辅助阳极型号	辅助阳极输出电流/(mA/m)	辅助阳极长度/m
红岛通航孔桥索塔	1区	承台侧面	6604	Type 2	2.7	2445.9
	2区	承台上表面	10343	Type 1	5.3	1951.5
	3区	塔座	7706	Type 1	5.3	1453.9
		塔身	1134	Type 1	5.3	213.9
红岛通航孔桥过渡墩（单个）	1区	承台侧面	1776	Type 2	2.7	657.7
	2区	承台上表面	858	Type 1	5.3	161.9
	3区	墩座	2028	Type 1	5.3	382.6
		墩身	611	Type 1	5.3	115.3

（3）辅助阳极布置。

被保护钢筋的表面积与保护混凝土结构的表面积比为 0.5～1.8，在保护电流密度为 $16mA/m^2$ 和 $20mA/m^2$ 的情况下，MMO 网带状阳极在混凝土结构中的布置间距宜在 10～45cm 之间。青岛海湾大桥被保护钢筋的表面积与保护混凝土结构的表面积为 0.6～1.8，考虑各保护区域 MMO 网带状阳极规格、用量以及选取的保护电流密度，设计 MMO 网带状阳极布置间距约为 30cm，按照结构物面积，均匀地沿水平方向布置。

（4）辅助阳极的电性连接。

对每个区域安装布置的 MMO 网带状阳极与钛导电带采用 DNY-25 点焊机进行电焊电性连接，电焊电性连接的质量符合《混凝土中钢的阴极保护》（EN 12696—2000）标准要求，钛导电带的性能要求如表 7-28 所列。为了确保每个保护区域内安装布置的 MMO 网带状阳极电性连接的可靠性，考虑结构的不同，对每个保护区域内布置的 MMO 网带状阳极采用多条钛导电带进行电焊电性连接，形成多条导电回路，在连接回路中取两条钛导电带分别和阳极电缆在混凝土结构外部电性连接。钛导电带总长度为 2700m。

表 7-28　钛导电带性能参数表

宽度/mm	厚度/mm	重量/(g/m)	电阻率/(Ω·m)
15	1	68	0.040

6）恒电位仪设计选型

青岛海湾大桥采用智能型开关式恒电位仪作为外加电流阴极防护系统的工作

电源,主要技术参数如表 7 – 29 所列。

表 7 – 29　恒电位仪技术参数表

名称	技术参数
输入电源	三相,380V/50Hz
额定输出电压	50V、36V、24V
额定输出电流	25A、15A、10A
电位控制范围	– 2.0 ~ + 2.0V
电位控制误差	± 10mV
额定功率	0.24 ~ 1.25kW
防护要求	IP54
工作温度	– 15 ~ 50℃
外形尺寸	$800(H)\,mm \times 600(B)\,mm \times 300(T)\,mm$

7)参比电极设计

青岛海湾大桥参比电极设计采用内置式 Ag/AgCl 参比电极和 Ti 参比电极。Ag/AgCl 参比电极由于工作性能稳定,在阴极保护工程中得到非常广泛的应用,使用寿命超过 20 年,内置式 Ag/AgCl 参比电极结构如图 7 – 19 所示。Ti 参比电极结构如图 7 – 20 所示,由于钛棒表面覆盖富铱金属氧化物,稳定性极好,使用寿命大于 100 年。

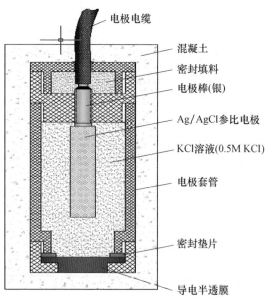

图 7 – 19　内置式 Ag/AgCl 参比电极结构示意图

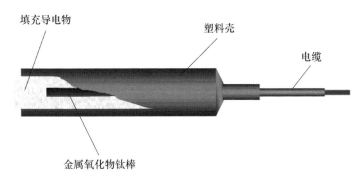

图 7 - 20　Ti 参比电极结构示意图

青岛海湾大桥用于控制及监测的内置式 Ag/AgCl 参比电极和 Ti 参比电极分别为 24 支,其中每个保护分区布置 1 支 Ag/AgCl 参比电极和 1 支 Ti 参比电极,即每个保护单元共布置 3 支 Ag/AgCl 参比电极和 3 支 Ti 参比电极。

8)电缆的设计选择

根据《混凝土中钢的阴极保护》(EN 12696 - 2000)标准要求,考虑电缆使用环境的特点、机械强度、耐久性和电气性能,选择的各部位电缆规格型号为:从电源设备引至接线箱的阳极和阴极电缆均采用耐海洋大气电缆,规格型号分别为 $RVU(3 \times 16mm^2)$ 和 $RVU(1 \times 30mm^2)$;从混凝土内部引至接线箱的阴极电缆,采用长寿命的耐碱、耐 Cl^- 的氟塑料绝缘耐腐蚀铠装直埋型电缆,规格型号为 $AFVFCI - 22(1 \times 16mm^2)$ 的电缆;从恒电位仪引至接线箱的参比电极电缆采用耐海洋大气屏蔽电缆,规格型号为 $RVUP(6 \times 4mm^2)$,从接线箱引至混凝土内部的参比电极电缆采用氟塑料绝缘耐腐蚀铠装直埋型屏蔽电缆,规格型号为 $AFVPFCI - 22(1 \times 4mm^2)$,参比接地电缆采用氟塑料绝缘耐腐蚀铠装直埋型电缆,规格型号为 $AFVFCI - 22(1 \times 4mm^2)$,从接线箱引至恒电位仪的参比接地电缆采用规格型号为 $RVU(1 \times 30mm^2)$ 的电缆,电缆颜色符合《混凝土中钢的阴极保护》(EN 12696—2000)中条款 6.6 的要求,详见表 7 - 30。

表 7 - 30　青岛海湾大桥电缆型号与长度

用途	电缆型号	颜色	长度/m
阳极电缆	$RVU(3 \times 16mm^2)$	红色	700
阴极电缆	$RVU(1 \times 30mm^2)$	黑色	700
	$AFVFCI - 22(1 \times 16mm^2)$	黑色	1100
参比电极电缆	$RVUP(6 \times 4mm^2)$	蓝色	700
	$AFVPFCI - 22(1 \times 4mm^2)$	蓝色	1700

用途	电缆型号	颜色	长度/m
参比接地电缆	AFVFCI – 22（1 × 4mm²）	黑色	1700
	RVU（1 × 30mm²）	黑色	700

3. 阴极保护安装

1）MMO 网带状阳极的安装

（1）MMO 网带状阳极的固定。

将 MMO 网带状阳极在每约 30cm 的距离用塑料卡固定在水泥隔离条上，用塑料电缆扎带将水泥隔离条和水泥隔离条上的 MMO 网带状阳极固定在被保护钢筋上，MMO 网带状阳极安装示意图如图 7 – 21 所示。两条 MMO 网带状阳极连接时，采用点焊方法将 MMO 网带状阳极进行电焊连接，两条 MMO 网带状阳极搭接焊接长度应超过 5cm，焊点不少于 3 个。

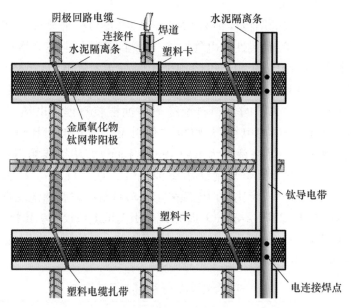

图 7 – 21 MMO 网带状阳极安装示意图

（2）MMO 网带状阳极与钛导电带的电连接。

采用钛导电带将各个保护区所有设计布置的 MMO 网带状阳极用点焊方法进行电性连接。将每个分区内的两条连接阳极的钛导电带加塑料套管保护后，固定在水泥垫条上，将水泥垫条用塑料电缆扎带固定在钢筋上，引出混凝土结构。钛导电带引出混凝土结构后，加塑料套管保护并引至接线箱。

2）参比电极的安装

参比电极安装前，应对 Ag/AgCl 参比电极和 Ti 参比电极性能进行测量、检验。根据设计布置和施工图要求，将设计布置的内置式 Ag/AgCl 参比电极和 Ti 参比电极用塑料电缆扎带固定在设计安装位置的钢筋上，Ag/AgCl 参比电极安装示意图和 Ti 参比电极安装示意图分别如图 7－22 和图 7－23 所示。在每个参比电极 50cm 距离内，安装参比电极接地电缆。

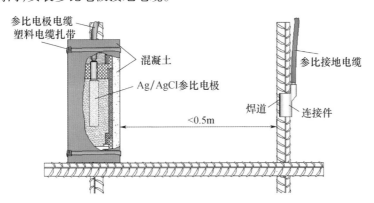

图 7－22　Ag/AgCl 参比电极安装示意图

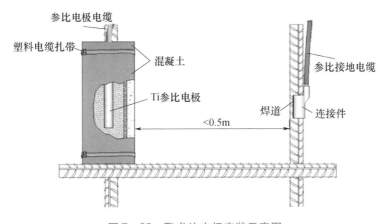

图 7－23　Ti 参比电极安装示意图

3）电缆连接、铺设和标识

（1）电缆连接。

根据设计要求，辅助阳极电缆、阴极回路电缆、参比电极电缆及参比电极回路电缆均按设计要求进行连接和绝缘密封处理。

（2）电缆铺设。

电缆铺设过程中，及时采用塑料电缆扎带固定，所有电缆从混凝土构件引出之前,用塑料电缆扎带固定并留有一定的伸缩长度。所有电缆通过埋设在混凝土中的 PVC 套管引出混凝土,PVC 套管的埋设深度为 10cm,PVC 套管连接处均用密封材料进行密封处理。

（3）电缆的标识。

系统所有电缆的标识应符合《混凝土中钢的阴极保护》(EN 12696—2000)中条款 6.6 要求的颜色区分,同时用标签对每根电缆作唯一性标识,确保电缆的正确连接。

4）恒电位仪安装

恒电位仪安装在箱梁内设计位置。根据各区域设计布置电缆的标识,将阳极电缆、阴极回路电缆、参比电极电缆、参比电极回路电缆和恒电位仪进行连接。将恒电位仪的输入与工频交流电源进行连接。外加电流阴极保护系统安装示意图见图 7-24。

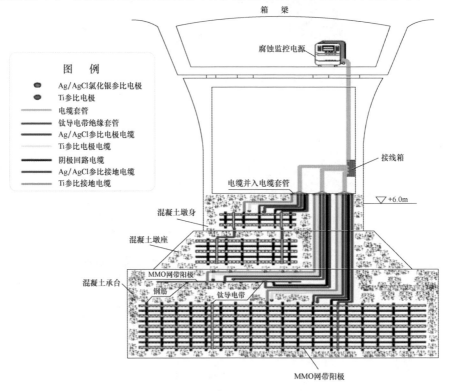

图 7-24　外加电流阴极保护系统安装示意图

5）电性连接质量检测

系统电性连接、安装施工和混凝土浇筑之前、期间和之后,对钢筋的电性连接质量、阴极回路电缆的连接质量、参比电极电缆的连接质量、MMO 网带状阳极间的连接质量、MMO 网带状阳极与导电带之间的连接质量、MMO 网带状阳极与钢筋间的绝缘质量及时采用电阻测量设备进行检验和记录。

7.4　沉管隧道腐蚀防护案例分析

7.4.1　深中通道工程概况

深中通道项目是国务院批复的《珠江三角洲地区改革发展规划纲要(2008—2020年)》确定的建设开放的现代综合运输体系中的重大基础设施项目,深中通道连接广东省深圳市和中山市,路线起于广深沿江高速机场互通立交,与深圳侧连接线对接,向西跨越珠江口,在中山市翠亨新区马鞍岛上岸,终于横门互通。

深中通道全长24km,是世界上首例集超宽超长海底隧道、超大跨海中桥梁、深水人工岛、水下互通,"四位"一体的集群工程,包括大桥、隧道和人工岛等,如图7-25所示。深中通道国内首次采用钢壳沉管隧道方案,其建设标准、工程规模、建设难度、工程复杂程度均为现今世界类似工程之最[18],双向八车道特长海底沉管隧道开创世界先例,具有五大技术难点,分别是超宽、变宽、深埋、回淤量大、挖砂坑区域地层稳定性差,极具技术挑战性,断面宽度达46～55.46m,如图7-26所示,比港珠澳大桥双向六车道钢筋混凝土沉管隧道断面还要宽9m,双向八车道海底沉管隧道在世界上没有先例,创新的结构方案钢壳混凝土沉管,设计使用寿命100年,两种标准管节的尺寸分别为46m×10.6m×165m和46m×10.6m×123m,为钢壳混凝土组合结构形式,即钢板包着混凝土,类似"三明治"结构,该结构为国内首次应用,国际上也是首次大规模使用,是目前世界上最宽的海底沉管隧道,也是到目前为止世界技术难度最大的工程之一。

图 7-25　深中通道大桥、隧道和人工岛位置节点示意图

图7-26　深中通道沉管隧道断面示意图

深中通道及周边区域,年平均降水量1774～1934mm,年内降水不均衡,每年6—10月为降水集中期,占全年总降水量的85%,11月至翌年2月为旱季,降水稀少,降雨量仅占全年的10%。受季节性降雨变化影响,深中通道区域内出现明显的丰水期、枯水期,丰水期内降水丰富,海水电阻率高,枯水期内降水稀少,海水电阻率低。深中通道所处的伶仃洋是一个潮优型的河口湾,具有潮量大、风浪小、流速弱、泥沙少以及受高盐陆架水控制等基本特征。泥沙主要来自径流输沙,且集中在洪水期,沉积物以砂质粉砂为主,含有少量的砂河粉砂质砂;水体具有典型的河口3层水体结构特征,在钢壳的耐腐蚀性方面存在极大的技术挑战。

7.4.2　深中通道钢壳腐蚀防护

1. 设计目标

防腐蚀寿命不低于100年,在有效防腐蚀年限内,沉管保护电位处于-0.80～-1.05V范围内。

2. 阴极保护设计

1)阴极保护材料选型

深中通道海底沉管式隧道外壳被抛石和海底泥掩埋,牺牲阳极的工作环境不是普通海水,而是电阻率更高的海底泥石,要求铝合金牺牲阳极不仅需要具备优良的电化学性能(较负工作电位和较高电容量),还应能在海底泥石环境长期工作。较负的工作电位是为了保持足够的驱动电位,具有较大的保护距离;较高的电容量和长期稳定的电化学性能是保证阴极保护的总体经济性和可靠性,是保证沉管钢壳经济可靠运行100年以上的基本要求。

美国斯伦贝谢子公司海底采油树和管汇采用牺牲阳极保护、美国通用公司里海油气管道牺牲阳极阴极保护工况与深中通道沉管牺牲阳极保护类似,值得借鉴。选用的牺牲阳极材料在电阻率为70～80Ω·cm、pH=6～8的海泥环境中,电化学性能如表7–31所列。

表7–31 国外海底设施阴极保护用牺牲阳极电化学性能

项目	工作电位/V	实际电容量/(A·h/kg)	溶解状况
化学性能	–1.05	海水中不小于2500	腐蚀产物容易脱落,表面溶解均匀
	–1.00	海底泥中不小于1500	

七二五所基于多年的阴极保护设计与牺牲阳极材料研发经验,在 Al – Zn – In 合金牺牲阳极的基础上,通过添加少量 Si 元素,研发了适用于深中通道沉管海底环境腐蚀防护用 Al – Zn – In – Si 合金牺牲阳极,该阳极不但在海水中有极好的性能,其在海底泥、淡海水(如入海口和海湾)中,其工作电位随电阻率增大而衰减得明显比普通铝阳极小。牺牲阳极在淡海水中的电容量高于2600A·h/kg,工作电压负于 – 1.05V,较《铝 – 锌 – 铟系合金牺牲阳极》(GB/T 4948—2002)中铝合金牺牲阳极电容量有大幅提高,其在电阻率为 $70 \sim 80\Omega \cdot cm$ 的淡海水电化学性能如表7–32所列。

表7–32 Al – Zn – In – Si 合金牺牲阳极电化学性能

开路电位/V	工作电位/V				实际电容量/(A·h/g)	介质	平均电容量/(A·h/g)
	1天	2天	3天	4天			
–1.100	–1.082	–1.109	–1.086	–1.102	2667	海水	2658
–1.100	–1.091	–1.112	–1.035	–1.093	2639		
–1.100	–1.091	–1.106	–1.059	–1.081	2668		
–1.080	–1.041	–1.081	–1.006	–1.062	2680	电阻率为$70 \sim 80\Omega \cdot cm$;淡海水	2708
–1.080	–1.010	–1.072	–0.972	–1.062	2735		
–1.090	–1.030	–1.066	–1.011	–1.065	2710		
–1.065	–0.943	–1.026	–0.850	–0.964	2230	覆盖有海水的海底泥①	2186
–1.045	–0.950	–1.027	–0.814	–0.964	2309		
–1.068	–0.938	–1.011	–0.789	–0.923	2018		
–1.083	–0.937	–1.025	–0.724	–0.925	1859	覆盖有海水的海底泥②	2144
–1.099	–0.945	–1.027	–0.825	–0.960	2244		
–1.085	–0.963	–1.028	–0.811	–0.964	2328		

①深中通道项目西人工岛工程地质勘探,孔号 DXZK03,取样深度:0.7～1.5m。
②深中通道项目西人工岛工程地质勘探,孔号 DXZK03,取样深度:1.5～2.1m。

DNV – RP – B401 中 Al – Zn – In 牺牲阳极(A1 ～ A2 组)、GB/T 4948—2002 中 Al – Zn – In – Mg – Ti 合金牺牲阳极(B1 ～ B2 组)和 Al – Zn – In – Si 合金牺牲

阳极(C1 ~ C3 组)性能对比如表7 – 33 所列。由表7 – 33 可知,Al – Zn – In – Si 合金牺牲阳极性能优于 Al – Zn – In 合金牺牲阳极、Al – Zn – In – Mg – Ti 合金牺牲阳极。

表7 – 33　常用牺牲阳极在 $70 \sim 80\,\Omega \cdot cm$ 的淡海水中电化学性能对比

实施例	开路电位/V	工作电位/V	实际电容量/(A·h/kg)	电流效率/%	溶解状况
A1	– 1.10	– 0.950	2545	88	局部不溶解,溶解不均匀
A2	– 1.10	– 0.951	2559	89	
B1	– 1.14	– 0.997	2610	90	局部不溶解,产物容易脱落
B2	– 1.13	– 1.000	2633	91	
C1	– 1.10	– 1.060	2708	94	溶解均匀,产物容易脱落
C2	– 1.10	– 1.086	2658	92	
C3	– 1.10	– 1.065	2640	91	

2)保护面积计算

深中通道沉管有两种规格:一种规格长度为 165m;另一种规格长度为 123m。单节沉管保护面积计算为

$$A1(长\ 165m) = 顶面(7590m^2) + 底面(7590m^2) + 侧面(3498m^2)$$
$$= 18678m^2$$
$$A2(长\ 123m) = 顶面(5658m^2) + 底面(5658m^2) + 侧面(2607.6m^2)$$
$$= 13923.6m^2$$

深中通道沉管隧道由 26 节 165m 长沉管和 6 节 123m 长沉管组成,所以总保护面积 $= 18678 \times 26 + 13923.6 \times 6 = 569169.6(m^2)$。

3)保护电流计算

沉管服役于海底泥石环境,初期保护电流密度为 $50mA/m^3$,平均电流密度为 $27.5mA/m^3$,末期保护电流密度为 $20mA/m^3$,初期、平均和末期涂层破损系数分别为 0.02、0.42 和 0.82,根据式(6 – 1)计算初始、中期和末期保护电流分别为 569.19A、6573.9A 和 9334.3A。

4)牺牲阳极数量计算

(1)初期所需牺牲阳极数量计算。

选用净重 375kg、毛重 405kg 支架式铝阳极,尺寸为 2300mm × (230 + 270)mm × 250mm。根据式(7 – 15)计算初期牺牲阳极接水电阻为 0.275Ω,初期单支发生电流量为 0.73A,初期所需牺牲阳极数量为 569.19/0.73 = 780 支。

$$R = \frac{\rho}{L + B} \qquad (7 – 15)$$

（2）平均牺牲阳极数量计算。

由牺牲阳极利用系数为0.82,平均保护电流密度为27.5mA/m³,根据式(6-6)可知深中通道沉管所需牺牲阳极数量为12486支。

（3）末期牺牲阳极数量计算。

末期牺牲阳极长度根据式(7-16)计算,式中利用系数 u 取值为0.82,末期牺牲阳极长度为2.114m,根据式(7-17)计算末期牺牲阳极剩余质量为67.5kg,则牺牲阳极末期高度为0.25m,末期牺牲阳极接水电阻为0.318Ω,末期单支牺牲阳极发生电流量为0.63A,所需牺牲阳极数量为9334.3/0.63=14851支。

$$L_f = L - 0.1u \cdot L \tag{7-16}$$

$$m_f = m(1 - u) \tag{7-17}$$

根据深中通道沉管初期、平均和末期所需牺牲阳极数量,计算确定所需铝合金阳极数量为14851支。

3. 阴极保护效果仿真预测

现场取样测试结果表明,深中通道沉管所处海泥电阻率处于70~120Ω·cm范围内,为预测所设计牺牲阳极保护效果,七二五所采用边界元法仿真计算了100年后沉管钢壳保护电位[19]。100年后,牺牲阳极剩余质量为67.5kg,涂层失效,以图7-27和图7-28所示的牺牲阳极阳极极化曲线和Q390钢壳阴极极化曲线为边界条件,计算得到电阻率为70Ω·cm和120Ω·cm时保护电位分布,计算结果如图7-29所示。当泥石电阻率为70Ω·cm时,保护电位范围为-794~-993mV(相对于SCE),相对于Ag/AgCl参比电极保护电位为-814~-1013mV,当泥石电阻率为120Ω·cm时,相对于Ag/AgCl参比电极保护电位为-799~-1012mV,通道顶部、斜面、侧面和底部均得到良好保护。

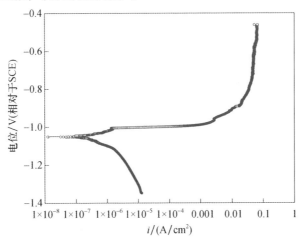

图7-27 牺牲阳极阳极极化曲线

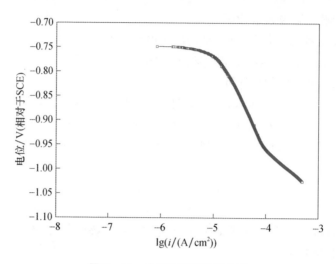

图 7-28　Q390 阴极极化曲线

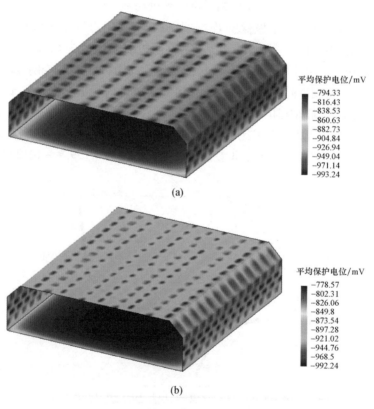

(a)

(b)

图 7-29　深中通道沉管 100 年后阴极保护电位预测

(a)电阻率为 70Ω · cm;(b)电阻率为 120Ω · cm。

参考文献

[1] 葛燕,朱锡昶,李岩.桥梁钢筋混凝土结构防腐蚀[M].北京:化学工业出版社,2011.

[2] DAILY S F. Understanding corrosion and cathodic protection of reinforced concrete structures[M]. Ohio:Corrpro Companies,Incorporated,1999.

[3] Guide to Durable Concrete:ACI 201.2R–08[S]. Farmington:American Concrete Institute,2008.

[4] Protection of Metals in Concrete Against Corrosion:ACI 222R–01[S]. Farmington:American Concrete Institute,2001.

[5] Building Code Requirements for Structural Concrete and Commentary:ACI 318–08[S]. Farmington:American Concrete Institute,2008.

[6] 中交公路规划设计院有限公司.公路钢筋混凝土及预应力混凝土桥涵设计规范: JTG D62—2004[S].北京:中华人民共和国交通运输部,2004.

[7] 广州四航工程技术研究院.海港工程混凝土结构防腐蚀技术规范:JTJ 275—2000[S].北京:中华人民共和国交通部,2001.

[8] 葛燕,朱锡昶,朱雅仙,等.混凝土中钢筋的腐蚀与阴极保护[M].北京:化学工业出版社, 2007.

[9] 金晓鸿,王其红,郑添水,等.跨海大桥结构的防腐涂料设计与应用研讨[C]//中国腐蚀与防护学会.第十四届亚太腐蚀控制会议——现代桥梁结构防腐蚀技术论坛.上海:中国腐蚀与防护学会,2006:97–104.

[10] 金晓鸿.跨海大桥钢结构防腐涂料设计方案[J].电镀与涂饰,2007,26(002):35–38.

[11] 刘永柱.东海大桥钢管桩防腐蚀技术研究[J].城市建设理论研究(电子版),2013,17:1–6.

[12] 程明山.东海大桥钢管桩在役牺牲阳极性能分析及剩余寿命评定[J].腐蚀与防护,2016 (12):994–998.

[13] 程明山.东海大桥钢管桩运行10年腐蚀控制效果调查[J].材料开发与应用,2015,30(5): 81–86.

[14] 程明山,黄明志,瞿彧.上海长江大桥钢管桩外加电流阴极保护远程监测系统[C]//中国腐蚀与防护学会.NACE 国际阴极保护会议.北京:中国腐蚀与防护学会,2016:47–51.

[15] 王廷勇,尹萍,常娥,等.外加电流阴极保护在上海长江大桥钢管桩中的应用[C]//中国腐蚀与防护学会.第六届全国腐蚀大会.银川:中国腐蚀与防护学会,2011:309–312.

[16] 柴峰,张超,刘传文.青岛海湾大桥下部结构防腐蚀涂层保护[J].华东公路,2010,1(181): 30–32.

[17] 王星光,盖国晖,万莹莹.青岛海湾大桥航道桥钢箱梁防腐涂装[J].公路,2009,9:199–200.

[18] 徐国平,黄清飞.深圳至中山跨江通道工程总体设计[J].隧道建设(中英文),2018,38(4): 627–637.

[19] 赵永韬,宋神友,汪相辰,等.海底结构牺牲阳极保护物模实验和仿真计算[C]//中国腐蚀与防护学会.第十届全国腐蚀大会.南昌:中国腐蚀与防护学会,2019:237.

第8章

港口工程的腐蚀控制

8.1 概 述

8.1.1 港口工程的范围

港口是具有水陆联运设备和条件,供船舶安全进出和停泊的运输枢纽。港口工程是组成港口所需的各类工程设施,包括码头、人工岛、航标、防波堤、护岸、钢趸船、水鼓、系船浮筒、舰船洞库、船坞和船台滑道等。港口分为海港和河港,即沿海港口和内陆港口,由于海水腐蚀性远大于河水腐蚀性,因此本章主要讨论海港码头的腐蚀控制。

码头是供船舶停靠、装卸货物和上下乘客的水工建筑物,是港口的主要组成部分。按照码头的平面布置进行分类,可分为顺岸式、突堤式、墩式等形式。墩式码头又可分为与岸用引桥连系的孤立墩或用联桥连系的连续墩;突堤式码头又分窄突堤(突堤是一个整体结构)和宽突堤(两侧为码头结构,当中用填土构成码头地面)。按结构形式进行分类,可分为重力式、板桩式、高桩式和浮码头等形式。按用途进行分类,可分为散杂货码头、专用码头(渔码头、油码头、煤码头、矿石码头、集装箱码头等)、客运码头、供港内工作船使用的工作船码头以及为修船和造船工作而专设的修船码头和舾装码头等。

8.1.2 港口工程的腐蚀类型及特点

1. 钢质港工设施的腐蚀特点

港工设施用钢桩的腐蚀环境与跨海大桥钢桩以及近海钢桩平台类似,主要受海水和海洋大气的浸蚀作用,腐蚀问题比较突出,其腐蚀类型与特点也与大桥钢桩和平台桩基相似,主要分为海洋大气区、飞溅区、潮差区、全浸区和海泥区,各区带内,由于含氧量等因素差异,存在 3 个腐蚀峰值带。通常浪花飞溅区是钢桩腐蚀的重灾区(图 8-1),峰值腐蚀速率高达 0.9mm/a;平均低潮位以下 20~100cm 处的氧浓差电池阳极区,腐蚀速率可达 1mm/a,短期内可使金属结构腐蚀穿孔;海泥区的腐蚀峰值是由于泥下氧浓差和微生物腐蚀引起的,在防砂堤的泥面上存在水流和砂石的严重冲刷作用,该部位的最大腐蚀速率可达近 3mm/a。

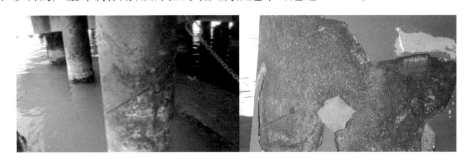

图 8-1 钢桩码头浪花飞溅区的腐蚀情况

与跨海大桥和海上平台不同,港工码头通常位于港湾内,海流和浪涌作用较小,水面相对平缓,而且受港区生活和作业等影响,码头水域污染问题比较严重,海水存在富营养化现象,为海生物的滋生提供了有利条件,因此,在钢桩的水下部位和潮差带往往存在大量的海生物附着,由此引发的微生物腐蚀问题较为突出,据调查,在海生物附着部位,钢桩的最大腐蚀速率可达 4mm/a,如图 8-2 所示[1]。

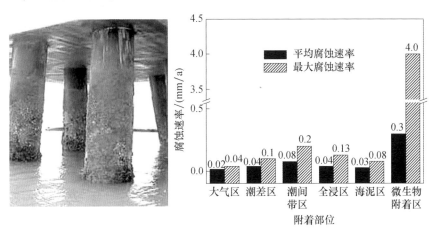

图 8-2 钢桩码头的海生物附着以及微生物腐蚀情况

由于我国海岸线长达 18000 多公里,跨越热带到寒温带,各区域的海洋环境差异大,受温度、盐度、海水流速、泥沙含量等因素影响,沿海各港口的腐蚀差异也很大,总的来说南海温度高,腐蚀比较严重。腐蚀挂片试验表明,同钢种的试样在榆林地区的平均腐蚀深度为青岛地区的 2 倍;东海水流急、泥沙多的地区腐蚀也较严重,黄海、渤海地区的腐蚀相对轻微。例如,我国北方的旅顺九区码头于 1937 年建造,60 年代在平均低潮位下部 0.5m 处发现有 300mm×300mm 的大蚀孔,平均腐蚀速率约为 0.5mm/a;黄海海域的青岛港 5 号码头于 1947 年建造,1974 年发现平均低潮位下有 20 多处大面积蚀孔,平均腐蚀速率大于 0.5mm/a;东海海域宁波北仑港码头由于水速、淡海水、泥沙等因素的综合影响,钢管桩半年后发现直径为 2.5~3mm 的坑蚀,腐蚀严重的部位在不超过 500mm×1000mm 的裸露表面测得腐蚀坑约 670 个,孔径 3~5mm,孔深 1~2.5mm 不等;南海海域的三亚港建成不到 2 年,平均低潮位下 20cm 深的钢桩段普遍出现棕红色锈泡,最大蚀坑深 1.5~2.0mm,腐蚀速率为 0.75~1.0mm/a。

2. 钢筋混凝土港工设施的腐蚀特点

港口码头工程大量使用钢筋混凝土结构,如预应力混凝土管桩、预应力混凝土梁板、钢筋混凝土沉箱等,其所处的腐蚀环境与混凝土大桥类似,造成钢筋混凝土结构腐蚀破坏的原因主要是混凝土碳化和 Cl^- 浸蚀。此外,海生物对混凝土结构的腐蚀也存在重要影响,主要表现为混凝土表层物质的改变,即导致金属元素与卤族元素形成盐类,在混凝土表层富集。此外,藻类植物呼吸作用产生 CO_2,也会加剧混凝土表层物质的碳化[2]。典型的钢筋混凝土码头腐蚀与污损形貌如图 8-3 所示。

图 8-3　钢筋混凝土码头的腐蚀与污损形貌

据调查报告显示,20 世纪 90 年代以前修建的混凝土海港码头一般使用 10~20 年就会出现钢筋锈蚀、混凝土开裂等问题,需要进行大规模修复。据 20 世纪 60 年代的一份调查结果显示,当时华南、华东地区 74% 的钢筋混凝土海港存在由钢筋腐蚀导致的结构破坏问题。研究人员在 20 世纪 80 年代分别对华南、华北以及浙江沿海地区的海工钢筋混凝土结构物进行了腐蚀检测,结果显示腐蚀破坏比例最高达 89%。

8.1.3 港口工程防腐蚀技术

1. 钢质港工设施的防腐蚀

早期工业发达国家在海水中应用钢管桩,主要依靠钢材自身的腐蚀余量达到设计寿命。这种方法造成大量钢铁资源浪费,且制作和安装费用高,施工周期长,具有诸多不利之处。自从阴极保护技术开发以来,在许多港口码头工程得到了广泛应用,取得了显著的保护效果[3-5]。为了提升经济性及防护效果,近30年来普遍采用阴极保护加防护涂层联合保护方案对钢管桩进行腐蚀防护,涂层保护的范围主要集中在大气区、浪溅区和水线变动区,水下区和泥下区主要采用阴极保护技术。由于浪花飞溅区腐蚀严重,且阴极保护无法顾及,近年来,国内外大量码头钢桩在水线和浪花飞溅区采用了包覆层来加强防护,应用效果良好。

1) 阴极保护

从20世纪40年代美国和日本等国开始对钢质港工设施进行阴极保护技术的研究和应用,并在钢板桩码头、钢管桩码头、趸船、坞门等钢结构上采用外加电流阴极保护技术,取得了良好的保护效果。我国从1974年开始,由海军后勤部军港部组织七二五所、中国科学院福建物构所二部和重庆有色金属研究所等单位对钢质港工设施进行阴极保护的试验和研究。首先,在钢趸船上试用了外加电流保护方法,1977年在海军某部浮码头的6节钢趸船上安装了外加电流阴极保护系统,恒电位仪选用了 KKG-3 型恒电位仪,辅助阳极采用了铅银合金阳极,利用尼龙绳悬挂于浮桥下,最低潮位时阳极位于水下约1.0m,阳极设计使用寿命5年;同时在钢趸船内触边上安装了 Ag/AgCl/海水参比电极,用于控制输出,参比电极设计寿命3~4年。经过几年的试验和探索,取得了成功的经验。1981年9月海军后勤部组织了该项目现场勘验会,将其中1节施加外加电流保护4年的钢趸船进行180°翻转,底部朝天展示了阴极保护效果,结果显示钢趸船水下部分无任何锈迹,底部的油漆基本完好,腐蚀得到了有效的抑制,接着在海军各港口推广应用这一技术。

由于牺牲阳极具有使用维护更简便、无须电源供应等优点,牺牲阳极逐渐成为港工设施常用的防腐措施。国内牺牲阳极的研制始于1966年,七二五所在国防科技工业局(当时的国务院国防工业办公室)支持下,相继研制出 Al-Zn-Sn 系、Al-Zn-In 系合金牺牲阳极,并于1971年研制了 Al-Zn-In-Cd 合金牺牲阳极,1974年通过鉴定并获得国防工办三等奖。随着我国铝合金牺牲阳极的研制成功,从1982年开始采用新研制的铝合金牺牲阳极对钢板桩码头、浮码头、水鼓、滑道和洞库大门进行阴极保护,实践证明应用效果良好,随后七二五所在我国100多个港口,268个海上设施(包括大型钢板桩码头11座)进行了防腐蚀施工,于

1982 年 3 月先后对西沙群岛的 7 座钢板桩码头进行了牺牲阳极阴极保护,1983 年对安游码头的钢板桩结构进行了牺牲阳极阴极保护施工,1984 年对青岛某军用浮码头进行牺牲阳极保护改造(详见 8.4 节),1991—1992 年将牺牲阳极阴极保护应用于西沙永兴岛和琛航岛两座新建码头的钢板桩结构。到 90 年代初期,全海军已有一半以上的钢浮码头和 80% 以上的钢桩码头采用了阴极保护技术[6]。在大量的工程经验和科学试验研究的基础上,七二五所于 1986 年主持制定了港工设施阴极保护设计和安装的国家军用标准《港工设施牺牲阳极保护设计和安装》(GJB 156—1986),使港工设施的阴极保护形成了标准化、制度化。

1989 年,受青岛港务局的委托,七二五所对青岛港务局黄岛油港一期码头钢管桩防腐蚀工程进行论证和防腐方案设计(详见 8.2.1 小节),经过近 1 年的时间,顺利完成了黄岛油港一期码头钢管桩牺牲阳极防腐蚀工程,这是国内首次对陈旧性钢管桩进行水下干法焊装牺牲阳极联合保护。在有效保护期内,钢管桩保护电位始终负于 $-0.95V$(相对于 Ag/AgCl/海水参比电极),退大潮时,钢管桩潮差可见段未发现一丝锈迹,涂层附着完好,仍具有光泽,无粉化和大面积剥离现象,得到用户和专家的认可。此后,以此为样板,先后完成了天津港埠一公司钢管板码头、天津南疆新建钢管桩码头、天津港务局钢管桩码头(详见 8.2.2 小节)、山东省东营钢管桩码头、辽宁营口钢管桩码头、海军獭山钢管桩码头等多项防腐蚀工程,均取得了良好的应用效果。

在 1982—1998 年期间,七二五所分别在施工过程中和结束后(1982 年、1985 年、1989 年、1992 年、1998 年)对港工设施的阴极保护效果进行了 5 次全面的检查,测得了大量的数据,由测试数据和保护效果可发现,在此期间由七二五所设计并保护的钢板桩码头及护岸的保护效果良好。北海地区浮码头保护电位均在 $-0.95 \sim -1.05V$ 之间,水鼓保护电位在 $-1.04V$ 左右,洞库大门保护电位为 $-1.02 \sim -1.04V$;东海地区浮码头保护电位为 $-0.90 \sim -1.05V$,水鼓保护电位为 $-0.88 \sim -1.00V$,洞库大门保护电位为 $-0.95V$;南海地区钢板桩码头保护电位为 $-0.85 \sim -1.06V$,浮码头保护电位在 $-0.80 \sim -0.95V$ 之间。被保护结构水下部分无锈迹,保护度均达到 95% 以上。钢趸船的上排维修周期由原来的 3 年延长到 6 ~ 12 年,水鼓的维修周期也由 2 年延长到 4 ~ 8 年,仅这一项防腐蚀技术每年就可节省维修经费几百万元。2008 年,根据海军机关要求,海军工程检测中心与七二五所再次对旅顺、獭山、南海地区榆林、安游、西沙群岛等基地 15 处钢桩码头的腐蚀状况进行了调研[7]。结果发现部分码头的牺牲阳极已消耗完毕,需要更换,钢管桩表面被大量贝类生物覆盖,表面锈蚀严重,底部腐蚀坑呈蜂窝状;牺牲阳极未消耗完的钢管桩保护良好,表面形成了阴极保护沉淀物,去除附着的海生物后,钢板桩表面未发现明显的锈蚀。

阴极保护不仅解决了海水区和海泥区钢桩的腐蚀问题,对潮差区的钢桩同样有效,根据浸水时间和程度,其保护度为 40% ~60% ,通过对 10 余座处于不同海区钢板桩的保护效果的调查表明,采用阴极保护的钢板桩码头,特别是潮差较小,而又是全日潮地区的钢板桩,潮差区基本未发生腐蚀,表面也覆盖了一层灰色的阴极沉淀层,挂片检验表明其保护度可达 70% ~90% 。由此可见,对于潮差区阴极保护也是十分有效的。在以前的阴极保护设计中,为了考虑潜水员水下安装方便,同时考虑海泥区钢板桩保护所需的电流,阳极全部安装在距海底 1.5m 左右的水平线上,调查结果显示,如果钢板桩海水段的高度超过 5m,而设计时阳极又没有很大的富余量,那么靠近水面部分的钢板桩特别是潮差区的电位与阳极附近的钢板桩的电位相差比较大,可达 200mV 左右,造成保护电位的分布不均匀,影响了保护效果,容易引起水面附近保护不足而阳极附近又过保护。为了解决这一问题,设计时应将阳极分上、下两排交叉安装,在低潮位以下 2m 左右安装一排,在泥线上 1.5m 左右安装一排,根据钢板桩在海泥中部分面积的大小,下面的一排适当多装一些阳极,这样就可使整个钢板桩码头的电位分布均匀,上下差不超过 100mV,海泥区和潮差区的钢板桩也得到充分的保护,达到最佳的保护效果。

进入 21 世纪后,七二五所继续为我国大型港工项目提供防腐设计、供货、安装、检测等服务,相关技术产品先后在营口港鲅鱼圈港区、福州港罗源湾港区、丹东港粮食物流码头、天津港南疆神华煤炭码头、青岛港 30t 油码头、大连长兴岛公共港区、福炼成品油码头等钢质港工设施安装使用,取得了十分显著的应用效果,为基础设施建设和国民经济发展做出了重要贡献。

2)防腐涂层

防腐涂层是码头钢桩常用的防腐蚀措施,现阶段应用在海洋特定腐蚀环境的防腐涂层主要有环氧沥青、环氧重型防腐涂料、厚浆型聚氨酯涂料、厚浆型环氧玻璃鳞片涂料、金属喷涂层加有机涂层封闭体系、单层熔融结合环氧粉末、双层熔融结合环氧粉末等。在《海港工程钢结构防腐蚀技术规范》(JTS 153 – 3—2007)中,对码头钢桩用防腐涂层的体系和工艺要求进行了详细说明。综合而言,码头钢桩防腐涂层一方面应有良好的耐阴极剥落性能和良好的耐水性、优异的附着力,若太阳紫外线辐射强度大,水位变动区以上的钢管桩面漆应有优良的耐候性;另一方面,应有足够的机械强度和韧性,能承受较大的剪切力和冲击力等。防腐涂层的效果发挥与涂装工艺、钢管桩表面处理质量和涂料质量等密切相关,其中钢管桩表面处理效果直接关系到涂层附着力,是工程质量的关键。与防腐蚀涂层有效使用年限有关的因素有涂装前钢材表面预处理质量、涂料的种类、涂膜的厚度、施工条件、涂装工艺及涂装道数等,其中钢材表面预处理质量对涂层有效年限的影响较明显。为达到相对长期的使用寿命,涂层的厚度普遍较大,在钢管桩的起吊、运输及沉放程序中可能会出现或大或小的涂层损伤,尤其是在沉桩下桩等工作中,桩架的托桩滚轮可能对涂料产生损伤,此外,在船舶系泊和码头作业过程中,也不可避免会对钢桩产生磕碰,从而对表面涂层造成损伤,对水面以上区段的涂层损伤能在现场被修复,对于水位以下的涂层,其修复工作不易,此时采用相关联合保护技术(如牺牲阳极阴极保护)是必要的[8-10]。

3)包覆层

包覆层保护指通过在钢桩表面包覆耐蚀性能良好的金属或非金属材料,从而使基底金属材料与腐蚀介质相隔开,以达到控制腐蚀、延长钢结构使用寿命的一种方法。目前在码头钢桩使用较多的是矿脂包覆技术、包覆金属或合金护套、包覆混凝土或其他护套等[11-12]。

日本最早使用混凝土包覆钢管桩,如果施工质量良好,可以在相当长的时期内消除腐蚀。但是混凝土厚度有一定要求,如土质工学会和建筑学会规定大于6cm,且混凝土会碳化,要改进混凝土的耐海水性能,可采用聚合物水泥混凝土、树脂砂浆混凝土、聚合物浸渍混凝土、纤维混凝土和聚合物纤维混凝土,但这会提高造价。

包覆金属或合金护套指在钢桩表面焊接一层耐蚀金属,目前蒙乃尔合金、Cu-Ni合金以及不锈钢材料常被用作钢桩的保护套,但该方法施工工艺要求高,且成本不低。

矿脂包覆技术是指在钢结构表面涂覆具有良好黏着性、非水溶性、防水性、不挥发性、电绝缘性等的矿脂材料,再在外部包覆防护外罩的防腐蚀技术。矿脂包覆技术起源于1925年英国发明的Denso矿脂防腐蚀系统;20世纪70年代后期,日本研制出一种适用于码头、栈桥及其他外海钢结构浪溅区长期耐久的防腐方法,即复层矿脂包覆防腐技术(petrolatum tape and covering system,PTC),此后中国科学院海洋研究所也成功开发了该项技术。PTC技术可广泛适用于腐蚀严苛的浪花飞溅区钢桩结构的防护,以延长其使用寿命。目前,该技术已成功用于我国港口码头,如丹东华能电厂煤码头、宁波中化兴中码头(图8-4)、中海油天津LNG码头,以及我国援建的毛里塔尼亚友谊港钢桩等。

图8-4 宁波中化兴中码头钢桩包覆[13]

2. 钢筋混凝土港工设施的防腐蚀

1) 钢筋保护涂层

为防止钢筋的腐蚀,人们直接对钢筋表面进行处理,先后出现了镀锌钢筋、包铜钢筋、合金钢钢筋、不锈钢钢筋及环氧树脂涂层钢筋等一系列钢筋新品种或防护方法。到目前为止,环氧涂层钢筋得到了较广泛的工程应用,被确认为是防钢筋锈蚀的有效措施之一。

不同于通常的环氧树脂涂料涂刷在钢筋表面,环氧涂层钢筋制作是采用静电粉末喷涂的方法,在工厂内对钢筋表面进行涂层加工出来的,这就增加了使用环氧涂层钢筋的造价。此外,环氧涂层钢筋与没有涂层的钢筋相比,钢筋与混凝土之间的握裹力有一定的下降。另一个使用中应注意的问题是必须加强对环氧涂层质量的检验,如果由于生产过程质量控制不严或运输过程的刮碰造成环氧涂层的破损,在破损处可能会发生更为严重的腐蚀[14]。

2) 混凝土外涂层

涂层由于施工方便,适用性广,随着现代科技的发展不断进步,涂料涂装成为应用最为广泛的防腐蚀保护技术[15-16]。混凝土表面涂层种类较多,主要根据腐蚀环境、耐久性年限要求进行选择。比较常见的表面涂层有:①沥青、煤焦油类,这类涂层价格较低,防水、防腐性能较好;②涂料类,由于混凝土是碱性的,因此用于混凝土结构表面的涂料必须是耐碱的;③树脂类涂料,主要有环氧树脂、丙烯酸树脂、乙烯基树脂等,这些树脂有较好的防护性能和耐久性。此外,还有硅烷等渗透型涂层,硅烷可以深入混凝土内部一定范围,并与混凝土组分反应阻塞微孔,起到防护作用,而且无毒、挥发小、施工简单、浸渍深度更深。在青岛港董家口港区原油二期码头(详见 8.3 节)和深圳大铲湾集装箱码头沉箱防护工程即采用了硅烷防护涂层。

现有的港口、码头混凝土用的涂料大多采用环氧沥青涂料、氯化橡胶涂料配套体系。连云港庙岭码头在 1982 年始建时,在部分混凝土梁上采用了环氧沥青涂料进行防腐蚀保护。1991 年对其防腐效果作了调查,对自然状态下的碳化深度和 Cl^- 渗透率作了同等对比:未涂覆试件(即自然状态下)的碳化深度为采取涂料保护试件的 7.6 倍;未涂覆试件的 Cl^- 渗透率为采取涂料保护试件的 4.35 倍[17]。湛江港在 1996 年对已经经过 5 年码头试涂施工的梁柱进行考察,有涂层保护的梁柱中 Cl^- 的含量仅为没有涂层保护的梁柱中的 1/6 左右。可见,采取涂料封闭保护抑制钢筋混凝土的腐蚀,其效果是非常显著的。

根据国内外海洋工程用混凝土结构的使用经验,混凝土结构中腐蚀最严重的部位是潮差及浪溅区,其次是大气区、水下区。长期处于水下的混凝土结构由于缺乏供氧条件,钢筋的腐蚀较为缓慢。因此,在设计沿海混凝土桥梁时应该根据桥梁各部位所处的环境,考虑其不同的防腐要求。海洋工程混凝土专用保护涂料按使用场合大致可以分为 3 类,包括水下部位、潮差及浪溅部位、水面以上及上层建筑部位专用保护涂料。水下部位涂料的主要要求是附着力强、耐水性及抗渗透性好、有防污功能;潮差及浪溅部位的涂料主要要求是在水下部位涂料的基础上增加涂层的强度和交联密度,使得其在干湿交替的条件下仍有长久的保护作用;水面以上及上层建筑部位的涂料要求为具有优异的耐盐雾性和耐老化性能。

鉴于在海洋条件下混凝土结构的腐蚀状况严重,国家交通部有关部门十分重视,并组织有关单位就如何提高海洋混凝土的耐久性进行了系统分析,于1986年制定了"海港钢筋混凝土结构防腐蚀技术规定"和"海港预应力钢筋混凝土结构防腐蚀技术规定",从1994年开始,在我国的天津港(板桥、港东、港中、港西的多个钢筋混凝土构件)、连云港、北仑港、湛江港等港口和码头的混凝土结构上试用港口、码头用保护涂料。经过8~9年的实际使用效果表明,现用的混凝土保护涂料对海水中的混凝土构件具有一定的保护、延缓腐蚀的作用,但其保护年限在10年以内。

3)阻锈剂

近年来,世界各国阻锈剂的用量大量增长,尤其是日本,其在混凝土中使用了海砂,为解决海砂中Cl^-对钢筋的危害,大量使用了阻锈剂,并制定了相应的规范标准。

用于钢筋混凝土结构的阻锈剂本质是缓蚀剂,根据其作用原理的不同,可以分为阳极型阻锈剂、阴极型阻锈剂和复合型阻锈剂。这3种阻锈剂分别对阳极极化、阴极极化和阴阳极极化具有阻滞作用。最典型的阳极型阻锈剂是亚硝酸盐阻锈剂。这种类型的阻锈剂阻锈效果好,应用较广,但是也有不足之处。首先,阻锈剂添加的量必须足够,否则会保护不足,甚至有加剧局部腐蚀的危险;其次,当浸泡在海水环境中时,这种阻锈剂会从混凝土本体向海水渗透,影响保护效果,保护持续的时间取决于混凝土的质量。另外,这种渗透也会对环境造成一定的污染。现在已经研制出许多有机阻锈剂,大多为醇胺类,这些有机阻锈剂大多吸附在钢筋表面,阻止外部介质与钢筋的直接接触。这种类型的阻锈剂大多环保、安全,缺点是价格较贵、阻锈效果难以达到很高的水平。

按照阻锈剂使用方法的不同,阻锈剂可以分为掺入型和渗透型。掺入型是指在混凝土制作过程中直接掺入;渗透型是指在已经成型的混凝土表面涂覆,阻锈剂渗透进入混凝土内部。掺入型阻锈剂的缺点是用量大,成本高;渗透型阻锈剂虽然可以直接针对腐蚀严重的区域进行保护,使用方便,但是存在阻锈剂渗透深度有限的问题。比如,我国港工防腐规范中规定,海洋环境浪溅区的钢筋混凝土保护层的最小厚度,北方为5cm,南方为6.5cm,预应力混凝土保护层的最小厚度达9cm,而常用的渗透型阻锈剂的渗透深度仅2cm左右。

为达到良好的保护效果,各种类型的阻锈剂可以搭配使用,也可以和其他防腐蚀方法(如环氧钢筋)配合使用,达到取长补短的作用。

4)阴极保护

近20年来,发达国家针对混凝土中钢筋的阴极保护做了大量的研究和开发,阴极保护技术的应用越来越广泛。

（1）牺牲阳极法。

牺牲阳极的优点是施工简便，不需要额外的附属设备，不需要特别的管理，但存在保护年限较短、保护范围较小的缺点。目前国外很少把牺牲阳极用于新建的混凝土结构，只是在混凝土结构的局部保护和维修中使用，应用较广的阴极保护还是外加电流法。

（2）外加电流法。

适用于混凝土结构的外加电流阴极保护系统的主要组成部分包括直流电源、辅助阳极、参比电极、控制系统和监测系统。直流电源要求能够长期、持续地提供稳定的电压或电流，实际工作中常使用变压整流器。因为港口工程的设计寿命至少在 30 年以上，在此期间要求外加电流系统提供可靠保护，所以对于变压整流器的稳定性要求较高。一方面，在使用期间，要求变压整流器无故障；另一方面，要求提供的电压或电流无大的波动，基本保持恒定。用于混凝土结构的辅助阳极要求具有电化学惰性，阳极极化率低，损耗少，使用寿命长，现在应用最广的是混合金属氧化物阳极。参比电极在施工过程中被埋在混凝土内，因此也要求适用于混凝土结构。控制系统的主要作用是控制变压整流器的输出值，监测系统则监测被保护钢筋的时间 – 电位值或电流值。外加电流法保护效果良好，成为公认有效的钢筋混凝土防腐蚀方法。

8.2　钢管桩码头腐蚀防护案例分析

8.2.1　黄岛油港码头腐蚀防护

1. 工程概况

黄岛油港一期原油码头是一座深水敞开式油码头，于 1974 年动工兴建，1976 年 9 月竣工投产。码头全长 314m，经栈桥和引堤与岸连接。原油码头由 4 个系缆墩、2 个靠船墩、1 个装油平台及 6 跨钢梁组成。整个码头是以钢管桩为基础的桩基承台式结构，包括 7 座承台，共有钢管桩 278 根，总长度 8227.87m，钢管桩直径 700mm，壁厚 16mm，材质为 16Mn 钢[18]。

码头处水深 11m，最大潮流流速 0.75m/s，水温 1～25℃。为了抑制钢桩码头的腐蚀，最初设计采用了外加电流阴极保护方法对水下钢桩进行腐蚀防护。

1986 年 12 月，对钢桩进行了水下测厚检查，发现防腐效果尚可，10 多年的时间，钢桩腐蚀深度最大为 0.5mm，平均为 0.26mm，潮差段腐蚀量较大。但外加电流阴极保护系统存在维护管理难度大等问题，1989 年，七二五所对码头的腐蚀防护系统进行了改造,改用牺牲阳极和防护涂层对钢桩进行联合保护,设计保护寿命15 年。至 2007 年时,牺牲阳极达到设计使用年限,阳极基本消耗完毕,在此基础上,七二五所重新设计了牺牲阳极保护方案,并进行了防腐涂料的补涂施工。下面以该码头为例,介绍自 1989 年起至今的保护方案及效果。

2. 钢管桩腐蚀防护

1)总体方案

针对黄岛原油码头钢管桩只存在潮差段、海水全浸段、抛石段和海泥段 4 个腐蚀区的实际情况,确定海水全浸段、抛石段和海泥段采用铝合金(Al - Zn - In - Cd)牺牲阳极保护,并首次采用水下干法焊接的方法进行牺牲阳极的安装;在潮差段则采用环氧砂浆包覆和铝合金牺牲阳极联合保护,涂覆范围为自水泥压帽梁底面(标高为 +2.5m)至平均低潮位(标高为 +1.0m)以下 0.4m。整个钢管桩的设计保护年限为 15 年。

2)阴极保护设计

(1)保护面积计算。

由于涨满潮时,钢管桩全部浸没于海水和海泥中,所以保护面积应是钢管桩全部浸入各部分介质(包括海泥、抛石、海水等)中的面积,各区域的钢管桩长度和保护面积如表 8 - 1 所列。

表 8 - 1　黄岛原油码头各区域的钢管桩长度和保护面积

钢管桩部位	钢管桩总长度/m	钢管桩保护面积/m²
潮差区	601.63	1322.38
裸露海水区	3135.11	6890.97
抛石区	510.92	1123.0
海泥区	3434.67	7549.43

(2)保护电流计算。

根据工程经验和钢管桩所处的介质条件、结构材质、表面状态和结构形式以及海生物附着等情况,选取钢管桩各区域保护电流密度见表 8 - 2。

表 8 - 2　黄岛原油码头各区域的钢管桩保护电流密度

钢管桩部位	保护电流密度/(mA/m²)	保护电流值/A
潮差区	20	26.45
裸露海水区	105	723.55
抛石区	60	67.38
海泥区	20	150.99

另外,在高潮位时水泥帽梁会浸入海水中,考虑到牺牲阳极会向混凝土中的钢桩和其他一些钢筋等金属排流,估算排流量为15A。

综上计算,所需的总保护电流 I_c 为983.37A。

(3)牺牲阳极计算。

牺牲阳极材料选用 Al－Zn－In－Cd 合金牺牲阳极,实际电容量不小于 2400A·h/kg,电流效率不小于85%。所需的牺牲阳极总重量按下式计算,即

$$m = \frac{8760 Y \cdot I_m}{Q \cdot \frac{1}{K}} \tag{8-1}$$

式中: m 为阳极重量(kg); Y 为设计使用年限,取 15 年; I_m 为平均保护电流(A), $I_m = 0.55 I_c$; Q 为牺牲阳极的实际电容量,取 2400A·h/kg; $1/K$ 为阳极利用系数,取 0.85。

计算得出,所需的牺牲阳极总重量为34837kg,安装在 278 根钢管桩上,平均每根钢管桩需安装阳极约 125.31kg。

根据钢管桩的长度和牺牲阳极的保护范围,以及考虑到安装更换阳极方便,确定每根钢管桩安装 2 块牺牲阳极,278 根钢桩共安装 556 块阳极,选用的阳极规格为 700mm×(160＋220)mm×180mm,每块阳极的净重为 68.5kg,毛重为 72.5kg,牺牲阳极总重量38086kg,毛重40310kg。

(4)阳极发流量与寿命核算。

根据《港工设施牺牲阳极设计和安装》(GJB 156—86)标准方法,计算得出每块牺牲阳极的发出电流量为2027.1mA,556 块阳极总发出电流量 I_a 为1127A,满足所需的保护电流 $I_c = 983.37A$ 。经核算,牺牲阳极的使用寿命为 15.74 年,满足设计使用年限要求。

3)阳极安装

牺牲阳极采用水下 CO_2 干法焊接工艺进行安装,每根钢管桩安装 2 块阳极,阳极间距约 3m,分别位于承台底面以下 6~7m 和 9~10m 位置,两块阳极的相互角度约为 180°。每块阳极焊 4 条焊缝,每条焊缝长度不小于 8cm,焊缝高度不小于4mm,阳极铁脚与钢管桩间的贴合间隙不超过 2mm。

4)保护效果评价

牺牲阳极安装完 10 天后,对钢管桩的保护电位进行监测,测试结果显示钢管桩的保护电位全部负于－1.0V(相对于 CSE,本节下同),达到了预计的保护电位要求(负于－0.85V)。

1999 年 10 月,在黄岛原油码头钢管桩牺牲阳极保护工程运行 10 年后,对该工程使用的牺牲阳极的溶解情况、剩余尺寸及钢管桩保护电位进行了潜水检查和测量。经检测,牺牲阳极溶解均匀,平均剩余尺寸为 645mm×(130＋150)mm×

135mm,钢管桩保护电位 $-1.019 \sim -1.120V$,保护效果良好。通过计算,每块牺牲阳极的平均剩余重量约 36.5kg,10 年使用期每块阳极消耗约 36kg,剩余重量可以满足继续服役 5 年的寿命要求。

2003 年 10 月,再次对原油码头钢管桩保护情况进行了检查,结果显示钢管桩的保护电位范围为 $-0.934 \sim -0.990V$,钢管桩仍处于良好的保护状态,保护效果稳定可靠。潮差段环氧砂浆涂层除少数桩因渔船机械碰撞存在局部破损以外,均附着良好,且有一定的光泽,即使个别破损处,也没有锈迹,而是呈黑色,附有明显的阴极沉积膜。钢管桩所有部位未发现任何锈迹,综合保护效果十分理想。

2005 年 5 月,黄岛原油码头管理部门又主持对钢管桩进行了全面检测,检测数量达 124 根。结果显示钢管桩保护电位在 $-0.848 \sim -0.978V$ 之间,124 根桩的平均保护电位为 $-0.940V$,电位正于 $-0.90V$ 的有 7 根,其中 6 号承台有一根钢桩电位为 $-0.848V$,未达到 $-0.85V$ 保护电位要求,其他钢桩全部处于最佳保护电位之中,由此可见,其余钢管桩仍处于良好的保护状态,保护效果稳定可靠。对于 6 号承台欠保护的钢桩,由于码头的所有钢管桩全部电连接,其他钢桩上的阳极也能对该桩起到一定保护作用,但该钢管桩仍然达不到有效保护电位,说明该钢管桩的阳极绝大部分已消耗,钢桩的保护效果难以得到保证。原则上如正于最小保护电位 $-0.85V$ 的钢桩达到一定的范围和比例,则需要考虑更换阳极的工作。

5)改换装工程

2007 年,经综合评估,认为黄岛原油码头钢管桩的牺牲阳极已经消耗殆尽,需要进行牺牲阳极更换。换装阳极采用了高纯度原材料研制的高效 Al - Zn - In 铝合金牺牲阳极,该阳极实际电容量不小于 2550A·h/kg,电流效率不小于 90%,与原安装的 Al - Zn - In - Cd 合金牺牲阳极相比,新阳极电流效率提高了 5%。

改换装阳极的设计保护寿命为 10 年,通过参考《港工设施牺牲阳极保护设计及安装》(GJB 156—86)进行重新计算与设计,选用牺牲阳极尺寸为 $800mm \times (120 + 160)mm \times 140mm$,阳极单重 47.5kg。每根钢桩仍安装 2 块阳极,共换装 556 块,阳极安装位置为原牺牲阳极安装位置旋转 $180°$,采用 SRE TS 208 湿法焊条进行水下焊接。

对于钢管桩潮差段环氧砂浆涂层破损、脱落处采用原环氧砂浆涂层进行局部补涂,共补涂 102 处,补涂面积约 $13.4m^2$。补涂时首先采用人工打磨去除锈层和海生物,除锈等级为 St3 级,然后进行人工涂刷,补涂涂层厚度 $3 \sim 5mm$。

改换装工程完工后,对钢桩的保护电位进行监测,结果显示钢桩的保护电位达到 $-0.96 \sim -1.19V$,钢管桩的保护电位重新负移至有效保护范围,保护效果良好。

8.2.2 天津港钢管桩码头腐蚀防护

1. 工程概况

天津港 25～27 号泊位改造工程新建钢管桩码头位于天津港北疆港区三突堤东侧和四港池北侧,3 个泊位相连,分别在原 25 号、26 号泊位基础上向外延伸 36m,原 27 号泊位基础上向外延伸 40.5m,码头总长 854.02m,码头结构为钢管桩加预应力混凝土梁板结构。整个码头由 822 根 ϕ1000mm 的钢管桩和 719 根 ϕ1200mm 的钢管桩支承。钢管桩材质为 Q235 – C. Z 钢。

钢管桩所处环境为天然海水,码头区域海水流速约 0.6m/s,波高 1.0～1.5m,海水的 pH 值为 8.0～8.2,盐度 29.8‰～31.5‰,溶解氧浓度 4.78～5.54mg/L,电导率为 3.74～4.80S/m[19]。

新建码头钢管桩存在潮差、全浸、海泥 3 个腐蚀区,高潮位时钢管桩全部浸没在海水和海泥中,设计对钢管桩采用防腐涂层和牺牲阳极进行联合保护。工程从 2000 年 3 月 1 日开始施工,至 2000 年 8 月 23 日全部完工,2000 年 11 月一次性顺利通过验收,并被评为优良工程。

2. 钢管桩腐蚀防护

1)总体方案

根据钢管桩不同部位所处的环境条件特征,对潮差区及部分海水全浸区的钢管桩采用高性能长寿命 725L – H53 – 9 型环氧重防腐涂料涂装和铝合金牺牲阳极联合保护,对海泥区和海水全浸区下端的钢管桩单独采用铝合金牺牲阳极阴极保护。

2)防腐技术指标

根据天津港 25～27 号泊位改造工程新建钢管桩码头的保护技术路线及使用技术要求,参照国内外有关技术规范和已有的工程经验,钢管桩水面下防腐保护技术指标如下。

(1)钢管桩铝合金牺牲阳极和涂层防腐保护寿命设计为 30 年。

(2)铝合金牺牲阳极安装完毕后 5～7 天,钢管桩电位全部达到 –0.90V 以上(相对于 CSE,本节下同)。

(3)在保护初期,725L – H53 – 9 型环氧重防腐涂层的破损率小于 2%,在有效保护期内,环氧重防腐涂层无明显破损和脱落。

(4)在有效保护期内,钢管桩电位自始至终控制在最佳保护电位范围,即 –0.85～–1.05V,保护率达 90%～95%。

(5)在有效保护期内,钢管桩的腐蚀得到抑制,壁厚无明显减薄,表面无明显锈蚀,码头基本维持现状而安全运行(其他因素造成的损坏除外)。

(6)在有效保护期内,牺牲阳极阴极保护效果稳定可靠,不需要任何维修保养和专人管理。

3）涂层保护设计

（1）涂料种类选择。

根据工况条件和使用技术要求，设计选用725L－H53－9型环氧重防腐涂料。该涂料是20世纪80年代由七二五所研制的新型高性能重防腐涂料，应用于秦山核电站二期防腐工程中。该涂料具有施工方便、附着力强（大于8MPa）、耐冲击和碰撞、不受打桩影响、耐磨（损失质量小于0.055g/1000r）、表面硬度高（大于6H）、适用于大型钢质构件的吊装、长途运输、与阴极保护配合性好、耐阴极剥离电位超过－1.2V、耐温度变化性能好、防腐效果好、使用寿命长、造价低等优点，在厦门海底输水管线、宝钢码头、金山码头、黄岛一期油码头、天津港南疆油码头、天津港矿石码头、天津港集装箱码头、青岛丽星物流实业公司液态化工码头等几十项大型工程钢管桩防腐保护中得到广泛应用，最长使用寿命近30年，效果良好。

（2）涂层配套设计。

钢管桩各部位的涂层配套方案见表8－3。

表8－3　钢管桩涂层配套方案

钢管桩所在位置	涂料型号	涂层厚度/μm	涂装道数	涂料用量/（kg/m²）	涂装工艺
潮差区	725L－H53－9	1000	2	2.9	刮涂
全浸区	725L－H53－9	800	2	2.3	刮涂

（3）施工要求。

①钢管桩涂装表面采用喷砂除锈，除锈质量达到《涂装前钢材表面锈蚀等级和除锈等级》（GB/T 8923—88）中 Sa 2½级。

②经喷砂除锈处理合格后的涂装表层先采用稀释的配方刮涂一道，干膜厚度为80～100μm。

③待指干后（约2h），即可刮涂下一道，根据钢管施工条件，为确保涂层均匀、表面平整，不流挂，采用二次刮涂工艺，达到涂层厚度800～1000μm的设计要求。

④施工温度在5℃以上。冬季施工必须搭制保温棚，以便保证涂料良好固化。

⑤为了避免涂料流挂，确保涂层厚度均匀，涂刷施工过程中应对钢管进行适当翻转。

⑥采用磁性漆膜测厚仪测量涂层厚度，涂层厚度小于800μm时应进行补涂，直至达到设计厚度要求。

4）牺牲阳极阴极保护设计

（1）阴极保护电流密度的选取。

根据天津港25～27号泊位改造工程新建钢管桩码头所处的地理位置、介质条件、钢管桩材质、表面状态及码头结构形式等实际情况,参照有关标准、资料,以及西沙群岛、榆林港 8 座码头钢板桩保护 17 年牺牲阳极设计及实际使用效果,黄岛原油码头钢管桩 10 年牺牲阳极保护电位和牺牲阳极溶解消耗量水下实测数据,天津港一公司码头钢板桩牺牲阳极保护试验挂片检测数据等十几项工程实例,该工程钢管桩各腐蚀区的阴极保护电流密度如表 8 - 4 所列。

表 8 - 4 钢管桩各腐蚀区的阴极保护电流密度

钢管桩所在位置	潮差区	裸露全浸区	涂层全浸区	海泥区
保护电流密度/(mA/m²)	15	85	20	10

保护电流密度的大小与牺牲阳极材料用量的多少是成正比的,所以保护电流密度的选取与阴极保护工程的费用有直接的关系。在天津港码头阴极保护工程中,钢管桩各部位尤其是裸露海水区保护电流密度取值较以往同类工程做了较大调整,接近有关标准规定数值范围的下限。这主要是参考了上述工程实例的实际使用情况,尤其是黄岛油港码头钢管桩 10 年牺牲阳极保护电位和牺牲阳极溶解消耗量水下实测数据确定的。由于天津港 25 号 ~ 27 号泊位位于风浪小、海水流速慢的港湾内部,因此,钢管桩各部位选取的保护电流密度可以适当降低,在确保保护效果的同时节约成本。

(2)保护面积和所需保护电流计算。

由于高潮位时,钢管桩全部浸入在海水和海泥中,所以阴极保护面积应是钢管桩各部位(包括海水潮差区、海水全浸区、海泥区)的总面积。25 号 ~ 27 号泊位改造工程新建码头钢管桩各部位长度及阴极保护面积见表 8 - 5。根据选取的保护电流密度,钢管桩各腐蚀区所需的保护电流总计为 6307.761A。

表 8 - 5 钢管桩各部位长度及阴极保护面积

钢管桩所在位置		潮差区	涂层全浸区	裸露全浸区	海泥区	总计
长度/m	25 号、26 号泊位	656.2	2191.5	6736.4	14612.6	24196.7
	27 号泊位	940.2	2419.0	8811.9	21747.7	33918.8
	合计	1596.4	4610.5	15548.3	36360.3	58115.5
面积/m²	25 号、26 号泊位	2933.4	8360.4	25329.6	52909.9	89533.3
	27 号泊位	3098.6	8532.0	29309.0	70605.3	111544.9
	合计	6032.0	16892.4	54638.6	123515.2	201078.2
保护电流/mA	25 号、26 号泊位	44001	167208	2153016	529099	2893324
	27 号泊位	46479	170640	2491265	706053	3414437
	合计	90480	337848	4644281	1235152	6307761

（3）牺牲阳极材料的选择。

随着牺牲阳极材料的不断改进，七二五所新研制的 Al – Zn – In – Mg – Ti 合金牺牲阳极的电化学性能得到大大提高，实际电容量不小于 2600A·h/kg，电流效率不小于 90%，成为当前国内外电容量最大、电流效率最高的新型高效铝合金牺牲阳极。

根据天津港 25 号～27 号泊位改造工程新建码头钢管桩保护期 30 年的总体设计要求，考虑工程量大、保护寿命长，为了保障保护效果，并减少阳极用量，节约工程造价，便于阳极水下焊接安装，该工程选用高效 Al – Zn – In – Mg – Ti 合金牺牲阳极。

（4）牺牲阳极规格尺寸的确定。

通过参考《港工设施牺牲阳极保护设计及安装》（GJB 156—86），根据各种钢管桩保护面积和所需保护电流的计算结果，阳极的规格尺寸确定为 702mm ×（226 + 285）mm × 255mm，每块阳极的净重为 120.9kg，毛重为 131.3kg。

（5）牺牲阳极发出电流量计算。

为了控制牺牲阳极发出电流量，确保阳极使用寿命，阳极底部及阳极侧面 20mm 高度以下采用防腐涂料进行绝缘涂装。对已确定的尺寸为 702mm ×（226 + 285）mm × 255mm 的阳极，根据驱动电压和牺牲阳极的接水电阻值，计算得出单支 Al – Zn – In – Mg – Ti 合金牺牲阳极的发生电流量 I_f 为 1.8A。

（6）牺牲阳极用量计算。

根据各保护区所需的总保护电流和单块牺牲阳极发生电流量的比值，计算牺牲阳极阴极保护的用量如下：25 号、26 号泊位牺牲阳极用量为 1608 块，27 号泊位牺牲阳极用量为 1898 块，25 号～27 号泊位钢管桩共需牺牲阳极用量为 3506 块。

（7）牺牲阳极使用寿命核算。

参考《港工设施牺牲阳极保护设计及安装》（GJB 156—86）等标准计算得出该规格牺牲阳极的有效使用寿命为 30.8 年，满足工程设计使用要求。

（8）牺牲阳极的布置和安装。

考虑钢管桩码头结构的特点，钢管桩直径不同，各部位钢管桩潮差区、海水全浸区和海泥区的长度不同，保护面积和所需保护电流不同。为了排除钢管桩之间因电位分布不均匀而造成的不良影响，达到电位分布均匀，整体得到一致的良好保护效果，桩帽制作前采用电焊方法将所有钢管桩用钢筋联结形成一个整体。按各部位钢管桩保护面积和所需保护电流的计算结果，每根钢管桩安装 2～3 块阳极。

钢管桩码头建造打桩前不能焊接任何较大构件，以免妨碍打桩施工，牺牲阳极只能在完成打桩后采用水下安装施工，天津港钢管桩材质为 Q235 – C.Z 普通碳钢，采用普通水下湿法焊接工艺即可满足工程技术要求。

根据阳极结构,每支牺牲阳极有两只焊脚,4 条焊缝,要求每条焊缝长度大于 100mm,焊缝高度 5~7mm,焊缝连续、平整、无虚焊、焊接牢固,30 年不脱落,并与钢管桩有良好的电性连接,接触电阻小于 0.001 Ω。

5)保护效果检测及分析

为了保证和全面了解掌握钢管桩的保护效果,必须对牺牲阳极材料的质量进行控制,在工程施工过程中对工程质量进行全面有效的控制,工程完成后,还需定期对钢管桩防腐工程的质量进行全面检查测量,发现问题及时给予解决,确保钢管桩的保护效果。

(1)钢管桩保护电位测量。

通过钢管桩保护电位测量数据可以定性地评定钢管桩的保护效果。在25 号~27 号泊位的改造施工过程中,共埋设电位测量装置19 套,以便随时进行电位测量。

钢管桩在施加牺牲阳极过程中和牺牲阳极全部安装完毕后,对钢管桩的电位进行了全面检查测量。该工程钢管桩材质为 Q235 钢,其在海水中的自然腐蚀电位约为 -0.68V。牺牲阳极安装完毕 4~5 天后,钢管桩电位全部达到 -0.90V 以上。牺牲阳极安装完毕 13 天后,钢管电位全部达到 -1.00~ -1.05V。防腐工程竣工验收交付使用后,2000 年 10 月至 2002 年 6 月进行了 6 次电位检测,钢管桩保护电位全部达到 -1.00~ -1.05V 最佳保护电位范围,具体数据见表 8-6,说明钢管桩得到了均匀良好的保护。

表 8-6 钢管桩保护电位测量结果

泊位	测量时间	各点保护电位测量值/V					
		1 号	2 号	3 号	4 号	5 号	6 号
25 号、26 号	2000.10.31	-1.029	-1.012	-1.050	-1.050	-1.048	-1.047
	2001.3.17	-1.032	-1.028	-1.031	-1.045	-1.050	-1.038
	2001.7.9	-1.037	-1.027	-1.032	-1.032	-1.040	-1.037
	2001.11.14	-1.029	-1.040	-1.049	-1.050	-1.048	-1.032
	2002.4.16	-1.034	-1.047	-1.049	-1.049	-1.033	-1.037
	2002.6.17	-1.043	-1.047	-1.040	-1.050	-1.043	-1.046
27 号	2000.10.31	-1.048	-1.050	-1.019	-1.012	-1.009	-1.012
	2001.3.17	-1.050	-1.050	-1.043	-1.045	-1.040	-1.047
	2001.7.9	-1.035	-1.045	-1.044	-1.045	-1.049	-1.025
	2001.11.14	-1.040	-1.035	-1.034	-1.042	-1.041	-1.041
	2002.4.16	-1.041	-1.034	-1.034	-1.047	-1.040	-1.039
	2002.6.17	-1.045	-1.043	-1.043	-1.041	-1.042	-1.048

（2）水下直观检查。

牺牲阳极安装 2 年后，对钢管桩防腐保护系统进行了水下全面检查，结果如下。

①环氧重防腐涂层使用情况。钢管桩潮差区和部分海水段涂覆的 725L-H53-9 环氧重防腐涂层，经铲除表面附着的海蛎子等海生物后，发现涂层附着良好，无破损和脱落现象。

②牺牲阳极焊接质量。经对牺牲阳极焊接质量进行检查，没有发现开裂和脱落现象，焊接质量良好。

③牺牲阳极工作情况。牺牲阳极工作正常，表面溶解均匀，腐蚀产物疏松易脱落，使用效果良好。

④钢管桩保护情况。钢管桩表面大面积附着一层海蛎子，给全面直观检查带来一定困难，经局部清除附着的海蛎子后，钢管桩表面未发现锈蚀情况，保护效果良好。

⑤钢管桩保护效果检测挂片试验结果。对钢管桩防腐保护系统进行潜水水下全面检查的同时，对 25 号、26 号泊位及 27 号泊位 2 年期保护效果检测挂片进行了取样分析。从外观上看，自然腐蚀挂片和保护挂片有明显区别。自然腐蚀挂片腐蚀严重，表面有厚厚的锈层，而保护挂片表面无锈蚀，表面覆盖一层白色致密的阴极沉积层，自然腐蚀挂片锈蚀情况和保护挂片保护情况见图 8-5 ~ 图 8-8。2 年期保护效果检测挂片平均腐蚀速率及保护度见表 8-7，保护挂片的保护度达 95% 以上。

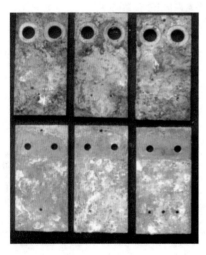 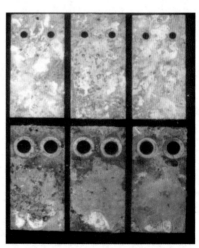

图 8-5　25 号、26 号泊位潮差区 2 年期保护效果检测挂片（保护挂片在下）　　图 8-6　25 号、26 号泊位全浸区 2 年期保护效果检测挂片（保护挂片在上）

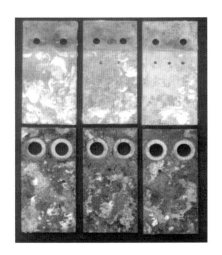

图 8-7　27 号泊位潮差区 2 年期保护　　　图 8-8　27 号泊位全浸区 2 年期保护
效果检测挂片(保护挂片在上)　　　　　　效果检测挂片(保护挂片在下)

表 8-7　2 年期保护效果检测挂片平均腐蚀速率及保护度

泊位	试验区域	挂片类别	平均腐蚀速率/(mm/a)	保护度/%
25 号、26 号	潮差区	自然腐蚀	0.0356	—
		保护	0.0006	98.31
	全浸区	自然腐蚀	0.0275	—
		保护	0.0009	96.73
27 号	潮差区	自然腐蚀	0.0502	—
		保护	0.0022	95.62
	全浸区	自然腐蚀	0.0434	—
		保护	0.0013	97.00

8.3　混凝土码头腐蚀防护案例分析

8.3.1　青岛港码头工程概况

青岛港董家口港区原油二期码头,建设规模为 1 个 30 万 t 级油品泊位,水工结构按靠泊 45 万 t 油船设计;1 个 10 万 t 级油品泊位,水工结构按靠泊 12 万 t 级油船设计。其中 30 万 t 级油品泊位长度 455m,为墩式沉箱和钢连桥结构。整个码头由 14 个直径 15m、高度 23m、单个重达 3000 余吨的圆柱形混凝土沉箱及将各沉箱连接起来的钢连桥构成。10 万 t 级油品泊位长度 304m,为连片式沉箱结构。整个码头由 16 个尺寸为 25m×16m×23m、单个重达 3000 余吨的长方形混凝土沉箱连片构成。

码头工程于 2019 年开工建设,2020 年 9 月完工通过验收。

8.3.2 混凝土码头腐蚀防护

1. 总体方案

总体方案如下:

(1)沉箱顶标高 -1m 以上范围采用 C45F300 高性能混凝土,外表面做硅烷浸渍防腐处理,码头现浇胸墙和护轮槛外表面做硅烷浸渍防腐处理。

(2)沉箱混凝土、胸墙混凝土内掺入海港抗腐蚀增强剂。

(3)磨耗层、现浇面层混凝土内掺入聚丙烯纤维。

(4)后张预应力梁采用 C50F300 高性能混凝土,普通预制梁采用 C45F300 高性能混凝土。

(5)桩芯混凝土采用掺加 U 形膨胀剂的膨胀混凝土。

2. 硅烷浸渍要求

硅烷浸渍材料的品种和质量应满足现行行业标准《海港工程混凝土结构防腐蚀技术规范》(JTJ 275—2000)的有关规定。

硅烷材料采用优质异丁烯三乙氧基硅烷,材料具有下列特性。

(1)异丁烯三乙氧基硅烷含量不小于 98.9%。

(2)硅氧烷含量不大于 0.3%。

(3)可水解氯化物含量小于 $1×10^{-4}$。

(4)相对密度为 0.88g/cm³。

(5)材料活性为 100%,不被溶剂或其他液体稀释。

对于混凝土结构进行的喷涂满足下列要求。

(1)强度不大于 C45 的混凝土浸渍深度 3~4mm,强度大于 C45 的混凝土浸渍深度 2~3mm。

(2)减少氯化物吸收不少于 90%。

(3)吸水率小于 $0.01mm/min^{1/2}$。

3. 硅烷的施工和使用

硅烷浸渍材料的施工工艺和使用要求如下:

(1)浸渍硅烷前进行喷涂试验,试验区面积不小于 20m²,施工工艺和钻芯取样方法按标准规范要求。在试验区随机钻取 6 个芯样,并各取两个芯样分别进行吸水率、硅烷浸渍深度和氯化物吸收量的降低效果测试。当测试结果符合上述规定的判定标准时,方可在结构上浸渍硅烷。

(2)涂装前混凝土表面应无露石、蜂窝、碎屑、油污、灰尘或不牢附着物。涂装工艺按相关标准规范和产品技术要求。涂层表面应完整、均匀,无气泡和裂缝等缺陷。平均干膜厚度不小于设计干膜厚度,最小干膜厚度不小于设计干膜厚度的75%。

(3)采用连续喷涂技术、自最低处向上进行,达到饱和浸渍。每次喷涂最小宽度为15mm,经处理区域至少达到5s的"光面"效果。每平方米硅烷材料用量500~600g,喷涂2遍,每遍喷涂量为250~350g/m²,两遍喷涂之间的时间间隔不小于6h。

4. 海港抗腐蚀增强剂指标

码头沉箱混凝土、胸墙混凝土内掺入海港抗腐蚀增强剂(JS-HGCPA),其相关技术要求如下。

(1)密度为2.8~3.0g/cm³。

(2)凝结时间:初凝时间大于45min,终凝时间小于10h。

(3)标准检验限制膨胀率(10%内掺):水中7天大于0.025%,水中28天小于0.1%,空气中21天大于-0.02%。

(4)抗压强度:按JC476强度标准检验方法7天强度大于25MPa,28天强度大于45MPa。

(5)对混凝土强度无明显影响。

(6)可在钢筋混凝土中建立0.2~0.7MPa的自应力值。

(7)混凝土的抗腐蚀性大大提高,海水中耐浸蚀系数$K \geqslant 1.0$。

(8)对水质无影响。

(9)海港混凝土抗蚀增强剂的掺量为混凝土胶凝材料的10%。

8.4　浮码头腐蚀防护案例分析

8.4.1　某浮码头工程概况

青岛港某军用浮码头始建于20世纪60年代,整体采用3C钢焊接而成。码头长90m,宽10m,型深2.5m,设计吃水深度0.7m。

青岛港位于胶州湾内,平时风浪较小,码头处水深为2~8m。最高水温为23℃,最低为1℃。主要的大型附着生物为致密藤壶、石灰虫、玻璃海鞘、柄海鞘和一些藻类等。

该码头在建造时仅采用防腐涂料进行腐蚀防护,平均2~3年就需要进行一次维修保养,每次耗时2~3个月,给部队舰艇的战备训练及舰员的生活带来了很大的困扰。在1982年进坞大修时,发现水线部位已有严重的腐蚀坑。为了解决浮码头的腐蚀问题,海军机关在1984年委托七二五所进行阴极保护设计和施工。

8.4.2 浮码头腐蚀防护

1. 总体方案

根据浮码头的结构与环境特征,设计浮码头水线以上喷涂 $120 \sim 150 \mu m$ 厚的锌合金金属涂层,表面涂氯化橡胶铝粉漆封闭;水线以下涂沥青系油漆830、831和832各2道。水线以下部位同时安装牺牲阳极进行阴极保护,设计保护寿命10年。

2. 阴极保护设计

1)保护电流密度的选择

浮码头在下水初期的1~3年的腐蚀特征与舰船十分相似,舰船阴极保护电流密度通常选取为 $6 \sim 10 mA/m^2$,在这种情况下,船体电位仍能极化到 $-1.0V$(相对于CSE,本节下同)左右,因此在前3年,浮码头的保护电流密度可以按不超过 $10mA/m^2$ 进行设计。

3年后,随着油漆的老化和脱落,其腐蚀特征又逐渐类似于钢板桩码头,根据相关标准,浮码头所取的保护电流密度应为 $30 \sim 50mA/m^2$,根据这一保护电流密度进行设计,安装的阳极量相对较多,对于刚涂漆下水的浮码头来说富余量过大,使得初期码头的保护电位较负,达到 $-1.05V$ 以下。目前,牺牲阳极的发生电流量是按照码头保护电位达到 $-0.85V$ 来计算的,根据这一发生电流量计算得到的阳极量,实际上使电位为 $-0.70V$ 左右的钢质浮码头得到的电流密度为 $50mA/m^2$ 左右,这样高的电流密度能在几天内即可将浮码头电位极化到 $-1.05V$ 甚至更负,以至接近阳极的工作电位,两者相差不足 $50mV$。在这种情况下,阳极的溶解量极少,这对于铝合金牺牲阳极来说是很不利的,长期在这种状态下工作,铝合金牺牲阳极很有可能产生钝化,或者为海生物所覆盖,自行封闭,直至最后失去作用,这种情况曾经有过先例,如青岛某码头安装牺牲阳极保护,开始时保护电位即在 $-1.05V$ 以下,后因阳极溶解量极少,部分阳极表面被海生物覆盖,不起作用,码头保护电位变为 $-0.85 \sim -0.89V$,个别阳极仍是原来大小,基本未溶解。再者,浮码头不像钢板桩码头,由于海生物的附着和水线部位的锈蚀,不能无休止地在海水中工作,也需要定期上排(不过上排周期要比未保护前延长 $2 \sim 4$ 倍),所以设计为10年左右的保护寿命,但阳极溶解量极少,到保护期限上排时,仍有一部分阳极未溶解掉,造成不必要的浪费。因此,根据这些年的实际应用和大量数据分析,将浮码头的保护电流密度范围改为 $20 \sim 30mA/m^2$ 更为合适。另外,按照 $20 \sim 30mA/m^2$ 的保护电流密度进行设计后,所安装的阳极在极化初期仍能以约 $40mA/m^2$ 的电流密度很快将浮码头电位极化到 $-1.0V$ 左右,从而保证码头表面快速形成沉积保护层。

由此确定浮码头在前 3 年的保护电流密度为 $10\text{mA}/\text{m}^2$,后期保护电流密度按 $30\text{mA}/\text{m}^2$ 进行设计。

2)牺牲阳极计算

根据浮码头的阴极保护需求,选用了当时性能相对优良的 Al - Zn - In - Cd 合金牺牲阳极,阳极实际电容量不小于 $2400\text{A}\cdot\text{h}/\text{kg}$,电流效率不小于 85%。

牺牲阳极的用量按下式计算,即

$$M = \frac{8760(i_{c1}t_1 + i_{c2}t_2)S}{1000\mu\varepsilon} \qquad (8-2)$$

式中:M 为所需牺牲阳极重量(kg);i_{c1} 为第一阶段浮码头保护电流密度,取 $10\text{mA}/\text{m}^2$;t_1 为第一阶段时长,3 年;i_{c2} 为第二阶段浮码头保护电流密度,取 $30\text{mA}/\text{m}^2$;t_2 为第二阶段时长,7 年;S 为保护面积(m^2);μ 为牺牲阳极电容量,取 $2400\text{A}\cdot\text{h}/\text{kg}$;$\varepsilon$ 为牺牲阳极利用系数,取 0.85。

经计算,得出浮码头共需安装牺牲阳极 1072kg。

根据浮码头的工况结构以及阳极安装考虑,设计选用阳极规格为 AZIC - H4 型,阳极尺寸为 $800\text{mm} \times (200 + 280)\text{mm} \times 150\text{mm}$,阳极净重 80kg,则共需安装阳极 14 块。

由于浮码头在服役后期所需的保护电流密度更大,后期所需保护电流 $I_{c2} = i_{c2}S = 31.2\text{A}$,此时对牺牲阳极的发出电流量进行核算,通过采用 Dwight 公式计算得出单块阳极发出电流约为 1.04A,安装 14 块阳极时能发出电流约 14.56A,无法满足后期浮码头的保护电流需求,浮码头服役后期实际所需的阳极数量按下式计算,即

$$N_1 = \frac{I_{c2}}{I_f} \qquad (8-3)$$

式中:N_1 为后期牺牲阳极需用量(块);I_f 为每块牺牲阳极发出电流值(mA/块)。

计算得出,在服役后期,浮码头共需安装 30 块阳极方可满足保护需求。同时,考虑到与码头连接的锚链所需消耗的保护电流,整个浮码头实际安装牺牲阳极数量为 34 块。

3)牺牲阳极分布及安装方法

由于浮码头无动力,无铜质推进器,所以牺牲阳极均匀分布在码头的两舷和艏部,距水面 300mm 的位置上。牺牲阳极采用螺钉进行固定,首先在浮码头上相应位置焊接牺牲阳极挂板,然后用螺母将铁芯带有螺纹的牺牲阳极固定在挂板上,牺牲阳极与挂板间的接触电阻小于 0.005Ω。

3. 保护效果评价与分析

在浮码头下水后,对浮码头的保护电位进行了测试,并进行了挂片试验,还对部分浮码头进行了坞内腐蚀与保护检查,以此评估保护效果。

（1）船体电位测量。

浮码头下水以后，定期进行水下电位测量，测量结果显示，施加牺牲阳极保护以后4年，码头保护电位均处在 −0.95 ～ −1.20V 之间，不同的测量位置和不同的年限，码头电位上下波动只有 10～30mV，十分稳定，分布均匀。

（2）坞内保护效果检查。

1985年3月，浮码头牺牲阳极水下使用1年以后，经上排检查，发现水下部分无锈迹，局部漆膜虽有少许脱落，但壳板呈黑色，刮去黑色沉淀物，呈光亮的金属板面，有力地证明了牺牲阳极保护效果是明显的。另外，牺牲阳极表面解均匀，产物疏松易脱落，消耗量约为4kg，可以说明牺牲阳极电化学性能优良，工作状态稳定可靠，有效保护期可达10～15年以上。

（3）实船挂片试验。

在浮码头上悬挂了两组试验挂片，其中一组为自腐蚀挂片，另一组与码头电连接，利用码头的牺牲阳极进行阴极保护。下水一年半以后取回进行测试分析，发现未加阴极保护的试片腐蚀相当严重，失重量达40g左右，而施加牺牲阳极保护的挂片无任何锈蚀，失重量基本为零，保护度接近100%，进一步验证了保护效果是相当明显的。

参考文献

［1］FORSYTH R A. Microbial induced corrosion in ports and harbors worldwide[C]//12th Triannual International Conference on Ports. Jacksonville：American Society of Civil Engineers,2010.

［2］刘克,张杰,李焰,等.钢筋混凝土实际海洋环境下的腐蚀[J].装备环境工程,2020,17(4)：96－104.

［3］孙仁兴,汪相辰.淡海水环境中某码头钢桩牺牲阳极阴极保护效果检测与分析[J].全面腐蚀控制,2020,34(04)：26－29.

［4］孙仁兴.舟山某码头钢管桩牺牲阳极阴极保护系统检测[J].腐蚀与防护,2009,30(12)：928－930.

［5］高健.中海壳牌南海石化项目马鞭洲码头钢管桩牺牲阳极保护工程[C]//中国化学会电化学委员会.第十三次全国电化学会议论文摘要集(下集).广州：中国化学会电化学委员会,2005：237－238.

［6］陈光章.港工设施牺牲阳极保护[J].中国腐蚀与防护学报,1984,4(03)：247.

［7］蔡惊涛,王立军,李浩,等.獭山港码头钢管桩牺牲阳极阴极保护效果的评定[J].港工技术,2009,46(05)：23－25.

［8］王永艺.海港工程钢管桩结构防腐蚀处理相关要点分析[J].四川建材,2017,43(6)：130－131.

［9］赵煜.钢管桩滨海码头防腐蚀体系的二次修复[J].材料开发与应用,2004,19(06)：26－29.

［10］林永祥,陈雪英.宝钢原料码头钢管桩潮差段二次维护新工艺[J].港口工程,1991(06):
　　　10－15.

［11］杨红娜.码头工程钢管桩外加电流阴极保护防腐蚀技术研究[D].天津:天津大学,2009.

［12］张晓丽,吕平,梁龙强,等.海洋浪溅区钢结构的腐蚀与防护研究进展[J].上海涂料,
　　　2016,54(04):24－28.

［13］李言涛,戈成岳,侯保荣.海洋钢结构浪花飞溅区复层矿脂包覆防腐技术[C]//北京大学,
　　　北京市教育委员会,韩国高等教育财团.北京论坛(2014)文明的和谐与共同繁荣——中
　　　国与世界:传统、现实与未来:"人类与海洋"专场论文及摘要集.北京:北京大学北京论坛
　　　办公室,2014:10－21.

［14］姚明辉.沿海码头混凝土结构的腐蚀与防护[J].腐蚀与防护,2008,29(12):783－784.

［15］沈海鹰.我国海洋工程用混凝土保护涂料的现状[J].涂料工业,2003,33(9):41－43.

［16］朱锡昶,孙红尧.钢筋混凝土码头涂料封闭防腐蚀[J].水运工程,1996(1):22－24.

［17］金同华.环氧沥青防腐涂料在连云港码头上的应用[J].港口工程,1998(6):19－20,26.

［18］扈学文.黄岛油港一期原油码头工程[J].港工技术,1987(4):6－12.

［19］崔鹏昌.海港工程钢结构防腐蚀[D].天津:天津大学,2009.

第 9 章

海水利用系统的腐蚀控制

9.1 概　述

9.1.1 海水利用系统的范围

随着国民经济的快速发展,能源紧张一直是困扰经济发展的难题,近几十年国家规划和兴建了许多火力发电厂和核电站,如天津大港电厂、上海金山电厂、青岛黄岛电厂、葫芦岛绥中电厂、河北秦皇岛电厂、广东大亚湾核电站、浙江秦山核电站、江苏田湾核电站等。众所周知,电厂运行中需要大量的冷却水,用来防止因温度升高而导致的电厂工作能力丧失或工作效率降低。如何解决水源问题,是电厂建设需要优先考虑的问题。随着国家对环保的重视,各电厂都会尽可能地减少采用淡水作为冷却水,因此无论是火力发电厂还是核电站,越来越多地倾向于在海边选址,以便利用取之不尽、用之不竭、成本低廉的海水作为冷却水。因此,海水利用系统成为滨海电厂必不可少的重要组成部分。

海水利用系统包括从取水口到排出口整个海水循环回路中的所有设备与部件,通常由海水管路、水泵、阀门、过滤器、热交换设备(凝汽器)以及格栅等构件组成。典型的滨海核电站海水利用系统通常包括循环水系统(WCW 系统)、重要厂用水系统(WES 系统)、循环水过滤系统(WCF 系统)和循环水处理系统(WCT 系统)等,系统组成和流程见图 9 – 1[1]。在大型滨海电厂,冷却海水的用量可达每小时数十万吨,其海水利用系统的管道长度达数千米,最大管径达 4m 以上,相应的泵、阀、凝汽器等设备规模庞大,存在的腐蚀问题非常突出。

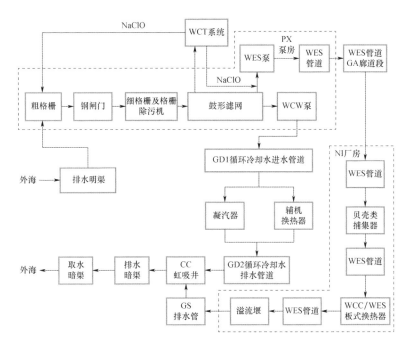

图 9 - 1　典型滨海核电站的海水利用系统及流程

9.1.2　海水利用系统的腐蚀类型及特点

海水利用系统结构相对复杂,使用的材料种类较多,且存在海水的冲刷作用,腐蚀问题比较严重。由于海水利用系统的腐蚀主要发生在管道或设备的内壁,从外表难以发现,因此腐蚀带来的危害更大。常见的腐蚀类型主要有全面腐蚀、电偶腐蚀、缝隙腐蚀、点蚀、冲刷腐蚀和脱成分腐蚀等[2],主要影响因素包括海水溶解氧浓度、含盐量、电导率、pH 值等化学因素,海水温度、压力、流速等物理因素,以及海水中的宏观污损生物、微生物等生物因素。

1. 全面腐蚀

全面腐蚀是最常见的腐蚀形态,在海水利用系统中,多数碳钢、铜合金管道的腐蚀形态以全面腐蚀为主(图 9 - 2)。常用的海水管道材料在静水和不同流速海水中的腐蚀速率如表 9 - 1 所列[3],其中,铜镍合金耐蚀性良好,在海水管道中使用较多,而钢质管材耐蚀性较低,需要进行腐蚀防护。

2. 电偶腐蚀

海水利用系统的设备和管道由于结构和使用等方面的要求,具有材质多样、结构复杂、管径不均、连接点多等特点,极易发生电偶腐蚀。

图9-2 钢质海水管路腐蚀

表9-1 金属在静水及不同流速海水中的腐蚀速率 （单位：μm/a）

金属材料	静止海水	海水流速			
		0～1m/s	2～4m/s	6～15m/s	35～45m/s
锌	25	75			
铝合金	25～75	点蚀	250～750		
钢铁	125	125	250～750		
奥氏体铸铁	50	75		250	≥750
铝青铜	25～50	低		耐蚀	
紫铜	25～50	75	≥125		
黄铜	12.5～50	脱锌	≥125		
锰青铜	25～50	脱锌		耐蚀	
硅青铜	25～50	低			
304、316型不锈钢	0	点蚀	25	25	25
钛	0		0	0	0
锡青铜	25～50	低		250	≥1000
铅	12.5	低			
B30铜镍合金	2.5～12.5	25	25	25	175
镍铝青铜合金	25～50	50		250	≥750
蒙乃尔合金	0	可能点蚀	25	25	25

（1）凝汽器、换热器的电偶腐蚀。凝汽器是电厂海水冷却系统的核心设备之一，通常由不同的金属材料制成，也是最容易发生腐蚀的设备之一。某核电站凝汽器的水室、MAJ 抽真空管、拉筋以及管板等结构件采用奥氏体不锈钢，而换热管采用钛合金，循环冷却水为天然海水，使用多年后，凝汽器的水室内壁、拉筋、MAJ 管和管板均产生了严重的腐蚀，直接连接钛管的管板腐蚀更加严重，表面产生大量蚀坑，呈溃疡状，而远离钛管端的部分则腐蚀较轻[4]。这正是由于钛合金与不锈钢之间的接触，导致不锈钢构件发生了电偶腐蚀，如图 9-3 所示。

图 9-3　核电站换热器管板电偶腐蚀

某核电站换热器进出口隔离阀初始材料为铝青铜，后更换为不锈钢材料，但两种材料都发生了严重的腐蚀，造成阀门关闭不严。铝青铜材料腐蚀主要原因是换热器钛板与阀瓣之间的电偶腐蚀；不锈钢则发生典型的点蚀，其腐蚀的主要原因是不能完全耐受海水（主要是 Cl^-）的浸蚀，并且电偶腐蚀对点蚀有促进作用[5]。

某核电站在现场检查时发现，辅助冷却水系统换热器海水侧出口阀上游法兰焊缝出现破口。经调查分析发现，管道法兰和换热器海水出口法兰分别采用碳钢和钛材质，并且未采用绝缘法兰进行电绝缘；虽然在管道下游布置了牺牲阳极，但保护距离达不到穿孔区域，导致管道和换热器之间发生了电偶腐蚀[6]。

（2）旋转滤网的电偶腐蚀。某核电站循环水过滤系统主要由粗格栅、加氯框、细格栅、清污机和鼓形滤网等设备组成。其中粗格栅、加氯框和细格栅的材质均为不锈钢，无电偶腐蚀问题；而鼓形滤网采用不锈钢，支撑滤网盘的框架、辐条、带动鼓网转动的齿轮圈固定槽又均为碳钢结构，极易发生电偶腐蚀。

（3）海水输送管路的电偶腐蚀。某海滨电厂大修期间，发现输送管路腐蚀多发生在与钛合金或不锈钢设备相邻的部位，由于电偶腐蚀与海水冲刷的联合作用，出现大面积的溃疡腐蚀。

（4）清污机的电偶腐蚀。某清污机上的栅网由铜合金棒固定在钢制基架上，间歇运行一年多后,基架已发生严重腐蚀,部分铜棒从基架上脱落,这是异种金属接触导致严重电偶腐蚀的典型案例。

3. 冲刷腐蚀

由于海水利用系统中各种装置、设备内的海水流速通常较高,而且部分地区海水泥沙含量较高,导致管道或设备的冲刷腐蚀严重(图9-4),对海水利用系统的危害很大。根据某核电站的腐蚀失效案例统计,冲刷腐蚀失效占比约为20%,在管道失效案例统计中,占比更是高达25%。凝汽器管束是冲刷腐蚀的多发部位之一,特别是距离进口端部100~200mm的管段范围内。当冷却水的流速为1.4~2.4m/s时,HSn70-1黄铜管的实际使用期限一般不超过1年。

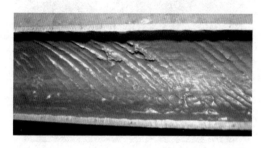

图9-4 换热管冲刷腐蚀

秦山地区某电厂在投运2年后,采用超声测厚和用直探头超声扫查的方法,对凝汽器循环冷却水系统(CRF)、常规岛辅助冷却水系统(SEN)和核岛安全厂用水系统(SEC)3个系统海水管道冲刷腐蚀的易发部位,包括全部可达的弯头、弯后(按流向)直管、阀后(按流向)直管、变径管和三通管共476个管段进行检查。结果发现,无论是不锈钢还是碳钢部件,均存在不同程度的腐蚀减薄现象[7]。

影响冲刷腐蚀的因素有很多,主要包括海水流速、含沙量、沙粒大小、冲刷角、流体pH值、温度、材料的组成、材料的微观结构和热处理手段等,其中流速和海水含沙量对冲刷腐蚀的影响较大。

4. 缝隙腐蚀

海水利用系统在设计和建造过程中往往存在一些结构缝隙,如重叠焊缝、法兰盘间、阀盘和阀座间等。这些缝隙有些可以通过设计和制造加以改善,有些是不可避免的。当海水进入缝隙后,很容易引发材料的缝隙腐蚀。某核电站在腐蚀监测中发现,用水系统的不锈钢法兰,法兰与衬胶支管结合面存在月牙形腐蚀坑,部分区域存在点蚀坑现象。法兰拆除后发现其法兰面及衬胶支管内部淤泥堆积严重,橡胶垫片与不锈钢法兰之间的细小缝隙导致了缝隙腐蚀的发生(图9-5)[8]。某滨海电厂旋转滤网采用不锈钢结构,因有喷水泵连续冲洗网眼,污损和腐蚀问题不严重,但网边螺母下有明显的缝隙腐蚀发生。

图 9 - 5　核电站用水系统的不锈钢法兰缝隙腐蚀

5. 点蚀

在海水利用系统运行的过程中,压力管道、拦污栅、水泵水轮机、闸门等金属结构不可避免地会发生点蚀。

(1)铜合金的点蚀。冷凝管用铜合金材料很容易发生点蚀,铜镍合金管更为常见。当冷却水的流速较低、温度较高时,容易引起点蚀[9]。引起点蚀的主要原因是管内表面没有形成均匀致密的保护膜,甚至部分冷凝管出厂时就带有不均匀的氧化皮。点蚀不仅发生在冷凝管的端部,在整根管子的内表面都有可能发生。滞留在管内的沉积物也是导致点蚀的重要原因之一。

(2)不锈钢的点蚀。不锈钢材料由于其较好的耐蚀性被广泛应用于海水淡化设备中。研究表明,304 不锈钢在 80℃下的一级 RO 淡化海水中随浸泡时间的延长,腐蚀速率逐渐增大,在浸泡 1 天时即有发生点蚀的倾向,在第 10 天时已经发生了点蚀[10]。即使 2205 双相不锈钢等耐点蚀和缝隙腐蚀的材料,在一级 RO 淡化海水及 1.6 倍浓缩海水中的腐蚀速率也会增大,同时点蚀敏感性增强。秦山某电厂 2 号机组 201 大修期间,在对 CRF 管道内壁进行腐蚀检查时,在凝汽器 C1 入口二次滤网 2CRF505FI 处不锈钢管段(规格:$\phi 1800 \times 16mm$,材料:316L 奥氏体不锈钢)发现存在严重的点蚀现象。该管段点蚀形貌见图 9 - 6[7]。

图 9 - 6　秦山某电厂二次滤网不锈钢管道点蚀形貌

6. 脱成分腐蚀

脱成分腐蚀(也叫选择性腐蚀)主要发生于合金元素与基体材料电极电位相差较大的合金中,如 Cu - Zn 合金、Cu - Ni 合金等,在较大表面上发生的均匀脱成分也叫层状脱成分腐蚀;在局部区域向深度方向发展的脱成分腐蚀叫塞状脱成分腐蚀。

(1)黄铜的脱成分腐蚀。所有 Zn 含量大于 15% 的,不是作为耐蚀合金使用的黄铜,在海洋环境中都具有脱锌腐蚀敏感性,黄铜的脱锌腐蚀敏感性随 Zn 含量增加而增大。提高温度会促进脱锌腐蚀的发生,因此用黄铜制作的热交换器管束极易发生脱锌腐蚀。某核电站海水库拦截网采用 Cu - Zn 合金,Zn 含量 36 ~ 39%。2018 年 5 月,发现金属网存在局部破损,金属丝弯折位置出现腐蚀和断裂,部分网片连接扣脱落,网片之间错缝严重。底部向上约 2m 处金属变脆且可用手轻易捏断。分析认为 Cu 合金发生了脱成分腐蚀,并在应力和微生物作用下加快腐蚀导致快速断裂,如图 9 - 7 所示[11]。

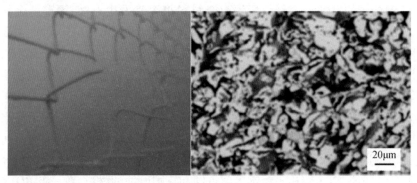

图 9 - 7 核电站铜合金网发生脱成分腐蚀断裂

(2)铝青铜的脱铝腐蚀。Ni 含量低于 4% 的铝青铜有脱铝腐蚀敏感性,且随 Al 含量的增加,脱铝腐蚀敏感性增大。Ni 含量达到 4% 及以上的铝青铜如 ZQAl - 9 - 4 - 4 - 2 脱铝腐蚀敏感性较小。

(3)铜镍合金的脱镍腐蚀。在热交换器和泵等设备上使用的铜镍合金或镍铜合金(蒙乃尔)有发生脱镍腐蚀的可能性。脱镍腐蚀主要发生于流速非常低(0 ~ 0.6m/s)的海水中。

9.1.3 海水利用系统防腐蚀技术

海水利用系统不同于普通的海洋工程装备,其面临的主要问题是内腐蚀,且受海水冲刷等影响,腐蚀问题更为严重,海洋工程中常用的防腐涂层因为受施工限制和冲刷工况影响,在海水利用系统中单独使用时保护效果非常有限[12],在实际工程中,滨海电厂海水利用系统常用的防腐蚀技术主要包括选用耐蚀材料、采用碳钢内衬和阴极保护技术[13]。

1. 选用耐蚀材料

选用耐蚀材料是电厂海水管道及设备防腐最根本的方法,常用的耐蚀材料主要有双相不锈钢、钛、S31603 不锈钢、耐蚀铜合金、钢筋混凝土、树脂等[1]。

1)双相不锈钢及钛

核电常用耐海水腐蚀金属材料主要有双相不锈钢、钛或者钛合金材料。双相不锈钢是指在常温下具有独立稳定存在奥氏体相和铁素体相的不锈钢,该材料具有较高的力学性能和优异的耐点蚀、晶间腐蚀和应力腐蚀性能。循环水系统、重要厂用水系统、循环水过滤系统泵叶轮等与海水接触部件采用了双相不锈钢。Ti 或者钛合金具有非常优异的耐腐蚀性能,凝汽器管束、换热器热交换板等与海水接触部分材质都是钛,凝汽器管板采用镀钛的方式进行防腐。双相不锈钢、钛等价格昂贵,只用在相关设备的关键部位,海水管道等设施一般不选择该类防腐性好但价格昂贵的材料。

2)S31603 不锈钢

该材质不锈钢具有良好的耐点蚀、晶间腐蚀和抗氯化物浸蚀的性能,在海洋环境中抗腐蚀性能大大优于 S30408 不锈钢和 S30403 不锈钢,但在实际工程中仍存在腐蚀问题。某核电站 WCW 系统常规岛二次滤网排污管道(DN350×10)、胶球清洗管道(DN125×4)最初采用 S31603 不锈钢,使用一段时间后均在焊缝处出现漏点,后来将管道更换为衬塑碳钢(聚丙烯)等。根据实际经验,该滨海核电站推荐 S31603 不锈钢主要应用于 WES、WCW 系统泄水、排气等不经常接触海水的管道。

3)耐蚀铜合金

铜合金分为紫铜、黄铜、青铜和白铜等几大类,其耐蚀性均优于碳钢,在早期的滨海电厂海水系统中,黄铜应用广泛,我国早期的火力发电厂大多采用 HSn70-1A 制作凝汽管束,HSn62-1 黄铜或碳钢制作管板,进、出水管路和凝汽器水室通常都用碳钢制作,然而,黄铜的脱成分腐蚀和碳钢的电偶腐蚀问题严重影响了海水冷却系统的运行。20 世纪七八十年代,大型电厂采用了 HA177-2A 铝青铜代替了 HSn70-1A 黄铜,黄铜管束的脱锌腐蚀问题得到了有效的控制[14],但铝青铜的耐冲刷腐蚀性能仍有待提高,在此基础上,研究人员开发了耐蚀性更加优异的白铜合金(Cu-Ni 合金),其具有良好的耐海水冲刷腐蚀、耐应力腐蚀、耐疲劳腐蚀以及良好的焊接性能,目前,B10、B30 等 Cu-Ni 合金已成为海水管道、凝汽器、热交换器、阀门组件等部位用的主流材料。

2. 碳钢内衬

碳钢强度高,价格相对较低,但在海水中易被腐蚀,内衬是利用绝缘材料将碳钢管道或者设备内的海水与管道内表面隔离开,以达到防止海水腐蚀的目的。常用的内衬材料有橡胶(常用氯丁橡胶)、塑料(常用聚乙烯、聚丙烯、聚四氟乙烯),

或者水泥砂浆等。内衬后要进行电火花试验,不应存在击穿点。衬塑或衬胶应包含整个法兰密封面,所以在内衬管道与设备相连时,内衬材料可以将设备与管道隔离开,从而有效防止电偶腐蚀的发生。

内衬橡胶由于继承了橡胶的优良特性,在耐化学腐蚀的同时耐磨、耐温性能也很突出,而衬塑管除了耐化学腐蚀性能与衬胶管道接近之外,在耐磨性能、耐温性能、黏结强度等方面均不如衬胶管,但衬塑较衬胶具有价格优势。核电站海水相关系统核级管道、设备及其他重要设备、管道采用衬胶的方式进行防腐,如 WES、WCF 系统核三级管道在联合泵房部分,拐弯较多,直管段较短,同时减少介质中海砂磨损管道,采用衬胶碳钢管;凝汽器等设备检修不便且价格昂贵,采用碳钢衬胶的方式进行防腐,在滨海核电中取得了良好的防腐效果。WCT 系统管道为非核级、非抗震,WCW 系统常规岛部分管道管材采用衬塑碳钢管。

大亚湾核电站早期的凝汽器及其入口管道都采用单一涂层防腐(最初为乙烯树脂,后改为环氧树脂)。在最初的 5 年里,频繁发生腐蚀损坏甚至穿孔事件。在2006 年水室改为衬胶保护后腐蚀问题明显改善[15]。

碳钢内衬虽然具有良好的防护作用,但与涂层防护类似,其对内衬层的工艺和完整性要求较高,一旦内衬层发生破损,可能使基材碳钢面临更严峻的腐蚀危险。

3. 阴极保护

对于大型滨海电厂的海水利用系统而言,阴极保护技术是目前最经济有效,也是应用最广泛的防腐蚀技术。阴极保护技术包括牺牲阳极和外加电流两种方法,两种方法各有优缺点,对于电厂海水循环水系统,具体选择哪一种方法,往往要根据所需保护电流的大小,可否获得方便的输入电源,是否会引发危险性以及设备结构空间大小等因素决定。一般对于小口径管道,海水流速及介质组成变化较大,需提供较大保护电流的情况,比较适宜采用外加电流阴极保护。近年来,电厂海水循环水系统越来越多地采用外加电流阴极保护,大部分海水管道(直管、弯头及大小头等)和设备(如凝汽器、换热器、蝶阀、水泵等)均可采用外加电流保护;对于一些大口径管道,所需保护电流密度较小,且阳极安装与更换比较方便的场合,也适用牺牲阳极保护,如闸门、引水渠、滤网、格栅、水室、泵体等。

我国最早将阴极保护技术应用于滨海电厂的海水利用系统是在 20 世纪 80 年代,首次应用于山东黄岛电厂的海水凝汽器和二次滤网的腐蚀防护(详见 9.3.1 小节),通过采用牺牲阳极保护的方法全面解决了黄岛电厂冷却水系统的严重腐蚀问题。随后,这项技术在数十个滨海电厂得到了全面的推广应用,使冷却水系统和消防水系统的严重腐蚀问题得到有效控制[16-17]。

1) 牺牲阳极保护

牺牲阳极具有不需要外部电源、少维护、易安装等优点,但需要定期更换阳极块。海水利用系统中的钢闸门、粗格栅、细格栅等设备普遍采用牺牲阳极阴极保护，部分循环水大口径金属管道（不小于 DN500）也采用内涂层（或内衬层）与牺牲阳极联合防腐。

海水利用系统使用的牺牲阳极包括铝合金牺牲阳极、锌合金牺牲阳极和铁合金牺牲阳极，阳极的规格应根据设备、部件、管道的结构、检修间隔的时间、需要保护的年限来确定。通常牺牲阳极采用均匀、对称布置，阳极安装位置应考虑到电流屏蔽作用。有关设备、部件、管道用阳极规格及布置原则见表 9 - 2。

表 9 - 2　海水利用系统常用阳极规格和布置原则

设备名称	阳极种类	常用阳极规格	阳极布置原则	阳极设计寿命/a[①]
取水头及引水钢管	铝合金牺牲阳极	$(200 + 280)$ mm $\times 150$mm $\times 800$mm	栅条支撑梁后架及钢管内壁	15 ~ 20
	铝合金牺牲阳极	$(200 + 280)$ mm $\times 150$mm $\times 1200$mm		25 ~ 30
粗格栅	铝合金牺牲阳极	$(115 + 135)$ mm $\times 130$mm $\times 500$mm	低潮位以下的导轨两侧和栅条上均匀分布	6 ~ 8
	铁合金牺牲阳极	85mm $\times (80 + 100)$ mm $\times 1000$mm		4 ~ 5
细格栅	铝合金牺牲阳极	$(115 + 135)$ mm $\times 130$mm $\times 500$mm	导轨和栅条的背面	6 ~ 8
	铁合金牺牲阳极	85mm $\times (80 + 100)$ mm $\times 1000$mm		4 ~ 5
旋转滤网	铝合金牺牲阳极	80mm $\times 100$mm $\times 1000$mm	平均低潮位以下的导轨和框架	6 ~ 8
	铁合金牺牲阳极	85mm $\times (80 + 100)$ mm $\times 1000$mm		
二次滤网	铝合金牺牲阳极	$(115 + 135)$ mm $\times 130$mm $\times 500$mm	沿钢管内壁圆周方向均布	
凝汽器	铝合金牺牲阳极	500mm $\times 120$mm $\times 40$mm	水室均匀分布，钛合金管的凝汽器底、侧、顶板上的阳极安装在距管板大于 600mm 处，铜合金管的凝汽器底、侧、顶板上的阳极安装在距管板小于 400mm 处	4 ~ 5
	铁合金牺牲阳极	85mm $\times (80 + 100)$ mm $\times 1000$mm		
收球网	铝合金牺牲阳极	$(115 + 135)$ mm $\times 130$mm $\times 500$mm	要装在不影响栅网启、闭的筒体上，维修时更换阳极也可装在紧接设备两端母管上	
管道	铝合金牺牲阳极	$(115 + 135)$ mm $\times 130$mm $\times 1000$mm $(115 + 135)$ mm $\times 130$mm $\times 500$mm	管道内壁均匀布置，阀门处加装一块，入孔处加装一块	10 ~ 12
	铝合金牺牲阳极	$(200 + 280)$ mm $\times 150$mm $\times 800$mm $(200 + 280)$ mm $\times 150$mm $\times 1200$mm		15 ~ 20

①此处指介质电阻率为 $25 ~ 35\Omega \cdot cm$ 的阳极设计寿命。

牺牲阳极通常采用焊接或螺栓固定的方法进行安装,安装时,焊接应牢固,螺栓应拧紧,确保电性连接良好。安装前,阳极工作面不应涂装或污染油污。对于平贴安装的阳极,安装前阳极的背面应涂刷绝缘涂料,厚度不小于 $100\mu m$。采用螺栓固定的阳极,需要用涂料对连接处进行防腐处理,同时应保证良好的电性连接,连接电阻不应高于 0.01Ω。

2)外加电流

外加电流阴极保护可根据介质参数和管道表面状态的变化自动调整电流、电位,使保护对象始终处于最佳状态,简单维修可确保系统长期稳定运行。泵房内循环水泵、水泵吸水短管及暗渠连通管、鼓形滤网、重要厂用水系统泵房以外管道等均可采用外加电流阴极保护。为提高外加电流阴极保护的有效性及降低系统成本,可联合重防腐涂层保护管道,该种保护方法在秦山核电、大亚湾核电等项目上获得了很好的验证。采用阴极保护和重防腐涂层联合保护的 WES 管道,其有效保护年限可达 60 年,在其保护年限内,被保护对象的保护度不小于 90% 。

外加电流阴极保护系统主要由直流电源、辅助阳极、参比电极、阳极屏蔽层、电缆、接线箱等组成,当对鼓形滤网及水泵施加外加电流阴极保护时,还应安装轴接地装置。

(1)直流电源。

在外加电流阴极保护系统中,直流电源应该具备足够大的电源容量,即足够大的输出电流和电压,并且连续可调,设备工作稳定可靠。直流电源应根据实际工况条件选择。当介质为纯海水或介质的导电性和腐蚀性较稳定,并且被保护设施运行工况稳定时,可选用通用型整流器。当介质为淡海水,且受潮汐、季节影响较大;设施运行工况较复杂、介质流速变化较大;需要严格控制保护电位等情况下,应选用恒电位仪。为严格控制保护电位,火电厂及核电站外加电流阴极保护直流电源通常选用恒电位仪。

(2)辅助阳极。

辅助阳极应具有导电性能好、输出电流大、寿命长等特点。目前,可采用的辅助阳极主要有 Pb – Ag 合金阳极、钽阳极和混合金属氧化物阳极。可根据具体的环境条件,选用适宜的辅助阳极材料。根据被保护结构物的不同,辅助阳极可以加工成管状、板状、棒状、圆盘状,以便于安装,减小水阻现象,不影响海水利用系统的安全运行。

对于水泵、凝汽器、鼓形旋转滤网、管道内壁的保护,应首先确定阳极的材质和结构,然后计算阳极的尺寸。阳极的数量及布置应以保护电流分布均匀为原则。对于立式海水水泵,阳极数量宜选 6 ~ 10 支。对于凝汽器的保护,通常每个水室安装 2 支阳极,阳极一般安装在水室盖板上。对于管道内壁的保护,阳极间距范围内的管道应达到有效保护电位。对于鼓形旋转滤网,通常安装 8~10 支阳极,阳极安装于鼓形旋转滤网的四周。

(3)参比电极。

常用参比电极包括 Cu/饱和 $CuSO_4$ 参比电极、Ag/AgCl(卤)参比电极、Zn 及锌合金参比电极等。Cu/饱和 $CuSO_4$ 参比电极具有稳定的电极电位,在海水环境中,一般用于便携式测量,不作为长寿命的参比电极使用,而 Zn 及锌合金参比电极电位稳定性较差,介质电阻率大于 $100\Omega \cdot cm$ 时,一般采用 Zn 参比电极。在电阻率为 $25~100\Omega \cdot cm$ 的海水或淡海水中,Ag/AgCl(AgX)参比电极在 Cl^- 浓度稳定的条件下,其电极电位非常稳定,而且寿命长。原则上,一套外加电流阴极保护系统安装的参比电极不应少于两支。参比电极应安装在腐蚀严重的位置或有代表性的位置,对于采用恒电位仪的外加电流阴极保护系统,其控制用参比电极应远离辅助阳极。

(4)轴接地装置。

对于鼓形滤网和水泵等存在转动的设备,进行阴极保护时还应进行轴接地操作,采用导电环或导电电刷将旋转部件与阴极连接。导电环宜采用黄铜材料,可用半圆对接或整体圆环结构。导电电刷宜采用铜-石墨电刷,一般同时安装两支电刷。对于鼓形旋转滤网,由于需要的保护电流量大,可适当增加电刷的数量。如需测量轴与泵壳或鼓形旋转滤网间的电位差,应另外安装一支电刷,该电刷应与泵壳或鼓形旋转滤网绝缘。

9.2　核电站海水利用系统腐蚀防护案例分析

9.2.1　红沿河核电站海水过滤系统阴极保护

1. 项目概况

红沿河核电站一期工程共建设 4 台机组,首台机组于 2013 年并网发电,至 2016 年 9 月,一期工程全面建成。为了给发电机组提供冷却海水,每台机组均配备海水过滤系统,主要包括闸门 2 套、格栅 2 套、鼓形滤网 1 套以及其他辅助结构。其中,闸门为碳钢结构,格栅采用不锈钢材质,鼓形滤网的支架为碳钢,滤网为不锈钢,各部分材质和面积如表 9-3 所列。

表 9-3　海水过滤系统组成

组成结构	闸门	加氯框	闸门导槽	拦污栅及导槽	鼓形滤网	
材质	碳钢	不锈钢	不锈钢	不锈钢	不锈钢	碳钢
面积/m²	150	40	25	150	225	1125

为了保护海水过滤系统不受腐蚀危害,采用阴极保护技术对过滤系统各组件进行腐蚀防护,考虑到阴极保护系统的安装与更换的便捷性,以及不同的结构材质对保护效果的需求,设计采用牺牲阳极保护闸门、导槽、阀门井及隧洞取水构筑物等,其中碳钢材质的被保护结构物选用铝合金牺牲阳极,不锈钢材质的被保护结构选用铁合金牺牲阳极;采用外加电流保护鼓形滤网及其格栅和导槽。

阴极保护系统的设计指标如下。

(1)采用外加电流阴极保护的设备保护年限为40年;外加电流阴极保护系统由恒电位仪、辅助阳极、参比电极、汇流装置、接线盒、电缆等组成。

(2)采用牺牲阳极阴极保护时,对于长期浸入海水中设备,牺牲阳极设计寿命为15年;对于短期浸于海水中设备,牺牲阳极设计寿命为5年。

(3)在有效保护期内,被保护结构的保护度不小于90%,阳极块应容易更换。

(4)被保护结构物的电位达到0~0.25V(相对于高纯锌参比电极,本节下同)。

2. 外加电流阴极保护

1)设计方案

通过外加电流阴极保护系统用于保护每一流道的鼓形滤网、格栅及导槽。根据各结构的材质和工况环境,设计阴极保护参数如表9-4所列。

表9-4 海水过滤结构物外加电流阴极保护设计参数

保护对象	拦污栅及导槽	鼓形滤网	
材质	不锈钢	不锈钢	碳钢
电流密度/(mA/m^2)	180	180	40
保护电流/A	27	85.5	

2)系统组成

外加电流阴极保护主要由恒电位仪、辅助阳极、参比电极、电缆、接线箱等组成。根据设计要求,确定恒电位仪、辅助阳极、参比电极及附件材料的型号、规格、数量及安装位置等。

(1)恒电位仪。

根据现场情况,每个流道设计采用两台直流电源控制柜控制,其中一台直流电源柜保护鼓形滤网,含3套恒电位仪;另一台保护细格栅及其导槽,含有两套恒电位仪。确定保护滤网的设备输出总电流为250A(其中一路为100A,其他两路为75A),保护细格栅及其导槽的设备总电流为90A(每路为45A)。设备的额定输出电压都为24V,因此电源规格分别为DC 24V/250A及DC 24V/90A。

(2)辅助阳极设计与布置。

结合工况条件,选用混合金属氧化物辅助阳极,阳极结构设计时应充分考虑水流和杂质的影响,保证阳极的使用性能更加可靠。

根据保护结构工况条件及工程经验,确定 1 个流道共采用 12 支辅助阳极,其中每套细格栅及导槽用 1 支;每台鼓形滤网 8 支。辅助阳极安装在导槽旁的构筑物上。

(3)参比电极设计与布置。

在海洋工程环境下,Cu/饱和 $CuSO_4$ 参比电极一般用于便携式测量,不能作为长寿命的参比电极使用。Ag/Cl(AgX)参比电极的电位会受到海水 Cl^- 浓度的影响。高纯 Zn 参比电极方便加工,成本低,寿命长,因此选用高纯 Zn 参比电极。1 个流道共采用 5 支参比电极,每套细格栅及导槽用 1 支,每台鼓形滤网 4 支。参比电极安装在导槽旁的构筑物上。

3)保护效果

安装完毕后,对阴极保护系统进行调试,阴极保护系统运行参数及保护电位见表 9 - 5。由表中数据可见,保护电位达到设计要求的 0 ~ 0.25V。

表 9 - 5　外加电流阴极保护系统运行参数

结构物	恒电位仪	电压/V	输出电流/A	保护电位电极一/mV	保护电位电极二/mV
鼓形滤网	001RD	13.4	45.5	130	190
	002RD	8.8	12.9	85	—
	003RD	7.6	8.1	95	—
格栅与导槽	001RD	7.2	15.6	130	90
	002RD	7.7	12.6	100	155

3. 牺牲阳极阴极保护

1)设计参数

采用牺牲阳极保护海水过滤系统中的闸门、闸门导槽和加氯框,根据材质的不同分别选取高效铝合金牺牲阳极和铁合金牺牲阳极。其中,采用铝合金牺牲阳极保护碳钢材质的闸门,铁合金牺牲阳极保护不锈钢材质的导槽、格栅及加氯框。各部位所需的保护电流密度和保护电流计算如表 9 - 6 所列。

表 9 - 6　牺牲阳极阴极保护设计参数

保护对象	闸门	闸门导槽	加氯框
材质	碳钢	不锈钢	不锈钢
电流密度/(mA/m²)	40	180	180
保护电流/A	6	4.5	7.2
阳极种类	铝合金牺牲阳极	铁合金牺牲阳极	铁合金牺牲阳极

2)牺牲阳极选择

根据海水过滤系统各结构物的阴极保护需求,参考相关设计标准,计算得出各部位安装的铝合金牺牲阳极和铁合金牺牲阳极规格及数量如表9-7所列。

表9-7　牺牲阳极规格及数量

保护对象	阳极型号	规格/mm	净重/kg	发生电流/A	数量/支	寿命/年
闸门	A21H-2	800×140×50	13.4	1.04	6	4.70
闸门导槽	FCM-2	500×(80+100)×85	29.5	0.76	6	5.05
加氯框	FCM-2	500×(80+100)×85	29.5	0.76	10	5.05

注:闸门用铝合金牺牲阳极连续使用其寿命可达4.70年,由于闸门阳极只在电厂维修期间使用,浸水时间较短,所以其消耗量很小,该阳极完全可以满足15年的使用要求。

3)牺牲阳极布置

牺牲阳极均匀布置在闸门等被保护结构上,同时需要考虑结构物对电流分布的屏蔽作用。阳极采用平贴电焊固定的安装方式,即把阳极背面紧贴被保护结构的表面,用电焊将阳极两端的铁脚与被保护钢结构焊牢。注意阳极表面始终要保持干净,严禁涂漆或沾染油污。

9.2.2　福清核电站海水管道阴极保护

1. 项目概况

福建福清核电站5、6号机组于2015年开工建设,该机组首次采用了我国自主知识产权的三代压水堆核电技术"华龙一号",是"华龙一号"的示范工程,战略意义重大。核电站重要厂用水系统作为重要的安全系统,通过热交换器将从核安全相关构筑物、系统和设备传来的热量输送到最终热阱,从而保障电站设备的安全。

核电站重要厂用水系统管路系统包括泵房中的暗渠连通管、吸水人孔管、吸水管、敷设在GA廊道和核岛厂房贝类捕集器之前的管道、核岛厂房溢流堰之前管道,管道材质为20号钢(CP03T3018)或Q265HR钢(CP03T3020)。

福清核电站位于东海海域,海水温度-0.5~35.5℃,平均pH值为8.1,溶解氧浓度6.65,管道内海水工作压力0.45MPa,最高压力0.9MPa,单泵运行时流速为2.45m/s,双泵运行时流速为3.15m/s。

为了保护海水管道的腐蚀安全,管道内壁设计采用阴极保护和重防腐涂层联合防腐方法,有效保护年限为60年,在有效保护年限内,被保护对象的保护度应不小于90%。

目前,5号机组已投入商业运行,这是全球第一台正式运行的"华龙一号"核电机组。6号机组也于2022年1月成功并网,将于近期投入运行。

2. 防腐涂料设计方案

针对福清核电站 4 条 WES 管道内壁,设计采用 ZF－101 系环氧重防腐涂料进行防腐。涂料施工范围包括管道、管件、焊缝补涂以及在管道内壁及下基座等与海水直接接触的部分。

1)涂刷范围

福清核电站(2 台机组)WES 管道系统保护范围见表 9－8,总保护面积共计 3883m²。

表 9－8　WES 钢管内壁的保护面积

区域	管道系列	管道规格	管道长度/m	管道面积/m²
GA	5A	30″	210	495
	5B	30″	200	472
	6A	30″	307	723
	6B	30″	353	833
NI 溢流堰前管道	5A	30″	16	38
	5B	30″	16	38
	6A	30″	16	38
	6B	30″	16	38
	5 号机连通管	324mm	15	15.26
	6 号机连通管	324mm	15	15.26
NI 贝类捕集器前管道	5A	30″	121	287
	5B	30″	103	245
	6A	30″	121	287
	6B	30″	103	245
PX	暗渠连通管	48″	6(4 段)×4	23×4
	WCF 泵吸水管	10″	4(2 段)×4	3×4
	WES 泵吸水管	36″	2.5(2 段)×4	7×4
	WES 吸水暗渠人孔	28″	1.25(1 段)×4	3×4

2)涂料的选择

由于 WES 管道是核岛内重要的厂用水输送系统,管内海水流速快,流速最高时可达 3m/s,并且防腐蚀年限高达 60 年,要求选用的防腐涂层具有优异的附着力、良好的耐水性、致密度高、耐磨和抗冲刷性好,同时具有优异的耐阴极剥离性能,与阴极保护有良好的兼容性。通过调研筛选,ZF－101G 环氧重防腐涂料具有极优异的附着力、表面硬度高、耐磨性好、耐海水、耐化学腐蚀,该涂料为无溶剂涂料,不含有机溶剂,符合环保要求,便于涂装,有利于施工现场的安全和涂装人员的劳动保护,既可以采用喷涂,也可以采用手工刷涂,工艺简单,维修、补涂方便,并可以在多个现场同时进行施工,施工性能好,涂装 2 道干膜厚度可达 $800\mu m$ 以上,节约施工时间及费用,涂层干燥迅速并可在水下继续固化,同时具有优异的耐阴极剥离性能,并和阴极保护有良好的兼容性。因此,选用 ZF - 101 系环氧重防腐涂料作为 WES 管道的内防腐涂料,并结合外加电流阴极保护联合防腐,可确保 WES 管道的耐久性达到 60 年。

3)涂料用量

根据涂层段所处工作环境和有效防腐年限,设计管道涂层干膜厚度 $800\mu m$。根据涂覆面积、涂层厚度要求、涂料理论用量($1.5kg/m^2$)及施工过程中的涂料损耗(约 $0.4kg/m^2$),计算得出 WES 管道涂装防腐涂料用量约为 7377kg。

4)涂料施工

防腐涂料采用刮涂或喷涂的方法进行施工,共涂装 2 道,干膜厚度 $800\mu m$。具体涂装工艺和基材处理方法参考相关技术标准。

3. 阴极保护设计方案

1)总体方案与思路

考虑到重要厂用水系统海水管道保护年限长达 60 年,采用外加电流阴极保护系统可以保证更长的使用寿命,且在管道上安装和更换辅助阳极和参比电极更为便捷,因此,设计采用外加电流阴极保护的方法。为了实现更加均匀可靠的保护效果,对于 PX 泵房中的暗渠连通管、WES 吸水人孔管和 WCF 吸水管,这些管道很短,而且分散独立,每列单独设置一套外加电流阴极保护系统;在 GA 廊道每列设置一套外加电流阴极保护系统;核岛厂房贝类捕集器之前的 WES 管道及核岛厂房溢流堰之前的 WES 出水管道,根据以往核电厂经验,由于受末端贝类捕集器或换热器的影响,电位偏低,因此每列设置一套外加电流阴极保护系统。

重要厂用水系统(WES)管道安装有可曲挠橡胶接头、蝶阀、截止阀、法兰短管等装置,橡胶接头通过法兰与管道相连,并在高点设有排气阀,在低点设有泄水阀,管道安装在 GA 管廊中。根据管道特点,在对 WES 管道进行外加电流阴极保护设计时,考虑到橡胶接头、蝶阀、截止阀、法兰短管、排气阀、泄水阀等装置的影响。在这些部位,腐蚀一般会加重,应适当增加辅助阳极数量,或减小间距,以便外加电流系统兼顾到以上装置的保护。对于衬胶管道、法兰短管、可曲挠橡胶接头处,为了保证阴极保护电流的连续性,避免出现电流屏蔽作用,在可曲挠橡胶接头两侧进行电缆跨接,进行均压处理,使得接头两侧都得到有效的保护。考虑到弯管对保护电流的屏蔽影响,需要根据管道情况,增加辅助阳极数量。此外,在管道弯头及其他弯管部位,会存在电流屏蔽问题,应适当增加布置阳极,或减小间距,保证弯头及弯管处管道得到有效保护。

WES 管道采取焊接方式安装,在辅助阳极及参比电极布置与安装时,应避开管道上的焊缝,不能在焊缝区开孔安装以上装置。因此,在安装辅助阳极、参比电极、参比接地及阴极汇流点时,应避开焊缝。为了便于安装,辅助阳极、参比电极、参比接地及阴极汇流点布置也应尽可能避开 GA 管廊支架。

2)保护电流密度及保护电流

保护电流密度的大小与管道内壁涂层的种类与厚度、海水流速的大小、管道的材质、保护年限、管道上的支管有很大关系。根据《滨海设施外加电流阴极保护系统》(GB/T 17005—1997)相关规定,裸露海水管道保护电流密度一般取 $30 \sim 100 mA/m^2$。由于 WES 管道内海水流速比较高,最高流速高达 $3m/s$,因此必须考虑流速的影响,结合实际工程经验,在流动海水中的阴极保护电流密度随海水流速增大而增加,借鉴秦山核电 WES 管道外加电流阴极保护设计,在方案设计中,当无涂层保护状态下时,WES 管道阴极保护电流密度取 $100 mA/m^2$。

考虑到涂层在服役过程中的老化与破损,根据实际工程情况,选择涂层的初期破损率按照 3% 设计,涂层末期破损率按照 60% 设计。根据所要求的涂层破损率,计算得到管道在不同破损期所需要的保护电流,如表 9 – 9 所列。

表 9 – 9　海水管道保护电流

区域	管道系列	管道面积/m^2	初期保护电流/A	末期保护电流/A
GA 管廊	5A	495	1.49	29.7
	5B	472	1.42	28.32
	6A	723	2.17	43.38
	6B	833	2.50	49.98
NI 溢流堰前管道	5A	38	0.11	2.28
	5B	38	0.11	2.28
	6A	38	0.11	2.28
	6B	38	0.11	2.28
	5 号机连通管	15.26	0.031	0.916
	6 号机连通管	15.26	0.031	0.916
NI 贝类捕集器前管道	5A	287	0.86	17.22
	5B	245	0.74	14.7
	6A	287	0.86	17.22
	6B	245	0.74	14.7

续表

区域	管道系列	管道面积 /m²	初期保护电流 /A	末期保护电流 /A
PX 泵房	暗渠连通管	92	0.28	5.52
	WCF 泵吸水管	12	0.036	0.72
	WES 泵吸水管	28	0.084	1.68
	WES 吸水暗渠人孔	12	0.036	0.72

3)阴极保护系统选型

外加电流阴极保护系统主要由恒电位仪、辅助阳极、参比电极组成。根据《滨海设施外加电流阴极保护系统》(GB/T 17005—1997)的要求,并结合实际经验,对 WES 管道外加电流系统进行设计及计算,从而确定恒电位仪、辅助阳极、参比电极及附件材料的规格型号。

(1)恒电位仪。

根据管道结构布局和阴极保护需求,在 GA 管廊、NI 核岛和 PX 泵房这 3 个区域每列管道分别设计采用一台恒电位仪控制。

恒电位仪的输出电流按管道所需的最大保护电流计算,并应留有足够的余量,经计算选择恒电位仪的规格及数量如表 9 – 10 所列。

表 9 – 10   恒电位仪的规格与数量

保护区域	额定电压/V	额定电流/A	数量/台	备注
GA 管廊	24	70	4	二合一设备
PX 泵房	10	5		
NI 核岛	24	30	4	—

根据输出需求,选用七二五所研制的 KHV – III 型恒电位仪,该型恒电位仪是专为外加电流阴极保护设计的,它具有模块化程度高、控制性能稳定、可靠性高、使用操作简便、自诊断功能强等特点,技术条件满足 CB 3220 的要求,同系列产品已经大量应用于国内水面舰船和水下潜艇外加电流阴极保护,以及电厂循环水系统、码头钢管桩等其他防腐工程中。

(2)辅助阳极。

目前适于管道阴极保护辅助阳极材料主要有 Pb – Pt 合金阳极、铂复合阳极和混合金属氧化物阳极。Pb – Pt 合金阳极的消耗率较高,对环境还有一定的污染,其使用已越来越少。混合金属氧化物阳极是一种新型阳极材料,是在 Ti 基体上涂覆一层金属氧化物膜,但其氧化膜是高温下烧制得到的,耐磨性较差。由于 WES 管道内海水流速比较高,最高时可达 3.25m/s,而且含有砂粒及其他悬浮物,会对阳极表面氧化物膜造成比较严重的冲刷,而混合金属氧化膜的耐冲刷性能较差,造成氧化物膜层的冲刷腐蚀破损,导致阳极过早失效。根据研究及应用经验,在海水流速很快的情况下,不宜采用混合金属氧化物阳极。铂复合阳极是在 Ti、Nb、Ta 等金属基体上采用爆炸焊接、冶金拉拔或轧制等方法复合贵金属 Pt 而构成,Pt 和基体之间为冶金结合,结合力很强,耐海水冲刷性能好。综合考虑后选用铂铌复合阳极,该阳极在秦山核电 WES 管道阴极保护,以及我国海军舰船阴极保护中得到了很好的应用。根据管道特点,选用螺旋状铂铌丝作阳极,螺旋状铂铌丝阳极具有阳极表面积大、结构稳定的优点。

根据管道情况选用插入式结构的铂铌复合阳极(图 9-8),阳极体固定在绝缘材料制成的绝缘支座内,通过法兰固定在管道上,这种结构的阳极也便于更换,辅助阳极体包括铂铌丝、阳极护套、上下法兰盘、密封函、固定螺栓、垫片等配件组成。辅助阳极安装时,在 WES 管道上开孔尺寸为 $\phi 90mm$,以便焊接下法兰。

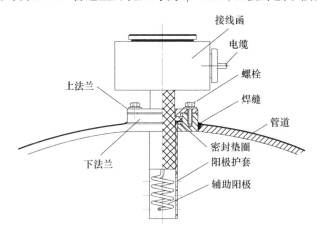

图 9-8　铂铌复合阳极结构以及在海水管道上的安装示意图

(3)参比电极。

参比电极选用 Ag/AgCl 参比电极,为了增大参比电极的活性面积,提高电极测量时的稳定性,采用网状结构的 Ag/AgCl 参比电极。该参比电极是七二五所为国防工业应用研制的产品,也是我国水面舰船和潜艇外加电流阴极保护系统用参比电极的指定产品,在舰艇中得到了广泛应用,有着近 30 年的应用历史,具有很高的可靠性和安全性。网状 Ag/AgCl 参比电极独特的结构设计、优良的生产工艺、高纯度的材料,加之严格的质保体系的控制,使得此电极具有电位稳定精确、重复性好、方便测量、寿命长的特点,是目前应用于海水介质最好的参比电极之一。在大亚湾核电站凝汽器阴极保护中,它完全替代了国外的同类产品。

参比电极采用插入式结构,参比电极体固定在绝缘材料制成的绝缘支座内,通过法兰固定在管道上,这种结构的参比电极便于更换。参比电极组装体由 Ag/AgCl 参比电极、电极护套、上下法兰盘、固定螺栓及垫片等配件组成。参比电极安装时,在 WES 管道上开孔尺寸为 $\phi90mm$,以便焊接下法兰。

对于 WES 管道阴极保护系统而言,可以选取有代表性的位置安装参比电极来监控阴极保护系统的保护效果。根据阳极分布情况及电位分布情况,参比电极安装在保护最薄弱处(两个辅助阳极中间的位置)或典型位置,即最远离阳极处的电位应不大于 $-0.80V$(相对于 Ag/AgCl 参比电极)。同时为避免过保护问题(接近阳极处电位需要不小于 $-1.05V$),每套系统在阳极附近设置 1 套参比电极。

本方案中共 27 支参比电极,设置如表 9-11 所列。

表 9-11　参比电极数量

区域	管道系列	参比电极数量/支
GA 管廊	5A	3
	5B	3
	6A	4
	6B	5
NI 核岛	5A	2
	5B	2
	6A	2
	6B	2
PX 泵房	5A	1
	5B	1
	6A	1
	6B	1
合计		27

4)阴极保护优化布置

采用基于边界元仿真优化方法对管道的阴极保护效果进行模拟预测,并优化阴极保护布置方案。计算结果如图 9-9 所示,在管径为 762mm 的管道内,当防腐涂层 60% 破损时,单支辅助阳极发出电流约为 2A,此时在辅助阳极附近,管道电位最负,不超过 $-1.05V$,然后以阳极位置为中心,在其两侧沿轴向逐渐衰减,在管道保护电位为 $-0.80V$ 的位置,距离辅助阳极约 6.8m,也即单支辅助阳极的保护半径为 6.8m,有效保护范围可达 13.6m。

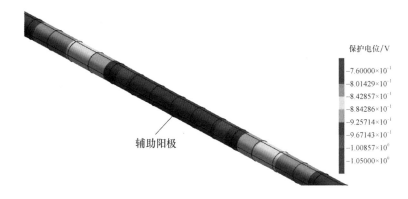

图 9-9　管道保护电位分布计算结果

　　由于在弯头和弯管处存在电流屏蔽,因此设计时需要考虑橡胶伸缩接头、弯头及弯管等因素,在这些部位增设阳极;在 PX 泵房内管道独立分散,因此泵房内的每根管道需单独设置 1 支阳极。最后根据优化设计及阳极结构,结合已有的工程经验,设计在 WES 管道需要安装的辅助阳极数量见表 9-12。

表 9-12　WES 管道需要安装的辅助阳极数量

区域	管道系列	管道长度 /m	末期保护电流 /A	阳极数量	阳极间距 /m	单支阳极发出流量 /A
GA 管廊	5A	210	29.70	20	10.50	1.49
	5B	200	28.32	19	10.53	1.49
	6A	307	43.38	29	10.59	1.50
	6B	353	49.98	34	10.38	1.47
NI 溢流堰前管道	5A	16	2.28	2	8.0	1.14
	5B	16	2.28	2	8.0	1.14
	6A	16	2.28	2	8.0	1.14
	6B	16	2.28	2	8.0	1.14
	5 号机连通管	15	0.92	2	7.5	0.46
	6 号机连通管	15	0.92	2	7.5	0.46

区域	管道系列	管道长度/m	末期保护电流/A	阳极数量	阳极间距/m	单支阳极发出流量/A
NI 贝类捕集器前管道	5A	121	17.22	13	9.3	1.32
	5B	103	14.70	12	8.6	1.23
	6A	121	17.22	13	9.3	1.32
	6B	103	14.70	11	9.4	1.34
PX 泵房	暗渠连通管	6(4 段)×4	1.38×4	16	1.5	0.35
	WCF 泵吸水管	4(2 段)×4	0.18×4	8	2.0	0.09
	WES 泵吸水管	2.5(2 段)×4	0.42×4	8	1.25	0.21
	WES 吸水暗渠人孔	1.25×4	0.18×4	4	1.25	0.18
合计		1667	234.81	199		

9.2.3 田湾核电站凝汽器腐蚀防护

1. 项目概况

田湾核电站于 1999 年 10 月正式开工建设,一期工程建设 2 台单机容量 106 万 kW 的俄罗斯 AES – 91 型压水堆核电机组,是我国当时单机容量最大的核电站。其中 1 号机组于 2003 年 10 月进入全面系统调试阶段,2007 年投入商业运行。

凝汽器是电厂发电机组中重要的装置,内有大量的冷凝管和巨大的水室。田湾核电站凝汽器的水室采用俄标奥氏体不锈钢(10X17H13M2T),内部的 MAJ 抽真空管(ϕ219mm × 10mm)和拉筋(ϕ50mm)等也采用了此材质的不锈钢。水室中管板和冷凝管为钛材。抽真空管和拉筋一端与管板相连,另一端连接于水室,形成了由钛和不锈钢构成的电偶系统。

田湾核电循环水系统在充水运行 2 年多后,发现水室内的拉筋和抽真空管产生了严重的腐蚀。尤其拉筋上靠近钛管板段腐蚀特别严重,面上布满腐蚀坑,有的呈现表面孔小、内部大坑的溃疡状腐蚀;靠近钛管板的拉筋上焊缝两侧也有很深的腐蚀,1 号机大修时有的几乎锈断,远离钛管板处腐蚀较轻。抽真空管的腐蚀形貌呈麻点状,成片分布,蚀坑深度最深达 6mm;靠近钛管板焊缝两侧腐蚀相对严重。

壁板与管板接触处,腐蚀呈现沟状;距管板200mm范围内的不锈钢壁板表面粗糙,处于非钝化状态。凝汽器拉筋和不锈钢水室的腐蚀形貌见图9-10。

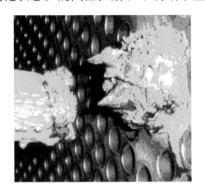

图9-10 凝汽器拉筋和不锈钢水室的腐蚀形貌

2005年该凝汽器的连通管(同材质的不锈钢)因海水腐蚀曾发生漏水,当时的腐蚀形貌表面上看是小的点蚀坑,但打磨处理后发现为大面积的蚀坑。为了解决凝汽器的腐蚀问题,在2008年初的1号机大修期间,决定在凝汽器水室内加装牺牲阳极进行防护。

2. 阴极保护设计方案

1)阳极材料的选择

根据凝汽器的结构、运行特点和腐蚀情况,既要消除钛/不锈钢的电偶腐蚀,又要保护钛冷凝管不发生氢脆,保护电位要求不负于 $-0.75V$(相对于CSE,本节下同)。

通过对比常用牺牲阳极材料的可行性,选择采用铁合金牺牲阳极进行阴极保护。

(1)铁阳极开路电位仅为 $-0.75V$,在海水中保护不锈钢/钛电偶对,可以提供安全的驱动电压(约0.25V),这样既可以有效地保护不锈钢,又不会使钛的电位过负,避免钛材氢脆的危险。

(2)铁合金牺牲阳极比锌合金牺牲阳极电容量大、相对密度大,在同样的保护电流密度要求下,同样大小的铁合金牺牲阳极比锌合金牺牲阳极消耗量少,铁合金牺牲阳极明显比锌合金牺牲阳极寿命长。

(3)铁合金牺牲阳极受水质化学、物理参数(如pH值、含盐量、温度、电导率等)影响小,因此,在海水中能恒定保持均匀溶解状态,无晶间腐蚀敏感性。

(4)不锈钢结构在海水中主要存在点蚀、缝隙腐蚀等局部腐蚀,完全可以通过铁合金牺牲阳极阴极保护将其电位极化到点蚀电位以下,即可防止其点蚀、缝隙腐蚀。

国外大多采用铁合金牺牲阳极来保护不锈钢、铜合金、钛合金及其复合结构,有很多成功的案例。我国近年来也开始采用铁合金牺牲阳极保护上述金属材料结构,在船用铜合金海水冷却设备、海水管路以及电厂铜合金海水冷却设备上均成功采用铁合金牺牲阳极进行保护,其他应用正在进一步推广中。

2)阴极保护设计

凝汽器水室需保护的部件为水室的内表面、拉杆、抽真空管和钛管板,水室尺寸为高5.1m、深1.7m、宽3.3m。其中,不锈钢材料的保护面积包括水室内壁47.53m²、拉杆1.6m²、抽真空管1.4m²,不锈钢的总保护面积为50.53m²。考虑到钛冷凝管与管板直接连接,也需要消耗部分保护电流,在计算钛管板的面积时以整块完整的钛板计算,得出钛材的保护面积为16.83m²。

参考相关标准和工程经验,选择不锈钢的保护电流密度为200mA/m²,钛材的保护电流密度取100mA/m²,所需总保护电流为11.789A。

设计采用铁合金牺牲阳极阴极保护,选用阳极规格为300mm×70mm×70mm,净重11.6kg。通过计算得出每个水室需安装24支牺牲阳极。经核算,该型阳极的发出电流量为0.51A,使用寿命约为2.9年,届时需进行更换。

3)牺牲阳极安装

牺牲阳极采用焊接的方式安装见图9-11。牺牲阳极的铁脚为ϕ12mm的不锈钢圆钢,每个铁脚的长度为120mm。牺牲阳极通过4道焊缝焊接,确保每道焊缝的长度不小于100mm。

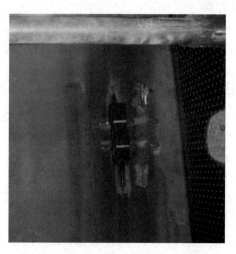

图9-11　凝汽器水室安装铁合金牺牲阳极

在水室的侧壁上,距离管板200mm处,平行于管板布置阳极,上、下水室壁各布置2支,左、右两侧壁各布置4支阳极,均匀分布;每根垂直拉杆上安装1支阳极,焊接安装在拉杆上方靠近管板位置;ϕ219mm的抽真空管每根安装1支,焊接安装在管道上方靠近管板位置;ϕ426mm的抽真空管每根安装2支阳极。

4）保护效果

牺牲阳极安装使用 1 年后对 1 号机组的凝汽器进行保护电位测量,测量结果见表 9 – 13。

表 9 – 13　凝汽器保护电位测量结果

水室	两侧侧壁电位/V（相对于 CSE）	阳极处电位/V（相对于 CSE）	拉筋电位/V（相对于 CSE）
2 号 21 进口	– 0.52, – 0.52	– 0.58	– 0.52, – 0.53, – 0.57, – 0.58
1 号 21 出口	– 0.51, – 0.51	—	– 0.52, – 0.56, – 0.57, – 0.56
2 号 22 进口	– 0.52, – 0.52	– 0.55	– 0.55, – 0.60
2 号 22 出口	– 0.43, – 0.50	– 0.50, – 0.54	– 0.53
1 号 22 进口	– 0.50, – 0.50	– 0.52, – 0.54	– 0.52
1 号 22 出口	– 0.52, – 0.52, – 0.54	—	– 0.55, – 0.57, – 0.57, – 0.56
3 号 31 进口	– 0.62, – 0.62	—	– 0.60
4 号 31 出口	– 0.63, – 0.64	—	– 0.60
3 号 32 进口	– 0.69, – 0.69	—	– 0.60
3 号 32 出口	– 0.50, – 0.55	– 0.56, – 0.57	– 0.56
4 号 32 进口	– 0.53, – 0.45	– 0.51, – 0.41	– 0.51
4 号 32 出口	– 0.62, – 0.62	—	– 0.60

实测结果均达到设计要求的保护电位范围: – 0.30 ~ – 0.75V。运行 1 年后牺牲阳极消耗量低于 25%,腐蚀均匀,腐蚀产物易脱落,预计寿命可达到 3 年,符合设计要求。

9.3　火电厂海水利用系统腐蚀防护案例分析

9.3.1　黄岛电厂凝汽器阴极保护

1. 项目概况

黄岛电厂位于黄海胶州湾畔,始建于 1978 年,一期建设两台 125MW 双水内冷发电机组,分别于 1980 年和 1981 年建成投产。电厂海水冷却系统的凝汽器水箱采用 10CrMoAl 低合金钢制造,内衬环氧玻璃布,管板为 HSn62 – 10 锡黄铜,冷却管用 B10Cu – Ni 合金。管子装机前用 MBT + BTA 预先成膜。循环海水的电阻率为 24.4Ω · cm,pH 值为 8.0。

黄岛电厂的发电机组投产后,在1980—1985年间凝汽器铜管多次发生泄漏,腐蚀严重性触目惊心,千疮百孔,甚至被迫停机堵漏,已成为威胁电厂安全的特大隐患。冷却管的腐蚀泄漏多发生在管端,凝汽器的钢质水室也腐蚀严重,在一些涂层剥落处发生腐蚀穿孔。1983年,七二五所组织科技人员深入现场调查,进行技术攻关,研究防护方案,经过3年的现场试验安装与防蚀效果分析,终于研制出了行之有效的牺牲阳极防腐蚀方案,全面解决了黄岛电厂冷却水系统的严重腐蚀问题。随后,这项技术得到了全面的推广应用,如大连电厂、上海崇明电厂、上海金山电厂、山东龙口电厂、沾化电厂、青岛电厂、广东沙角电厂、深圳电厂、海口电厂、秦山核电厂、珠江电厂等数十个滨海电厂都先后采用了这项技术,全面解决了冷却水系统和消防水系统的严重腐蚀问题[18]。

2. 凝汽器阴极保护方案

针对黄岛电厂两台凝汽器的结构工况,确定1号凝汽器采用牺牲阳极保护,2号凝汽器前水室用牺牲阳极保护,后水室采用外加电流阴极保护。

阴极保护的范围只能是保护电流所能达到的有效区域。在凝汽器中主要有水室内表面、管板及冷却管管端。冷却管中离管端较远处由于电流的屏蔽作用而得不到保护。冷却管内电流所能达到的距离与管径、水温及冷却水电阻率等有关。海水温度为25℃时,保护电流所能达到的距管端的距离是冷却管内径的12~15倍。

凝汽器要获得良好的保护,必须提供适宜的电流,电流偏小将不能有效防止凝汽器的电化学腐蚀,电流过大又会引起水室涂层剥落或钛管发生析氢。保护电流密度与保护面的状态及冷却水水质、水温、流速等有关,应根据具体情况由试验值或经验值来确定。例如,冷却水是清洁海水,流速为2m/s时,铜合金保护电流密度取300mA/m^2,钢铁取200mA/m^2;若为污染海水,铜合金和钢铁的保护电流密度均将翻倍。凝汽器的保护电位一般取 $-0.8 \sim -1.1V$(相对于 Ag/AgCl 参比电极,本节下同),理想值为 $-0.9V$,在此范围内,钢铁和铜合金均可得到良好保护。在采用 Ti 管时,为避免析氢,电位应控制在不超过 $-0.75V$。

根据选取的保护电流密度,通过参考相关标准计算方法,确定阴极保护方案:1号凝汽器中共安装69块铝合金牺牲阳极,阳极尺寸为 300mm × 150mm × 50mm。2号凝汽器前水室安装39块铝合金牺牲阳极,后水室的外加电流阴极保护系统装有10支镀铂钛阳极(ϕ10mm × 120mm),一支 Ag/AgCl 参比电极,电源采用 KKG3 恒电位仪。

3. 保护效果

阴极保护系统安装运行后,通过监测凝汽器的保护电位,如表9-14和表9-15所列,可以看出,两台凝汽器均处于良好保护状态。在凝汽器检修时,水室中看不见锈蚀,碳钢挂片试样测得的保护度超过98%。通过阴极保护,铜管的腐蚀泄漏也得到了有效的抑制,彻底改变了原来运行 2 年就因严重腐蚀,要将整台凝汽器铜管全部更新的局面。铜管寿命已延长了 4 倍以上,年泄漏率由原来的 5% 减少到 0.04% ~ 0.11%。

表 9 - 14　凝汽器牺牲阳极保护电位　　　　　　　　　　　(单位:V)

日期	1 号凝汽器		2 号凝汽器
	前水室	后水室	前水室
1985. 10. 3	- 1. 02	- 0. 99	- 0. 96
1986. 11. 10	- 0. 99	- 0. 94	- 0. 96
1987. 3. 9	- 0. 96	- 0. 89	- 0. 96

表 9 - 15　2 号凝汽器后水室外加电流阴极保护电位

日期	输出电流/A	输出电压/V	保护电位/V
1986. 1. 4	16. 2	8. 7	- 0. 84
1987. 4. 13	22. 0	6. 0	- 0. 90

9.3.2　六横电厂循环水管道阴极保护

1. 项目概况

六横电厂位于浙江省舟山市普陀区六横镇。该电厂是全国首个离岸海岛电厂,也是国内首座超低排放百万千瓦火电厂,六横火电厂一期建设 2 个 1000MW 超临界燃煤机组,于 2018 年并网发电。

火电厂循环冷却水采用直流方式,以天然海水作为电厂冷却水源,盾构取排水,长取短排,取水口布置在 - 12m 等深线上,排水口离厂址防洪堤 100m 左右。海水自取水口流至循环泵房,由循环水泵升压后经厂区循环水压力管直接流入凝汽器。循环水系统简要流程为:海水进水口→钢闸门→格栅清污机→旋转滤网→循环水泵→泵出口液控缓闭止回蝶阀→循环水管→凝汽器→循环水管→海水出水口。循环水管道总长约 4000m,最大管径 DN4200mm,管材为碳钢。

六横电厂所处海域年平均水温为 17. 80℃,月平均最高水温 28. 69℃,月平均最低水温 5. 46℃。

为了抑制循环水管道的腐蚀,设计采用牺牲阳极阴极保护的方法进行腐蚀防护,腐蚀防护设计寿命不低于 40 年。管道的保护电位应达到 - 0. 85 ~ - 1. 10V(相对于 CSE,本节下同)。

2. 阴极保护方案

循环水管道的保护电流密度与管道材质、腐蚀介质的性质、金属表面是否有涂层以及涂层的质量等有关。六横电厂循环水管道材质为碳钢,其表面有涂层,GB/T 16166 标准规定海水中钢结构保护电流密度为 $25 \sim 35 \text{mA/m}^2$,根据标准推荐值及其他电厂如大唐乌沙山电厂工程经验,管道内壁保护电流密度选取为 25mA/m^2。

计算得出循环水管道的阴极保护设计参数如表 9 - 16 所列。

表 9 - 16　循环水管道的阴极保护设计参数

设备名称	规格	长度/m	保护面积/m²	保护电流密度/(mA/m²)	内壁保护电流/A
循环水管道	DN4200	3120	41147	25	1028.7
	DN2600	220	1796	25	44.9
	DN2440	200	1532	25	38.3
	DN1420	130	580	25	14.5
热机管道	OD2438	144	1102	25	27.6
	OD1020	100	320	25	8.0
	OD920	20	58	25	1.5

考虑到防腐蚀寿命长达 40 年,选用电流效率较高的 Al - Zn - In - Mg - Ti 合金牺牲阳极,且选择阳极的规格型号尽可能大,以保证阳极的使用寿命,同时考虑到管道内壁空间有限,以及阳极安装更换的便利,最终选用阳极规格为 $1000 \text{mm} \times (200 + 280) \text{mm} \times 220 \text{mm}$,阳极净重 140kg,毛重 145kg。通过计算得出阳极数量见表 9 - 17。

表 9 - 17　循环水管道牺牲阳极数量

设备名称	规格	长度/m	保护面积/m²	内壁保护电流/A	铝阳极数量
循环水管道	DN4200	3120	41146	1028.65	719
	DN2600	220	1796	44.90	32
	DN2440	200	1532	38.30	27
	DN1420	130	580	14.50	11
热机专业管道	OD2438	144	1102	27.55	20
	OD1020	100	320	8.00	7
	OD920	20	58	1.45	2

3. 牺牲阳极安装

牺牲阳极沿管道长度方向左、右两侧均匀布置,阳极安装在距管道底部约为管道直径的 1/4 高度处,阳极安装位置如遇管道焊缝或其他钢结构,可适当调整。牺牲阳极布置如图 9 – 12 所示。

图 9 – 12　海水管道安装铝合金牺牲阳极

将牺牲阳极铁脚焊接点对应管道内壁部位的涂层用刮刀等工具铲去,完全露出钢铁表面,并清理干净。采用电焊方式将阳极两端铁脚直接焊接在管道内壁上,焊接前将阳极焊脚与管道内壁贴紧,如两个焊脚无法同时贴紧管道内壁,应对焊脚进行校正整平。要求单支阳极铁脚焊缝总长度达 16cm,焊缝饱满无虚焊,焊接后要去掉焊渣。阳极焊接结束后需要采用与管道内壁同类的涂料进行焊口补涂。

9.3.3　印尼拉布湾燃煤电站水泵阴极保护

1. 项目概况

印尼拉布湾燃煤电站由中国化学工程集团所属成达公司承建,于 2007 年开建,2009 年并网发电。

电站循环水系统采用海水直流供水系统,即一台 300MW 汽轮发电机组配置 2 台循环水泵,2 台机组共用 1 座循环水泵房。循环水泵形式为单支座、固定转速、固定叶片、可抽芯(指转动和导叶体部分)、立式湿井式斜流泵。泵与电机直连,水泵出水管位于运行层以下。循环水泵可抽出部分主要由叶轮、叶轮室、导叶体、内接管、轴承支架、泵轴、传动轴、联轴器、泵盖等组成。检修或更换时该部分可在不拆卸水泵外壳的基础上从水泵外壳中抽出。转子部件主要由泵轴、传动轴、联轴器和叶轮等组成。

拉布湾燃煤电站位于印度尼西亚巽他海峡之滨,当地平均气温 31℃,海水水温 28.5~31.6℃,最高 34℃,海水盐度 28.6‰~34.6‰,pH 值为 8.3,属于热带海洋气候,金属结构腐蚀严重。为保证泵壳体内壁、泵本体等接触海水结构的设计使用寿命,采用防腐涂层和外加电流阴极保护对循环水泵壳体内壁、轴、叶轮和壳体外壁等与海水接触的部位进行联合保护。从水泵维修装卸,运行安全,水流等角度考虑,对于循环水泵壳体内壁、轴及叶轮等水泵内部结构采用外加电流阴极保护,水泵外壁及电流屏蔽区采用牺牲阳极保护。

2. 阴极保护方案

1)保护对象

保护对象包括循环水泵的所有浸水部位,其材质组成见表 9-18。其中,水泵内壁总保护面积约 88m²,采用外加电流阴极保护,外壁及支管屏蔽区域保护面积约 48m²,采用牺牲阳极保护。

表 9-18 循环水泵材质表

主要部件名称	材质
进水喇叭	HT200-2Ni/SB 铸铁
叶轮	CF-3M 不锈钢
叶轮室	CF-3M 不锈钢
导叶体	316L 不锈钢
泵轴	316 不锈钢
传动轴	316 不锈钢
轴承	SXL 赛龙轴承
联轴器部件	45 钢(锻钢)
中间联轴器	316 不锈钢
出水弯管	HT200-2Ni/SB 铸铁
泵盖(上、下)	316 不锈钢
接管	HT200-2Ni/SB 铸铁
内接管	316 不锈钢
进水锥	ZG230-450/20 铸钢
电机座	Q235-A 钢
填料函	CF-3M 不锈钢
填料压盖	CF-3M 不锈钢
底座	Q235-A 钢

续表

主要部件名称	材质
底板	Q235 – A 钢
螺栓	A4 – 70 不锈钢
螺柱	A4 – 70 不锈钢
叶轮螺母	CF – 3M 不锈钢
调节螺母	45 钢
护套管	316L 不锈钢
键	316 不锈钢
防腐涂料	底漆:环氧富锌底漆 面漆:环氧沥青面漆

2)阴极保护要求

水泵的设计保护年限不少于 20 年,并考虑保护设备防腐涂层有 20% 的破损。阴极保护系统不得对泵房其他金属结构产生不良影响,外加电流系统中辅助阳极、参比电极应容易更换。

水泵保护电位控制范围:碳钢和铸铁控制在 $-0.8 \sim -1.10\text{V}$(相对于 Ag/AgCl 参比电极,本节下同);奥氏体不锈钢(PREN$\geqslant$40)在 $-0.3 \sim -1.10\text{V}$;奥氏体不锈钢(PREN$<$40)达到 $-0.5 \sim -1.10\text{V}$。

3)外壁牺牲阳极保护方案

由于水泵材质复杂,包括碳钢、铸铁、不锈钢等材料,针对多种复合材质的保护,选择铝合金牺牲阳极。

考虑到水泵材质和表面涂层状况,以及海水温度和流速等影响,选择带涂层钢质泵壳的保护电流密度为 $30 \sim 50\text{mA/m}^2$,裸露的泵本体以及不锈钢结构的保护电流密度为 $300 \sim 500\text{mA/m}^2$。

通过计算得出水泵外壁及支管屏蔽区域所需的保护电流约为 5A。参考 GB/T 4948,选用 Al – Zn – In 合金牺牲阳极材料。考虑到水泵的结构特征和阳极的安装位置限制,选用阳极规格为 $500\text{mm} \times (115 + 135)\text{mm} \times 130\text{mm}$,净重 23kg,计算得出水泵外壁共需安装牺牲阳极 16 块,支管屏蔽区安装 4 块,经核算,阳极使用寿命约为 8 年,为满足 20 年使用寿命需要中期进行阳极更换。

牺牲阳极采用焊接的方法安装在水泵外壁,如图 9 – 13 所示。

4)外加电流阴极保护方案

经核算,水泵内壁所需的保护电流约为 27A。根据水泵的结构特征和保护需求选择阴极保护系统组件及安装方式。

图 9-13 水泵外壁安装铝合金牺牲阳极

外加电流阴极保护系统主要由恒电位仪、辅助阳极、参比电极和轴接地装置等组成。在水泵上安装阳极,恒电位仪提供的保护电流通过阳极,经海水流向水泵内壁、轴和叶轮,使之阴极极化,从而抑制水泵的内壁、轴和叶轮的腐蚀。在水泵上安装参比电极是为了监测水泵的保护电位和为恒电位仪提供控制信号。

(1)恒电位仪。

恒电位仪的作用是提供直流电,使泵体电位始终处于保护电位范围内,每台水泵安装 1 台恒电位仪,考虑适当的输出富余量,选择恒电位仪规格为直流 24V/50A。

(2)辅助阳极。

考虑到水泵内高速水流的影响,选用耐海水冲刷的铂铌复合阳极,根据水泵的结构特征,每台水泵安装 8 支辅助阳极,阳极型号为 YBNXQ-01,阳极规格为 $\phi 3 \times 330mm$,铂层厚度大于 $10\mu m$,单支辅助阳极排流量 5A,设计寿命 20 年。

为了便于阳极的检查与更换,辅助阳极采用嵌入式法兰安装,在泵壳预留安装孔和法兰。

(3)参比电极。

参比电极选用高纯 Zn 参比电极,每台水泵安装 2 支参比电极,型号为 CXXQ-01,电位偏差不超过 ±15mV,设计寿命 20 年。参比电极同样采用嵌入式安装。

(4)轴接地装置。

轴接地装置选用铜合金滑环、铜-石墨电刷组成。作用是将轴及叶轮与泵体电连接为一体。电刷与铜环接触部位应定期进行清理,以保证电刷、铜环与轴之间的良好电性连接。

参考文献

[1] 牛华寺,尹释,白刚.滨海核电站海水系统防腐设计探讨[J].给排水,2015,41(8):51−54.

[2] 王曰义.海水冷却系统的腐蚀及其控制[M].北京:化学工业出版社,2006.

[3] 张敏丽.船舶海水管道腐蚀的原因及其防护[J].上海涂料,2010,48(5):52−55.

[4] 王廷勇,马兰英,汪相辰,等.某核电站凝汽器在海水中阴极保护参数的研究及应用[J].中国腐蚀与防护学报,2016,36(6):624−630.

[5] 姜媛媛,费克勋.核电厂的电偶腐蚀[J].全面腐蚀控制,2014,28(11):40−41.

[6] 乔泽,赵兴保,陈平,等.福清核电辅助冷却水系统管道腐蚀穿孔原因分析[J].腐蚀科学与防护技术,2017,29(2):209−212.

[7] 王建军.秦山地区核电厂海水系统管道防腐对策研究[D].上海:上海交通大学,2008.

[8] 林金旭,孔全兴,廖雪波,等.某核电厂不锈钢法兰腐蚀原因分析[J].全面腐蚀控制,2019,33(07):87−91.

[9] 曲政,庞其伟,孟超.滨海电厂钢质海水管道的选材及防护[J].热力发电,2004(10):9−10,18.

[10] 高丽飞,杜敏.304 不锈钢在淡化海水中的点蚀行为[J].腐蚀科学与防护技术,2017,29(1):8−13.

[11] 何光初,张忠伟,洪峰.某核电站冷源金属拦截网的失效原因[J].腐蚀与防护,2020,41(1):68−75.

[12] 王路东,张鼎明,陈利锋,等.新型涂层技术在热带滨海电厂中的应用[J].全面腐蚀控制,2014,28(02):85−87.

[13] 王路东,张鼎明,李威力,等.热带滨海电厂腐蚀控制综合技术[J].全面腐蚀控制,2013,27(08):69−72.

[14] 黄威,方鹏飞.海水冷却系统的腐蚀研究[J].山西建筑,2016,42(2):121−123.

[15] 汪长春,王成铭,郑文远.大亚湾和岭澳核电站海水冷却系统的腐蚀与控制[J].电力安全技术,2009,11(2):18−21.

[16] 许立坤,高玉柱,董克贤.海滨电厂凝汽器的腐蚀及防护[J].材料保护,1991,24(06):13−15.

[17] 王廷勇,汪相辰,陈凯.某核电站凝汽器的阴极保护[C]//中国腐蚀与防护学会腐蚀电化学及测试方法专业委员会.2016 年全国腐蚀电化学及测试方法学术交流会摘要集.青岛:中国腐蚀与防护学会腐蚀电化学及测试方法专业委员会,2016:2.

[18] 许立坤,高玉柱,董克贤.海滨电厂凝汽器的腐蚀与保护[J].华东电力,1992(2):43−45.

第 10 章

埋地管线的腐蚀控制

10.1 概　　述

随着国民经济的发展,埋地管线作为重要的城乡基础设施,是连接上游资源和下游用户的纽带,具有占地少、效率高、成本低、安全无污染等特点,与其他运输方式不存在交叉干扰问题,已成为主要的物流渠道之一,油、气、水的输送直接关系着人们的生产和生活。长距离埋地管线主要以输水管线和石油天然气管线为主,输送的介质不同,采用的管线材质也存在较大差异,均需要进行相应的腐蚀防护。

10.1.1　埋地管线的范围

本章所涉及的埋地管线,主要是指长输管线。埋地管线一般为单管,管材单一,基本不涉及支管、阀门、变径管等。根据管线材质的不同进行分类可分为钢质管线、铸铁管线、混凝土管线、合成材料管线。

1. 钢质管线

钢质管线材质主要分为碳钢、低合金钢和不锈钢 3 种。钢质管线按制造方法分为无缝钢管和焊接钢管。钢质管线具有强度高、易施工等优势,一直是输送各种介质应用最广泛的管材,尤其在大型长距离输水工程中得到广泛应用。

2. 铸铁管线

铸铁管线分为灰铸铁管和球墨铸铁管,考虑到耐蚀性、强度、韧性及安装施工等因素,普遍采用球墨铸铁管[1],广泛应用于天然气、煤气和排水工程。

3. 混凝土管线

用于供水、排水的混凝土管线主要分为 5 种。

（1）混凝土管（PC）和钢筋混凝土管（RCP）。又称无压管，主要用于排水、雨水工程，但存在耐酸碱、抗渗透性差等缺点，易造成漏水、跑水等事故。

（2）预应力混凝土管。按照制造工艺可分为管芯缠丝预应力管（CTPCP）和振动挤压预应力管（PUCP）。CTPCP 存在管壁厚、笨重、抗渗透性差等缺点，与之相比，PUCP 管强度高，抗渗透性较好。

（3）自应力钢筋混凝土管（EIP）。该管线生产工艺简单、成本低，但易断裂损坏，常用于小型农田和市政工程。

（4）预应力钢筒混凝土管（PCCP）。PCCP 管是由钢板、预应力钢丝、混凝土和水泥砂浆构成的复合管材，具有钢材和混凝土各自的特性，工作压力可达 5MPa，能承受较大的外压荷载，可以深埋，适用于跨区域水源地之间的大型输水工程，自来水、工业和农业灌溉系统的供配水管网，电厂循环水管线，各种市政压力排污主管线和倒虹吸管等。

（5）顶管用钢筋混凝土管（DRC）。通常管线施工需要穿越公路、铁路、河流等障碍，采用顶管施工可以免去大开挖所造成的断路、断水等重大损失，经济便捷。

4. 合成材料管线

合成材料管线是由化学反应制成的高分子树脂（聚烯烃、环氧树脂、聚酯树脂等），通过加入助剂、添加剂、填料、固化剂等组分，最后机械加工而成，主要包括聚乙烯管线、聚氯合成材料管线乙烯管线、聚丙烯管线、ABS 管线及玻璃钢管线。目前长输管线一般不采用合成材料管线。

10.1.2　埋地管线的腐蚀类型及特点

1. 钢质管线外壁的腐蚀类型和特点

钢质管线铺设到地下以后，管体外表面会长期接触土壤和地下水等介质，两者相比较而言，土壤的腐蚀环境更加苛刻，腐蚀面积更广，由土壤腐蚀引起的管线破坏事故时有发生。土壤环境是个复杂的固、液、气三相体系，具有多样性、不均一性、多孔性及相对稳定性等特点。土壤腐蚀基本属于电化学腐蚀，主要包括宏观腐蚀电池、微观腐蚀电池、杂散电流腐蚀及微生物腐蚀等类型[2-6]。

1）宏观腐蚀电池

（1）长距离引起的宏观腐蚀电池。埋地钢质管线穿越的地区不同，土壤的结构组成也不同，如果土壤中的氧气渗透性不同会造成氧浓差电池。在潮湿密实的黏土中由于其氧气含量低，该段管线成为阳极，而由于砂土的孔隙率相对较大，氧气含量相对高，氧的去极化作用导致该段管线电极电位相对较高而成为阴极，形成宏观腐蚀电池，埋地管线的阳极区域就会发生腐蚀。

（2）埋深不同引起的宏观腐蚀电池。即使金属埋在均匀的土壤中，由于铺设深度不同也会造成氧浓差电池,实际中发现距离地面较深位置的局部腐蚀更加严重,说明埋地管线较深的部位含氧量低,易成为腐蚀电池的阳极区,埋地较浅的部位土壤含氧量相对较高,是腐蚀电池的阴极区。

(3)由于埋地管线所处的状态不同而引起的宏观腐蚀电池,如温差、应力以及管线外壁表面状态的不同都会形成宏观腐蚀电池,从而造成局部腐蚀。另外,当埋地主管线与材质不同的管件和支管(如镀锌管)连接在一起时,也会产生电极电位差,从而形成宏观腐蚀电池。

2)微观腐蚀电池

微观腐蚀电池是指因钢管表面状态不同而形成的腐蚀电池。由于管材冶金、加工工艺的缺陷,钢质管线内可能夹杂有不同的杂质、熔渣,同时焊缝及其附近的热影响区、钢管表面氧化膜与本体钢管之间均存在较大差异,当钢质管线与土壤腐蚀介质接触时,管道表面状态存在差异产生电极电位差构成微观腐蚀电池[1]。

3)杂散电流腐蚀

由于电气化铁路、电焊机以及高压输电线路等的影响,埋地钢质管线还会受到杂散电流的干扰腐蚀。杂散电流是没有按照计划路线流动的电流,原定的正常电路电流漏失而流入其他的地方。比如:电气化铁路,在正常情况下机车从电源的正极引入电流,然后经过机车电机最后通过铁轨流回电源负极,但是如果铁轨与土壤之间的绝缘不良时就有一部分电流流入土壤中。在这附近的埋地钢质管线由于其电阻比土壤小,杂散电流就会流入管线,然后在另一个地方流出管线,再经过土壤和轨道流回电源负极。这个过程就产生了两个串联在一起的宏观腐蚀电池,一个是杂散电流流出铁轨的部位为阳极,电流流入部位的钢质管线为阴极,另一个是杂散电流流出部位的钢质管线为阳极,电流流入铁轨的部位为阴极,因此在埋地钢质管线杂散电流流出的部位会发生腐蚀。

4)微生物腐蚀

据研究,在土壤中大量繁衍各种微生物,在特定的条件下,部分微生物会参与钢质管线的腐蚀过程。各种类型微生物的主要特性和腐蚀行为各不相同,其中硫酸盐还原菌的微生物腐蚀最为典型。当土壤中含有硫酸盐时,在缺氧的条件下,硫酸盐还原菌就会大量繁殖,从而加速钢质管线的腐蚀。

2. 混凝土管线的腐蚀类型和特点

1)Cl^- 腐蚀

混凝土管线输送污水、中水、含 Cl^- 的生活用水,都会使 Cl^- 接触混凝土表面。Cl^- 渗透力极强,到达混凝土钢筋表面,吸附于局部钝化膜上,降低了 pH 值,破坏钢筋表面的钝化膜,使钢筋表面形成电位差。Cl^- 将促进腐蚀电池的形成,却不会被消耗,降低阴阳极之间的欧姆电阻,加速电化学腐蚀过程。Cl^- 腐蚀是导致混凝土管线破坏最主要的原因。研究表明,钢筋混凝土的腐蚀程度随氯离子含量的增加而增大,当氯离子的浓度超过临界浓度时,只要具备形成腐蚀电池的条件,即水和氧供应充足,就可以发生严重的混凝土内钢筋腐蚀。

2）硫酸盐腐蚀

混凝土管道的硫酸盐腐蚀是自然界中比较常见的现象,其过程是复杂的物理、化学过程。硫酸盐的腐蚀速度比 Cl^- 的腐蚀速度更快。硫酸盐与混凝土水化产物发生化学反应,反应生成物体积增大,导致混凝土管道开裂和粉化。硫酸盐和氯化物还会在混凝土孔隙和裂纹中结晶,盐晶体积增大,使混凝土粉化。

3）冻融破坏

冻融破坏是多年冻土区对埋地管道工程产生不良影响的主要因素,对埋地输油管道的安全运行造成一定的危害,因此在设计施工中要引起足够重视。表面剥落是混凝土管道发生冻融破坏的显著特征,在混凝土受冻过程中,冰冻应力使混凝土产生多而细小的裂纹,一般不会看到较粗大的裂缝。但是,在冻融反复交替的情况下,这些细小的裂纹会不断扩展,相互贯通,使得管道表层的砂浆或净浆脱落。冻融破坏不仅引起混凝土管道表面剥落,而且导致混凝土管道力学性能显著降低。大量试验研究表明,随着冻融次数的增加,混凝土管道的强度特性均呈下降趋势。

10.1.3　埋地管线防腐蚀技术

1. 埋地管线常用防腐蚀技术

实际工程表明,防腐涂层与阴极保护相结合是最经济、有效的埋地管线防腐措施。防腐涂层将被保护管道与腐蚀介质隔离,阴极保护对防腐涂层破损部位进行保护。

1）防腐涂层

外防腐涂层对埋地金属管线腐蚀可以起到 95% 以上的防护作用。其优点是将金属基体与土壤腐蚀介质隔离,使其不易发生电化学反应。常用的表面防腐涂层有以下几种。

(1)环氧煤沥青。俗称水柏油,具有优异的电绝缘性、抗水渗透性、抗微生物浸蚀、抗杂散电流、耐热、耐温差骤变等优良性能,涂层可在 $-4 \sim 150℃$ 范围使用。主要用于埋地的输油、输气、输水、热力管道的外壁防腐。PCCP 管外部涂层一般以环氧煤沥青、双组分无溶剂环氧涂料为主。

(2)熔结环氧粉末防腐涂层。简称 FBE 涂层,最早于 1961 年由美国开发成功并应用于管道防腐工程。该涂层与钢管表面黏结力强,具有良好的耐化学介质浸蚀性能、抗腐蚀性能及耐阴极剥离性能,可在 $-30 \sim 100℃$ 范围使用,已成为管道外壁防腐涂层的主要体系之一。

（3）三层聚乙烯防腐涂层。简称 3PE 涂层,底层为环氧涂料,中间层为黏结剂,外防护层为聚乙烯,各层之间相互紧密黏结,形成一种复合结构。该涂层利用环氧粉末与钢管表面很强的黏结力而提高黏结性;利用挤塑聚乙烯优良的机械强度、化学稳定性、绝缘性、抗植物根茎穿透性、抗水渗透性等来提高其整体性能,使得防腐涂层的整体性能显著提升。目前长距离石油天然气埋地管线外壁大部分采用 3PE 涂层进行防护。

2）阴极保护技术

埋地管线阴极保护技术包括牺牲阳极和外加电流阴极保护两种方式。选择阴极保护方式主要考虑的因素有:埋地管线的表面覆盖层状况;工程规模的大小;环境条件;有无可利用的电源;经济性等。

牺牲阳极法对周围一定范围内的地下金属设施的干扰情况几乎可以不用考虑,故对小规模的管道分散保护特别适用,还包括无源的长输管道,兼有接地和保护的双重效果。在土壤环境中,多采用镁合金牺牲阳极和锌合金牺牲阳极。综合考虑土壤电阻率的影响,对于锌合金牺牲阳极,当土壤电阻率大于 $15\Omega \cdot m$ 时,应现场试验确认其有效性;对于镁合金牺牲阳极,当土壤电阻率大于 $150\Omega \cdot m$ 时,应现场试验确认其有效性。牺牲阳极保护方法施工技术相对简单,并且对专业维护和管理没有特殊要求。但牺牲阳极法仍存在一些缺点:电流保护调节的范围过窄、电位可以驱动的能力过低,并且电位保护范围不是很大。另外,该方法容易受到外界电流的影响,过高的交流电压会导致阳极性能下降,甚至出现极性反转,加速管道腐蚀。

外加电流阴极保护方法是通过外加直流电源和辅助阳极对埋地管线进行强制电流输入,从而达到防止管线腐蚀的目的,主要用于保护大型或处于高土壤电阻率中的管道,如长输埋地管道等,埋设方式以深井阳极和浅埋阳极地床为主。该方法优点主要包括:驱动电压高,能够灵活地在较宽的范围内控制阴极保护电流输出量,适用于保护范围较大的场合;在恶劣的腐蚀条件下或高电阻率的环境中也适用;选用不溶性或微溶性辅助阳极时,可进行长期的阴极保护;每个辅助阳极床的保护范围较大,当管道防腐层质量完好时,一个阴极保护站的保护范围可达数十公里等。但外加电流阴极保护方法仍存在一些缺点,如严重依赖外部电源、对邻近金属构筑物干扰大、维护管理工作量大等。

2. 埋地管线防腐蚀技术应用的发展历程

1）管道防腐涂层

20 世纪 50 年代,国内主要采用石油沥青进行埋地管道外壁防腐,底漆采用汽油稀释的石油沥青,没有任何添加剂和填料,质量和性能方面低于苏联标准。20世纪 70 年代,原石油部曾引进聚乙烯胶黏带防腐涂层技术,在胜利油田、华北油田的输油管道得到应用。1978 年,原石油天然气管道局自行研制了用于管体防腐的厚浆型环氧煤沥青涂料,逐渐在油田的输气管道、供水和城市公用系统的煤气管道、自来水管道、热力管道上大量使用。由中国石油天然气总公司制定了《埋地钢质管道环氧煤沥青防腐层技术标准》(SY/T 0447—1996),使环氧煤沥青防腐层在埋地钢质管道防腐方面逐步取代了石油沥青防腐涂层。20 世纪 80 年代,北京化工研究院等单位研制开发出二层聚乙烯防腐技术,并在油田和市政工程的中、小孔径管道上得到推广应用,但在某油田的较大口径管道使用时,发生过防腐涂层应力开裂事故。为了解决上述问题,国内发展了三层聚乙烯防腐技术,并在陕京输气管道、西气东输管道等大型工程得到成功应用,目前已成为我国最主要的管道防腐技术[1]。

2)管道阴极保护技术

国外埋地管道阴极保护技术起步较早,1928 年,美国"阴极保护之父"库恩领导了新奥尔良一条长距离输气管道的外加电流阴极保护工程,首次使用了阴极保护整流器,开创了管道阴极保护技术的新篇章。随后,比利时、苏联、英国、德国等欧洲国家都先后采用阴极保护技术控制埋地管道的腐蚀。国外在 20 世纪 80 年代已经对长输埋地钢质管道和城市埋地钢质管道实施立法,强制性要求进行电化学保护。国内埋地管道阴极保护技术的发展与人们对腐蚀的认识有密切的联系。解放初期,随着沥青类防腐覆盖层的应用,人们对埋地管道阴极保护技术缺少足够的认识,埋地钢质管道很少采用阴极保护措施。20 世纪 60 年代,随着逐步引进苏联的标准和技术,埋地管道的电化学保护逐渐被人们认识。1962 年,阴极保护技术首次应用于克拉玛依到独山子输油管道工程。20 世纪 90 年代末期,北京、上海等大城市逐步推广管道电化学保护技术,但阴极保护设计水平还十分落后,与国外存在一定差距。库－鄯输油管线(库尔勒到鄯善)是西部开发最具代表性的一条管线,陕京输气管道是国内第一条有干、支线管道,压缩机站和地下储气库的完整配套的长距离输气管道系统,阴极保护技术在上述两个工程的成功应用,标志着国内防腐蚀技术水平进入到一个新的发展时期。21 世纪,中国管道工程进入了第二个发展高峰期,随着涩－宁－兰天然气管道、兰－成－渝成品油管道、西气东输管道、忠－武天然气管道、西南成品油管道、陕－京天然气二线及西部管道复线的建成,我国阴极保护设计技术和施工水平大大提升,特别是在管道保护电位的测量,公路、河流穿越段牺牲阳极保护的安装,不同防腐覆盖层保护电位的选定,阳极材料和结构的多样化等方面,已经接近或达到国际水平。目前为止,国内几乎所有输油气和输水管道均采用了阴极保护技术,并取得了良好的保护效果。

七二五所基于良好的阴极保护技术研究基础,在埋地管线阴极保护领域承担了多个代表性工程,积累了丰富的工程经验[7-11]。1985 年,首次承担了埋地输油管线的牺牲阳极防腐蚀工程,取得了较好的防腐蚀效果。1987 年,承接了山东潍坊纯碱厂厂外钢质和钢筋混凝土输水管线的防腐蚀工程,有效解决了输水管线的严重腐蚀问题。该工程包含混凝土结构的牺牲阳极保护与埋地管网的外加电流保护,其中混凝土结构的牺牲阳极保护属于国内首次,使人们认识到了混凝土结构也会存在腐蚀失效问题。近几年,承接了鄂北调水输水管线的阴极保护工程,该项目是长距离大管径混凝土管工程,在传统阴极保护基础上首次应用了智能化监测技术,通过测试不同环境条件下的阴极保护参数,利用数据采集与传输系统收集阴极保护系统运行期间的数据,利用智能监测装置分析和总结阴极保护系统的运行状态,评估埋地管线的保护效果。2018 年,承接了嘉兴域外配水钢质管道的阴极保护工程,该项目是大管径、长距离碳钢管道输水工程,沿线直接开挖埋管(套管顶管、直接顶管等),首次在工程上采用大跨度牺牲阳极技术。另外,已先后开发了天津引滦入津引水管线、哈尔滨天然气管道、青岛输油管线、陕西咸阳天然气管线、新疆乌鲁木齐燃气管线、山东省黄水东调管线、吉林省中部城市引松供水管线、日照港 – 京博输油管道、南水北调管线等多项牺牲阳极保护工程。

10.2 预应力钢筒混凝土(PCCP)管腐蚀防护案例分析

10.2.1 潍坊纯碱厂 PCCP 输水管线腐蚀防护

1. 潍坊纯碱厂 PCCP 输水管线工程概况

潍坊纯碱厂位于山东寿光北部莱州湾畔,设计能力为纯碱 600kt/a。在生产过程中,需要大量海水用于化盐、化灰、冷却和锅炉冲渣等。为此,投资 3300 万元在化工厂北部建设了一套供海水量为 168km³/d 的供海水系统。厂外供海水系统主要由海水提升泵站、海水蓄水澄清池、增压泵站及输水管道组成。其中包括 12 个海水闸门、3 个拦污栅、3 台旋转滤网、3 台混流泵、6 台增压离心泵和总长 19.43km、直径 1000mm 和 1200mm 的预应力钢筋混凝土管及钢制连接管等大量钢结构物。这些埋地管线长期处于海水和盐渍土等强腐蚀性介质中,腐蚀直接威胁着供海水系统的安全稳定运行及整个碱厂的正常生产[12]。

2. 潍坊纯碱厂厂外供海水管线的阴极保护

1987 年,在建设初期对这套供海水系统的防腐问题进行了深入调研和测试分析,最后确定采用阴极保护方案。整个供海水系统的阴极保护设计由七二五所青岛分部和苏州混凝土水泥制品研究院分别承担,其中七二五所青岛分部主要负责埋地管线的阴极保护工程。

对于钢筋混凝土管道外部,采用埋地锌合金牺牲阳极保护,设计参数如下:最小保护电位为 $-0.85V$;保护电流密度为 $2mA/m^2$;总保护面积为 $65288.6m^2$;总电流需求量为 132A。

采用 25kg/支和 10kg/支两种规格的锌合金牺牲阳极,长直管道用 25kg/支规格。一般情况下,每 10m 管线为一个保护单元,每个单元设 3 支锌合金牺牲阳极,用一根绝缘电缆线将所有管的钢筋逐根相连,在每个单元的中部引出汇流点导线,并在此处埋设阳极,设立测试桩,把汇流点、阳极、单元末端导线都接入测试桩内,以便测量阴极保护电位参数。

潍坊纯碱厂厂外供海水系统自投入使用以来,经过几次检查和测量,结果表明这项阴极保护工程已达到设计要求,保护效果十分明显。表 10 - 1 为潍坊碱厂输水管线的保护电位数据。

表 10 - 1　潍坊碱厂输水管线的保护电位数据

管线规格/mm	测量时间	电位/mV(相对于 Ag/AgCl 参比电极)	
		汇流点	末端
φ1000	1988 年 6 月 7 日	—	- 1058
	1989 年 6 月 21 日	- 1064	- 1036
	1990 年 5 月 26 日	- 1093	- 1054
	1992 年 6 月 24 日	- 1096	- 986
	1994 年 5 月 16 日	- 1087	- 906
φ1200	1988 年 6 月 7 日	—	- 1058
	1989 年 6 月 21 日	- 1084	- 1056
	1990 年 6 月 7 日	- 1057	- 1000
	1991 年 1 月 13 日	- 1079	- 1068
	1992 年 6 月 24 日	- 1082	- 1050
	1994 年 5 月 16 日	- 1086	- 1048

潍坊纯碱厂厂外供海水系统的阴极保护工程于 1988 年 12 月和 1991 年 12 月分别进行了初步验收和全面验收,与会人员对该项设计、施工和保护效果给予了较高评价。一致认为,这套系统中的钢筋混凝土管及其他钢结构处在十分恶劣的腐蚀环境中,如果不采取阴极保护或其他有效保护措施,运行 4 ~ 5 年后,肯定会出现腐蚀破坏,造成大量漏水停水事故,需要多次抢修,经济损失是巨大的。实施阴极保护后,使整个系统得到了保护,为企业带来巨大经济效益。

3. 潍坊纯碱厂厂外供淡水管线的阴极保护

2004 年,七二五所青岛分部负责了潍坊海天纯碱厂外供淡水工程混凝土管线的阴极保护工程,主要对长约 19km 的 φ1200mm 混凝土管线进行牺牲阳极保护设计。

1)阳极材料选择

经调查,潍坊碱厂埋地管线附近的土壤电阻率平均值为 $10\Omega\cdot m$ 左右,因此选择镁合金牺牲阳极进行保护。为了保证牺牲阳极输出电流稳定,提高阳极电流效率,降低阳极接地电阻,阻止阳极表面钝化层形成,阳极周围严格按比例配制填充料,外形尺寸为 $\phi 300mm\times 1100mm$。

2)阴极保护设计参数计算

阴极保护设计参数如下:最小保护电位为 $-0.85V$;保护电流密度为 $2mA/m^2$;总保护面积为 $71592.6m^2$;总电流需求量为 $143.18A$。

(1)阳极接地电阻。

每支牺牲阳极的接地电阻为

$$R_a = \frac{\rho}{2\pi L_g}\left\{\ln\frac{2L_g}{D_g}\left[1 + \frac{\frac{L_g}{4t_g}}{\ln^2\left(\frac{L_g}{D_g}\right)}\right] + \frac{\rho_g}{\rho}\ln\frac{D_g}{d_g}\right\} \tag{10-1}$$

式中:R_a 为牺牲阳极接地电阻(Ω);ρ_g 为阳极填包料电阻率($\Omega\cdot m$),取值为 $1\Omega\cdot m$;L_g 为裸牺牲阳极长度(m);d_g 为裸阳极等效直径(m);D_g 为预包装牺牲阳极直径(m);t_g 为牺牲阳极中心至地面的距离(m)。

采用式(10-1)计算可得镁合金牺牲阳极的接地电阻 $R_a = 3.67\Omega$。

(2)阳极发生电流。

每支牺牲阳极的发生电流为

$$I_a = \frac{(E_c - e_c) - (E_a + e_a)}{R_a + R_c + R_w} = \frac{\Delta E}{R} \tag{10-2}$$

式中:I_a 为阳极输出电流(A);E_c 为阴极开路电位(V);E_a 为阳极开路电位(V);e_c 为阴极极化电位(V);e_a 为阳极极化电位(V);R_c 为阴极过渡电阻(Ω);R_a 为阳极接地电阻(Ω);R_w 为回路导线电阻(Ω);ΔE 为阳极有效电位差(V);R 为回路总电阻(Ω)。

采用式(10-2)计算可得镁合金牺牲阳极的发生电流 $I_a = 177mA$。

(3)阳极重量。

阳极的使用寿命与重量关系为

$$g = \frac{8760YI_a}{1000Q\frac{1}{K}} \tag{10-3}$$

式中:g 为每支阳极重量(kg);Y 为阳极使用寿命(a);I_a 为每支牺牲阳极平均发生电流量(mA);Q 为阳极实际电容量($A\cdot h/kg$);$1/K$ 为阳极有效利用系数,取 0.85。

按照设计使用寿命 20 年,采用式(10 - 3)计算可得镁合金牺牲阳极的单支重量为 22kg,规格为 $700 \times (130 + 150) \text{mm} \times 120 \text{mm}$。

(4)阳极用量。

埋地管线所需的阳极数量为

$$n = \frac{I}{I_a} \tag{10 - 4}$$

式中:n 为阳极数量(支);I 为总电流需求量(mA);I_a 为每支牺牲阳极平均发生电流量(mA)。

考虑到阳极只能安装在管道承口处,因此设计 25m 埋设一支镁合金牺牲阳极,另外此段管道上另有 16 处阀门井,综合考虑这些部位,总阳极用量为 776 支。

10.2.2　鄂北调水输水管线腐蚀防护

湖北省鄂北地区水资源配置工程是国务院确定的 172 项重大水利工程项目之一,也是 2015 年国务院部署开工建设的 27 项重大水利工程中投资规模最大的一项,入选成为中国水利报社评选的"2015 最有影响力十大水利工程"之一。该工程从丹江口水库年均引水 7.7 亿 m^3,横贯鄂北岗地 270km,解决沿线干旱缺水问题,改善区域生态环境,其中老河口孟楼镇至枣阳七方镇之间的 72km 低凹地段是亚洲连续最长的倒虹吸工程,全部铺设 PCCP 管,本节重点以鄂北调水工程为典型案例进行分析。

1. 鄂北调水工程概况

湖北省鄂北地区水资源配置工程是从丹江口水库清泉沟隧洞进口引水,向沿线城乡生活、工业和唐东地区农业供水,以解决鄂北地区干旱缺水的问题(图 10 - 1)。鄂北调水工程(图 10 - 1)线路整体呈西北—东南方向,先后穿越襄阳市的老河口市、襄州区,枣阳市,随州市的随县、曾都区、广水市以及孝感市的大悟县。线路总长度 269.34km,输水干渠设计流量 $1.8 \sim 38.0 \text{m}^3/\text{s}$,进口新建取水塔控制闸后水位 147.7m,干渠终点水位 100m。工程主要建筑物由取水建筑物(新建取水竖井前)、明渠、暗涵、隧洞、倒虹吸、渡槽和节制闸、分水闸、检修闸、退水闸、放空闸阀、排洪建筑及王家冲扩建水库等组成,主要建筑物级别为 2 级或 3 级,次要建筑物为 3 级或 4 级。孟楼 - 七方倒虹吸为湖北省鄂北地区水资源配置工程主要建筑物之一,建筑物级别为 2 级,起点位于老河口市孟楼镇秦庄村,经老河口市孟楼镇、薛集镇、襄州区黄集镇、朱集镇、程河镇,终点位于枣阳市七方镇文庄村,线路平面总长 72.149km,对应输水线路桩号为 25 + 520 ~ 97 + 600。该工程埋管段由 3 根管径 DN3800 的 PCCP 管并排同槽布置,PCCP 管道采用双胶圈埋置式预应力钢筒混凝土管(PCCPDE),管道工作压力 $0.4 \sim 0.8 \text{MPa}$。

该工程选定孟楼至七方倒虹吸、襄州区黄集镇至古驿镇之间 5km PCCP 管段(桩号 55 + 181 ~ 60 + 181)作为试验段进行防腐设计施工。PCCP 管道砂浆保护层外采用环氧煤沥青涂料,同时对埋地 PCCP 管道及 PCCP 管道构筑物(进气阀井、人孔、泄流阀等部位)进行阴极保护。本书重点介绍 PCCP 管阴极保护设计计算、现场施工的相关内容,主要包括埋地 PCCP 管阴极保护系统的施工设计、设备材料供货、安装、测试、调试、试运行、试验等。

图 10 - 1 鄂北调水工程照片

2. PCCP 管腐蚀控制

1)阴极保护设计原则

(1)管道阴极保护设计保护年限 50 年。

(2)PCCP 管的阴极极化电位差不小于 100mV,允许的最负极化电位为 - 1000mV(相对于 CSE)。

(3)PCCP 管最小保护电位为 - 0.85V(相对于 CSE)或极化电位差不小于 100mV。

(4)在有效保护期间内,保护度大于 90%。

(5)在有效保护期间内,管线腐蚀基本上得到有效控制,不发生腐蚀泄漏。

2)主要参照的设计标准

(1)《埋地预应力钢筒混凝土管道的阴极保护》(GB/T 28725—2012)。

(2)《埋地钢质管道阴极保护技术规范》(GB/T 21448—2017)。

(3)《埋地钢质管道阴极保护参数测量方法》(GB/T 21246—2007)。

(4)《埋地钢质管道交流干扰防护技术标准》(GB/T 50698—2011)。

(5)《埋地钢质管道直流干扰防护技术标准》(GB/T 50991—2014)。

(6)《锌 - 铝 - 镉合金牺牲阳极》(GB/T 4950—2002)。

(7)《预应力钢筒混凝土管道的阴极保护》(NACE RP 0100—2004)。

(8)《混凝土中钢筋的阴极保护》(EN 12696—2000)。

(9)《阴极保护工程手册》。

3)阴极保护系统设计计算

(1)牺牲阳极材料的选择。

牺牲阳极材料有 Mg 合金、Zn 合金和 Al 合金 3 种,在土壤中,通常选择镁合金和锌合金,其性能如表 10 - 2 所列。通过从阳极电位、土壤电阻率、阳极使用年限及经济性、PCCP 管道安全性考虑,决定选用棒状锌合金牺牲阳极。锌合金牺牲阳极的规格型号为 1000mm × (78 + 88)mm × 85mm。

表 10 - 2　镁合金牺牲阳极与锌合金牺牲阳极电化学性能(土壤中)

类型	开路电位/V	实际电容量/(A·h/kg)	电流效率/%	溶解状况
镁合金牺牲阳极	- 1.48	≥1100	≥50	腐蚀产物易脱落,表面溶解均匀
锌合金牺牲阳极	≤ - 1.05	≥530	≥65	腐蚀产物易脱落,表面溶解均匀

①化学成分。锌合金牺牲阳极的化学成分满足表 10 - 3 的规定。

表 10 - 3　锌合金牺牲阳极的化学成分

化学元素	Al	Cd	杂质				Zn
			Fe	Cu	Pb	Si	
含量/%	0.3 ~ 0.6	0.05 ~ 0.12	≤0.005	≤0.005	≤0.006	≤0.125	余量

②电化学性能。锌合金牺牲阳极的电化学性能应满足表 10 - 4 的规定。

表 10 - 4　锌合金牺牲阳极的电化学性能(海水中)

类型	开路电位/V		理论电容量/(A·h/kg)	实际电容量/(A·h/kg)	电流效率/%
	相对于 CSE 参比电极	相对于 SCE			
锌合金牺牲阳极	≤ - 1.05	≤ - 0.98	≥820	≥780	≥95

(2)阴极保护系统设计寿命和保护度。

埋地 PCCP 管阴极保护系统的设计使用寿命应与 PCCP 管使用寿命相匹配,要求阴极保护系统寿命不小于 50 年。若阴极保护系统寿命达不到 50 年,在有效保护期间内,保护度大于 90% ,管线腐蚀基本上得到有效控制,不发生腐蚀泄漏。

(3)阴极保护方案设计过程。

①保护对象。

对孟楼－七方倒虹吸(桩号25＋520～48＋454.9)的埋地PCCP管道及管道构筑物(进气阀、放空阀、钢配件管等部位)进行阴极保护。

单节PCCP管技术参数与管线构筑物数量及规格见表10－5。

表10－5　单节PCCP管技术参数与管线构筑物数量及规格

管道类型	埋置式
单节长度/m	5
管道内直径/m	3.8
管道壁厚/cm	37/39
管道外壁防腐层	环氧煤沥青0.6mm
钢筒壁厚/mm	1.5
预应力钢筋层数	单层、双层
预应力钢筋直径/mm	7
PCCP管长度/m	3×22165

②埋地PCCP管线阴极保护设计参数。

a. 管线总长度:3×22165m(3根管道并排)。

b. 防腐层:环氧煤沥青。

c. 单节钢筒外壁面积:62.33m²。

d. 单节PCCP管内预应力钢筋表面积:79.86m²。

e. 单节PCCP管钢筒和钢筋阴极保护总面积:142.19m²。

f. 管道沿线平均土壤电阻率:25Ω·m。

g. 阴极保护系统设计寿命:50年。

③埋地PCCP管道牺牲阳极阴极保护系统的设计。

总阴极保护电流需要量为567.3A。

按照式(10－1)计算,单支锌合金阳极的接地电阻为5.43Ω。

按照式(10－2)计算,锌合金阳极的发生电流为0.046A。

按照式(10－4)计算,所需锌合金牺牲阳极为12333支,考虑到实际施工每5m布置1支阳极及一定施工变动余量,需要锌合金牺牲阳极的数量取13794支。

牺牲阳极寿命计算式为

$$T = 0.85 \frac{w}{\omega I} \tag{10-5}$$

式中:T为阳极工作寿命(年);w为阳极净质量(kg);ω为阳极消耗率(kg/(A·a));

I 为阳极平均输出电流(A)。

对于锌合金牺牲阳极,阳极质量为 49kg,计算设计寿命可达 52.5 年,满足设计寿命不小于 50 年的要求。

4)阴极保护监检测系统

阴极保护监检测系统由阴极保护设备和数据处理系统组成。适用环境温度 $-40 \sim 50℃$,采用充电电池供电,非激活状态装置功耗不大于 1.0mA/12V,激活状态功耗不大于 10mA/12V。使用寿命不低于 50 年。

(1)系统功能介绍。

阴极保护监检测系统用于检测管道阴极保护运行状态和腐蚀环境的变化参数。监检测包括 PCCP 管监测、腐蚀环境监测和验证检测。主要包括传感器单元、电源(充电电池)、数据转换及数据采集单元、通信单元和数据终端及软件单元。系统能提供环境中腐蚀性介质的浓度变化、钢筋腐蚀速率、腐蚀状况等参数。测量参数包括 PCCP 管混凝土的电阻率($1000 \sim 19000\Omega \cdot cm$)、$Cl^-$ 浓度($0 \sim 1000mg/L$)、不受阴极保护的预应力钢筋的腐蚀速度和自腐蚀电位、极化电阻($1k\Omega \cdot cm^2 \sim 1M\Omega \cdot cm^2$)、PCCP 管周围的环境温度、PCCP 管的保护电位、牺牲阳极的输出电流。

(2)系统主要组成。

①传感器单元。传感器单元包括两组:一组是 PCCP 模拟测试探头,由预应力钢筋、不锈钢钢筋和参比电极组成,通过恒电量脉冲方法测量不受阴极保护的预应力钢筋的腐蚀速度和自腐蚀电位;另一组是基于 ECI 的多功能腐蚀测试探头,包括电阻率探针、MnO_2 参比电极、Cl^- 测定传感器、温度传感器、辅助电极等。可以测定 Cl^- 浓度、混凝土电阻率、极化电阻、温度和开路电位。基于 ECI 的多功能腐蚀测试探头外形如图 10 -2 所示。

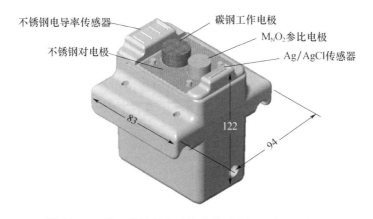

图 10 -2　基于 ECI 的多功能腐蚀测试探头外形示意图

②MnO₂参比电极。在 PCCP 管电位监测过程中,采用混凝土中最稳定的 MnO₂参比电极。MnO₂参比电极是一种应用在混凝土中,监测阴极保护电位和钢筋腐蚀速率的长效参比电极。MnO₂参比电极的电位几乎不受混凝土中化学性能变化的影响,因此它常用于含有氯化物和碳酸盐的潮湿或干燥的混凝土中。

MnO₂参比电极是由 MnO 电极和碱性凝胶组成的半电池电极。外壳是 304 不锈钢,凝胶的 pH 值和正常混凝土孔隙中的液体保持一致,因此可避免因多孔连接处离子扩散引起误差。多孔连接处的加固采用的是混凝土纤维黏结剂,可紧密地与混凝土结合在一起。纤维的引进极大地改善了连接处的力学性能。图 10 - 3 所示为 MnO₂参比电极安装效果。

传感器单元和 MnO₂参比电极应整体包在混凝土中,适合长期埋在地下,如图 10 - 4 所示。

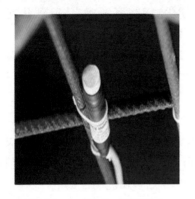 

图 10 - 3　MnO₂参比电极
安装效果

图 10 - 4　MnO₂参比电极安装示意图

③数据采集和传输单元。阴极保护系统监测数据在远程传输之前,由模拟信号转换为数字信号,通过无线通信传输至控制计算机上。数据采集装置通过充电电池供电,优先选用体积较小的锂电池,电池容量应保证整个装置满足可靠运行时间不少于 6 个月,采集器采集频率不低于 1 次/天。电池反复充电次数不少于 300 次。锂电池技术性能不得低于《蜂窝电话用锂离子电池总规范》(GB/T 18287—2000)的要求。数据采集器能适合长期潮湿环境下工作,具有良好的防水、抗低温性能。

5)阴极保护系统的安装施工

(1)施工工序步骤。

本工程施工工序步骤如图 10 - 5 所示。牺牲阳极安装、检测系统的安装与管线施工同步进行,配合工作面进行工程施工,主要施工程序分为阳极床开挖、电缆安装、牺牲阳极安装、设备安装检测、试验测试。

（2）阴极保护施工方法。

①跨接电缆焊接。

通常埋置式 PCCP 管道在制作的过程中，预应力钢筋与钢筒并未处于电连接状态，可采用 $VV-0.6/1kV-1\times25mm^2$ 的铜芯电缆将薄钢带与连接钢板跨接（预应力钢筋与钢筒电连接），焊接方法采用铜焊，电缆焊接点应尽可能靠近 PCCP 管缝，以 4~5cm 为宜。电缆露出铜芯 4~5cm，焊接时电缆与钢片方向正交，采用铜焊单点连接，焊接时控制铜丝熔化速度，避免熔液外流。焊缝表面应光滑平整，无熔液散落现象。焊接完毕后，喷水降温避免烫伤。待冷却后，在焊点、电缆铜芯和钢片防腐漆受损处涂覆环氧煤沥青防腐层，要求涂层全部覆盖金属表面。涂覆完毕后，将长出管缝的钢片弯向其所在的 PCCP 管外径表面，要求弯折后钢片应平行于 PCCP 管轴线且紧贴 PCCP 管表面。如果电缆较长，尽可能塞到管缝中。焊接完毕后清除焊渣，通常采用双臂电桥对焊点电阻进行测量，焊点电阻通常应小于 $4\times10^{-4}\Omega$。每节埋地 PCCP 管道均需进行连续电缆跨接安装及检查，并且严禁将跨接电缆直接焊接到预应力钢筋上，跨接电缆需留有一定裕量。

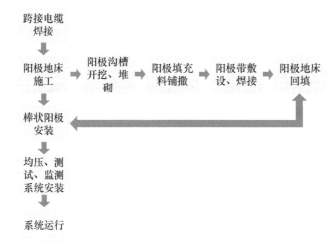

图 10-5　施工工序步骤示意图

②带状锌合金牺牲阳极地床施工。

a. 阳极沟槽开挖。阳极地床沿轴向水平安装于管道侧面，阳极床尺寸为 20cm（宽）×10cm（深）。阳极地床施工前必须先对地面进行平整，然后放线开挖 20cm×10cm 的沟槽。阳极地床沟槽位置距 PCCP 管道外壁 0.5~2.0m。

b. 阳极带铺设。在安装牺牲阳极之前应检查阳极表面，如有油污和氧化物，应采用砂纸将阳极表面打磨干净。将阳极带安放在沟槽中间，对弯曲部位进行校正，确保阳极带处在沟槽中间位置。

c. 阳极填充料铺撒。填充料应均匀铺撒两层,两层用量为 10kg/m。第一层填充料填充到阳极床一半高度,即 4～5cm,撒完后将锌合金牺牲阳极带托起脱离地面然后放下,使填充料置于锌合金牺牲阳极带下方。然后撒第二层填充料,撒完填充料后,应保证锌阳极带被全部包覆。

d. 阳极地床回填。阳极地床应采用细土回填并浇水,保证填充料被浇透,禁止向阳极床周围回填沙石、水泥块、塑料等杂物。

e. 设置阳极地床标识:为避免完工后的阳极地床被破坏,应在阳极地床表面做警示标记。

③带状锌合金牺牲阳极焊接。

将带状锌合金牺牲阳极两端进行热熔处理,使铁芯露出 5～7cm,与 VV－1×10mm² 阳极电缆连接,连接方式采用专用工具压接牢固。压接处用防水胶带缠绕至没有裸露点,做好防腐绝缘处理。每 30m 锌带两端各引出一根阳极电缆直接与 PCCP 管引出钢片连接,焊点处做相同防腐处理。

④棒状锌合金牺牲阳极施工。

a. 安装前准备工作:阳极组装前仔细检查阳极表面及接头处,如有油污和氧化物,应采用砂纸将阳极表面打磨干净。在搬运和安装期间应小心进行,以防阳极断裂或损伤。所有电缆均应仔细检查,检测其绝缘缺陷,对电缆的绝缘缺陷必须进行修补。

b. 阳极组装:填料包的组装可在室内或现场进行,应保证阳极四周的填料厚度一致、密实,阳极必须位于布袋包正中央。填料应调拌均匀,不得混入石块、泥土、杂草等。每支阳极需用填料约 50kg。

c. 阳极的布置:阳极具体布置应保证保护电位分布均匀,尽量减少阳极间互相屏蔽和管道前后壁自我屏蔽影响,并利于管线阴极保护的现场施工。另外,同槽管道的带状锌合金牺牲阳极应错开布置。

d. 阳极地床回填:阳极填料包放入阳极地床后,对地床内浇水,水位必须完全浸没填料包,且积水必须保持一段时间,以便彻底浸透填料包。阳极地床回填时,应回填细土,禁止向坑内回填沙石、水泥块、塑料等杂物。

⑤均压电缆安装。

本工程 3 条 PCCP 管道并行同沟铺设,属于同一个阴极保护系统,需安装均压电缆,每间隔 1km(约 200 节管道)采用 VV0.6/1kV－1×25mm² 的铜芯电缆将这 3 根管道进行均压连接,均压电缆焊接在连接钢板的水平部分,严禁将均压电缆直接焊接到预应力钢筋上,均压电缆应留有一定的裕量,焊接完毕后清除焊渣,检查焊接可靠后,应对焊接部位进行表面处理和防腐。

⑥多功能测试桩的安装。

在模拟测试探头埋设点安装多功能测试桩,主要分布在沿线阀室内,接线板上通过设置阴极测试端子、阳极测试端子、参比电极测试端子、PCCP 模拟测试端子，可现场测试保护电流、断电电位、自腐蚀电位、管道电位等。

⑦阴极保护监检测系统的安装。

阴极保护监检测系统的两个 MnO_2 参比电极与 ECI 模拟桩沿管道圆周方向成 120°均匀分布。MnO_2 参比电极在安装前，每支参比电极与两支取自 PCCP 管厂的预应力钢筋制作的圆钢柱(探头)一起预制在混凝土块中，混凝土块的材料同样来自 PCCP 管厂，并与制作 PCCP 管的材料和配比完全一致，参比电极和两个探头通过电缆连接在测试桩内的各相应端子上。安装时，用同样材质的水泥将预制好的混凝土块固定在 PCCP 管旁。

10.3　长输埋地钢质输水管线腐蚀防护案例分析

本节以嘉兴市域外配水工程输水管道为例，介绍该管道的阴极保护防护与智能检测，分析相应的解决方案及建议。

10.3.1　嘉兴市域外配水工程概况

嘉兴市域外配水工程(杭州方向)从仁和节点开始引取千岛湖原水，通过隧洞、管道、泵站供水至嘉兴市各水厂(图 10 - 6)。杭州段采用重力流方式，通过盾构隧洞内置管道自流进入嘉兴境内；嘉兴段通过泵站加压供水至各水厂。设计年引水量为 2.3 亿 m^3。

图 10 - 6　嘉兴市域外配水工程照片

输水线路总长 179.4km，其中杭州段长 23.1km，嘉兴段长 156.3km。杭州段全部为盾构隧洞，开挖洞径 6.2m，衬后内径 5.5m，盾构隧洞内置 DN3200 钢管；嘉兴段盾构隧洞长 1.7km，其余全部为管道，其中主干线长 74.5km，支线长 80.1km。输水管道采用双管并行设计，管径 DN2200 ~ DN600，管材为钢管和球墨铸铁管，其中管径 DN1600 以上选用钢管，其余为球墨铸铁管。输水钢管分为普通埋地钢管、钢顶管和钢筋混凝土顶管内置钢管。钢管内壁采用水泥砂浆衬里,外壁采用熔结环氧粉末进行防腐处理。

该工程共设置崇福、南湖2座加压泵站,均位于嘉兴境内段输水主干线上,总装机规模10850kW,装机17台。杭州段输水线路布置的路由为杭州绕城高速、沿山河、杭浦高速、沪杭高速、东西大道。从仁和节点开始,通过盾构隧洞沿高速、河道绿化带布置输水至嘉兴。

嘉兴段输水线路主干线布置的路由为沪杭高速,管线沿沪杭高速南侧绿化带布置;根据水厂位置,输水支线共布置有7条,至海宁第三水厂的支线沿崇长线布置;至桐乡果园桥水厂取水点的支线沿景新线、临杭大道、二环西路布置;至海宁第二水厂的支线沿盐湖线、沪杭铁路布置;至海盐三地水厂的支线沿湖盐线、规划百步至沈荡公路布置;至市区贯泾港水厂的支线沿乍嘉苏高速、南湖大道布置;至嘉善魏塘水厂的支线沿杭州湾北接线、嘉善大道等布置;至平湖古横桥分水点的支线沿杭州湾北接线、07省道布置。

10.3.2 埋地钢质输水管线腐蚀控制

1. 埋地钢质管道腐蚀控制技术方案的设计准则

(1)土壤环境腐蚀性勘察:选取埋地管道代表性区域,进行土壤腐蚀性调查(土壤电阻率、土壤 pH 值、土壤氧化还原电位、土壤含水量及孔隙度等)、杂散电流干扰排查等工作,界定环境腐蚀性强弱,以确定采用的阴极保护方式。

(2)阴极保护初步选型及设计:通过传统设计方法,依照相关标准规范及理论公式,进行阴极保护材料选型、保护方式选定,阴极保护参数及用量的测算。

(3)通过仿真模拟技术,验证优化初步阴极保护选型设计方案。

(4)智能监测系统选型及设计:提供设备选型及设计参数,建立工程阴极保护智能检测系统方案。

(5)形成阴极保护及智能监测系统技术方案。

2. 土壤环境腐蚀性勘察

土壤作为管道所处的腐蚀环境,其腐蚀性的强弱决定了管道所需要的保护程度。本工程通过选取长安镇区域、嘉兴区域两处典型管道地段,参照《埋地钢质管道阴极保护参数测量方法》(GB/T 21246—2007)进行现场电阻率测试,对土壤取样后进行理化分析,从而排查各类腐蚀因素,用以界定土壤的腐蚀性。

图 10 - 7 所示为现场测量土壤电阻率分布图,测试区域土壤电阻率集中在 $10\sim12\Omega\cdot m$,且绝大部分低于 $15\Omega\cdot m$,结合土壤电阻率评价方法,所测区域土壤腐蚀性评价均为"强",埋地钢质管道所处环境易遭受腐蚀,必须采用阴极保护进行腐蚀控制。

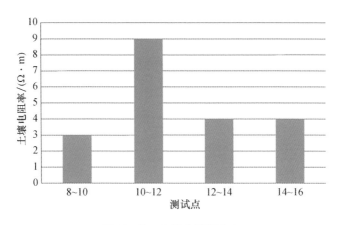

图 10 - 7　土壤电阻率分布

3. 杂散电流干扰排查

该工程项目所处区域多为现代化城区,沿线铺设电气化铁路、油气管道等,较易存在各类杂散电流干扰,需要对典型地段沿线杂散电流进行测试,来界定杂散电流的干扰程度。

在长距离输水管线中可能产生杂散电流干扰的部位主要是与高铁线、高压线及石油输油输气管线交叉的位置,同时根据不同交叉管线又可能产生直流杂散电流与交流杂散电流两种情况,其中高铁线与石油输油输气管线可能对管道产生直流杂散干扰,高压线可能对管道产生交流杂散干扰。本工程项目主要选取两处区域进行杂散电流干扰排查。

1)直流杂散电流测量与评价

对可能产生直流杂散电流的管线,应该首先测量管地电位,如果自然管地电位很难测量,则采用测量土壤电位梯度的方法。直流杂散电流测试点应该选择管道与直流干扰线路交叉的地方,测试点间距以 50 ~ 200m 为宜,一般不宜大于 500m,测试时间段一般为 24h。土壤电位梯度的测试可以选用 Cu/饱和 $CuSO_4$ 参比电极的十字交叉法进行测量,将土壤电位梯度与直流杂散电流判定指标相比较即可得到该处管线是否受到直流杂散电流干扰。

参照《埋地钢质管道直流排流保护技术标准》(SY/T 0017—2006)和《钢质管道外腐蚀控制技术规范》(GB/T 21447—2008),处于直流电气化铁路、阴极保护系统及其他直流干扰源附近的管道,当管道任意点的管地点为较管地自然电位偏移 20mV 或者管道附近土壤电位梯度大于 0.5mV/m 时,确认为直流干扰。

2)交流杂散电流测量与评价

测量管道交流干扰电压时,对短期测量可使用交流电压表;对长期测量应使用存储式交流电压测试仪。将交流电压表与管道及参比电极相连接,接线方式见图 10-8 所示的管道交流干扰电压测量接线图;将电压表调至适宜的量程上,记录测量值和测量时间。

测量点干扰电压的最大值、最小值,从已记录的各次测量值中直接选择。平均值按下式计算,即

$$U_p = \frac{\sum_{i=1}^{n} U_i}{n} \tag{10-6}$$

式中:U_p 为测量时间段内测量点交流干扰电压有效值的平均值(V);$\sum_{i=1}^{n} U_i$ 为测量时间段内测量点交流干扰电压有效值的总和(V);n 为测量时间段内读数的总次数。

分别绘制出测量点的电压-时间曲线图和干扰管段的平均干扰电压-距离曲线,即干扰电压分布曲线图,然后通过交流杂散电流判据来判断该部分管线是否处于交流干扰,当管线处于交流干扰时,则需进行交流电流密度测量。

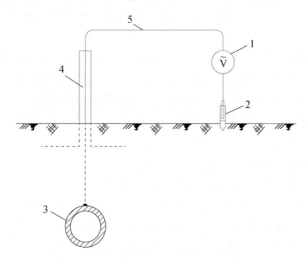

图 10-8 管道交流干扰电压测量接线

1—交流电压表;2—参比电极;3—埋地管道;4—测试箱;5—测试导线。

依据《埋地钢质管道交流干扰防护技术标准》(GB/T 50698—2011)中第三节的规定:当管道上的交流干扰电压不高于 4V 时,可以不采取交流干扰防护措施;高于 4V 时,应采取交流电流密度进行评估。当交流干扰程度判定为"强"时,应采取交流干扰防护措施;判定为"中"时,宜采取交流干扰防护措施;判定为"弱"时,可不采取交流干扰防护措施。

本工程选取 4 处与天然气管线或高铁交叉的典型位置进行直流杂散电流测试,测试结果表明,测试 1 号点(电位梯度为 2~3mV/m)与测试 4 号点(电位梯度

为 3 ~ 5mV/m) 杂散强度为"中",测试 2 号点(电位梯度为 10 ~ 12mV/m) 与测试 3 号点(电位梯度为 15 ~ 20mV/m) 杂散强度为"强",设计中应考虑杂散电流排流措施,并在管道铺设过程中沿线仔细排查可能存在的直流及交流杂散电流,从而定量考虑排流方案。

4. 阴极保护工程设计

管道阴极保护目前包含牺牲阳极法和外加电流法两种方式,各有优缺点,本工程最终采用牺牲阳极阴极保护,主要考虑到以下因素:第一,工程主要位于富庶的杭嘉湖平原,输水管道沿途穿过部分城镇,外加电流法需要沿输水管道设置供电基站,征地成本较高。此外,管道沿线地下建筑物复杂,可能导致电流路径不可控,从而达不到预期的保护效果。第二,输水管道多次与浙江省天然气管道及电气化铁路(高铁)交叉,外加电流法产生的杂散电流容易对这些天然气管道和电气化铁路等设施造成影响。第三,该工程欲打造百年民生工程,外加电流法基站相关的电气设备寿命有限,需要长期维护,给运行管理带来一定的麻烦。采用牺牲阳极法,一次性投入的阴极保护系统设计寿命可达 50 年。第四,该工程输水管道沿线土壤电阻率低,牺牲阳极法比较适合应用在电阻率低的土壤环境。

该工程管道类型较多,主要有普通埋地钢管、钢顶管、钢筋混凝土顶管内置钢管及球墨铸铁管。由于球墨铸铁材料的耐腐蚀性强于碳钢材料,平均腐蚀速率是钢管的 1/3 ~ 1/2,加上球墨铸铁管外壁涂料的防护,可以保证较长的使用寿命,因此,该工程主要针对钢管进行阴极保护设计。

1) 阴极保护准则

阴极保护参考准则应满足下述两条之一:

(1) 按 GB/T 21448 标准要求,在管道阴极保护系统正式投入运行后,管道的保护电位应负于 -850mV(相对于 CSE)。其中在厌氧菌或硫酸盐还原菌及其他有害菌土壤环境中,管道阴极保护电位应为 -950mV(相对于 CSE)或更负。

(2) 当 -850mV(相对于 CSE)准则难以达到时,可以采用阴极极化或去极化电位差大于 100mV 的判据。

该工程项目阴极保护准则可采用 -850mV 准则或 100mV 准则。

2) 设计依据

(1)《埋地钢质管道阴极保护技术规范》(GB/T 21448—2008);

(2)《钢质管道外腐蚀控制规范》(GB/T 21447—2008);

(3)《埋地钢质管道阴极保护参数测量方法》(GB/T 21246—2007);

(4)《埋地钢质管道交流干扰防护技术标准》(GB/T 50698—2011);

(5)《埋地钢质管道直流干扰防护技术标准》(GB 50991—2014);

(6)《锌-铝-镉合金牺牲阳极》(GB/T 4950—2002);

(7)《通过腐蚀管理来改善管道安全性的指南》(NACE SP 0169—2007);

（8）NACE 阴极保护技术讲座文件（NACE）；

（9）《石油、石化和天然气工业　管道系统的阴极保护　第 1 部分：陆地管道》（ISO 15589 - 1:2015）；

3）阴极保护系统的设计过程

（1）保护电流密度的选取。

参照 ISO15589 - 1:2015 规定的涂层涂覆钢管的典型阴极保护设计电流密度（表 10 - 6），结合管道外防腐层种类、设计使用寿命及防腐层绝缘电阻与阴极保护电流密度的对应关系，综合考虑埋地管道使用年限，并借鉴利比亚人工大运河工程、美国西部管道工程、南水北调中线工程、大伙房水库输水工程、辽西北调水等国内外相关工程经验，该工程项目中埋管段的阴极保护电流密度选取 0.3mA/m²，顶管段的阴极保护电流密度为 0.6mA/m²。

表 10 - 6　涂层涂覆钢管的典型阴极保护设计电流密度

涂层类型	优化设计电流密度/（mA/m²）	保守设计电流密度/（mA/m²）
3 层聚乙烯涂层	0.001 ~ 0.02	0.05 ~ 0.2
环氧树脂	0.02 ~ 0.2	0.4 ~ 0.7
煤焦油或沥青	0.2 ~ 0.3	0.3 ~ 0.8

（2）阴极保护材料选型。

在土壤环境中，阴极保护所用的牺牲阳极材料一般采用镁合金或锌合金。镁合金牺牲阳极相对密度小，发电量大，对碳钢的驱动电位高，易于过保护，特别适用于作悬挂式或用于电阻率（50 ~ 100Ω·m）较高的土壤环境。当土壤电阻率小于 10Ω·m、pH 值不大于 4 时，镁合金牺牲阳极消耗较快，经济性较差，使用寿命较短。另外，在磷酸盐、碳酸盐类土壤中使用，应对可能产生阳极钝化加以注意。锌合金牺牲阳极相对密度大，发电量小，对碳钢的驱动电位低，自腐蚀程度较低，常用于电阻率（小于 50Ω·m）较低的土壤环境。从本工程土壤电阻率的测试数据来看，应优先采用锌合金牺牲阳极。

（3）阳极安装数量计算。

①棒状锌合金牺牲阳极。依据《锌—铝—镉合金牺牲阳极》（GB/T 4950—2002），选用型号 ZP - 1 棒状锌合金牺牲阳极，锌合金牺牲阳极填包料的配方为石膏粉∶膨润土∶工业硫酸钠 = 75∶20∶5（%（质量分数）），电阻率为 1Ω·m。

按照式（10 - 1）计算单支水平式棒状阳极接地电阻为 4.21Ω。

按照式（10 - 2）计算锌合金牺牲阳极输出电流为 0.059A。

按照式（10 - 4）计算锌合金牺牲阳极安装数量，如表 10 - 7 所列。

表 10 - 7　牺牲阳极安装数量

项目	管径	埋管/km	埋管用牺牲阳极数量/支
嘉兴泵站至长安节点输水管道	2 条 DN2200	6.9	1227
长安节点至海宁第二水厂管道	DN1000	0.6	25
长安节点至崇福泵站管道	2 条 DN2000	2.9	470
崇福泵站至桐乡运河水厂取水口管道	DN1400	23.5	1336
崇福泵站至屠甸泵站管道	2 条 DN1800	9.1	1320
屠甸泵站至海宁第三水厂分水点管道	2 条 DN1000	5.9	480
海宁分水点至海宁第三水厂	DN1000	2.2	91
海宁第三水厂节点至海盐泵站管道	DN1000	2.8	114
海盐泵站至海盐三地水厂管道	DN1000	9.4	381
屠甸泵站至南湖泵站管道	2 条 DN1600	11.1	1440
南湖泵站至嘉兴贯泾港水厂管道	DN1400	3.0	172
南湖泵站至大桥泵站管道	2 条 DN1200	8.5	829
大桥泵站至嘉善魏塘水厂管道	DN1200	10.1	495
大桥泵站至平湖分水点	DN1200	12.5	588

最后,采用理论公式计算牺牲阳极设计寿命可达 53.1 年,满足设计寿命不小于 50 年的要求。

②带状锌合金牺牲阳极。依据国标《埋地钢质管道阴极保护技术规范》(GB/T 21448—2008),选用 ZR - 1 带状锌合金牺牲阳极,其规格为 25.40mm × 31.75mm,安装在土壤电阻率大于 20Ω·m 的部位。通过公式计算,牺牲阳极设计寿命可达 54.9 年,满足设计寿命不小于 50 年的要求。

首先,计算单支水平式带状阳极接地电阻,即

$$R_a = \frac{\rho}{L_g} \quad (L_g \text{ 远大于阳极等效直径}) \qquad (10-7)$$

式中:R_a 为带状锌合金牺牲阳极接地电阻(Ω);ρ 为土壤电阻率(Ω·m),取值为 30Ω·m;L_g 为裸牺牲阳极长度(m),取值为 30m。

采用式(10-7)计算可得带状锌合金牺牲阳极的接地电阻 $R_a = 0.667Ω$。

其次,采用公式计算牺牲阳极输出电流,30m 带状锌合金牺牲阳极输出电流为 0.375A。

然后,计算牺牲阳极数量,所需 ZR - 1 型锌合金牺牲阳极为 38706m,考虑到实际施工需要,带状锌合金牺牲阳极取 58121m,即 DN2200、DN2000、DN1800、

DN1600 每条管道铺设 4 条带状锌合金牺牲阳极；DN1400、DN1200、DN1000 每条管道铺设 2 条带状锌合金牺牲阳极。具体阳极数量见表 10 - 8。

表 10 - 8　牺牲阳极安装数量

项目	管径	管道类型	套管用带状锌合金牺牲阳极/m
嘉兴泵站至长安节点输水管道	2 条 DN2200	带套管顶管	16012.16
长安节点至海宁第二水厂管道	DN1000	带套管顶管	2562.12
长安节点至崇福泵站管道	2 条 DN2000	带套管顶管	0
崇福泵站至桐乡运河水厂取水口管道	DN1400	带套管顶管	1139.88
崇福泵站至屠甸泵站管道	2 条 DN1800	带套管顶管	12305.6
屠甸泵站至海宁第三水厂分水点管道	2 条 DN1000	带套管顶管	0
海宁分水点至海宁第三水厂	DN1000	0	0
海宁第三水厂节点至海盐泵站管道	DN1000	带套管顶管	3744.4
海盐泵站至海盐三地水厂管道	DN1000	带套管顶管	653.1
屠甸泵站至南湖泵站管道	2 条 DN1600	带套管顶管	3293.32
南湖泵站至嘉兴贯泾港水厂管道	DN1400	带套管顶管	938.84
南湖泵站至大桥泵站管道	2DN1200	带套管顶管	11774.4
大桥泵站至嘉善魏塘水厂管道	DN1200	带套管顶管	3755.42
大桥泵站至平湖分水点	DN1200	带套管顶管	1942.16

③大跨度远地层镁合金牺牲阳极。该类型阳极主要应用在顶管施工且无套管的管道区域。因顶管段多，需要尽量避免路面开挖，且无套管顶管无法使用锌带阳极，该工程首次采用大跨度远地层镁合金牺牲阳极组的保护方式，最大限度减少路面开挖，并具有良好的可施工性。镁合金牺牲阳极规格为 $\phi 150 \times 1000mm$，质量 30kg。依据 NACE CP3 中有关电流衰减的计算原理，通过理论计算推导大跨度远地层高负电位牺牲阳极的可保护范围，从而确认阳极用量。

阳极采用深井埋设，每组可埋设 10 支阳极，并沿管道均匀埋设，距管道外壁 0.3 ~ 1.5m，每组牺牲阳极组整体电流输出能力可达 2A。

5. 埋地管线阴极保护效果仿真模拟

1）埋管段小管径阴极保护模拟计算

（1）输水钢管仿真模型。

根据阴极保护仿真设计，建立内径为 1m、长度为 144m 的输水钢管构建模型，如图 10 - 9 所示。

图 10 - 9 输水钢管仿真模型

（2）块状锌合金牺牲阳极布置模型。

输水钢管采用块状锌合金牺牲阳极进行阴极保护，阳极规格为 ZP - 1，尺寸为 1000mm × (78 + 88)mm × 85mm，重 50kg。模拟管道长度 144m，阳极沿管道长度方向间距为 24m，共 6 块，距管道壁 0.5m 底部两侧交替分布，每侧各 3 块，布置模型如图 10 - 10 所示。

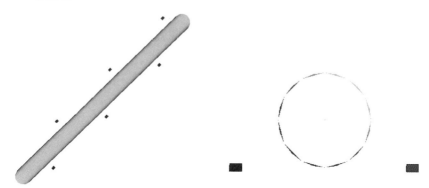

图 10 - 10 块状锌合金牺牲阳极在管道周围布置

（3）保护效果。

利用建立的模型，对块状锌合金牺牲阳极阴极保护效果进行仿真计算，其保护效果如图 10 - 11 所示。由图可知，管道的保护电位在 - 960 ～ - 990mV 之间，该保护电位区间能使管道得到有效保护，且保护电位分布较均匀。

通过数值仿真计算，可以得到：管道设计内径为 1m 时，牺牲阳极选取 ZP - 1 块状锌合金牺牲阳极进行阴极保护，距管道壁 0.5m 底部两侧交替分布，间隔 24m，可令输水管道保护电位达到要求，使管道得到有效保护。

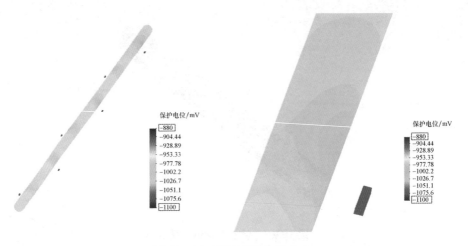

保护电位/mV

- −880
- −904.44
- −928.89
- −953.33
- −977.78
- −1002.2
- −1026.7
- −1051.1
- −1075.6
- −1100

保护电位/mV

- −880
- −904.44
- −928.89
- −953.33
- −977.78
- −1002.2
- −1026.7
- −1051.1
- −1075.6
- −1100

图 10 −11　管道模拟电位分布

2）顶管无套管段阴极保护模拟计算

分别针对短距离（400m 以内）、长距离（800m 以内）大口径管道（2.2m）以及小口径管道（1m）采用不同数量的深井镁合金牺牲阳极组保护进行仿真模拟测算，以验证其可靠性。本书仅列出 400m 输水钢管的仿真计算数据，以供参考。

（1）短距离顶管仿真模型。

根据阴极保护概算设计，建立内径 2m、长度为 400m 输水钢管仿真模型，如图 10 −12 所示。

图 10 −12　输水钢管仿真模型示意图

（2）大跨度远地层镁合金牺牲阳极布置模型。

输水顶管采用大跨度远地层高负电位牺牲阳极阴极保护，垂直布放在顶管中下部。模拟管道长度 400m，阳极壁与顶管壁之间距离 5m，布置模型如图 10 −13 所示。

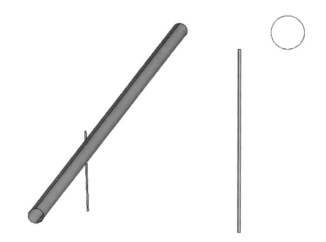

图 10 - 13　大跨度远地层高负电位牺牲阳极在管道周围布置

（3）保护效果。

利用建立的模型,对大跨度远地层高负电位牺牲阳极阴极保护效果进行仿真计算,其保护效果如图 10 - 14 所示。由图可知,管道的保护电位在 - 1020 ~ -1110mV 之间,该保护电位区间能使管道得到有效保护,且保护电位分布较均匀。

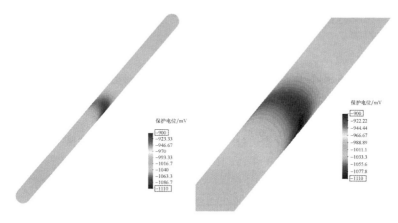

图 10 - 14　管道模拟电位分布

通过数值仿真计算,可以得到:管道设计内径为 2m 时,大跨度远地层高负电位牺牲阳极选取的类型及布置方案,能使输水管道保护电位达到要求,使管道得到有效保护。

6. 钢质管线阴极保护电位监测

系统包括普通测试桩、智能远传测试桩,依据《埋地钢质管道阴极保护技术规范》(GB/T 21448—2008)中第 7 章要求,其布设间隔分别为 1km、3km,在布设智能远传测试桩的区域不再设置普通测试桩,为保障具有杂散电流干扰区域的腐蚀控制效果,在该类敏感区域应增设杂散检测测试桩。此外,在某些敏感区域应加设普通测试桩。

各测试桩的功能介绍如下。

1)普通测试桩

普通测试桩不具备数据远传功能,功能主要包括以下几项。

(1)均压。

本项目 2 条管道并行同沟铺设时,属于同一个阴极保护系统,需进行安装均压电缆,每间隔 1km 采用 VV0.6/1KV – 1×25mm² 的铜芯电缆将这 2 根管道进行均压连接,均压电缆焊接在水平部分,均压电缆应留有一定的余量,焊接完毕后清除焊渣,检查焊接可靠后,应对焊接部位进行表面处理和防腐修复。

(2)阴极保护电位测试。

配合参比电极探头,可进行管道保护电位测试。

测试电缆采用 VV0.6/1KV – 1×10mm² 的铜芯电缆,测试电缆焊接在连接钢板的水平部分,并且测试电缆需留有一定的余量,焊接完毕后清除焊渣,检查焊接可靠后,应对焊接部位进行表面处理和防腐修复。

(3)电缆引出。

将管道电缆及阳极电缆引出至地面,以便后期使用,如 CIPS 检测、深井式镁合金阳极电连接等。

2)智能远传测试桩

智能远传测试桩除了具备均压、阴极保护电位测试功能外,还增加了阴极保护断电电位测试、阴极保护电流测试及远程数据采集等功能。

(1)阴极保护断电电位测试。

配合模拟探头,可进行管道去除 IR 降后的保护断电电位测试。

测试电缆采用 VV0.6/1KV – 1×10mm² 的铜芯电缆,测试电缆焊接在连接钢板的水平部分,并且测试电缆需留有一定的余量,焊接完毕后清除焊渣,检查焊接可靠后,应对焊接部位进行表面处理和防腐修复。

(2)阴极保护电流测试。

配合电流传感器,可进行管道保护电流测试。

(3)远程数据采集。

具备数据远传功能,可远程进行数据上传。

3)杂散电流检测测试桩

该装置主要布设在管道与交、直流电气化铁路交叉或平行段,应具备数据远传功能,其基本参数应满足以下要求。

（1）直流杂散电流监测。

①采集范围：-5000~5000mV。

②差分输入，输入阻抗大于 1MΩ。

③线性隔离输入，各路采集绝对独立。

④精度：5mV。

⑤抗干扰能力：不小于交流 30V。

⑥防雷击、防过压。

（2）交流杂散电流检测。

①采集范围：0~80V 交流。

②精度：0.5V。

③防雷击、防过压。

④交流 220V/110V 输入（90~265V）。

7. 腐蚀与阴极保护监测系统

系统能提供环境中腐蚀性介质的浓度变化、腐蚀状况等参数。

数据在远程传输之前，由模拟信号转换为数字信号。测试数据既能通过无线通信传输，也能现地下载到便携式计算机上。数据采集装置可以安装在排气阀井内，外壳应采用抗干扰机箱，防护等级不低于 IP65。采集器与传感器的距离不大于 50m。数据采集器能适合长期潮湿环境下工作，具有良好的防水、抗低温性能。

采集器应配套性能安全可靠的电池，优先采用体积较小的电池，电池容量应保证整个装置满足可靠运行时间不少于 6 个月，采集器采集频率不低于 1 次/天。电池使用环境温度范围为 -40~50℃；最大相对湿度为 95%。

控制软件具有现地数据管理、数据采集频次控制、数据通信方式、数据存储功能。存储的数据既可以在现地直接输出至笔记本电脑，也可以通过无线收发设备远传至监测系统。

腐蚀与阴极保护监测系统用于腐蚀与阴极保护的监测、管理，内容包括腐蚀与阴极保护监测和分析软件的编制及系统运行平台的建立。

10.4　石油天然气长输管线腐蚀防护案例分析

10.4.1　广西石化炼厂长输管线工程概况

广西石化 1000 万吨/年炼厂成品油外输管道全长约 170km，管径 ϕ475mm，设计规模为 500×10^4t/a，设计压力 8.0MPa。沿线设置钦州首站、南宁首站、6 座手动阀室。阴极保护站位于钦州首站、4 号手动阀室、南宁末站。

10.4.2 石油天然气长输管线腐蚀控制

阴极保护系统由恒电位仪、高硅铸铁深井阳极地床(井深40m)或浅埋阳极地床、长效参比电极、电缆组成。

1. 阴极保护设备

在阴极保护间内安装1台恒电位仪一体机,即1台机箱内安装2台互为备用的恒电位仪及1台控制台。该机具有手动调节、通断电测试(通12s、断3s)的运行模式;仪器提供RS485接口(ModBus协议),可实现数据远传、设备远控;具有过流保护、防雷保护、抗交流干扰功能。

2. 阳极地床

1)深井阳极地床

深井阳极地床井深40m,高硅铸铁阳极是在阴极保护装置中,将保护电流从外加直流电源引入土壤中的导电体,外加电流通过此辅助阳极输送到埋地的被保护金属管道的表面,使金属管道阴极极化。高硅铸铁阳极是一种难溶性阳极,广泛使用于海水、淡水及土壤环境中。与普通高硅铁阳极相比较,含铬高硅铸铁阳极耐蚀性更高,消耗率更低。该项目采用的含铬高硅铸铁阳极的规格是 $\phi100 \times 1500mm$,阳极质量90kg/支,阳极化学成分及性能如表10-9和表10-10所列。

表10-9 含铬高硅铸铁阳极的主要化学成分

名称	主要化学成分/%					杂质含量/%	
	Si	Cr	Mn	C	Fe	P	S
含铬高硅铸铁阳极	14.25~15.25	4.0~5.0	0.5~1.5	0.8~1.4	余量	≤0.25	≤0.1

表10-10 含铬高硅铸铁阳极的性能

名称	允许电流密度/(A/m²)	消耗率/(kg/(A·a))	使用环境
含铬高硅铸铁阳极	5~80	<0.25	土壤、海水

深井阳极地床施工方法如下。

(1)安装套管。打完阳极井后,首先安装6m的聚乙烯套管,此套管留在阳极井中。

(2)井下试验。进行阳极井沿深度方向的电阻测试,以确定最佳阳极安放位置,从而减小接地电阻。测量时,将阳极井充满水,测量辅助阳极与被保护结构之间的电阻。

(3)阳极井清理。用清水将泥浆置换出。

（4）安装阳极。将排气管平放在地面上，将其底部封住。将阳极串靠近排气管平放，排气管的下端部超出底部阳极下端 0.5m。

（5）用塑料绳将配重块连接到最下部的阳极，距离阳极下端部 3m。

（6）将阳极、排气管、电缆固定在一起。在阳极上安装定位器。阳极电缆每隔 2m 用胶带与排气管固定一次。固定阳极时，阳极距离排气管的距离为 50 ~ 70mm。

（7）将填料注入管下放到阳极井底部，或在安放阳极的同时下放注料管。下放阳极/排气管，阳极定位后，迅速固定好阳极电缆。

（8）填料与清水混合后采用柱塞泵连续打入阳极井，中间不得停止作业，直到填料填充完毕。填料必须从阳极井的底部注入，以避免产生孔隙、填压不实等现象。填料注入后需沉降至少 24h，当确认填料高度满足设计要求后，方可回填沙子。

2）浅埋阳极地床

浅埋阳极地床的辅助阳极选用 $\phi75 \times 1500mm$ 含高硅铸铁阳极，阳极采用卧式连续埋设，埋深不小于 1.5m，为降低阳极地床接地电阻，阳极周围均加填厚度不小于 100mm 的焦炭粉填料。

浅埋阳极地床一般应选择在垂直于管道 100m 以上的位置，该位置应该满足以下要求。

（1）地下水位较高或潮湿低洼地。

（2）土层厚，无块石，便于施工。

（3）土壤电阻率宜在 $50\Omega \cdot m$ 以下，如大于 $50\Omega \cdot m$，应采用降阻剂。

（4）对邻近的地下金属构筑物干扰小，阳极地床与被保护管道之间不宜有其他金属管道。

3. 参比电极

在阴极通电点处埋设 1 支长效 Cu/饱和 $CuSO_4$ 参比电极，参比电极埋设前应用清水浸泡 24h，将参比电极装入棉布袋中，棉布袋中的填包料应用清水调成泥状。一支参比电极的填包料由 7.5kg 石膏粉、0.5kg 工业 Na_2SO_4 和 2kg 膨润土 3 种原料配制而成。

4. 阴极保护系统的运行与管理

为便于掌握阴极保护系统的运行情况及保护效果，应及时对阴极保护各项参数进行测试，并建立专门的管理部门，设专职人员进行管理，制定严格的管理制度。具体内容如下。

（1）在外加电流阴极保护系统投运前，应对管道/大地电位进行测试以获得管道的自然电位。

（2）电源工作状态、各项输出参数（输出电流、输出电压、管地电位）的监测，每日一次，每个月检查一次电源设备。

(3)每月测试一次站外各管线的保护电位,根据测试结果适当调整设备的输出。

(4)每年测一次绝缘接头的性能。

参考文献

[1] 张炼,冯洪臣.管道工程保护技术[M].北京:化学工业出版社,2014.

[2] 齐北萌.供水系统铸铁管材的腐蚀行为及影响因素研究[D].哈尔滨:哈尔滨工业大学,2014.

[3] 孙连方.混凝土排污管道的腐蚀全过程研究[D].青岛:中国石油大学(华东),2016.

[4] 张茹芳.再生水球墨铸铁管道水泥砂浆内衬部分剥落后腐蚀行为研究[D].天津:天津大学,2017.

[5] WANG X,MELCHERS R E. Long – term under – deposit pitting corrosion of carbon steel pipes[J]. Ocean Engineering,2017,133:231 – 243.

[6] 蒋波,杜翠薇,李晓刚,等.典型微生物腐蚀的研究进展[J].石油化工腐蚀与防护,2008,025(004):1 – 4.

[7] 樊洪,蒋霞星,刘志刚.上海金吴乙烯管线的腐蚀检测[J].腐蚀与防护,2006,27(4):203 – 207.

[8] 高东锋,王廷勇,王远志,等.牺牲阳极在农安支线供水工程 PCCP 管阴极保护中的应用[J].材料开发与应用,2008,23(3):21 – 23.

[9] 曲兴辉,侯佩成. PCCP 管道阴极保护试验研究[J].水利水电技术,2010,41(10):48 – 52.

[10] 李威力,玄晓阳,王亚平.一种新型埋地输水管线腐蚀监测专家系统的开发[J].全面腐蚀控制,2015,29(1):45 – 47.

[11] 钱建华,汪成宿.模块化阴极保护远程监测系统设计与实现[J].全面腐蚀控制,2020,34(05):48 – 53.

[12] 马芳茂.潍坊纯碱厂厂外供海水系统的阴极保护[J].纯碱工业,1995(1):53 – 56.

第 11 章

埋地管网的腐蚀控制

11.1 概　　述

地下输水管网是埋地管网的重要组成部分,作为城市、厂区生产和生活用水的生命线,对满足人民群众日常生活需要,确保企业正常生产、装置安全起着重要的保障作用。埋地管网主要以厂区或城市循环水管、消防水管、自来水管、污水管和热力管线为主。另外,根据我国国民经济发展对能源的需求和能源结构的变化,天然气使用量的急剧增加,城市燃气管网已成为城市生存和发展的必要保障。城市、大型厂区内地下输水、输气管道纵横交错,随着地下管网投运时间的延长,水、气腐蚀泄漏问题已成为影响城市和企业安全的重大隐患之一,一旦发生泄漏事故,将导致管道设备非计划检修、更换,甚至影响企业的生产运行,造成巨大的直接、间接损失,因此对埋地管网实施腐蚀控制,势在必行。

11.1.1　埋地管网的范围

与埋地管线不同,埋地管网大部分为支状和网状管道,普遍存在管道变径、多种管材并存(钢管、铸铁管、球墨铸铁管、PE 管等)等现象。尤其城市燃气管网系统是由不同压力等级的管道及附属设施组成的,包括各种阀门、各级调压设备等,结构复杂,整体呈环形,内部呈树枝状。埋地管网主要分布在厂区、城市等区域[1]。下面根据管网用途、介质性质和材质的不同进行分类。

1. 按用途分类

按用途分类主要包括给水管道、排水管道、燃气管道、工业管道。

2. 按介质性质分类

按介质的性质分类,如腐蚀性、化学危险性、凝固性等的不同,共分五类,见表 11 – 1。

表 11 - 1 埋地管网按介质的性质分类

分类名称	介质种类
气/水介质管道	过热水蒸气、饱和水蒸气和冷热水
腐蚀性介质管道	硝酸、硫酸、盐酸、磷酸、苛性碱、氯化物、硫化物等
化学危险品介质管道	毒性介质(氯、氰化物、氨、沥青、煤焦油等)、可燃与易燃易爆介质(油品油气、水煤气、氨气、乙炔、乙烯等),以及窒息性、刺激性、腐蚀性、易挥发性介质
易凝固/易沉淀介质管道	重油、沥青、苯、尿素溶液
含有粒状物料介质的管道	一些粒状物料的水固混合物或气固混合物介质

3. 按材质分类

与第 10 章介绍的埋地管线类似,主要包括钢质管道、铸铁管道、混凝土管道及合成材料管道。

11.1.2 埋地管网的腐蚀类型及特点

石化厂区或城市地下结构物非常复杂,埋地金属结构物材质包括碳钢、铸铁、水泥、PE 管和玻璃钢等管网,这些管网与地下电缆、接地网、装置基础等系统交织在一起,纵横交错,息息相关,构成极其复杂的地下金属网络,当其暴露于高盐的潮湿土壤中时,极易引发腐蚀,因腐蚀造成的管道失效情况已占失效原因的 50% 以上。与埋地管线类似,埋地管网在土壤环境中的腐蚀类型主要包括宏观腐蚀电池、微观腐蚀电池、杂散电流腐蚀、微生物腐蚀等[2-3]。

表 11 - 2 为土壤的腐蚀性与钢的腐蚀速率。国内外大量有关技术资料证明,地下管网在土壤腐蚀性特别强烈的地区,钢的腐蚀速率达 0.123mm/a,最大局部孔蚀深度可达 1.75mm/a 以上,厚度为 6mm 的管网在地下工作 4~6 年内即可发生局部腐蚀穿孔;在土壤腐蚀中等强度的地区,管道穿孔年限一般不超过 10 年。

表 11 - 2 土壤的腐蚀性与钢的腐蚀速率

土壤腐蚀性		局部腐蚀穿孔年限/a	腐蚀速率/(mm/a)
腐蚀等级	电阻率/(Ω·m)		
特强	0~5	1~3	>0.125
强	5~10	3~5	0.040~0.125
中等	10~20	5~10	0.010~0.040
弱	20~100	10~25	0.0025~0.010
特弱	大于100	>25	<0.0025

埋地管网的腐蚀特点主要表现在以下几个方面。

（1）埋地管网多铺设于城市或厂区之中，由于管网分布区域较广，工况和所处环境中土壤腐蚀差异性大，其土壤腐蚀影响因素和大小都不相同，所造成的管道腐蚀分布和程度不均衡。例如，厂区不同位置的土壤透气性不同，钢在透气性差（含氧量低）的土壤中的电位比埋在透气性好（含氧量高）的土壤中要低些，因此透气性差的位置成为阳极区，透气性好的位置成为阴极区，造成管网的腐蚀，因此有的区域管道段腐蚀严重，而另一个区域管道段腐蚀轻微。

（2）由于管网所处的位置不同，管段的输送量和运行工况不同，承受的实际输送压力大小也不同，不同管段区域腐蚀的情况也不同，因此不同管段区域的腐蚀缺陷影响管段输送的安全性大小是不一样的。

（3）管网的埋设及施工会造成外防腐层的破损和缺陷，同时各区域土壤腐蚀环境不同，所以造成了管道外腐蚀相对突出。埋地管网在使用环境中，各种类型的腐蚀都可能发生，但腐蚀主要以电化学腐蚀为主，其腐蚀现象主要表现为局部腐蚀。

11.1.3　埋地管网防腐蚀技术

1. 埋地管网常用防腐蚀技术

1）防腐涂层

目前埋地管网外壁防腐蚀技术较为常用的是防腐涂层和阴极保护技术，两者通常同时使用。防腐涂层作为公认的防护方法已广泛用于埋地管网的腐蚀控制。涂层作为腐蚀控制的第一道防线，其作用是将管体金属基体与具有腐蚀性的土壤环境隔离，同时为附加阴极保护的实施提供必要的绝缘条件。与埋地管线类似，埋地管网的防腐涂层主要以环氧煤沥青、熔结环氧粉末防腐涂层（FBE 涂层）及三层聚乙烯防腐涂层（3PE 涂层）为主，也有部分管网采用防腐冷缠带进行防护。

2）阴极保护技术

阴极保护技术是解决埋地管网腐蚀问题的一项经济和有效的防护措施，主要包括牺牲阳极和外加电流阴极保护技术。外加电流阴极保护驱动电压高，输出电流大，保护距离长，有效保护范围广，便于调节电流和电压，主要用于保护面积大的大口径管道以及市郊主干线上。新建厂区一般采用分布式阳极床与连续式浅埋阳极床为主，老旧厂区改造大部分以深井阳极床方式进行。牺牲阳极阴极保护不需外部电源，维护管理经济、简单，对邻近地下金属构筑物干扰影响小，适用于短距离、小口径、分散的管道，在局部区域且电流量小的场合应用较为广泛[4-7]。

选用埋地管网阴极保护方式时，要以实施、安装、维护经济的原则把管道的腐蚀降低到最低程度。对于新建埋地管网的阴极保护，为避免过量的设计浪费，需要先掌握管道防腐涂层绝缘电阻值、外防腐涂层种类、土壤电阻率值等,再根据阴极保护需要的电流量大小,决定采用何种方式。城市或大型企业地下管网复杂,而且管道数量和规格相对较多,需保护管道的面积大,所需要的保护电流也较大。与埋地管线不同,埋地管网以选用外加电流阴极保护方式为主,在电位不达标区域采用牺牲阳极方式进行补充调节。

2. 埋地管网防腐蚀技术应用的发展历程

由于埋地管网防腐涂层技术应用的发展历程与第 10 章埋地管线类似,本节重点介绍埋地管网阴极保护技术的发展历程。我国自 1960 年以来,先后在新疆、大庆、四川、胜利、华北油气田的地下输油和输气管道,以及北京、上海、天津、哈尔滨、广州、青岛、潍坊等十几个大中城市煤气管线和输水管线等工程采用阴极保护技术,获得了明显的保护效果。

七二五所在厂区和城市埋地管网阴极保护领域承担了多个代表性工程,积累了丰富的工程经验[8-16]。以辽化厂区地下输水管线工程为例,该项目在石油化工厂管网密集防爆区采用全面阴极保护技术为国内外首创。1990 年,受辽宁省辽阳石油化纤总公司委托,国内率先承接了厂区陈旧性埋地输水管网的阴极保护工程,当时厂区埋地输水管网腐蚀十分严重,千疮百孔,堵不胜堵,穿孔率达到 104 处/年,列为辽化总公司四大隐患之一。针对辽化厂区已投产的地下输水管网而言,不能将管道挖出重新涂装,只能通过阴极保护才能抑制管线的腐蚀问题。该厂区地下输水管网布置密集,平行铺设最多达 7 条以上,且管间距离只有 0.5 ~ 1.0m,管道纵横交叉、错综复杂。同时,输水管线与地下电缆和各种工艺管线也交织在一起,距离很近。因此,在辽化厂区实施外加电流阴极保护技术必须采用深井阳极,然而厂区地表约 20m 以下就是岩石层,无法埋设深井阳极,即使埋设深井阳极,应用效果也不理想。另外,辽化厂区属于一级易燃易爆区,而外加电流阴极保护用恒电位仪输出电流较大,管道与装置相连,一旦产生火花,很有可能发生灾难性事故。为了解决上述问题,提出了厂区内部采用牺牲阳极保护、厂区外部采用外加电流阴极保护的优化方案,使厂区外围管线和主接地网络与牺牲阳极保护的管网同时极化至保护电位,达到完全保护。该项目是国内外第一次在石油化工厂管网密集防爆区采用全面阴极保护技术,为国内外首创,并在平行或交叉管线间采用多埋牺牲阳极和布设高密度均压线技术,改善了阴极保护电位分布。自 1991 年起,牺牲阳极保护工程开始现场施工,经过 3 年的阴极保护方案技术设计、安装、调试、整改,于1993 年竣工验收,腐蚀穿孔得到了有效抑制,年穿孔率降为零。鉴于一期工程阴极保护的成功经验,辽化二期工程地下管网在建设期间实施阴极保护技术,并委托七二五所进行阴极保护设计、安装及检测,仍采用外加电流阴极保护和牺牲阳极阴极保护联合方案,保证了装置生产安全可靠运行。该项目将在 11.2.1 小节作为案例进行详细介绍。

郑州市燃气管网阴极保护工程是城市管网阴极保护的代表性示范工程。该工程始建于 1986 年,1988 年建成投入运行,由输配气主干线和庭院管线组成的长达106km,表面积为 216000m² 的庞大供气网。管网仅采用涂层防腐,均没有实施阴极保护。自 1995 年起,管网陆续出现腐蚀穿孔泄漏现象。截至 1998 年 8 月底,全市共发生穿孔泄漏 97 处,且有逐年上升趋势。燃气公司曾对 733km 的庭院网进行了检查,查出腐蚀点 23678 处,漏气点 238 处,严重威胁着管网的安全运行。由于辽化厂区管网阴极保护工程的成功,1998 年河南省郑州市燃气公司将郑州市区占地 8km² 的陈旧性埋地燃气管网防腐蚀工程委托给七二五所承担,通过采用外加电流和牺牲阳极联合保护,经近 3 年的时间,取得了令人十分满意的防腐蚀效果,为业主创下明显的经济效益,节省了大量的维修费用,基本上消除了市区管网腐蚀泄漏隐患与事故。该项目属国内首次成功地对市区陈旧性埋地输气管网施加阴极保护,于 2005 年获河南省建设厅科学技术进步一等奖。随后,七二五所又承接了山东潍坊纯碱厂厂区管网、辽宁省鞍山炼油厂厂区管网、兰州炼油厂厂区管网、连云港荣泰化工商储一期埋地管网、上海化工区水厂埋地管网、乌鲁木齐埋地天然气管网、广西石化埋地管网等多项阴极保护工程。

11.2　石化厂区管网腐蚀防护案例分析

11.2.1　辽化厂区地下输水管网腐蚀防护

1. 辽化厂区地下输水管网概况

辽阳石油化纤公司(简称辽化)地下输水管网是保证各装置正常供水的命脉,一期工程由国产装置生活用水、国产装置生产用水、进口装置生产用水、进口装置公用水、进口装置生活用水、进口装置事故用水、进口装置消防用水、循环用水等输水管线组成。该埋地管网复杂密集、纵横交叉、系统庞大,地下输水管网总长约59km,管径为 $\phi25 \sim \phi1000mm$ 等 18 种,壁厚为 4~12mm,材质大部分为普通碳钢,少部分为铸铁,日供水量为 2.66×10^5t。厂区输水管网一期工程 1975—1979 年陆续建成投产后,腐蚀问题日趋严重[17]。

该管网一期工程于 1975 年陆续建成投入使用,泄漏点逐年增多,严重影响着厂区的正常供水。根据 1989 年以前现场抢修管道的记录,1983 年泄漏点 7 处,1984 年泄漏点 5 处,1985 年泄漏点 17 个,1986 年泄漏点 28 个,1987 年泄漏点 17个,1988 年泄漏点 35 个,到 1990 年泄漏点达到 127 处,抢修过程中,发现有的管道腐蚀穿孔处甚多。辽化厂区每年因抢修堵漏耗资近百万元,而且严重影响安全稳定生产,成为辽阳石化分公司安全生产的重大隐患之一。

经过现场测量和实地调研,发现辽化厂区地下输水管网产生严重腐蚀的原因如下。

(1)面积接近1200m²的紫铜接地网络与地下钢质输水管网纵横交错,且电性连接成一体,必将在短时间内产生严重的异种金属腐蚀。

(2)辽化厂区水位较高,电阻率比较低,平均值为13.89Ω·m,土壤属于强腐蚀性或中等腐蚀性,增强了管网宏观和微观电池的腐蚀作用。

(3)辽化厂区某些污染区域,地下含厌氧性硫酸盐还原菌量非常高,远远超过国家标准。由于硫酸盐还原菌的活动,加速了土壤对地下管网的腐蚀。

此外,杂散电流腐蚀和涂层质量优劣等因素,也是不可忽略的影响因素。

2. 辽化厂区地下输水管网阴极保护的技术路线

本阴极保护工程设计保护范围包括化工一、二、三、四厂,污水处理厂和炼油厂以及国内自建的涤纶厂、锦纶厂等整个厂区的地下输水管网、主接地网、装置接地网和装置混凝土中的钢筋等。保护区域的地面范围是长2km,宽1.5km。

阴极保护技术方案采用取消装置管线的绝缘法兰,对厂区地下管网、装置接地网、主接地网以及装置钢筋基础和地下电缆实施全面的阴极保护,使之达到阴极保护电位范围。采用牺牲阳极和外加电流联合保护方法,在厂区装置附近及管线密集区埋牺牲阳极,在防爆区内可起到安全可靠、均压排流的作用,增加接地效果;外加电流方法自动调节输出电流,电流调节范围大,但需采取安全措施。在厂区边缘或厂区安全空地打深井阳极(10~20m),主要保护接地网、装置基础钢筋、地下电缆及厂区外围输水管道和国内建设配套厂区输水管道。

3. 阴极保护设计原则

(1)辽化厂区地下输水管网阴极保护有效期为25年,管-地电位控制在-0.85~-1.02V之间(相对于CSE),在存在硫酸盐还原菌的地区,管-地电位控制在-0.95~-1.05V,馈电点最负电位为1.25V。

(2)阴极保护投运后15天管-地电位达到-0.85V以下。

(3)提高接地网的负电位,使接地网-地和管-地之间的电位差比保护前降低200mV以上,保障阴极保护后各装置安全运行。

4. 牺牲阳极保护设计

1)保护面积计算

牺牲阳极保护范围是化工一、二、三、四厂,污水处理厂,热电厂和炼油厂等7个厂区的地下输水管网、装置接地网和装置混凝土钢筋等,保护面积约49530.4m²。其中腐蚀严重区面积为3791.5m²,一般腐蚀区面积为45738.9m²。另外,厂区内装置接地网和混凝土基础钢筋面积为400m²左右。

2)保护电流密度的选择及保护电流计算

辽化厂区地下输水管网于1975年投入运行,管道外涂层的破损情况十分严重,建造施工时涂层质量又非常差,综合考虑诸多因素,影响辽化厂区地下输水管网阴极保护电流密度的最主要因素就是金属的材质和涂层的种类与完整性。表11-3列出了在一般的土壤介质中管道的防腐涂层表面状况与所需保护电流密度的关系。

表 11-3 埋地钢管所需的保护电流密度

管道表面状况	电流密度/(mA/m^2)
裸露	5 ~ 50
旧涂层	1 ~ 30
旧沥青涂层	0.5 ~ 4
脂肪性涂层	0.5 ~ 2
煤焦油或沥青磁漆	0.05 ~ 0.3
沥青玛蹄脂	0.01 ~ 0.05

根据国内外有关技术资料和现场试验结果,以及考虑到辽化厂区地下输水管网的实际情况,选取管网保护电流密度为:腐蚀严重区管网的保护电流密度为 $3mA/m^2$;一般腐蚀区管网的保护电流密度为 $1.2mA/m^2$;厂区内装置接地网和地基钢筋平均保护电流密度为 $50mA/m^2$。

根据上述保护面积的计算结果和选取的保护电流密度计算,总保护电流为86.262A。其中,腐蚀严重区管网的保护电流为11.375A;一般腐蚀区管网的保护电流为54.887A;厂区内装置接地网和地基钢筋平均保护电流为20A。

3)牺牲阳极材料的选择

目前,普遍使用的牺牲阳极材料有3种,即镁合金、锌合金和铝合金。镁合金牺牲阳极相对密度小,电位负,对钢的驱动电压大,适用于电阻率大于 $20\Omega \cdot m$ 的土壤介质和淡水环境。铝合金牺牲阳极具有电容量大、重量轻、价格便宜、电位负等优点,在海洋工程中得到了越来越多的应用,但由于这种材料在土壤环境中溶解性能差,阳极效率较低,所以目前在土壤中的应用较少。锌合金牺牲阳极有足够负的电极电位,而且电极电位稳定,工作表面溶解均匀,电流效率高,发生电流具有一定的自调能力,适合在土壤电阻率小于 $10\Omega \cdot m$ 的情况下使用。辽化厂区一期工程埋设地下管线的土壤电阻率为 $6.98 ~ 24.97\Omega \cdot m$,平均为 $13.89\Omega \cdot m$,根据上述3种阳极的性能与适用条件,该工程选用三元 Zn - Al - Cd 合金牺牲阳极进行阴极保护。二期工程的土壤电阻率为 $20 ~ 35\Omega \cdot m$,个别点高达 $40\Omega \cdot m$,为硬质黏土土质,宜采用镁合金牺牲阳极。

4)阳极床填料的选择

为了保证牺牲阳极输出电流稳定,提高阳极效率,降低阳极接地电阻,阻止阳极表面钝化层的形成,阳极周围一定要填加阳极床填包料。锌合金牺牲阳极的填包料主要由石膏粉、膨润土和结晶硫酸钠的混合物组成。镁合金牺牲阳极的填包料主要由石膏粉、膨润土和硫酸镁的混合物组成。石膏能防止阳极面形成导电不良的钝化层,并可保证阳极溶解均匀,可在地下水多或潮湿土壤中长期使用。膨润土是一种阳极载体,电阻率低,吸水性强,可以维持阳极周围的潮湿和均衡土壤湿度的波动。硫酸钠是填料中的活性介质,可降低填料的固有电阻,改善阳极的工作条件。根据土壤电阻率大小和含水量的高低,按照表 11 - 4 选用不同成分配比的填包料。

根据辽化厂区土壤的情况,一期工程选用 50% 石膏粉、45% 膨润土和 5% 硫酸钠的混合物作为锌合金牺牲阳极的填包料。见表 11 - 4。二期工程选用 25% 石膏粉、50% 膨润土和 25% 硫酸镁的混合物作为镁合金牺牲阳极的填包料。

表 11 -4　锌合金牺牲阳极填料包的组成

石膏粉占比/%	硫酸钠占比/%	膨润土占比/%	适用土壤电阻率/($\Omega \cdot m$)	本身电阻率/($\Omega \cdot m$)
25	30	45	< 30	< 2
25	25	50	> 30	< 2
50	5	45	< 20	< 1
75	20	5	20 ~ 100	< 1

5)阳极用量的计算

每块牺牲阳极发生电流值为

$$I_f = \frac{E_a - E_p}{R} \qquad (11-1)$$

式中:I_f 为阳极发生电流(mA);E_a 为阳极电位(V);E_p 为阴极保护电位(V);R 为阳极接地电阻($\Omega \cdot m$)。

阳极接地电阻为

$$R = \frac{\rho}{2\pi L} \ln \frac{2L}{D} \sqrt{\frac{4t + 3L}{4t + L}} \qquad (11-2)$$

式中:R 为牺牲阳极接地电阻($\Omega \cdot m$);ρ 为土壤电阻率($\Omega \cdot m$),取值为 13.89$\Omega \cdot m$;D 为阳极填料包直径(m);L 为阳极填料包长度(m);t 为阳极埋设深度(m)。

根据有效保护年限为 25 年的技术要求,一期工程选用尺寸为 800mm × (74 + 56)mm ×65mm 的长条形锌合金牺牲阳极,每只阳极质量为 25kg。考虑到阳极填包料的体积,带有填包料的阳极外形尺寸应是 ϕ300mm ×1000mm,阳极埋设深度平均取 2.5m。

代入式(11-2)计算得到阳极接地电阻为 $4.41\Omega\cdot m$，每支阳极的发生电流为 56.7mA。

由于辽化厂区地下输水管网高度密集，纵横交错，似蜘蛛盘网，所以埋设阳极时，采用分组多支阳极埋设法。初步设计每组阳极平均数量为 5 支，阳极电流的屏蔽系数取 1.4，则该保护工程需要阳极块数为

$$N = \frac{aI_{总}}{I_f} \qquad (11-3)$$

式中：N 为阳极数量(支)；$I_{总}$ 为所需保护电流(A)；I_f 为单支阳极发生电流(A)；a 为屏蔽系数，取 2~3。

计算得到阳极用量为 2130 块，总重量为 53.25t。

6)阳极布置

为使每支阳极发出较大的电流，得到良好的保护效果，尽量减少阳极坑，减少土方工程量，阳极的布置原则如下。

(1)在腐蚀严重区和有硫酸盐还原菌的区域，阳极布置数量为腐蚀区的 2.5 倍，使该部位管道电位很快极化到 -0.95V 以下。

(2)阳极埋设点和均压线在同一部位安装，在管子交叉处必须布置牺牲阳极。

(3)阳极埋设点应选择在土壤电阻率低、容易施工的地方。

根据计算确定以 5 支阳极为一组，根据平行管线的数量、管道的直径计算确定每个坑埋设 1~4 组阳极，在一般腐蚀区阳极坑间距 120m 左右，在严重腐蚀区阳极坑间距 50m 左右。整个厂区共 2130 支阳极，初步确定共需开挖 267 个坑，其中埋设单组阳极的坑为 172 个，埋设双组阳极的坑 63 个，埋设 4 组阳极的坑 32 个。

5. 外加电流阴极保护设计

1)外加电流阴极保护电流需要量的计算

(1)厂区四周输水管线所需保护电流。

厂区外围输水管线最长的是 DN720 管，其次为 DN400、DN250 和 DN100 等几种规格，总表面积为 $9347.8m^2$，选取保护电流密度为 $5mA/m^2$，计算得到厂区四周输水管线所需保护电流量为 47A。

(2)主接地铜网所需保护电流。

厂区周围有专门接地系统，用截面 $50mm^2$ 的多股裸铜线制成。其中需要外加电流保护的主接地网总面积约有 $800m^2$ 左右，裸铜在土壤中的保护电流密度取 $50mA/m^2$，计算得到主接地铜网所需保护电流为 40A。

(3)装置基础钢筋所需保护电流。

厂区所有装置的钢筋混凝土基础中的钢筋都通过装置接地线与接地系统相连，并通过地脚螺栓和装置相连的管道连通。因此，阴极保护也必须考虑装置基础钢筋所需保护电流。装置基础钢筋总面积约 $4000m^2$。钢筋在混凝土中的保护电

流密度取 10mA/m^2,计算得到基础钢筋所需保护电流为 40A。

(4)装置区所需保护电流。

锦纶厂、涤纶厂及附属车间地下管道共 14 种规格(包铁管),总长 4790m,保护面积为 8420m^2,保护电流密度取 5mA/m^2,计算得到该区所需保护电流为 42A。

(5)地下电缆所需保护电流。

地下动力电缆网共 18 种规格,长 75462m,表面积为 10960m^2,保护电流密度取 10mA/m^2,计算得到所需保护电流为 109A。

(6)炼油厂所需保护电流。

主接地网、基础钢筋和部分罐基所需保护电流为 30A。

综合计算,辽化厂区外加电流保护所需总电流为 308A。

2)恒电位仪的选择

本工程案例选用七二五所研制的大功率磁饱和恒电位仪,根据辽化厂区所需的总保护电流,结合厂区及外围阳极井的布置情况,选用 6 台 50V/75A 恒电位仪,10 台 50V/50A 恒电位仪,每个阴极保护站配两台,一台工作,一台备用。所有恒电位仪均安装在现有变电所或控制室内。

3)辅助阳极材料的选择

适合土壤用的阳极材料有碳钢、铸铁、石墨、高硅铸铁、磁性氧化铁、镀铂钛及镀铂铌阳极。对比不同阳极材料的性能,碳钢和铸铁电流密度低,消耗量大,寿命达不到要求;石墨和磁性氧化铁阳极力学性能差,质脆,大尺寸阳极不易加工和安装;镀铂阳极性能优异,但价格太贵。综合各种阳极性能的优劣,考虑到辽化厂区实际情况,本工程案例选用高硅铸铁阳极。

4)辅助阳极床的设计

外加电流用辅助阳极床可分为两种形式:一种为浅埋地表阳极床;另一种为深埋阳极床(也称阳极井)。浅埋阳极床又分为直埋设和水平埋设两种,这种阳极床施工简便,地质条件要求不高,但缺点是电流发散范围有限,电位梯度不够均匀。深埋阳极床要求土层厚,电阻率相对比较低,这种阳极床发散电流范围广,电位梯度均匀,可以保护很大的范围,国外对城市地下管网保护已有成功的应用,并已形成标准。通过调研辽化厂区地质条件,厂区中间土层较厚,靠近边缘山坡上土层较薄。根据这一情况,设计 3 种类型阳极床。

(1)辅助阳极床结构设计。

①深井阳极床。阳极井深 20m,钻井直径为 0.325m,采用 ϕ325mm 钢管作为套管,内吊装高硅铸铁阳极,阳极周围填充有一定粒度配比的焦炭作填料,以便降低阳极接地电阻。为解决阳极反应气体排放问题,整个阳极井在阳极附近填料中放一个塑料排气管直通地表面。深井阳极床的参数为:阳极井深 20m,阳极床有效长度为 1m,覆盖深度为 9m,阳极床直径为 0.3m;选用高硅铸铁阳极尺寸为 ϕ75mm ×

1500mm,阳极4支,阳极间距为1m,土壤电阻率平均值为13.892Ω·m,将上述数据代入式(11-2),计算得到深井阳极床的接地电阻为0.9086Ω·m。

②半深井阳极床。阳极井深度10m左右,其他形状结构均同深井阳极一样。半深井阳极床的参数为:阳极床有效长度为6.5m,覆盖深度为3.5m,阳极床直径为0.3m。选用高硅铸铁阳极尺寸为φ75×1500mm,阳极3支,阳极间距为0.5m,土壤电阻率平均值为13.892Ω·m,将上述数据代入式(11-2),得半深井阳极床的接地电阻为1.369Ω·m。

③浅埋阳极床。在厂区土壤层比较薄的地段,无法钻10m以上的半深井或深井阳极床时,可采用垂直浅埋阳极床。内部结构和半深井完全一样,只是阳极个数只有一个,但由3个浅井形成一个阳极地床。浅埋阳极床的参数为:阳极井有效直径为0.3m,阳极床有效长度为3.5m左右,阳极覆盖深度为1.5m,每个浅埋阳极井间距为5m,土壤电阻率平均值13.892Ω·m,将上述数据代入式(11-2),计算得到浅埋阳极床接地电阻为1.38Ω·m。

(2)阳极井的数量。

根据辽化厂区地下管网、接地网及装置地基钢筋全面保护所需电流量,整个厂区布置16个3种类型的阳极井。建设厂区(锦纶厂、涤纶厂等)设4个阳极井,进口装置区包括化工一、二、三、四厂,污水处理厂等区域选择非一级防爆区设置8个阳极井,炼油厂设2个阳极井,水厂外围主输水管线设置2个阳极井。14个阳极井中打成6个20m以上的深井,8个10m以上的半深井,2个5m的浅井。

(3)阳极床回填料。

回填料的容积密度约为580kg/m³,回填料的电阻率不得超过502Ω·m。闭孔式阳极井采用钢套管,在高硅铸铁阳极周围加焦炭粉回填料,其作用如下:增加阳极地床的直径,以减少其接地电阻;在阳极周围创造一个恒定特性的环境,以避免阳极局部消耗造成断裂;降低阳极的消耗率,延长阳极的使用寿命。

5)参比电极选择

管网阴极保护中选用两种类型参比电极:一种为便携式Cu/饱和CuSO₄参比电极,可方便携带测量各测量点的保护电位;另一种是埋地式长寿命Cu/饱和CuSO₄参比电极,该参比电极是七二五所自行设计研制,电极结构合理,性能可靠,采用填包料埋地,设计使用寿命10年以上,属国内首创。在本工程设计中,每台恒电位仪用2支长寿命Cu/饱和CuSO₄参比电极,每个测试桩下埋设一支,共需42支。

6. 测试桩

为了长期监测管道、地基及接地网的保护效果,在地上设置永久性的监测设施即测试桩。根据辽化厂区实际情况,设计了以下几种类型测试桩。

(1)综合测试桩。

把综合测试桩设置在牺牲阳极埋设点附近,桩内设有阳极组接线、管道接线点和参比电极接线点,用来测量阳极开路电位、工作电位、阳极输出电流和管–地电位等阴极保护参数,便于及时了解牺牲阳极的工作情况和管道的保护状态。根据不同区域和不同设计参数共设 10 个综合测试桩。

(2)管网保护电位测试桩。

根据厂区牺牲阳极埋设的情况,选择两组阳极之间或靠近装置的末端,设置电位测试桩,桩内设有各条平行或交叉管线的接线点和埋地参比电极接线点,以便测量每条管线的保护电位,该电位应达到最小保护电位。该测试桩共设 10 个。

(3)装置接地网及装置基础电位测试桩。

该桩设置在装置附近,桩内有装置基础钢筋引出线和接地铜网引出线及埋地参比电极引出线,便于测量装置钢筋、接地铜网和电缆保护电位。该测试桩设置 6 个左右。

(4)外加电流回流点测试桩。

设在 4 台外加电流阴极保护恒电位仪阴极馈电点处,桩内有馈电点电缆接头、馈电点附近钢管或接地网引出线及埋地参比电极引出线,可以测量馈电电流、馈电电位。该测试桩设 8 个。

(5)绝缘法兰测试点。

在主管道的绝缘法兰处设置测试点,设有绝缘法兰两端管引出线,用便携式参比电极可以随时检测绝缘法兰两侧的电位,了解绝缘法兰的绝缘程度。

7. 阴极保护效果检测

1)保护电位监测

为了全面掌握整个厂区埋地管网和接地网保护状况,定期测量每根管线不同区段的保护电位,通过调整外加电流的输出使整个厂区的保护电位分布均匀,达到理想的保护电位值。

2)测定保护度

为了定量评定地下管线的阴极保护效果,本工程案例采用埋地检查片来测定管道的保护率。检查片采用与被保护管道相同的材质制成,每组两片,其中一片与管道电性连接,称为保护检查片;另一片与管道电绝缘,称为非保护检查片,遭受自然腐蚀。经过一定时间后取出检查片,称量各自的腐蚀失重,计算保护率。

3)保护电流测量

(1)牺牲阳极输出电流的测定。

通过测试桩的接线点可以测量每组牺牲阳极的发生电流,也可以测量在不同保护电位下的输出电流,以及经过使用不同时用后输出电流的改变情况,获得实际的保护参数。

(2)外加电流的测量。

通过外加电流装置(恒电位仪)及回流点测试桩测量并给出电压、输出电流、每个阳极床排出电流以及阴极回流点电流,可以获得外加电流保护实际参数。

4)电位梯度测量

由于辽化厂区地下管网、接地网纵横交错,且采用牺牲阳极和外加电流联合保护方案,唯一存在的问题是整个厂区电位是否均匀、能否产生干扰腐蚀。为了解决这一问题,必须进行电位梯度测试。在阴极保护区的大地电场里,两点间的电位差 V 和沿场强方向的距离 L 之比(V/L)为该电场的电位梯度。测量电位梯度可以确定大地有无泄漏电流。在管道和接地网之间可能产生干扰腐蚀的地方都要进行电位梯度测量,如有干扰电流产生,应采取导流、排流办法消除,确保管网和地网均得到良好保护。

8. 技术先进性和应用效果评价

1991 年 7 月至 1993 年 10 月,辽化厂区埋地管网实施牺牲阳极和外加电流相结合的全面阴极保护技术后,阴极保护达标率为 92.6%,测试挂片保护度为 92.4%,腐蚀泄漏率大大降低,严重的腐蚀趋势得到有效抑制,现有地下管网可以基本不用更换,还可延长使用 25 年,保障了辽化各装置的安全供水,避免了停水停产带来的重大经济损失和全年维修费用。

本工程案例具有以下特点。

(1)在辽化厂区与设备装置电性连接的地下管网众多的埋地条件下,不设绝缘法兰,进行全面阴极保护。

(2)在平行或交叉管线间采用多埋牺牲阳极和布设高密度均压线技术,改善了阴极保护电位分布。

(3)采用自行设计的 LSB-1 型防爆测试器进行防爆现场测试,并根据测试结果对浅埋阳极床铺设安全防爆地面,消除了在防爆区内应用的不安全因素。

11.2.2　广西石化厂区埋地管网腐蚀防护

1. 广西石化工程概况

中国石油广西石化 1000 万 t/a 炼油工程是中国石油在南方投资建设的第一个大型炼化项目,也是国家炼油工业"十一五"发展规划中的重要项目,工程于 2006 年 12 月 30 日正式奠基,一期于 2010 年 9 月建成投产,二期于 2013 年底全面建成投产,见图 11-1。项目位于钦州港经济开发区,属炼油化工工业一体化工程,包括 1000 万 t/a 炼油工程及配套工程、储运设施、10 万吨级原油码头及码头库区等。该项目采用全加氢型工艺流程,加工原油全部从海外进口并兼顾加工高含硫原油,对优化中国石油炼油化工业务布局,满足西南地区成品油市场需求具有重要作用。

广西石化厂区建设在滨海滩涂之上,土壤腐蚀调查表明,土壤 pH 值偏酸性,Cl⁻、含盐量和含水量均较高,并且存在硫酸盐还原菌的腐蚀,土壤综合评定为强腐蚀性环境,埋地钢质管网易发生多种类型的腐蚀,给装置的正常生产和安全带来巨大的隐患。

图 11 - 1　广西石化厂区概貌

2. 广西石化厂区阴极保护方法的选择

1)装置区外公共埋地钢质管线外加电流阴极保护

装置区外公共埋地钢质管线大部分是主管线,管径大,管道排列密集,采用外加电流阴极保护技术进行防护,辅助阳极结构采用分布式阳极地床,结合均压、排流和自动检测等技术,形成一套完整的外加电流阴极保护系统。

(1)恒电位仪。

恒电位仪用于阴极保护站内,其位置选择在辅助阳极地床附近的变电所或专用阴极保护设备间内,这样既可省回路电缆,又便于阴极保护系统供电。技术要求如下。

①交流输入:380V/50Hz。

②输出电流/电压:70A/70V。

③防护等级:IP44。

④输出控制:自动/手动。

⑤绝缘电阻:≥10MΩ(电源进线对地)。

⑥耐电压:≥2000V(电源线对机壳)。

⑦满载纹波系数:单相≤8%,三相≤5%。

⑧恒电流精度:≤±1%。

(2)辅助阳极地床。

辅助阳极材料选用混合金属氧化物阳极,金属氧化物阳极是在钛基体上涂覆一层导电的混合贵金属氧化物层而构成,其特点为:具有极低的消耗速率,消耗率低于6mg/(A·a);具有长的使用寿命,可达40年以上;具有高的电化学活性,极化小,工作电流密度大,是一种高效率的阳极;并且耐酸性环境作用,在阴极保护环境中具有极高的化学和电化学稳定性;易于加工成各种所需形状,同时具备良好的力学性能,在运输、安装和使用过程中不易损坏;电缆接头采用多道密封,在工厂预先封装,可靠性高;阳极重量轻,便于施工安装;全寿命周期费用(包括材料费、安装费和使用维护费)较低。

本工程采用的混合贵金属氧化物阳极的规格为 $\phi25mm \times 500mm$,为了增加阳极的寿命和导电性,阳极周围应用焦炭填料紧密包敷,焦炭电阻率不超过 $50\Omega \cdot cm$,粒径范围为 $5 \sim 15mm$。阳极和焦炭在生产车间用钢筒组装成 $\phi200mm \times 1000mm$ 的组合阳极体。

(3)阴极保护电缆。

阴、阳极电缆和测试电缆选用聚氯乙烯绝缘钢带铠装聚氯乙烯护套电力电缆(VV22),电压等级 600/1000V,参比电极电缆选用聚氯乙烯绝缘聚氯乙烯护套电缆(VV)。

阴极保护用电缆和导线的绝缘层连续完整,并具有良好的绝缘性和高的耐磨、耐应力开裂、耐刻痕扩展、耐切口敏感和耐化学介质特性。

2)装置区内埋地钢质管线牺牲阳极阴极保护

炼油厂装置区大多为一级防爆区,对安全要求非常高,本工程案例对该区域内的埋地管线采用牺牲阳极阴极保护,牺牲阳极可起到保护和接地的双重作用,极大提高了安全性和使用价值。

目前,普遍使用的牺牲阳极材料有 3 种,即镁合金牺牲阳极、锌合金牺牲阳极和铝合金牺牲阳极,镁合金牺牲阳极相对密度小、电位负、对钢的驱动电压大,适用于土壤环境和淡水介质;锌合金牺牲阳极和铝合金牺牲阳极通常在海水中应用比较广泛,在淡水和土壤介质中应用较少。本工程被保护管道所处土壤电阻率较高,采用 Mg – Al – Zn – Mn 合金牺牲阳极,阳极外形尺寸为 $700mm \times (130 + 150)mm \times 125mm$,单支质量为 22kg。为了保证牺牲阳极输出电流稳定,提高阳极电流效率,降低阳极接地电阻,阻止阳极表面钝化层形成,阳极周围一定要填加严格按比例配成的填充料,每支阳极需用填充料 50kg,两者装入布袋之后,组成阳极填料包的尺寸为 $\phi400mm \times 1000mm$。镁合金牺牲阳极主要化学成分如表 11 – 5 所列。

表 11 – 5　镁合金牺牲阳极化学成分

化学成分	Al	Zn	Mn	杂质元素				Mg
				Fe	Ni	Cu	Si	
含量/%	5.3 ~ 6.7	2.5 ~ 3.5	0.15 ~ 0.60	≤0.003	≤0.002	≤0.01	≤0.08	余量

3. 广西石化厂区阴极保护系统设计计算

1)保护电流密度的选取

金属构件施加阴极保护时,使金属达到完全保护时所需要的电流密度为最小保护电流密度,在设计时称为阴极保护电流密度,选取的阴极保护电流密度大小是影响金属构件防腐蚀效果的主要参数,它与最小保护电位(钢为 $-0.85V$)相对应。如果选取的保护电流密度偏低,会造成保护不足,金属构件达不到完全保护,产生不同程度的腐蚀;反之,将会造成不必要的浪费。

本方案根据广西石化公司埋地金属结构物的工况条件、涂层种类、状况及使用寿命等情况,考虑到季节变化对土壤电阻率的影响及涂层随时间而老化,并充分估计到接地网对阴极保护系统的影响,根据阴极保护项目技术附件的规定,在厂区公用管网外加电流阴极保护区选取保护电流密度为 $15mA/m^2$;在厂区装置区内牺牲阳极阴极保护区域选取保护电流密度为 $2.5mA/m^2$。

2)外加电流阴极保护系统设计计算

(1)埋地公用管网所需总保护电流。

本设计的保护对象是装置外埋地金属结构物,包括埋地管钢质管线和埋地接地网,由于埋地钢质管线在厂区内的重要作用,并且埋地钢管的数量容易计量,所以本方案的重点保护对象是埋地钢质管线。根据中国石油天然气华东设计研究院提供的数据,厂区内公用管线给排水及消防水管网管径在 $\phi219 \sim \phi2032mm$ 之间,管线总长度43.4km,总面积81078m^2。

根据保护面积和保护电流密度的取值,总的保护电流为

$$I_1 = i_1 S_1 \qquad (11-4)$$

式中:I_1 为所需保护电流(A);i_1 为外加电流系统保护电流密度,取 $15mA/m^2$;S_1 为总保护面积,取值为 $81078m^2$;

根据式(11-4)计算,总的保护电流约需1216A。

(2)辅助阳极用量计算。

根据选定的金属氧化物阳极的性能和计算出公用管线所需的总保护电流,计算广西石化公用管线部分所用的辅助阳极数量为

$$N = \frac{KI_1}{i} \qquad (11-5)$$

式中:N 为辅助阳极数量(支);i 为辅助阳极的发生电流(2A/支);K 为备用系数,取1.4。

根据公式计算辅助阳极用量为730支,实际布置750支。

(3)恒电流源数量和容量的确定。

根据工程实践经验,广西石化公司厂区公用管线外加电流阴极保护系统采用25台恒电流仪供电,根据埋地管线所需保护电流1216A的要求,每台设备的正常输出电流应为50A,考虑到设备长期输出在70%的工况条件下比较安全可靠,恒电流源的额定输出电流应为70A,每台设备所用辅助阳极数量为30支,辅助阳极地床的接地电阻应不大于1Ω。这样,每台恒电流仪的容量应为70A/70V,厂区内公

用管线外加电流阴极保护系统共用恒电流仪 25 台。

3）牺牲阳极设计计算

（1）装置区内埋地管网所需总保护电流。

装置区内埋地管网的面积是 60000m^2，根据保护电流密度的取值，总的保护电流为

$$I_2 = i_2 S_2 \tag{11-6}$$

式中：I_2 为所需保护电流（A）；i_2 为牺牲阳极保护电流密度，取 2.5mA/m^2；S_2 为需要牺牲阳极系统保护的面积，为 60000m^2。

根据式（11-6）计算总的保护电流约需 150A。

（2）镁合金牺牲阳极用量计算。

镁合金牺牲阳极的用量按下式计算，即

$$W = \frac{8760 t I_{\text{m}}}{Q\dfrac{1}{K}} \tag{11-7}$$

式中：W 为牺牲阳极用量（kg）；t 为设计保护年限（年）；I_{m} 为平均维持电流值（A）；Q 为牺牲阳极的实际电容量（A·h/kg），镁阳极取 1100；$1/K$ 为牺牲阳极有效利用系数，通常取 0.8。

根据式（11-7）计算阳极的质量为 40315kg，数量为 1832 支。

4. 阴极保护检测系统

根据检测部位的不同，广西石化公司阴极保护检测系统分为以下 4 部分。①公用管线部分：厂区内公用管线采用自动监测和人工检测相结合的方式，每座阴极保护站采用 1 套自动监测装置和 3 套人工检测装置。②界区内管线：界区内每 1000m^2 埋地管线设 1 套人工检测装置。③全厂阴极保护系统自动监测装置设置 1 套管理系统进行统一管理。④检测挂片：为了定量检测埋地钢质管线的保护效果，在埋地金属结构物上埋设 12 组检测挂片，分别在第 1、3、5、10、20、30 年取样，定量计算埋地管网的保护度。

（1）自动监测系统。

GPRS 阴极保护自动监测系统是一套面向阴极保护领域的阴极保护效果和阴极保护系统运行的无线监视系统，该系统主要用于采集被保护体电位变化情况和设备的运行参数，将采集的数据通过 GPRS 无线通信方式传送到 Internet 网上的数据服务器，数据服务器负责对数据的存储和分析，同时提供前台应用程序，以便用户查询被保护体电位变化数据。用户通过应用程序提供的列表和图形方式，可以直观地观察到电位变化情况，极大地方便了用户对阴极保护的掌握，便于管理人员和领导决策，也便于数据的积累和管理，避免人员更换导致的工作不延续。

（2）人工检测装置。

人工检测装置包括参比电极、测试桩等。

长效高纯锌参比电极用于监测埋地金属结构物的电位,其本体由高纯锌制成,使用寿命大于 40 年,电位稳定性为 ±15mV,便于长期监测阴极保护系统的电位。

阴极保护测试桩分为电位测试桩和电流测试桩,为了确保安全,厂区内测试桩全部采用防爆测试桩,测试桩箱体采用铸造铝合金制成,满足 dⅡBT4/IP55 防爆防护要求。

(3)检测挂片。

检查片为定量测量阴极保护效果而埋设的与保护管道同材质的试片,尺寸为 100mm×50mm×(3~5)mm。每组检查片有 6 块试片,其中 3 片通过电缆与管道相连处于保护状态,另外 3 片处于自然腐蚀状态。检查片埋深与管道同深,检查片到期后开挖,进行处理、称重、计算保护度。

5. 阴极保护系统调试

1)自然电位的测试

在阴极保护系统未通电以前,要先对管道进行自然电位测试。管/地电位的测试宜选用数字式万用表,输入阻抗应不小于 1MΩ/V,准确度应不小于 2.5 级。选择万用表的直流电压测量挡,量程放置于 2V 挡。将参比电极放在管道顶部上方 1m 范围的地表潮湿土壤上,应保证参比电极与土壤接触良好。将万用表的负极接参比电极,万用表的正极接被测量埋地金属结构物。万用表的读数即为埋地金属结构物的自然电位。

2)辅助阳极接地电阻的测试

采用 ZC-8 接地电阻测量仪测量接地电阻。将仪器附带的短接片将 P2 和 C2 端子短接,采用长度不大于 5m 的导线接辅助阳极;将仪器附带的两根钢钎插入垂直于管道的一条直线上,一根距管道 20m 左右,一根距管道 40m 左右;将 20m 的导线一端与仪器的 P1 相连,另一端与钢钎相连;将 40m 的导线一端与仪器的 C1 相连,另一端与钢钎相连,快速摇动仪器的摇柄,仪器的读数即为辅助阳极的接地电阻值。

3)管道保护电位的测试

在阴极保护设备通电至少 72h 以后,再对管道进行保护电位的测试,管道保护电位的测试方法与管道自然电位的测试方法相同。

4)阳极输出电流的测试

阳极输出电流的测试方法采用标准电阻法,将阳极与管道未焊接前,标准电阻的两个电流接线柱分别接管道和牺牲阳极,两个电压接线柱接电压表。

牺牲阳极的输出电流按下式计算,即

$$I = \frac{U}{R} \tag{11-8}$$

式中:I 为牺牲阳极输出电流(mA);U 为标准电阻两端的电压降(mV);R 为标准电

阻值(Ω)。

6. 厂区埋地管网阴极保护效果

广西石化厂区装置区内外埋地金属结构物的阴极保护系统自 2008 年起陆续建成投入使用,进入运维阶段。整个厂区埋地管网共设置 29 台恒电位仪,137 处测试桩,从每月的运行监测数据来看,阴极保护系统运行良好,装置故障率较低,石化厂区装置得到了较好的腐蚀防护。表 11 – 6 为 2013 年 9 月广西石化厂区公用工程部分装置的阴极保护监测数据,结果显示阴极保护设备保护电位(相对于 Zn 参比电极)最大值为 – 2680mV,最小值为 – 30mV;电位负移值最大值为 3248mV,电位负移值最小值为 584mV。由此可见,广西石化阴极保护系统运行正常,埋地钢质管道处于良好保护状态,未受到腐蚀的危害。

表 11 – 6　广西石化厂区埋地管网阴极保护效果

阴极保护站位置	输出电压 /V	输出电流 /A	自然电位 /mV	保护电位 /mV
柴油罐区(一)	12.2	4.8	566	– 810
柴油罐区(二)	13.0	7.1	396	– 940
柴油罐区(三)	15.1	1.6	653	– 1135
液化石油气罐区(一)	20.9	18.5	385	– 680
液化石油气罐区(二)	25.4	11.3	455	– 1130
污水处理厂变压器室(一)	30.6	28.1	454	– 480
污水处理厂变压器室(二)	24.3	35.0	654	– 585
航空煤油罐区(一)	13.5	25.2	554	– 30
航空煤油罐区(二)	16.1	21.7	479	– 535
聚丙烯装置(一)	21.7	7.5	465	– 1115
聚丙烯装置(二)	13.7	0.7	498	– 1105
第四联合装置机柜室(一)	28.2	20	562	– 1130
第四联合装置机柜室(二)	31.0	0.1	610	– 1130
循环水场(一)	34.1	6.9	467	– 870
循环水场(二)	32.4	23	622	– 850
中间原料油罐区	8.4	3.5	583	– 1130
循环水场(一)	28.7	0.1	601	– 1130
循环水场(二)	10.9	32	487	– 810
循环水场(三)	17.9	17.3	388	– 1130

续表

阴极保护站位置	输出电压/V	输出电流/A	自然电位/mV	保护电位/mV
空分空压站 35kV(一)	8.3	20.7	591	−1130
空分空压站 35kV(二)	5.3	18.5	633	−1110
空分空压站 35kV(三)	31.9	8.4	568	−2680

11.3 城市燃气管网腐蚀防护案例分析

11.3.1 郑州天然气管网腐蚀防护

1. 郑州天然气管网工程概况

郑州市天然气管网始建于1986年,1988年建成,至今累计建成管线总长度约1060km,管道总表面积约261000m²,覆盖着郑州市区面积逾60km²范围。管网系统由输配管线和庭院管线两部分组成,其中输配管线包括中压主干线、中压配气管和低压配气管,总长度为260km,面积为106000m²,直径有 ϕ325mm、ϕ219mm、ϕ159mm、ϕ133mm、ϕ108mm、ϕ89mm 等6种类型。庭院管网总长度约为800km,面积为155000m²,直径有 ϕ89mm、ϕ76mm、ϕ57mm、ϕ40mm、ϕ32mm、ϕ25mm 等多种类型。管材均为普通碳素结构钢无缝钢管,壁厚为 4 ~ 8mm,承压为 0.005 ~ 0.4MPa[18]。

郑州天然气管网设计时采用加强级石油沥青进行防腐,设计使用年限为15年,但由于各种原因,部分管道表面涂层没有达到防腐标准的要求,防腐层局部破损严重,绝缘电阻低,黏附力明显下降,导致防护能力严重不足,无法起到有效防止外壁腐蚀的作用。郑州市天然气管网于1995年6月首次在城南路中133钢管上发现腐蚀穿孔,天然气泄漏,通过通信电缆沟槽发生爆燃,造成两个电信工人大面积烧伤。至1998年8月粗略统计,发现的管网腐蚀穿孔计97处,其中42处为发现漏气抢修,55处为对输配管线检测发现,仅1998年1月至8月就抢修了13次,呈逐年上升的趋势。从腐蚀穿孔情况来看,除 ϕ325mm 管体未发现外,其他各类管径的管体均有发生。42处穿孔抢修多以庭院管为主,原因在于庭院管管壁薄,埋深浅,腐蚀漏气易被发现。输配管线检测表明,ϕ89mm 管体出现腐蚀较多,而 ϕ219mm、ϕ273mm 等中压输配管也有 10 余处腐蚀穿孔,表明最大点蚀速度大于 0.7mm/a,必须采取合理的防护措施进行控制,确保管网的安全可靠运行。

2. 管网环境的腐蚀性及其影响

由于郑州市区某些区域内土壤腐蚀性强、杂散电流干扰作用大、地区环境相差悬殊导致的宏观腐蚀原电池作用显著等是造成管网严重腐蚀的重要原因,分析了 21 处土壤理化性质,测量了 67 处土壤电阻率和管 – 地电位及 16 处交流、直流干扰程度,以评价管网环境的腐蚀性。

1）土壤腐蚀性

郑州市市区面积逾 90km²,土质为黏土、亚黏土、砂土和淤泥土等,其土壤容重在 1.3 ~ 1.65g/cm³ 内变化,孔隙度为 37.7% ~ 50.9%,表明郑州市土壤的容重较大而孔隙度较小,属紧密型。由于管网所处区域大,其环境因素也不一样。取样点不同,一些决定土壤腐蚀性能的主要技术指标不同,变化较大,如表 11 – 7 所列。结果表明,郑州市土壤电阻率小于 30Ω·m,属强腐蚀性的有 38 处,占测点总数的 57%;土壤电阻率在 30 ~ 50Ω·m 间,属于中等腐蚀强度的共有 17 处,占测点数的 25%;以上两项之和占测点总数的 82%,表明郑州市区土壤腐蚀性总体处于中、强等级,个别区段处于极强或弱、极弱等级。

表 11 – 7　土壤理化性质、管 – 地电位测值及土壤所处腐蚀等级分布

测定项目	测值情况			腐蚀特性分布/处					备注
	变化范围	平均值	测定处数	极强	强	中	弱	极弱	
电阻率/(Ω·m)	2.8 ~ 150	36	67	2	36	17	9	3	
含水量/%	3 ~ 30	14.1	21	9	4	4	3	0	1 处超过 25%
氧化还原电位/mV	440 ~ 564	488	20	—	0	0	0	20	
pH 值	6.2 ~ 7.0	6.7	21	—	0	21	0	0	
$Cl^- + SO_4^{2-}$/%	0.009 ~ 0.174	0.043	21	—	8	11	2	—	
管 – 地电位/V	−0.33 ~ −0.61	−0.48	65	6	33	26	0	0	

郑州市土壤含水量较高,含水量在 3% ~ 30%,平均值 14.1%,在这 21 个测试点中属于极强腐蚀特性。其中强腐蚀性点为 13 处,占总测点数的 62%。从土壤含水量判定,郑州市土壤绝大部分腐蚀性较强。

氧化还原电位的大小是评价土壤细菌腐蚀程度的指标。郑州市土壤氧化还原电位均在 400mV 以上,说明郑州市天然气管网整体受到的细菌腐蚀影响较小。

郑州市土壤的 pH 值为 6.2 ~ 7.0,属中等腐蚀强度;其 $Cl^- + SO_4^{2-}$ 含量在 0.009% ~ 0.174% 之间变化,测点之间差异较大。根据判定指标,表明所处的土壤对金属会产生中、强等级的腐蚀。

管 – 地电位也是评价环境腐蚀性的指标之一。一般而言,电位值越负,环境腐蚀性越强。郑州市天然气管网管地电位测试表明,电位值在 −0.33 ~ −0.61V 之间变化。在 65 处测试点中,属于强、极强腐蚀等级有 39 处,占 60% 左右。

综上所述表明,郑州市土壤基本为中、强腐蚀等级。其中东北城区土壤的电阻

率低,含水量高,管-地电位较负,呈现出较强的腐蚀性,其腐蚀性高于其他区域。郑州市天然气管网受土壤细菌腐蚀的影响较小。

2)杂散电流腐蚀

根据杂散电流的种类不同和产生腐蚀效应的差异,杂散电流分为直流干扰和交流干扰,前者产生的腐蚀称为直流干扰腐蚀,后者称为交流干扰腐蚀。两种干扰程度的评价指标如表11-8、表11-9所列。

表11-8　直流干扰程度指标

杂散电流程度	小	中	大
地电位梯度/(mV/m)	<0.5	0.5~5	>5

表11-9　交流干扰程度指标级别　　　　　　　　　(单位:V)

土壤类型	级别		
	弱	中	强
碱性土壤	<10	12~20	>20
中性土壤	<8	8~15	>15
酸性土壤	<6	5~10	>10

交流干扰引起的腐蚀要比直流干扰的强度小得多,大约为直流干扰的1%或更小。本工程测量选择了一些埋地管道地面上有高、低压电缆及同沟埋设电力电缆的6处测点进行交流干扰测试。其交流管-地电位均小于0.5V,表明交流干扰对郑州市天然气管网的腐蚀影响不大。

土壤较强的腐蚀性是导致郑州市天然气管网严重腐蚀的重要原因之一。测试表明,郑州的土壤基本呈中、强腐蚀等级,个别地段甚至处于极强的腐蚀等级。根据其调查结果,约76%的管体腐蚀穿孔出现在01区,这与01区的土壤腐蚀性明显高于其他3个区域,表现出强的腐蚀等级有关。根据有关研究表明,土壤的腐蚀性与钢的平均腐蚀速率关系为:极强,大于1mm/a;强,0.2~1mm/a;中等,0.05~0.2mm/a。由此说明了郑州市天然气管网10年左右已出现多处腐蚀穿孔的必然性。

3. 管网阴极保护技术可行性分析

考虑到郑州市燃气管网腐蚀泄漏的严重性、工况条件的复杂程度、外界影响因素的多重性以及实施阴极保护技术的难度,为了制订出有效、科学、经济、安全、可靠的阴极保护方案,首先进行现场馈电试验,分析阴极保护技术在郑州市燃气管网防腐蚀工程中应用的可行性。

1)确定被保护对象

针对郑州市燃气管网实施阴极保护而言,被保护对象有3种方案供选择。

（1）方案一。

保护对象为输配气主干线,放弃庭院管线的保护。这种保护需要在主干线进入庭院之前于低压支线处增设绝缘法兰,将主干线与庭院管线相隔绝,达到防止主干线腐蚀的目的。该方案难以保证绝缘效果,主干线一旦与地下输水管和庭院管线等金属结构物相碰接,绝缘法兰形同虚设,这样既浪费了设置大量绝缘法兰的经费投资,又起不到彻底绝缘的效果,而且留下了庭院管线仍遭严重腐蚀的隐患。此外,阴极保护系统运行过程中,还会对庭院管线产生干扰作用,加速庭院管线的腐蚀,为消除这种干扰作用,必须在适宜而必要的管线上增设排流装置,这又是一笔相当数量的经费开支。因此,考虑到防腐蚀方案的经济性和有效性,该方案不合适。

（2）方案二。

保护对象为输配气主干线和庭院管线。这时需要在庭院管线入户内增设绝缘法兰,将郑州市燃气管网与供水管线相隔绝。该方案同"方案一"一样难以保证绝缘效果,而且会给供水管线系统带来杂散电流的干扰作用,可能使靠近燃气管网的供水管系等其他金属结构物产生电解腐蚀,不宜选用。但与方案一相比较,该方案是对郑州市燃气管网进行了全方位保护,克服了留下庭院管线仍遭腐蚀隐患的弊病。

（3）方案三。

保护对象为输配气主干线和庭院管线,以及部分分流小的输水管系。这时只对分流阴极保护电流严重的地下其他金属构筑物采用绝缘法兰技术进行隔绝,该方案既克服了方案一和方案二的弊端,又解决了阴极保护电流严重旁流的关键技术,可保证阴极保护效果不受明显的影响,因此列入本工程案例选用的方案,即以郑州市天然气输配主干线、庭院管线和分流小的部分地下输水管线等作为阴极保护对象,进行阴极保护技术可行性分析。

采用绝缘体切断配气系统与水井套管、地下输水管系、地下储罐和电气接地网络等金属设施间的电性连接,避免阴极保护电流严重损失,对于确保阴极保护效果是何等重要。根据七二五所多年承担完成的数十项厂区与市区地下输气与供水管网阴极保护工程的实际效果,同样发现,为了避免阴极保护电流严重流失,配置的绝缘体很难做到100%有效,就是初装期达到了设计要求,运行期间仍然还会变为无效,再加上市区地下金属构造物纵横交错,十分复杂,若有一处搭接,新设的绝缘体也变成了虚设。因此,本工程案例采用全方位外加电流阴极保护,局部科学合理配置牺牲阳极,个别部位设置绝缘体,从而对郑州市燃气管网进行腐蚀控制。

2）馈电试验

为旧管线实施阴极保护设计提供依据的重要途径之一就是进行馈电试验。馈电试验是指用一套简易的阴极保护装置给管线通电,使管线在一段时间内处于阴极保护状态,以此了解管线沿线阴极保护电位分布及所需的保护电流密度等。通过分析结果,可以推断出涂层状况的优劣,获得阴极保护参数。

(1)辅助阳极井深度。

根据理论分析和实践经验,管道采用强制电流保护时,郊外通常采用旁离式的浅埋辅助阳极,而市区和厂区地下管网必须采用深埋辅助阳极,否则对非保护金属构筑物将会产生干扰腐蚀,这是绝对不允许的。另外,在管道密集区浅埋辅助阳极时,阴极保护电流容易被邻近的管道等金属结构物所屏蔽,限制了阴极保护的有效范围,难以使被保护的管网各部位达到最佳保护电位,电位分布会十分不均匀,即:有的管道达不到保护电位,管道仍然会被腐蚀;有的管道电位过负,出现过保护现象,析氢引起管段保护涂层剥离等。郑州市燃气管网密集程度相当高,全市有将近1100km长的钢质燃气管网铺设在地下,而且与输水管线、热力管线、地下电缆等庞大的地下金属结构物交织在一起,构成极其复杂的金属网络,有的管间距只有几十公分,甚至搭接在一起,对这种工况条件下的管网实施阴极保护,必须采用深埋辅助阳极,否则就无法满足我国石油工业部规范(SYJ 7—84)中规定的技术要求:"辅助阳极周围地区100m内,平均地表电位梯度不大于5mV/m,保护区内的非保护管线电位正偏移不大于20mV"。鉴于上述情况,本工程案例中的馈电试验选用辅助阳极井的深度为60m和100m。

(2)井深与保护范围。

现场馈电试验测试过程中,分别在井深60m和100m的条件下,通以35A、70A、100A这3种不同的阴极保护电流,测定了管 – 地电位的分布,结果表明,在相同阴极保护电流条件下,井深100m与60m相比较,井深为100m时,管 – 地电位负移250mV以上达标的测试点数明显增多,即同在35A条件下,井深100m比60m多3个测试点达标,扩大保护范围达75%;100A条件下,井深100m比60m多6个测试点达标,扩大保护范围达30%以上;但是,从管 – 地电位达到 – 0.85V以上的测试点数来看,井深60m与100m相比较,无明显差异。

如果按保护管线的长度计算,辅助阳极输出相同阴极保护电流时,有效阴极保护范围存在明显的差异,即60m和100m深的辅助阳极输出相同的100A阴极保护电流时,前者管 – 地峰值电位为 – 3.135V,沿卫生路有效保护范围为840m,而后者管地峰值电位为 – 2.378V,沿卫生路有效保护范围为1290m,扩大将近1倍。

综上所述,郑州市天然气管网实施阴极保护时,选用辅助阳极井深度100m左右为宜,选用60m以下深井阳极难以达到预期的保护范围,保护电位达标率较低。

(3)阴极保护电流与保护范围。

现场馈电试验过程中,分别在井深60m和100m的条件下,测定了不同阴极保护电流对保护范围的影响。结果表明,管 – 地电位负移250mV以上的测试点数和达到 – 0.85V以上的测试点数均随着阴极保护电流的增加而增加,但不是呈比例的增加,其中井深 100m 条件下的电位负移幅度较显著。由此可见,在阴极保护电流达到 100A 以前,阴极保护电位达到保护指标要求的管段长度随阴极保护电流增加而增长,基本上呈比例增长,但超出 100A 以后,达到保护电位指标要求的管段长度随阴极保护电流增加而增加的趋势不明显,即保护范围扩展不明显,也就是说在一定阴极保护电流范围内,采用增加保护电流密度的办法,扩大保护范围是有效的,一旦超出这一阴极保护电流值范围,借助提高保护电流密度扩大保护范围不一定有效,况且受阴极最负点电位值的限制,阴极保护也不允许任意加大。

(4)井深与干扰作用。

通过馈电试验,在通以 120A 阴极保护电流条件下,测定了 100m 与 60m 不同井深的地表电位梯度。靠近辅助阳极井 10m 范围内地表电位梯度存在明显的差异,即 60m 深井阳极周围的地表电位梯度为 $1.7 \sim 90.5 \text{mV/m}$,而 100m 深井阳极周围的地表电位梯度仅有 $0.15 \sim 11.0 \text{mV/m}$,两者相差近 10 倍之多。

(5)井深与阴极最负电位。

城市地下管网实施阴极保护时,管-地电位不宜过负,否则将会产生一定的副作用。阴极电位过负时,阴极反应会增强碱性,这种碱性可引起涂层破坏;阴极电位过负时,将在涂层缺陷处产生氢气,这种气体可使涂层与金属表面逐渐脱离,即易造成涂层剥离等。参照相关标准要求,对于涂覆煤焦油涂料和沥青瓷漆的管道,管-地最负电位不得负于 -2.5V。

通过馈电试验,在 60m 和 100m 不同井深条件下,分析了阴极保护电流对阴极电位最负点的电位值的影响。随着阴极电流增加,井深 60m 的阴极电位最负点的电位上升幅度较大,而井深为 100m 的上升幅度明显变缓。如果限定管-地电位最负值不得负于 -2.5V 时,井深 60m 的辅助阳极井允许输出阴极保护电流只能低于 70A,而井深为 100m 的辅助阳极井允许输出阴极保护电流将超过 120A。这时,井深 100m 输出电流为 120A 所保护的管道长度,比井深 60m 输出电流为 70A 的保护长度扩大 1 倍以上,即 60m 深井沿卫生路管线的保护范围只有 650m,而 100m 深井沿卫生路管线的保护范围可扩大到 1350m 以上。

(6)阴极保护参数。

馈电试验是在不设任何绝缘法兰条件下进行的,试验过程中认真反复地测定了井深为 100m、最负阴极点电位控制在 -2.5V 左右时的管网阴极极化情况、保护电位达标范围、保护电位分布均匀性、保护电流的大小、干扰作用等。试验结果表明,最负阴极点电位控制在 -2.5V 左右时,100m 深井中的辅助阳极可输出 120A 阴极保护电流。在不设绝缘法兰的情况下,限定最负点电位为 -2.5V 时,选用 100m 深的辅助阳极井可输出阴极保护电流 120A 以上,其保护区域范围为 3.14km^2,达到保护电位的管网面积为 12000m^2。经均压后,保护电位达标的管网保护面积可为 13000m^2 以上,其保护电流密度为 9mA/m^2。郑州市面积为 260000m^2 的天然气管网需布置 15～16 个深埋辅助阳极,边缘区域中少数未达标的管线再适当埋设一部分高效镁合金牺牲阳极,即可实现理想的阴极保护效果。

4. 阴极保护方案设计

1)保护对象

根据建设单位的要求和郑州市天然气管网实际腐蚀与保护现状以及国内外相关技术资料和工程实例经验等,确定保护对象为郑州市市区内的埋设钢质燃气输配管道,其中包括燃气输配主干线的长度为 260km,面积为 106000m² ;燃气庭院管线的长度为 800km,面积为 155000m²。则本工程案例实施阴极保护燃气管道的总长度为 1060km,总面积为 261000m²。

2)阴极保护设计方案

(1)100m 左右深的辅助阳极井 16 座,每座辅助阳极井输出阳极保护电流 120A 左右。

(2)规格为 150A/100V 型的磁饱和恒电位仪 32 台。

(3)380V/50Hz 交流供电系统 16 套。

(4)长寿命参比电极 32 套。

(5)22kg/支级的高效镁合金牺牲阳极 300 支。

(6)含 Cr 高硅铸铁辅助阳极 288 支。

5. 阴极保护效果评价

2001 年 7 月,郑州市天然气管网阴极保护工程完成安装和调试,并投入试运行阶段。目前,郑州市天然气管网阴极保护系统运行情况良好。通过 2001 年底对天然气管网电位状况的测试,在为阴极保护工程设计所划分的郑州市 4 个区域已完全达到设计要求,即该区域内 90% 以上的地下天然气中压管网保护电位达到 $-0.85V$(相对于 Cu/饱和 $CuSO_4$ 参比电极),保证管网得到有效的保护,为郑州市天然气管网的安全运行提供了可靠的技术保障。

11.3.2 乌鲁木齐天然气管网腐蚀防护

1. 乌鲁木齐天然气管网工程概况

乌鲁木齐市天然气管网始建于 1991 年,该管网总长度 1256km,形成覆盖乌鲁木齐市全市区、总面积约 130km² 的管网辐射区域。管网材质以普通碳钢为主,管道规格涉及 DN40～DN400,管道外防腐涂层类型较多,其中有环氧重防腐层、挤压聚乙烯防腐层和聚乙烯胶带防腐层。整个管网在市区内,与地下电源电信输配线、热力管线、输水管线等三大系统交织在一起,纵横交错,息息相关,构成极其复杂的地下金属网络。

2. 乌鲁木齐大然气管网腐蚀调研

对乌鲁木齐市天然气管网进行土壤腐蚀情况调查,调查内容包括次高压管线 16

个点,市区中压管线 49 个点,庭院管线 15 个点。调研发现,全市区土壤中含水量在 10% ~25% 的点占测量点的 60% 左右,SO_4^{2-} 含量大于 0.05% 的点占测量点的 65%,含盐量大于 0.2% 的点占测量点的 45%,上述区域均易发生严重的电化学腐蚀。另外,杂散电流干扰的影响比较大,测量电位梯度大于 2.5mV/m 的点占开挖点的 78% 以上。表明乌鲁木齐市土壤属于强腐蚀性环境,必须采取有效的腐蚀防护措施。

3. 乌鲁木齐天然气管网阴极保护技术可行性分析

考虑到乌鲁木齐市天然气管网腐蚀的状况、工况条件的复杂程度、外界影响因素的多重性,以及实施阴极保护技术的难度,首先进行现场馈电试验,分析阴极保护技术在乌鲁木齐市天然气管网防腐蚀工程中应用的可行性。

1)确定被保护对象

针对乌鲁木齐市天然气管网实施阴极保护而言,由于庭院管线防腐层施工难度较大,防腐层质量得不到保证。庭院地下管网更为复杂,各种金属结构物纵横交错,一旦天然气管线与其他金属结构物发生搭接,将使大量的阴极保护电流流失,不仅增加了阴极保护的费用,而且要保护的对象也得不到充分的保护。综合考虑,确定馈电试验对象为科学院片区输配气中压管线,需要在调压箱处增设绝缘法兰,将中压管线与庭院低压管线相隔绝,以防止主干线发生腐蚀。

2)馈电试验

(1)辅助阳极井深度。

乌鲁木齐市天然气管网密集程度相当高,全市有将近 1260km 长的钢质天然气管网铺设在地下,而且与输水管线、热力管线、地下电缆等庞大的地下金属结构物交织在一起,构成极其复杂的金属网络,有的管间距只有几十厘米。对这种工况条件下的管网实施阴极保护,必须采用深埋辅助阳极,否则就无法满足我国石油部规范《埋地钢质管道强制电流阴极保护设计规范》(SY/T 0036—2000)中规定要求:辅助阳极地电场的电位梯度不应大于 5V/m,设有护栏时不受此限制。本工程案例的馈电试验选用辅助阳极井的设计深度为 80 ~100m,由于施工时遇到岩石层,因此辅助阳极井深为 73m。

(2)通电前测试。

在进行馈电试验前,首先对科学院片区的天然气管道开路电位进行了测试。开路电位在 -0.3 ~ -0.4V 范围,与正常情况下管道自然电位在 -0.55V 左右相比,电位普遍偏正。分析可能有两个原因,一是杂散电流的干扰;二是土壤电阻率偏高,使得管道电位偏正。开路电位偏正,在实施阴极保护时达到保护电位 -0.85V 所需要的极化量就大。正常情况下,电位负移 0.15 ~ 0.35V 就能够达到阴极保护的最小电位值,而乌鲁木齐市的天然气管道电位一般需要负移 0.35 ~ 0.55V 才能够达到阴极保护的最小电位值。

（3）通电测试。

将科学院片区与市区管网进行了绝缘，但是低压管网未进行绝缘。对系统进行通电测试，在设备输出电压 70V、输出电流 130A 时，埋地管网的保护率仅为 41%，电流流失的相当多，必须对庭院低压管网实施绝缘。经过对调压箱安装绝缘法兰后，调节设备输出电压和输出电流分别为 11V 和 20A，经统计保护面积达到 2000m^2，保护率达到 77%。继续调节设备输出电压和输出电流分别为 17V 和 35A，保护率达到 98% 以上。

（4）辅助阳极地床电位梯度。

城市地下管网实施阴极保护时，人们最关心的是在阴极保护系统运行期间，辅助阳极地床电位梯度能否产生安全隐患。通过馈电试验，在通以 35A 阴保护电流条件下，测定了阳极井周围的地床电位梯度，如表 11 - 10 所列。测试结果表明，靠近辅助阳极井周围地表电位梯度为 9 ~ 56mV/m，远远小于石油天然气行业标准《埋地钢质管道强制电流阴极保护设计规范》（SY/T 0036—2000）中所规定电位梯度不大于 5V/m 的标准。

表 11 - 10　辅助阳极地床电位梯度　　　　　　　　　（单位：V/m）

通电状态	最负电位/V	测量方向	测量参比电极与阳极井之间距离/m		
			0 ~ 1	1 ~ 2	2 ~ 3
35A/17V	- 2.50	东	0.042	0.042	0.042
		西	0.023	0.034	0.019
		南	0.056	0.012	0.029
		北	0.035	0.025	0.009

（5）井深与阴极最负电位。

通过馈电试验，在通不同电流时，在阴极接地点测得的电位和回路电阻列入表 11 - 11 中。从表中所列数据可以看出，未绝缘时，通电电流达 130A，阴极接地点电位达 - 4.80V，回路电阻为 0.54Ω；绝缘以后，通电电流 20A 时，阴极接地点电位 - 1.50V，回路电阻为 0.55Ω；绝缘以后，通电电流 35A 时，阴极接地点电位 - 2.50V，回路电阻为 0.49Ω。

表 11 - 11　阴极接地点测得的电位和回路电阻

输出电流/A	输出电压/V	阴极接地点电位/V	回路电阻/Ω
130（未绝缘）	70	- 4.80	0.54
20（绝缘后）	11	- 1.50	0.55
35（绝缘后）	17	- 2.50	0.49

与其他城市阴极保护数据相比,在同样的最大保护电位值下,输出电流较小。分析其原因可能为:乌鲁木齐市的土壤电阻率太大;阴极接地点的管道略细;阳极井距管道距离太近。

(6)分流与干扰作用。

在测量天然气管网电位的同时,也测量了部分自来水管和暖气管的电位,用以判定自来水管系的分流作用和阴极保护系统对其产生的干扰作用。现将通电电流为 35A 时测得同一庭院中燃气管、水管和暖气管的电位值列入表 11 - 12 中。

表 11 - 12　燃气管、水管和暖气管的电位比较

测点	自然电位/V			极化电位/V		
	燃气管	水管	暖气管	燃气管	水管	暖气管
西北局南院	-0.493	-0.501	—	-1.464	-0.580	—
检疫局院	-0.352	-0.457	—	-1.534	-0.477	—
分院 35 号楼	-0.359	-0.358	—	-1.843	-0.490	—
地震局院	-0.371	-0.570	—	-1.303	-0.554	—
科学院 27 号楼	-0.447	-0.373	—	-0.811	-0.387	—
科技厅 32 号楼	-0.439	-0.448	—	-0.742	-0.574	—
九中家属院	-0.413	-0.388	—	-0.960	-0.450	—
计量局院	-0.427	-0.507	-0.420	-0.793	-0.593	-0.461

从表中所列数据可以看出有以下几种情况:当燃气管电位升高时,水管电位反而下降,如地震局测点;当燃气管电位升高时,水管电位也升高,但两者电位相差较大,除地震局测点外,其他测点均是这种情况。

从以上存在的情况来看,第一种情况表明,水管受阴极保护杂散电流的干扰,电位变正 16mV。参照《埋地钢质管道直流排流保护技术标准》(SY/T 0017—2016)中"管道任意点上管 - 地电位较自然电位正向偏移 20mV 或管道附近土壤中的电位梯度大于 0.5mV/m 时,管道被确认为有直流干扰,当管道任意点上管 - 地电位较自然电位正向偏移 100mV 或管道附近土壤中的电位梯度大于 2.5mV/m时,管道应及时采取直流排流保护或其他防护措施"规定,由测试结果可以看出,科学院片区阴极保护对其他管道杂散电流干扰影响是很小的。

第二种情况表明自来水管与燃气管存在电性连接,水管有分流作用,两者电位越接近说明彼此接触电阻越小,水管分流作用越强。对计量局院暖气管也进行了电位测量,阴极保护对暖气管既没有分流现象又没有干扰的影响。

(7)阴极保护参数。

馈电试验是在与市区管网绝缘条件下进行的。在庭院低压管网绝缘情况下,

选用 73m 深的辅助阳极井,在输出阴极保护电流 35A 时,达到保护电位的管网面积为 2560m²。由于通电时间较短,随着极化时间的推移,所需的保护电流密度还可减少,因此选取保护电流密度为 10mA/m²。乌鲁木齐市主线次高压/中压管线和庭院中压燃气管道总面积为 305196m²,至少还需要 30 座左右的深埋辅助阳极井,少数未达标的管线通过适当埋设一部分高效镁合金牺牲阳极,再加以绝缘、均压等措施,即可实现较好的阴极保护效果。

4. 阴极保护方案设计

(1)保护对象。

保护对象为乌鲁木齐市在役钢制主线次高压/中压、庭院中压燃气管道,总长度为 700.72km,总外表面积 305196.58m²。

(2)阴极保护方案。

根据保护对象和工程目标,确定以下阴极保护方案。

①60～100m 深的辅助阳极井 30 座。

②规格为 120A/100V 的恒电流仪 30 台。

③阴极保护站 30 间,每间占地面积 6～10m²。

④380V/50Hz 交流供电系统 30 套。

⑤长寿命参比电极 70 套。

⑥22kg 级镁合金阳极 52 套。

参考文献

[1] 张炼,冯洪臣.管道工程保护技术[M].北京:化学工业出版社,2014.

[2] 李志宏.城镇燃气管道腐蚀防护对策研究[J].管道技术与设备,2017,5:40-42.

[3] 张军,王生平,邹健.城市老旧小区低压燃气金属管网腐蚀现状分析[J].城市燃气,2017(3):13-15.

[4] 王巍,牟义慧,王子喻.炼油厂埋地水管网的腐蚀与阴极保护[J].腐蚀与防护,2008,29(1):42-44.

[5] 岑康,王磊,孙华锋,等.在役燃气管网追加强制电流阴极保护关键技术[J].集输与加工,2019,39(5):115-12.

[6] 陈壮志,郑力宇,杨东辉.外加电流深井阳极阴极保护系统的检测与评价[J].煤气与热力,2010,30(7):32-34.

[7] 孟繁强,李夏喜,刘建辉,等.深井阳极区域保护在北京燃气管网中的应用[J].腐蚀与防护,2011,32(1):54-57.

[8] 武烈,苏锐利.分段预制式阳极体在引水管线阴极保护中的应用[J].石油化工腐蚀与防护,1997,14(4):31-33.

[9] 牟俊生,韩德波.外加电流系统在石化厂区水网阴极保护工程实例[J].全面腐蚀控制,

2017,31(11):43－46.

[10] 樊洪,庄长绪,韩振宇.洛阳市新建煤气管道的阴极保护[J].腐蚀与防护,2004,25(11):477－479.

[11] 樊洪,阎永贵,钱建华.阴极保护技术在大乙烯的成功应用[J].石油化工腐蚀与防护,2009,26(2):36－39.

[12] 王阳,陈旭立.石化厂区埋地金属结构物阴极保护技术应用[J].当代化工,2012,41(6):610－613.

[13] 何向国,玄晓阳.石化厂区地下金属结构物阴极保护技术及效果[J].全面腐蚀控制,2016,30(3):29－32.

[14] 李威力,陈炎兵,汪成宿,等.外加电流系统在天然气管道阴极保护工程实例[J].全面腐蚀控制,2015,29(12):31－33.

[15] 常娥,王静,李威力.馈电试验在市政燃气管道阴极保护工程的应用[J].材料开发与应用,2019,34(3):102－107.

[16] 李威力,杨松,陈炎兵,等.牺牲阳极在老旧循环水管道内壁保护中的应用实例[J].材料保护,2016,49(3):62－63.

[17] 谈多林,李绍宏.辽化厂区地下输水管网阴极保护工程[J].石油化工腐蚀与防护,1995(3):32－34.

[18] 赵明,王军,李长江,等.郑州市天然气管网阴极保护工程概述[J].城市燃气,2002,328(6):3－4.

第 12 章

储罐的腐蚀控制

12.1 概　　述

储罐是储存液体或气体的密封压力容器,它是石油化工装置和储运系统设施的重要组成部分,是石油、化工、粮油、食品、消防、交通、冶金、国防等行业必不可少的、重要的基础设施,在国民经济发展中所起的重要作用是无可替代的。对许多企业来讲没有储罐就无法正常生产,特别是国家战略物资储备均离不开各种容量和类型的储罐。原油储罐是石油化工行业的重要设备,对整个装置"安、稳、长、满、优"的运行起着重要作用。近年来,我国国民经济持续高速发展,对原油的需求也随之快速增长,而国内原油产量基本停滞不前,仍将大量依赖进口,必须建立原油储备库。当供油地区发生政治动荡等事件导致无法正常供油,或运输通道出现事端无法通航时,国家储备库可保证政治和经济形势的稳定。我国的储油设施多以地上储罐为主,且以金属结构居多。本章重点针对原油储罐的结构特点,介绍其相应的腐蚀防护技术。

12.1.1　储罐的范围

储罐是长输油气管道输送介质的储存容器。输油管道首站的储油罐用于收集、储存石油和保证管线输油量的稳定,末站的储油罐用于接收和储备来油,并提供给用油单位。输气管道末端门站的储气罐主要用于城市燃气的调峰,正逐渐被地下储气库和管道储气所代替。

石油储罐的种类很多,目前主要采用立式圆筒形结构,按罐顶结构形式分类可分为固定顶储罐、浮顶储罐。

1. 固定顶储罐

固定顶储罐分为锥顶储罐、拱顶储罐、伞形顶储罐及网壳顶储罐。其中拱顶储罐是指罐顶为球冠状、罐体为圆柱形的一种钢制容器,应用最为广泛。拱顶储罐制造简单、造价低廉,最常用的容积为 $1000 \sim 10000m^3$,目前国内拱顶储罐的最大容积已经达到 $30000m^3$。拱顶储罐的耗钢量较少,能承受较高的剩余压力,减少储液蒸发,造价较低,但罐顶制作需用胎具,制造施工较为复杂。

2. 浮顶储罐

浮顶储罐的种类很多,如单盘式、双盘式、浮子式等。

浮顶储罐是由漂浮在介质表面的浮顶和立式圆柱形罐壁所构成。浮顶随罐内介质储量的增加或减少而升降,浮顶外缘与罐壁之间有环形密封装置,使罐内介质始终被内浮顶直接覆盖,与大气隔绝,减少介质挥发。

双盘浮顶储罐相对来说强度更大,隔热效果好,但单盘浮顶储罐更经济。

12.1.2　储罐的腐蚀类型及特点

储罐是一个整体,其整个部位都会受到腐蚀破坏,包括储罐内壁、储罐外表面和与土壤接触的罐底板外表面以及罐外壁与地面相连的边缘板部分,这些部位的腐蚀都会给储罐长周期安全运行造成很大影响。据不完全统计,我国原油储罐腐蚀相当严重,尤其是罐底,一般平均使用年限为 10 年,腐蚀严重的油罐 5～7 年就会穿孔而要更换底板。下面就储罐的这些部位腐蚀问题分别进行介绍。

1. 储罐的内壁腐蚀

储罐内各部位所处环境不同,其腐蚀也不尽相同,见表 12-1。罐顶的腐蚀主要是由于水蒸气、空气中的氧及油品中挥发性的 H_2S 造成的电化学腐蚀。罐壁气液交替部位的腐蚀主要是由于氧浓差引起的,液面以下油品中氧浓度逐渐降低,形成氧浓差电池。氧浓度高的部位为阴极,氧浓度低的部位为阳极。罐底腐蚀最严重,主要是由于油品中所含的少量水分在油品储存过程中沉降于罐底所造成的,使罐底板产生斑点、蚀坑甚至穿孔。另外,罐底的无氧条件很适合硫酸盐还原菌的生长,易引起严重的针状或丝状细菌腐蚀。

表 12-1　储罐各部位的腐蚀情况

部位	腐蚀环境	最大腐蚀速率/(mm/a)
罐底	液相	0.3
罐壁	气液交替	0.18
罐顶	气相	0.18

1）罐顶及罐壁上部腐蚀

罐顶及罐壁上部发生腐蚀的主要原因是原油挥发分离出的轻质组分，如 SO_2、H_2S、CO_2、O_2 等，溶解在顶部内表面的水膜中，凝结成酸性溶液，最终形成腐蚀原电池。由于凝结水膜较薄，厚度为 $10nm \sim 1\mu m$，氧易于扩散进入界面，主要发生氧的去极化反应，使腐蚀速率急剧增大。该区腐蚀表现为非均匀全面腐蚀，且多以点蚀为主，腐蚀程度比罐壁区严重，但相对于罐底积水部位腐蚀较轻[1]。

2）罐壁中部腐蚀

原油黏度较大，可在储罐的罐壁中部产生流挂，起到一定的保护作用，短期内一般不会造成罐壁的腐蚀穿孔。由于油罐倒灌、循环搅拌过程不可避免携带杂质，会导致储罐容易发生腐蚀。另外，储罐的原油液位经常变化，氧气浓度不均，在与油水和油气的交界面相接触的储油部位，易形成氧浓差电池而造成腐蚀，氧浓度差越大，腐蚀速率越快。

3）底板和壁板 1.5m 以下部位的腐蚀

储罐的主要腐蚀部位为底板内表面和壁板内表面 1.5m 以下部位，长期与原油处理后所携带的少量水分沉降形成的油析水层接触，油析水中含大量无机盐分，水解会生成腐蚀性很强的酸，导致腐蚀的发生。同时，罐底是一个厌氧环境，含有大量的 Cl^- 和 SO_4^{2-}，为硫酸盐还原菌（SRB）提供了生存环境。这些腐蚀性介质与罐底板防腐层破损处发生电化学反应，造成了严重的局部腐蚀，如点蚀、坑蚀，加大了储罐腐蚀穿孔的风险。

另外，不同油品对储罐的腐蚀情况的影响存在一定差异，如表 12-2 所列，其中原油储油罐的腐蚀最为严重。

表 12-2　不同油品对储罐的腐蚀情况

油品的种类	平均腐蚀速率/(mm/a)	最大腐蚀速率/(mm/a)
原油	0~0.125	0.6
重油	0~0.05	0.3
煤油、柴油	0.05~0.125	0.4
汽油	0.05~0.25	0.4

2. 储罐的外壁腐蚀

1）罐顶腐蚀

罐顶外表面所处环境一般为近海岸海洋大气环境或工业大气环境，含有较多的盐分和水分，或含有 SO_2、NO_2、H_2S 等，油罐的外表面的水膜中会溶解油罐所处环境中的很多化学物质，这些化学物质使水膜的电解质浓度增大，电导率增加，加速了电化学腐蚀的进行。

2）罐壁腐蚀

为满足工艺要求,原油储罐通常采用岩棉、聚氨酯泡沫塑料、复合硅酸盐等材料进行保温处理,一般情况下处于非常干燥的环境中,在防腐涂料的保护下,不易发生腐蚀。由于保温材料中含有大量的无机盐、氯化物、氟化物、硫化物等有害成分,容易吸收水分形成强电解质溶液,从而导致发生金属的电化学腐蚀。罐壁腐蚀水分的来源主要有3种:①保温层通常采用镀锌铁皮进行保护,自攻螺钉或抽芯铆钉固定,这种结构遭受雨淋之后可能造成电偶腐蚀,穿孔进水;②罐壁外表面的水分因毛细作用而进入保温层;③保温层上部防雨檐缺失或者防雨檐防水效果较差的情况下,雨水也会渗进保温层。一旦保温层中有了水,就容易发生保温层下腐蚀。

3）罐底板外壁腐蚀

原油储罐在施工时通常有沥青砂作为防水垫层,使罐底不与土壤等直接接触,但是含盐的地下水还是会从毛细管土壤上升到沥青砂的底面,一方面从沥青砂中渗透到罐底直接腐蚀,另一方面上升的水沿着沥青砂的下面绕过沥青砂而渗透到罐底与沥青砂之间,造成罐底的腐蚀。另外,储罐装油或运行一段时间后地基下沉,罐基础边缘高于罐基础底板,边缘板微上翘,罐底的四周雨水或顺罐壁流下的水很容易浸入罐底周围,使油罐四周出现凹沟,污水、雨水经常淤积在沟内和顺着罐底板与基础的缝隙往中间渗透,造成严重的腐蚀。可见罐底的腐蚀比其余部位要严重得多。

另外,混凝土的影响也不容忽视,考虑有的罐底板坐落在混凝土的圈梁上,若混凝土中的钢筋露在外面直接与底板电接触,因为混凝土中钢筋电位比罐底电位高,两者之间会形成腐蚀原电池,从而加速腐蚀。并且由于混凝土的 pH 值高,罐底板处 pH 值低,有时还可把这种现象称为 pH 差电池。

12.1.3　储罐防腐蚀技术

1. 储罐常用防腐蚀技术

储罐种类较多,不同的储罐或同一储罐的不同部位均应采用不同的防腐措施,由于所接触的腐蚀介质不同,腐蚀严重情况存在差异,防腐措施也相应有所不同。主要包括防腐涂层和阴极保护技术。

1）防腐涂层

涂层是储罐防腐最重要的手段之一,通过涂层将罐体与所储存油品隔离是国内绝大多数储罐的防腐蚀措施。目前,原油储罐内、外壁防腐涂层均为有机涂层,如环氧型、聚氨酯型、环氧沥青型、无机富锌型等,常用的储罐防腐涂料见表 12－3。

表 12－3　储罐常用的防腐涂料

储存介质	储罐部位		涂层要求	常用涂料
含水原油 （≤65℃）	储罐内壁	罐顶内侧	耐盐水、耐酸、耐油	无机富锌＋无溶剂环氧涂料
		罐壁内侧	耐油、耐酸碱、耐硫化物、导静电	环氧型涂料
		罐底板内侧	绝缘型、耐盐水、耐硫化物、耐酸碱、低渗透、良好的物理力学性能	环氧型涂料
	储罐外壁	非保温部分	耐候性、耐紫外线、耐老化	环氧型涂料＋交联型氟碳涂料（或丙烯酸聚氨酯涂料）
		保温部分	耐酸、耐盐水	环氧型涂料
		罐底板外侧	良好的物理力学性能、耐酸碱、耐盐水、低渗透	有阴极保护：无机富锌＋环氧型涂料 无阴极保护：无机富锌

　　针对有保温措施的原油储罐，油罐的水相部位包括罐底板内表面和1.5m以下的壁板，通常采用绝缘型防腐蚀涂料。底漆为环氧富锌涂料，面漆为环氧类或聚氨酯类涂料。也可以采用底漆、中间漆和面漆配套的防腐体系，中间漆为玻璃鳞片或云母类涂料，能够形成严密的腐蚀介质隔离层。

　　针对无保温措施的原油储罐，通常采用热反射隔热防腐体系，以防止油品挥发。此体系的底漆为环氧富锌体系，涂层厚度为60μm；中间层为隔热层，防止腐蚀介质和热能传递到储罐表面，中间层导热性越差，或绝热性越好，面层传递到下层的能量越少。面层为反射层，主要为丙烯酸－聚氨酯体系或单一的丙烯酸体系，涂层的厚度为250μm，用于反射来自于太阳能量的90%的远红外线和可见光的能量，此涂层的反射率越高，反射回大气中的太阳能越多，传递到下层的太阳能越少，对罐内提供的能量越少，挥发越少。

　　对于沿海地区的储罐来说，其腐蚀是由于大气中含盐量较高、湿度大，容易对油罐造成电化学腐蚀，因此对于沿海地区的汽油罐来说，其防腐主要是耐腐蚀性和耐紫外线等方面，涂层的底层为环氧富锌底漆，面漆可以是防腐耐候性优良的氟碳漆和丙烯酸－脂肪族聚氨酯耐候防腐涂料。

　　对于华北、华中等夏季气温高、照射时间长的地区，也可采用与西北干旱地区相同的热反射隔热防腐蚀体系，防止汽油挥发减少损失。同时涂层的防腐性能要非常优良，以免春天和秋天的大量雨水对涂层产生破坏而出现电化学腐蚀情况。

　　对于东北地区冬季时间长、气温低、涂层易结露产生电化学腐蚀的情况，要求涂层必须有优良的耐低温性和防腐性，应该选择环氧富锌涂料作底漆，以耐候性好、耐低温性优良的防腐涂料为面漆的防腐体系。

　　针对水罐,内壁防腐选用无溶剂环氧防腐蚀涂料,或者环氧防锈底漆配套环氧玻璃鳞片面漆,或者环氧富锌底漆＋环氧云母中间漆＋环氧面漆。

　　2)阴极保护技术

　　阴极保护是储罐防腐蚀的有效手段之一,对于电偶腐蚀、浓差电池腐蚀等电化学腐蚀均有较好的抑制作用,其投资成本仅为储罐建设成本的 1%,可成倍地延长更换储罐底板的周期。目前国内储罐的阴极保护主要针对罐底板,其中罐底板外侧的阴极保护技术相对成熟,牺牲阳极和外加电流法均有广泛应用[2-8]。

　　牺牲阳极保护技术适用于储罐底板的防护,这种方法对储罐安全可靠,无须专人管理,当阳极消耗为初始重量的 85% 时,可以利用清罐机会进行更换。对于储油罐底板内表面和 1.5m 以下的壁板内表面的防护,在阳极块安装时,应呈环状均匀布置在罐内底板,且阳极块与钢板直接焊接连接,避免安装不牢,阳极掉落撞击产生火花,导致安全事故。

　　外加电流阴极保护也是延缓钢质原油储罐罐底板外侧腐蚀的有效方法之一。针对已建储罐,一般采用深井阳极技术或分布式阳极技术。对于大型新建原油储罐而言,通常选用网状阳极技术、柔性阳极技术,均具有保护电位分布均匀、使用寿命长等优点。柔性阳极为电缆状,布置方式包括平行排列状分布、同心圆环状分布、回形针状分布等。网状阳极采用混合金属氧化物带状阳极与 Ti 金属连接片交叉焊接组成。电缆采用高分子聚乙烯铜芯电缆,一般使用 3 根阳极电缆,一方面保证系统的可靠性,另一方面使电流分布均匀。参比电极采用预包装的 $Cu/$饱和 $CuSO_4$ 参比电极,设计寿命一般为 15 年,分别埋在罐底中心及边缘处。该技术已在多个储罐阴极保护工程应用,保护效果良好。

2. 储罐防腐蚀技术应用的发展历程

　　在西方发达国家,诸如大型油库和储罐的阴极保护已走上强制实施的法制轨道,并且实现了阴极保护系统和主体工程同时设计、同时施工、同时投产,取得了良好的效果。例如,美国环保局明文规定,至 1998 年底所有地下储罐必须装备阴极保护设施。设计时一般采用深井阳极技术,以达到保护电流均匀、减少屏蔽和干扰等目的。近年来,对已建罐补加阴极保护出现了斜井阳极地床、双层罐底等技术,新建原油储罐多采用防腐层和阴极保护的联合保护形式。国内储罐采用涂层和阴极保护联合技术已有二三十年的历史,尤其阴极保护技术的投资占原油储罐建造费用的比例相当小,占罐体造价的 1% ~3%,却可延长储罐 2~3 倍的使用寿命,降低了维修频率,大大降低维修费用,又可避免因腐蚀穿孔漏油而造成的不可估量的损失,保证储罐正常、安全运行。七二五所几乎承担了国内所有国储库的阴极保护工程,包括舟山国家战略储备油库 10 万 m^3 储罐、兰州国家石油储备基地工程 30座 10 万 m^3 储罐、独山子国家原油储备基地工程 30 座 10 万 m^3 储罐、斯里兰卡原油储罐等多项工程。

12.2　储罐罐底外表面腐蚀防护案例分析

12.2.1　兰州国储及商储库储罐外底阴极保护

1. 兰州国储及商储库工程概况

石油储备是每个国家的一项长期战略计划。20 世纪 80 年代中后期,国内开始建造 10 万 m^3 大型浮顶油罐,迄今为止,已经先后在秦皇岛、大庆、仪征、铁岭、青岛、舟山、大连、兰州、上海、燕山、湛江等地建造 80 余座 10 万 m^3 浮顶油罐。2020 年,石油战略储备量达到 8500 万 t,约等于全国 90 天石油使用量,为我国的国家战略安全奠定基础。

兰州国储石油基地有限责任公司(简称国储公司)承担着国家 300 万方石油储备基地、兰州石化公司 100 万方生产运行原油储备库的管理运行工作。库区位于永登县境内,距西部原油管道新建阀室约 5km,石兰管线 6 号阀室约 1.5km,兰州石化公司约 80km,总占地面积 1700 多亩,包括 7 个罐组,40 座钢制双盘式外浮顶 10 万 m^3 原油储罐以及公用工程,两座库区投油后将分别承担塔里木原油、哈萨克斯坦原油以及长庆原油的储备与油品轮换任务,为已建国家六大石油储备基地之一。

本节主要介绍兰州国储库(图 12 – 1)及商储库储罐外底的外加电流阴极保护设计、施工等内容。

图 12 – 1　兰州国储库

2. 储罐罐底外表面外加电流阴极保护设计

本工程针对兰州国家石油储备基地工程新建的 30 座 10 万 m^3 储罐罐底外壁,参考《钢质石油储罐防腐蚀工程技术规范》(GB/T 50393—2017)等标准规范进行外加电流阴极保护。

1)阴极保护技术要求

(1)10 万 m^3 储罐罐外底外加电流阴极保护系统保护期为 30 年。

(2)当储罐底板外表面施加阴极保护措施时,罐/介质电位在 $-0.85 \sim -1.10V$ 之间(相对于 CSE);或者罐/介质极化电位偏移不小于 100mV。

(3)在有效保护期内,储罐底板外表面 100% 达到要求的保护电位。

(4)罐外底外加电流阴极保护系统保护电流密度取 $10mA/m^2$。

2)阴极保护设计计算

(1)保护面积计算。

根据设计单位提供的 10 万 m^3 油罐罐底结构尺寸和相关技术资料,确定本方案保护范围是罐底外侧,其保护面积计算式为

$$S = \frac{\pi D^2}{4} \qquad (12-1)$$

式中:S 为被保护面积(m^2);D 为罐体直径,$D = 80m$。

采用式(12-1)计算,罐底外壁的保护面积为 $5024m^2$。

(2)保护电流计算。

按照罐底外壁的保护面积和设计的保护电流密度,计算保护电流为 50240mA。

(3)Ti 基金属氧化物阳极和 Ti 导电片的用量计算。

选用规格为 $6.35mm \times 0.635mm$ 的 Ti 基金属氧化物阳极带作为辅助阳极,MMO 氧化物阳极用量按下式计算,即

$$L = \frac{I}{I_f n} \qquad (12-2)$$

式中:L 为阳极用量(m);I 为保护电流(mA);I_f 为阳极额定输出电流,取值为 17mA;n 为阳极电流利用系数,取值为 0.95。

计算得出阳极带用量为 3110m,阳极带在现场平行布置,间距 1.6m,每座 10 万 m^3 储罐实际配置阳极带 3124m,考虑到裕量和现场损耗,实际供货长度 3220m。

根据《钢制石油储罐防腐蚀工程技术规范》(GB/T 50393—2017)附录 B7 中的规定:Ti 导电片垂直于 MMO 阳极带敷设,其间距为 6m,每座 10 万 m^3 储罐实际配置 Ti 导电片 912m。

每台罐底网状阳极上安装 6 支阳极电缆接头对网状阳极系统进行通电,电缆接头的一端与网状阳极的 Ti 导电带进行连接,另一端与 VV1×16 电缆连接,6 条阳极电缆引入罐外的防爆接线箱内,汇成一条 VV1×25 的阳极主电缆进入恒电位仪。

(4)恒电位仪容量设计。

根据计算,每座储罐所需保护电流约 50.2A,通常恒电位仪运行在满量程 90% 的状态下能够长期安全可靠地运行,设计恒电位仪输出电流为 55A,输出电压为 75V。

（5）测试系统。

罐底保护电位的检测采用 Cu/饱和 $CuSO_4$ 参比电极和高纯 Zn 参比电极相结合的方式,两种参比电极的数据可以互相校对,确保测试数据的准确性。一台 10 万 m^3 储罐罐底采用 3 支 Cu/饱和 $CuSO_4$ 参比电极及 3 支高纯 Zn 参比电极。

参比电极电缆引入测试桩内对应的接线柱上,阴极保护系统投入使用后,检测人员可通过测试桩对罐底保护电位进行监测。

3）罐底网状辅助阳极地床设计布置

目前罐底板下表面阴极保护技术随着新产品、新技术的应用,也有新的设计布置。比如带状阳极和柔性阳极的设计布置就可以根据辅助阳极自身的特性而采取不同的设计。带状金属氧化物辅助阳极采用网状布置设计,如图 12 - 2 所示。

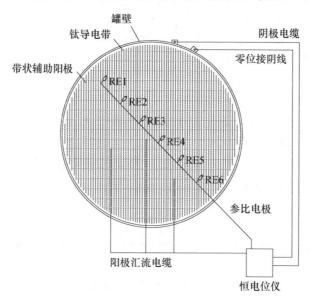

图 12 -2　罐底网状辅助阳极地床设计

3. 罐底外加电流阴极保护系统现场施工

1）储罐罐外底外加电流阴极保护系统的罐基础内施工

辅助阳极和参比电极埋设在罐底沥青砂下的中粗砂层中,阳极接头电缆与罐底阳极网连接,参比电极电缆和阳极接头电缆通过预留孔引出罐外后待用。

储罐外底外加电流阴极保护系统的承包单位需要与土建进行协调,与土建施工单位的工作界面是在罐底环梁基础安装完成,砂层压实后,沥青砂层铺设前,进行罐底阳极和参比电极的安装。

（1）罐底辅助阳极位置确定和开挖。

在罐底基础内铺设轧实 300mm 中粗砂后,开始进行 MMO 网状阳极的铺设。

首先阳极网沟槽放线,如图 12 - 3 所示。

图 12 - 3　阳极网沟槽放线

①导电带沟槽放线:从圈梁预留穿线孔处开始,在砂垫层表面沿直径方向放一条直线,从此直径开始向两侧等间距平行放线。

②阳极带沟槽放线:沿上述导电带沟槽垂直方向,从直径方向开始向两侧等间距平行放线。

③阳极网沟槽放线完毕后,在砂垫层上人工开挖 150mm 深的砂沟。

(2)导电带、阳极带的敷设。

在上述挖好的砂沟中,先在预定的砂沟敷设导电带,然后在与导电带垂直的砂沟中铺设阳极带(铺设阳极带时不得在砂层上拖曳阳极带),导电带和阳极带应放置在砂沟中心,每根导电带、阳极带两端距离圈梁内壁 100 ~ 200mm。

(3)MMO 阳极网的焊接。

①在焊接阳极网前应做试焊试验,选择合适的焊接电流,确保焊接质量。

②阳极网焊接前将阳极带和导电带需要焊接位置使用清洁干布擦拭干净,点焊机焊钳上下紧密压在阳极网两端后启动开关完成焊接过程,每处交汇点应焊接两点以确保焊接牢固,点焊位置的两片金属应有熔融带产生且结合紧密,如图 12 - 4 所示。

图 12 - 4　MMO 阳极网的焊接

（4）焦炭的铺设。

阳极网焊接完成后（包括专用电缆接头焊接完毕后及参比电极安装完毕后），在 MMO 阳极带上方铺撒粒径为 0～15mm 焦炭，炭粉厚度为 8cm，焦炭用量约 1.5kg/m，焦炭完全覆盖 MMO 阳极带，适当压实焦炭以增强与 MMO 阳极的接触效果，如图 12－5 所示。

图 12－5　焦炭的铺设

（5）专用电缆接头的安装。

①按设计指定位置，在上述阳极网上找到并标识专用电缆接头位置，每座储罐安装 6 个专用电缆接头。

②将电缆接头的 Ti 连接片与导电带点焊，每处焊点至少为 2～3 个，焊接点应充分熔融且结合紧密。

③专用电缆接头焊接完毕后，将专用电缆接头电缆按照设计指定方向在砂垫层中开挖电缆沟，电缆沟深度 150mm。专用电缆接头在砂层中铺设并通过圈梁壁上的预留穿线孔引出罐外。为避免砂层沉降拉断电缆，专用电缆接头电缆铺设时应留有一定的松弛度。

④阳极接头电缆引出罐外用数字万用表测量电导性良好后盘成卷，外部用红砖封砌，待用。

（6）参比电极的安装。

参比电极的安装方法如下。

①将 Cu/饱和 $CuSO_4$ 参比电极从包装塑料袋中取出，放入预先用淡水配制的 $CuSO_4$ 溶液中浸泡 24h，应注意电极完全浸没于溶液中。

②把装有回填料的包装袋打开，将浸没电极的 $CuSO_4$ 溶液倒入其中，用溶液把填料搅拌成均匀稠泥状，再将浸泡过的电极埋设于回填料中央，扎好包装袋，注意预留出导线。

③根据施工图纸指定位置，挖好长宽各 500mm、深 250mm 的砂坑，将参比电极

连同回填料埋设于挖好的坑中,向坑中浇适量淡水,保证电极与周围砂层之间的导电性,用细沙回填参比电极。

④参比电极埋设完毕后,将参比电极电缆按设计指定方向在砂垫层中开挖电缆沟,电缆沟深度100mm。参比电极电缆在砂层中铺设并通过圈梁壁上的预留穿线孔引出罐外。为避免砂层沉降拉断电缆,参比电极电缆铺设时应留有一定的松弛度。

⑤参比电极电缆引出罐外后在电缆上做永久性标识并书面记录后盘成卷,用红砖封砌,待用。

(7)U-PVC管的安装。

①按照施工图纸在参比电极位置将U-PVC管在每支参比电极上方1m范围内均匀钻孔径8mm孔,钻孔部分用200目纱网包裹。

②将U-PVC管用专用胶水连接成适当长度埋设在距离参比电极50mm高度沙层中,U-PVC管端部通过环梁上预留孔引出。

2)储罐罐底外加电流阴极保护系统的罐外部分施工

罐外电缆的敷设,防爆接线箱和测试箱的安装,因不影响其他项目的安装,理论上可在储罐建设时期罐区地面平整前进行施工,但应在施工前,与电仪安装单位和监理单位进行充分的沟通和协调,服从项目的总体安排,不给其他专业的实施造成影响。

(1)阴极通电点、测试点、零位接阴极电缆的安装。

采用电焊或铝热焊的焊接方式将阴极电缆、测试电缆、零位接阴极电缆焊接在圈梁预留孔附近的罐底板边缘上,三者间距离不小于50cm,焊点采用热熔胶密封。阴极电缆、测试电缆通过保护套管引入圈梁外的直埋电缆沟中。

(2)防爆接线箱的安装。

防爆接线箱安装在圈梁预留孔处附近,距离圈梁1.5~1.8m,埋入地下部分要求将回填土夯实或使用混凝土灌注,使其基础牢固。由罐内引出的6根阳极电缆通过直埋电缆沟进入防爆接线箱接在接线面板上,阳极主电缆接入接线箱接线面板后沿直埋电缆沟进入设备间与相应恒电位仪连接。接线箱内电缆准确接线,并且接线牢固,绝无松动,以尽量减少接触电阻和避免发热现象。

(3)测试桩的安装。

测试箱安装在防火墙外施工图规定位置,测试桩埋入地下部分要求将回填土夯实或使用混凝土灌注,使其基础牢固。罐底的参比电极电缆和测试电缆通过直埋电缆沟接到测试箱内对应的接线端子上,每根参比电极电缆在接线端子标识应和罐内参比的位置对应。

4. 阴极保护系统的调试

阴极保护设备间建成且可以供电,设备、电缆安装完毕,储罐内有液体(如充水试压期间)等条件具备后,可以进行储罐阴极保护系统调试。

(1)通电调试前,首先对罐外底板的自然电位进行测量。

(2)检查外加电流阴极保护系统的接线无误后,先将恒电位仪设置为手动挡,调节恒电位仪的输出电流,同时测量罐外底板的阴极保护电位,测量方法与自然电位的测试相同,直至罐底板保护电位全部负于 -0.85V(相对于 CSE)。

(3)将恒电位仪设置为自动挡,调节自动旋钮,将控制电位设置为负于 -0.85V(相对于 CSE),同时测量罐外底板的阴极保护电位,测量方法与自然电位的测试相同,如果储罐某些参比电极测量的保护电位未达到标准,则应提高恒电位仪上控制电位,直至所有保护电位达标。

(4)设备连续运行 48h 后,再进行极化电位的测量,全部达到《钢制储罐罐底外壁阴极保护技术标准》(SY/T 0088—1995)后,稳定设备输出,保持设备正常运行。

12.2.2 舟山国储油库储罐外底阴极保护

1. 舟山国家战略储备油库概况

2002 年,我国正式启动国家石油储备基地建设工作,第一期启动 4 个储备项目,包括舟山岙山、宁波镇海、青岛黄岛及大连 4 个基地。舟山国家战略储备油库(图 12 - 6)是国家首批石油储备基地之一,位于浙江省舟山市岙山岛,全岛面积 5.4km²,西与宁波北仑港隔海相望。这里库容总规模仅次于镇海基地,占地 1.42km²,有 50 座 10 万 m³ 储油罐,依山而建,毗邻江海,总库容为 500 万 m³,总投资超过 40 亿元。

图 12 - 6　舟山国家战略储备油库概况

舟山国家战略储备油库地处近海岸地区,一方面,基地空气潮湿,大气中含有较多的盐分,这些盐分溶解于金属表面的水膜中,形成电解质溶液会对外露钢质材料造成较严重的腐蚀;另一方面,近海岸土壤电阻率较低,含盐量高,对罐外底板腐蚀严重。还有,原油中沉积的含盐污水,严重腐蚀罐内底板和底层壁板。因此,必须采取合理的防腐措施,保证储罐的安全运行。舟山国家战略储备油库属于近海岸新建储罐,通常采用涂层和阴极保护进行联合防护。本节重点介绍罐底外表面的阴极保护相关设计内容。

2. 罐底外表面阴极保护设计

首先使用接地电阻测试仪对土壤电阻率进行测试,通过测量电阻率了解土壤的导电性,确定阴极保护方案。舟山油库储罐所处的土壤电阻率为 $173.3\Omega \cdot m$,确定采用外加电流阴极保护方案,辅助阳极采用导电聚合物柔性阳极,测试系统采用 Cu/饱和 $CuSO_4$ 参比电极和长效高纯锌参比电极。经过计算和设计,该系统主要部件为恒电位仪 10 台、导电聚合物柔性阳极 43500m、参比电极 180 支、防爆接线箱 90 台。

柔性阳极和参比电极埋设在储罐底板下 500mm 深中粗砂中;柔性阳极接到恒电位仪正极上,储罐罐体则连接到恒电位仪负极上,这样就形成了一个回路。通电后,阴极保护电流就可以通过柔性阳极均匀分散到储罐底部,使储罐罐外底板得到阴极保护。参比电极则实时检测储罐底板阴极保护状态。

3. 柔性阳极安装

导电聚合物柔性阳极是该基地外加电流阴极保护系统的核心部件,其由铜导线、导电聚合物、焦炭、耐酸材料层、编织保护网等基本单元组成,如图 12 - 7 所示。柔性阳极技术参数如下:柔性阳极外径为 35mm;中心铜导体为#6AWG;导电聚合物外径为(13. 2 ± 0. 5)mm;额定输出电流密度为 $52mA/m^2$;活性炭纯度为 99%;最低安装温度为 - 18℃;最小弯曲半径为 500mm。

图 12 - 7　导电聚合物柔性阳极

柔性阳极受到自身物理性能的限制,通常采取蛇形布置设计(图 12 - 8)或是同心圆布置设计(图 12 - 9)。本工程案例采用蛇形布置方案。

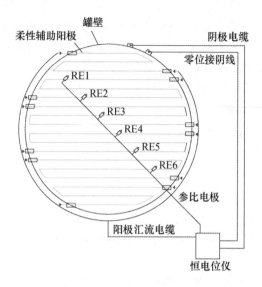

图 12 - 8　罐底板下埋设柔性阳极(蛇形设计布置)

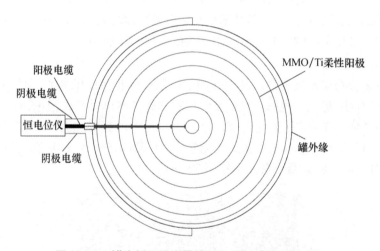

图 12 - 9　罐底板下埋设柔性阳极(同心圆设计布置)

具体安装过程如下。

(1)在罐底基础内铺设轧实第一层 300mm 中粗砂。

(2)按设计间距在砂垫层上挖出 200mm 深的砂沟。

(3)沿挖好的砂沟敷设导电聚合物柔性阳极,并从每台储罐的预埋孔穿出,柔性阳极两端预留 600mm 的长度。

(4)再铺设轧实一层 200mm 中粗砂,柔性阳极距离原油储罐罐底约 500mm。

(5)柔性阳极安装完毕后,储罐底板安装之前用万用表检测柔性阳极的通断性,确保柔性阳极未受损断裂。

4. 参比电极安装

（1）按设计位置在铺设轧实的 500mm 中粗砂中挖好长宽各 500mm、深 200mm 的砂坑。

（2）将参比电极（长效 Cu/饱和 $CuSO_4$ 参比电极 4 支，高纯锌参比电极 2 支，连同回填料埋设于挖好的砂坑中，向坑中浇适量淡水，保证电极与周围砂层之间的导电性，用细沙回填参比电极。

（3）参比电极埋设完毕后，参比电极电缆通过预埋孔引出罐外。

（4）参比电极距离原油储罐罐底约 300mm。

（5）参比电极安装完成后，储罐底板安装之前用万用表测试参比电极对地的原始电位，相互比较，确定参比电极的线缆未受损断裂。

5. 恒电位仪安装

（1）恒电位仪要求安装在防水、防潮、无电磁干扰的设备间内；恒电位仪可直接放置在水泥地面上，室内敷设电缆采用电缆沟。

（2）阴极保护站内配置 380V/50Hz 的交流电，电源必须符合要求。经检查无误后方可与恒电位仪连接。

（3）阳极主电缆、阴极电缆通过 Cu 接线片与恒电位仪的正极和负极相连接并用 Cu 螺帽固定，严禁阳极电缆接负极、阴极电缆接正极。

（4）参比电极电缆及测试电缆分别接入恒电位仪相应的接线端子。

（5）为保证恒电位仪安全运行，恒电位仪接地端子应与外壳和配电盘接地端相连接，并接入户外接地极上。接地体连接处、接地体引出线应做防腐处理，接地线在易受到机械撞击处均应穿保护管。

6. 阴极保护系统调试

（1）阴极保护设备间建成且可以供电，设备、电缆安装完毕条件具备后，可以进行储罐阴极保护系统调试。

（2）通电调试前，首先对储罐底板的自然电位进行测量。

（3）检查外加电流阴极保护系统的接线无误后，先将恒电位仪设置为手动挡，调节恒电位仪的输出电流，同时测量储罐底板/管线的阴极保护电位，测量方法与自然电位的测试相同，直至储罐底板保护电位全部负于 $-0.85V$（相对于 CSE）。

（4）将恒电位仪设置为自动挡，调节自动旋钮，将控制电位设置为负于 $-0.85V$（相对于 CSE），同时测量储罐底板/管线的阴极保护电位，测量方法与自然电位的测试相同，如果储罐某些参比电极测量的保护电位未达到标准，则应提高恒电位仪上控制电位，直至所有保护电位达标。

（5）设备连续运行 48h 后，再进行极化电位的测量，全部达到标准要求后，稳定设备输出，保持设备正常运行。

12.3　储罐内壁腐蚀防护案例分析

12.3.1　兰州国储及商储库原油储罐内壁阴极保护

本节以兰州国储及商储库储罐为例,介绍储罐内壁的牺牲阳极阴极保护设计、施工等内容。

1. 罐底板概况

储油罐容积为 10 万 m^3,储油罐直径为 80m,设计温度为 65℃。罐底板厚度:中幅板 11mm,边缘板 20mm,壁板 32mm。材质为碳钢;罐底板油漆种类及漆膜厚度:环氧防腐涂料,厚度不小于 300μm。

2. 牺牲阳极设计方案

1)设计技术要求

(1)储罐罐内底牺牲阳极阴极保护系统保护期一般为 20 年。

(2)当原油储罐底板内表面施加阴极保护措施时,罐/介质电位在 -0.85 ~ -1.10V 之间(相对于 CSE)。

(3)在有效保护期内,储罐底板内表面 100% 达到要求的保护电位。

(4)储罐内底牺牲阳极阴极保护系统保护电流密度取 20mA/m^2。

2)牺牲阳极材料的选型

储罐罐底阴极保护对牺牲阳极材料的要求如下。

(1)与被保护金属相比,牺牲阳极的电位要足够低,保证阳极与被保护金属之间有一定大的电位差。

(2)在使用过程中阳极极化率要小,电位及电流输出要稳定。

(3)阳极自身腐蚀要小,电流效率要高,阳极溶解要均匀,腐蚀产物松软易落、无毒、不污染环境。

(4)价格低廉、材料来源充足、易加工等。

镁合金牺牲阳极在含无机盐的水溶液中电位较负,容易过保护,且不安全,因而不宜使用。锌合金牺牲阳极在大于 60℃介质中极化率较大,存在晶间腐蚀,有效电位低,可能出现电位逆转,也不宜采用。而铝合金牺牲阳极不存在上述问题,可以选用作原油罐底部防腐。该阳极在 Cl⁻ 环境中使用寿命长,产生电量大,阳极性能良好,适宜在积水层中使用,如图 12 - 10 所示。

3)设计计算

(1)保护面积计算。

根据设计单位提供的 10 万方油罐罐底结构尺寸和相关技术资料,该工程案例

保护范围是罐底内侧和自罐底算起的 1.5m 高的侧壁内表面,其保护面积计算式为

$$S = \pi Dh + \frac{\pi D^2}{4} \qquad (12-3)$$

式中:S 为被保护面积(m^2);D 为罐体直径(m);h 为被保护罐体侧壁高度,取值 1.5m。

图 12 - 10　罐底铝合金牺牲阳极

将数据代入公式求得保护面积为 5400.8m^2。

(2)保护电流计算。

$$I = iS \qquad (12-4)$$

式中:I 为罐底内壁所需保护电流(mA);i 为保护电流密度(mA/m^2);S 为罐底内壁保护面积(m^2)。

按照被保护对象的实际面积和选取的保护电流密度 17mA/m^2,计算单台储罐保护电流为 91814mA。

(3)牺牲阳极发生电流计算。

每只牺牲阳极发生电流值可按下式进行计算,即

$$I_f = \frac{\Delta E}{R} = \frac{2\Delta ES}{\rho} \qquad (12-5)$$

式中:I_f 为每只牺牲阳极发生电流量(mA);ΔE 为阴、阳极间有效电位差,$\Delta E = 0.3V$;R 为牺牲阳极接水电阻(Ω);S 为牺牲阳极当量长度,$S = (L+B)/2$;L 为阳极纵向接水长度(cm);B 为阳极横向接水宽度(cm);ρ 为腐蚀介质电阻率,取 $\rho = 50\Omega \cdot cm$。

该工程选用铝合金牺牲阳极,尺寸规格为 500mm × (115 + 135)mm × 130mm,每支阳极重 23kg,计算得到每只牺牲阳极发生电流为 469mA。

(4)牺牲阳极有效保护年限计算。

铝合金牺牲阳极有效保护年限可根据下式进行估算,即

$$t = \frac{mu}{I_m W} \qquad (12-6)$$

式中:t 为牺牲阳极有效保护年限(a);m 为每只牺牲阳极质量(kg);u 为阳极有效利用系数,取值为 0.85;I_m 为有效保护期内每只牺牲阳极平均发生电流(A);W 为牺牲阳极消耗率,取值 3.43kg/a。

该工程案例采用的铝合金牺牲阳极工作在罐底沉积水环境中,有效使用年限可达 20 年以上,满足设计要求。

(5)牺牲阳极用量计算。

根据被保护对象所需要的保护电流值和每只牺牲阳极发生电流值,求得储罐底水部位所需用的牺牲阳极数量为 196 支,考虑设计裕量 10%,确定牺牲阳极用量为 220 支。

3. 牺牲阳极安装

牺牲阳极采用焊接式安装,应在罐内底壁涂料涂覆施工前进行。牺牲阳极在罐内底板上按同心圆环形布置,如图 12 - 11 所示。

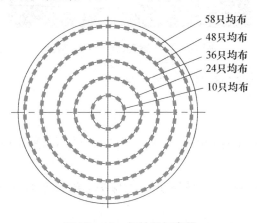

58只均布
48只均布
36只均布
24只均布
10只均布

图 12 - 11　牺牲阳极布置

其安装工艺及要求如下。

(1)在储罐试水之前,在安装牺牲阳极位置处焊接阳极,牺牲阳极铁脚与罐内底板采用电焊连接,三面焊接,焊接总长度不小于 100mm。不得有虚焊和明显错位,焊后除掉焊渣,确保良好电性连接和均匀保护。焊接后阳极如图 12 - 12 所示。

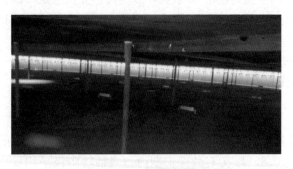

图 12 - 12　牺牲阳极现场安装

（2）牺牲阳极安装过程中,牺牲阳极应焊在距离壁板焊缝至少 300mm,不得在焊缝上焊接。阳极的位置可以根据实际情况进行适当调整。

（3）阳极安装完成后,用电位差计测量阳极体与铁脚间接触电阻,接触电阻应小于 0.001Ω,每个储罐随机测试 20 处。

4. 牺牲阳极保护效果

在原油储罐底板内壁采用牺牲阳极联合保护后,海水试压充水后测试了 24 个点的保护电位(图 12 - 13)。测试结果表明,原油储罐底板内壁采用阴极保护后,保护电位处在 -1.024 ～ -1.067V(相对于 CSE)之间,均负于《原油处理容器内中阴极保护系统技术规范》(SY/T 0047—1999)规定的 -0.85V。说明原油罐底板内壁实施牺牲阳极保护后,阴极保护系统稳定,牺牲阳极保持较低的工作电位,使原油罐底板内壁得到完全保护,保护电位值相差不大,保护电位分布比较均匀。

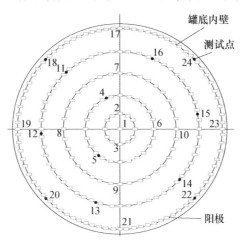

图 12 - 13　罐底保护电位测试点示意图

12.3.2　大连国储储罐海水试压期间罐底内壁临时防护

随着石油化工工业的发展以及国家能源储备战略需要,国内外沿海区域大型石油储罐建设十分迅速,水压沉降试验是在储罐建设过程中一个必要的检测点,在储罐主体安装制作完毕,储罐永久防腐之前进行该试验,时间为 1 ～ 3 个月。通常采用淡水进行水压试验,腐蚀性较小,试压期间储罐钢板的腐蚀较轻。但是,对于建在海岸边的储罐,由于淡水资源紧张,淡水试压的成本太高,越来越多的储罐工程项目考虑采用海水进行水压试验。由于海水的腐蚀性要比淡水强很多,在海水试压进行期间,必须考虑对储罐本体进行防腐蚀保护。

大连国家石油储备基地位于大连新港区大孤山区,储罐区分为 5 个罐组,每个罐组布置 6 座 10 万 m³ 储罐。该工程原设计采用淡水试压,因附近没有供量足够的淡水源和淡水管道,最终采用海水进行储罐充水试压。

1. 海水试压期间临时防护设计原则

如果对海水进行处理则需加入缓蚀剂,30 座 10 万 m³ 浮顶油罐体积大,用水量多,添加缓蚀剂不仅消耗量大且有环境污染问题,从经济和环保角度来讲均不合理。对罐体和浮盘采取的保护措施只能是涂层防腐或牺牲阳极保护。如采用涂层防腐措施,因试压时要对焊缝进行检测,焊缝区不允许涂装防腐涂料,所以焊缝区将得不到保护,会发生严重腐蚀。如采用牺牲阳极保护措施,因裸钢面积大,需要的保护电流大,阳极消耗量大。如为水压试验单独购买阳极则需增加较大投入,从经济角度来讲不合理。如采用牺牲阳极作临时防护,因阳极的消耗量大,会影响投产后牺牲阳极的使用。因此,考虑到利用临时防腐涂层和牺牲阳极联合保护,试压前拆除部分可拆卸附件,对罐体采用涂刷临时防护涂层使储罐金属与海水隔离,避免直接接触造成腐蚀。在储罐底板布置安装牺牲阳极,防止海水试压过程中焊缝区的电化学腐蚀[9-11]。

2. 临时防腐涂层设计

储罐浮板较薄,遇海水或海洋性大气腐蚀时局部腐蚀加剧,试压前对接触海水的浮板下方部位采用涂料防护。临时防腐涂层可带锈涂装的防腐涂料,而且只涂装一道,干膜厚度为 40μm,这样既可以在为时 1 个月左右的水压试验中有效地保护罐壁板,又降低了成本。

3. 临时牺牲阳极保护设计

牺牲阳极的设计分为 5 步,依次为阴极保护面积的计算;保护电流密度和保护电流的选定及计算;保护时间的确定及所需阳极总量的计算;根据阳极单支重量,计算阳极的支数;阳极的布置。

(1)保护对象。

采用海水试压时,与海水接触部位包括 3 部分,依次为浮盘底板下表面、罐内壁和罐底板上表面。与罐壁板和罐底板不同,液压试验之前,浮盘已通过气密性试验和真空试验的检测,并且浮盘下表面的搭接焊缝采用了密封焊,所以液压试验时浮盘底板下表面及附件、浮盘侧面等部位的焊缝区可以采用带锈涂装的临时防腐涂层。罐壁板及罐底板内壁除焊缝区以外的部位采用带锈涂装的临时防腐涂层。需要采用牺牲阳极防护的部位包括罐壁板及罐底板焊缝区。

(2)保护电流密度的选取。

保护电流密度选取时要充分考虑保护效果及环氧导静电底漆不发生阴极剥离,电流保护密度定为 40mA/m²。

(3)牺牲阳极数量。

海水试压试验选用的铝合金牺牲阳极为 500mm × (115 + 135)mm × 130mm,单支阳极重23kg,寿命为7.5年,可以满足8次连续海水试压的要求。铝合金牺牲阳极安装在浮板装置上,单层均匀分布,每支阳极间距弦长为7.12m,单块罐浮板装置中安装铝合金牺牲阳极总数为35支。图12-14所示为罐底铝合金牺牲阳极安装位置示意图。

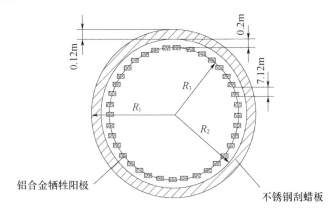

图 12-14　罐底铝合金牺牲阳极安装位置示意图

4. 临时防护效果

通过对浮板下表面、罐壁及罐底板进行临时防腐,在罐底板采用阳极块保护,海水试压后,浮板下表面、罐壁及罐底板的腐蚀轻微且均匀,腐蚀程度在设计允许的范围内;阳极块表面覆盖有腐蚀产物,阳极块的损耗程度在设计的腐蚀范围内。

该工程案例为国内首次采用海水作为试压介质应用在 10 万 m³ 浮顶油罐的水压试验中,采用临时防护涂层与铝合金牺牲阳极相结合的保护方式,有效地抑制了储罐钢板的腐蚀,延长了罐体的使用寿命,既达到了设计要求,又节省了费用。

参考文献

[1] 李军龙,徐星,金刘伟,等.钢质原油储罐的腐蚀与防护[J].当代化工,2016,45(4):770 - 772.

[2] 王金福,陈志强.外加电流与牺牲阳极阴极保护技术在原油储罐的应用[J].全面腐蚀控制,2019,33(4):12 - 17.

[3] 曹付炎.地上储罐罐底阴极保护[J].材料开发与应用,1997,12(1):22 - 26.

[4] 纪京京,常娥,韩德波,等.石油储罐外底板阴极保护工程实例[J].材料开发与应用,2016,31(2):15 - 18.

[5] 钱建华,白润昊,李威力.储油罐阴极保护设计与实际运行验证[J].全面腐蚀控制,2020,34(1):37 - 40.

[6] 曹波.近海岸地上钢质原油储罐的腐蚀防护[J].材料开发与应用,2004,19(4):21 - 24.

［7］杜富国,苏俊华.储罐外底板阴极保护系统的几个问题的探讨［J］.石油化工腐蚀与防护, 2006,23(1):41-44.

［8］李佳润,李言涛,孙虎元,等.钢制原油储罐底板外壁的阴极保护［J］.石油化工高等学校学报,2017,30(1):87-90.

［9］刘玉玲,孙建松.海水试压储罐钢板防腐蚀技术应用实践［J］.油气储运,2009,28(11): 80-82.

［10］李薇薇,张荣兰.大型浮顶油罐海水试压的临时防护［J］.油气田地面工程,2009,28(10): 56-57.

［11］洪雨.浅谈大型浮顶储罐海水试压临时阴极保护措施的应用［J］.全面腐蚀控制,2010,24 (12):19-22.

第13章

大型工程结构腐蚀防护技术的发展趋势及展望

13.1 大型工程结构的发展趋势

13.1.1 工程结构

随着国际航运、油气开发、边防建设以及建造技术的发展,船舶、平台、桥梁等工程结构呈现大型化、复杂化等趋势。

经济全球化的发展使得船舶的服役环境更加复杂,船舶坞修期也在延长。船舶向大型化发展意味着更为复杂庞大的结构,以及更加复杂的管路系统。大型船舶外船体面积巨大,舱室众多,压载水舱、污水舱、燃油舱、生活舱等各类功能舱室数以百计,拥有大量的设备和庞杂的管路系统。上述变化均带来新的腐蚀问题和防护技术的新需求。

近年来,海上平台建设掀起了研究超大型浮式构筑物(VLFS)的热潮。超大型浮式构筑物尺度在千米以上,具有综合性、多用途的功能特征,可以布设在海岸附近,作为陆地的延伸,扩大原来设施的功能和用途,在海洋空间利用和海洋资源开发等方面应用前景广阔[1]。未来在海上特别是南海有很大的发展空间,需要发展相应的腐蚀防护技术为其安全运行提供保障。

随着国家"一带一路"倡议和"建设海洋强国"等战略的逐步实施,尤其是近年来我国高速公路、高速铁路和跨海大桥等基础设施建设的迅速发展,我国大型钢结构桥梁的建造将面临广阔的发展机遇,钢结构桥梁正向高速、重载、大跨度、结构美观新颖、全焊方向发展[2]。跨海大桥从跨海湾向跨海峡通道发展,从浅水区向深水区发展,从单一桥梁形式向桥隧结合发展,建设条件更加复杂,抗风、抗波浪、抗腐蚀等要求更高。

海底油气管道是海洋油气田内部设施连接和开采油气资源外输的重要方式。当前世界各国铺设的海底管道总长度已达十几万公里,并且水深不断增加,输送压力不断提高。对于埋地管线,早期的管线离中心城市较近,地理环境和社会依托条件都比较优越。近年来,新发现的油田大都在边远地区和地理、气候条件恶劣的地带,如向西欧市场供气的阿尔及利亚气田,可向远东市场供气的东、西西伯利亚气田,可向美国市场供气的北阿拉斯加气田和我国东北、西北部油气田等。随着极地、海上和酸性等恶劣环境油气田的开发,对新时期的管道工程建设提出了更高的要求。以提高长距离管线输送能力的经济性要求和以应对恶劣环境的安全性要求,已成为当代管道工程面临的两大主题[3]。

随着石油工业的日益发展、石油储备制度的不断推进,以及高强钢的研发与高效焊接技术的应用,世界各国大型储罐数量逐年增多,大型化已成为原油储罐未来的发展方向。其中,大型浮顶式石油储罐是未来国家石油战略储备的重要设备之一,作为石油、成品油的储备输送重要组成部分,可预见其在未来将发挥重要作用[4]。大型储罐具有节约钢材、减少占地面积、易于维护和管理、减少附件和降低损耗等优势,但储罐的大型化将导致壁板厚度的增加。随着高强钢的使用,材料抗拉强度更高,应力集中更加严重,局部应力非常大,更容易产生破坏。

13.1.2 工程材料

随着材料技术的发展,大型工程结构的材料向轻量化、高强度、高耐蚀等高性能方向发展,如高强钢、钛合金、复合材料等,新材料应用及多种材料耦合可能带来系统性腐蚀问题。

铝合金、钛合金、复合材料等先进材料应用越来越多,材料本身耐腐蚀性能不断提升,但材料种类复杂,异种金属接触发生电偶腐蚀的现象将更加严重,各系统间材料是否匹配,新技术和新工艺的环境适应性、耐久性是否满足使用要求等,带来新的腐蚀防护问题。

随着轻量化武器装备的发展和材料技术的发展,高强钢等高强度材料广泛应用于大型工程结构中,此类材料易发生氢脆、腐蚀疲劳等局部腐蚀。常规的防护措施有可能强化这些敏感性导致材料加速失效,从而引起灾难性事故的发生。考虑可加工性、高强韧、耐腐蚀和抗氢脆断裂之间互相矛盾的难点和特点,实现高强度与抗腐蚀、抗氢脆断裂三者的有机统一,开发兼具结构功能一体化高品质耐蚀金属材料具有重要的意义。

13.1.3 服役环境

大型工程结构的服役环境呈极端化、复杂化发展趋势。例如,船舶及海洋工程向深海、极地等极端环境发展,向南海高温、高湿、高盐、强日照的苛刻腐蚀环境发展。

深海海域是丰富的资源宝库,对我国国民经济、国防以及科学研究的发展具有重要的战略意义。为加快深海战略的实施和深海资源的开发,越来越多的海洋装备向深海海域发展。大深度潜艇、深潜器、深海空间站等,从水面到 300m、1000m、5000m 甚至到 10000m。随着海洋油气开发逐渐向深海、远海发展,未来将大力建设海上浮式生产储油装备(FPSO),目前大部分 FPSO 的工作水深主要在 100 ~ 500m,但随着采油工作水深的增加,适用于超深水作业的 FPSO 在逐年增加,例如:"荔湾 3 – 1"项目深海气田平台,最大作业水深 1500m,耗资 60 亿元自主研发建造的第六代超深水半潜式钻井平台——"981 号",最大作业水深 3000m,钻井深度可达 10000m[5]。与浅海环境相比,深海环境存在巨大的静水压力,此外,溶解氧浓度、温度、pH 值、盐度等因素与表层海水环境因素也明显不同,因而具有独特的环境特性。这种服役环境变化往往使得浅海环境下性能优良的材料在深海环境中发生耐蚀、力学等性能的显著变化,所以对工程结构材料在深海环境中的腐蚀行为及与之相关的力学性能退化现象进行研究,并发展相应的防护技术成为海洋资源开发过程中必须解决的一个重要课题。

北极自然资源丰富,拥有全球 13% 未探明的石油储量,同时拥有全球 30% 未开发的天然气储量和 9% 的世界煤炭资源以及有色金属等资源。另外,世界发达国家大多数处于北纬 30°以北,全球 80% 的工业产品和 70% 的国际贸易发生于此,因此开辟北极航线不仅可大幅提高船舶营运效益,而且能够大幅缩短航程,具有极高的商业价值[6]。此外,极地还具有重要的军事威慑意义,如常年覆盖的冰层可大幅提升水下兵器的隐蔽性。北极航道的开通和极地资源的开发离不开船舶和大型海洋工程装备的应用,而船舶和海工装备在极地苛刻环境下的低温脆性及腐蚀问题正严重威胁着其服役安全。例如,极地环境气温常年在 –40℃ 左右,航行气象条件和海况极为恶劣,涉及低温、海冰、海雾、暴风雪、高盐等,极地船舶在使用过程中,船体、上层建筑及甲板设备、管路、推进装置等需承受低温、冰层与浮冰撞击、冰层附着、腐蚀磨损等多场耦合作用,对船舶的安全性和可靠性形成了严峻挑战,据统计,57% 的极地船舶在平均 13 年船龄后船体均出现不同程度的裂纹或者断裂。目前,对于海工钢低温脆性问题的相关研究关注较多,而对于极地环境下的材料腐蚀/老化问题研究相对较少,尤其是我国在极地环境下材料的腐蚀研究几乎还未开展,已严重落后于美国、俄罗斯等国家。此外,极地环境条件对防腐蚀技术也提出了更高要求。

南海连接太平洋和印度洋,是联系中国与世界各地非常重要的海上通道,是"一带一路"倡议、"21 世纪海上丝绸之路"的重要组成部分,对于我国国家安全与发展有着极其重要的战略意义。为了维护我国海洋权益、捍卫国家领海和岛屿主权,在南海加快岛礁建设、建立军事基地、部署军事力量已刻不容缓。与我国其他海域的海洋环境相比,南海海域常年具有"三高一强"(高盐、高温、高湿、强紫外)的环境特点,导致在南海服役的金属材料面临着非常严重的腐蚀问题,给工程结构的运行带来极大的安全威胁。为了更全面的解决南海工程结构腐蚀严重的问题,需建立基于南海腐蚀大数据的装备材料评价方法及全寿命预测模型,进而发展相应的综合防护技术,这对促进南海海域的开发和提高我国在南海海域的军事战略影响力起到重要的推动作用。

13.1.4　服役要求

未来工程装备服役要求向高可靠性及长寿命方向发展。

大型舰船设计寿命长,坞修期长。近年来,我国大型船舶的建造数量逐步增多。船舶全寿命周期也由原来的 20～30 年提高至 40 年以上,维修周期也相应延长,如大型舰船的中修期达到 10 年,后续中修期将超过 20 年,因此对于防腐防污材料的服役寿命要求大幅提高,如对于某些舱内涂层的防护寿命要求提升至 10～20 年,防污涂层的寿命要求提升至 8～12 年。而鉴于国内当前的技术水平,单一防护措施手段很难满足大型船舶全寿命周期腐蚀控制顶层要求,因此成为制约大型船舶建造和维护的瓶颈和障碍,应当引起腐蚀防护研究领域的广泛关注。

桥梁设计寿命长达百年。我国近 20 年建设了一大批结构新颖、现代化程度和科技含量高的斜拉桥、悬索桥、拱桥等特大型海洋桥梁,积累了丰富的桥梁设计和施工经验,桥梁建设水平已跻身国际先进行列[7]。其中,桥梁的设计寿命也从过去的 30～50 年提高到 80～120 年,如东海大桥、杭州湾跨海大桥、胶州湾跨海大桥的服役寿命要求为 100 年,港珠澳大桥的设计寿命要求为 120 年,这对于保障桥梁服役期的安全可靠性具有重要意义。桥梁百年设计寿命指标的提出,对桥梁腐蚀防护技术、腐蚀防护管理水平均提出了更高要求。

另外,海洋钻井平台、海底管道的设计服役寿命是 30 年到 50 年,对腐蚀控制提出了更高的要求。

13.2　大型工程结构腐蚀防护技术发展展望

尽管腐蚀防护历史悠久,而且已积累了丰富的实际经验,但腐蚀防护技术仍需不断发展和完善,才能满足大型工程发展的需要。随着材料技术、计算机应用技术、监检测及评估技术的发展,未来腐蚀防护技术的发展将向着绿色环保、长寿命、高性能和低成本方向发展。全寿期的防护理念也将逐步形成并应用于大型工程的腐蚀防护,腐蚀安全评价和寿命评估将成为保障大型工程安全运行的重要环节。

13.2.1 防腐设计

防腐设计是大型工程建设的重要环节之一,是决定工程装备功能、质量和可靠性的关键环节。根据防腐设计的基本内容,其未来发展方向主要表现为以下几个方面。

(1)基于环境适应性的合理选材。在设计阶段,需考虑材料及其加工制造方法的正确选择、材料性能的分析(包括材料的腐蚀损耗或破坏以及装置在操作中材料性质可能变化的预防措施)、成本核算、对材料和腐蚀试验提出的要求等。各种材料在不同环境(介质种类、浓度、温度、压力等)中的环境适应性数据是设计选材的基础。因此,积累大量的材料环境适应性数据并建立数据体系,可为大型工程装备的合理选材提供数据基础[8]。

(2)避免局部腐蚀的结构优化设计。防腐蚀结构设计中,主要应考虑结构及部件的形状和相互组合是否符合防腐蚀,特别是防止各类局部腐蚀的要求,即所谓的系统设计。另外在强度设计中也应考虑材料和结构的强度核算是否符合防腐蚀的要求,因在腐蚀介质条件下,仅常规地考虑安全系数和许用应力是不够的,必须考虑环境对强度的影响,并进行必要的核算,这对应力腐蚀、腐蚀疲劳等尤为重要。

(3)防腐方法的优化选择。针对被保护结构的特点、服役环境特点以及防腐技术的优缺点,对各类防腐方法的比较、分析和正确选择,尤其是结合计算机技术的智能化防腐蚀系统的设计和开发是未来的发展方向。阴极保护设计将向着更精确、更优化的方向发展。基于数值模拟的仿真设计技术会得到更多的应用,其可靠性取决于边界条件的准确性,而这需要实际工程中积累的数据来提供支撑。

(4)阴极保护设计准则不断发展和完善。随着材料技术的发展,也须相应发展新材料的阴极保护设计准则以满足其应用需求。随着北极航道的开通和深海资源的开发,极地环境、深海环境等极端环境的阴极保护电位范围、阴极保护电流密度等参数需进一步开展研究。

(5)全寿期的腐蚀安全设计与寿命评估。装备的预期寿命估算与可靠性分析是防腐蚀设计中的重要内容之一,也是当前国际上研究的热点之一,其中与局部腐蚀,特别是与应力腐蚀破裂等有关的寿命预测研究更为活跃[9]。进一步建立试验结果与实际应用的相关性,是寿命预测技术研究中的一大课题。此外,在腐蚀研究中更多地应用数学模型和数理统计原理,对腐蚀数据进行可靠性分析,用计算机模拟多因素的腐蚀过程,是发展寿命预测技术的重要途径。

(6)绿色化也是防腐设计的重要发展方向。绿色化发展理念正在逐步拓展防腐蚀技术的未来发展方向,防腐蚀技术需要在传统常规的观念、理论和技术之上进行创新和发展。进行防腐蚀技术应用以及防腐蚀方案设计,需要将生态环境保护和保护人身安全作为首要关注问题,实现环境友好的发展目标[10]。

13.2.2　防腐材料

1. 涂料

随着世界海洋工业的迅速发展和环境保护法对钢结构设施腐蚀防护的影响,我国防腐涂料正朝着绿色环保、长寿命、厚膜化、功能化、低表面处理的方向发展。高固型、低VOC、无溶剂粉末型涂料和常温固化涂料是开发重点;水溶性涂料是环境友好防腐涂料的研究方向[11]。

1)长寿命防腐涂料

由于越来越多超大型钢结构的应用及其所处海域特点不具备直接重涂或返岸施工的条件,因此要求开发具有超长使用寿命的海洋防腐涂料。最理想的是涂层使用寿命,包括现场直接涂装维修后的延续使用寿命等同于钢结构设备的服役寿命,即涂层与设备同寿命设计,使用中少维修、免重涂[12]。作为广泛使用的富锌底漆已有一些耐久年限较长的产品问世,《色漆与清漆—通过涂层保护系统的钢结构的腐蚀保护》(ISO 12944—2017)标准中也规定了离岸海工钢结构最长腐蚀防护寿命超过了25年。

2)高固体分、无溶剂涂料

体积分数在60%或质量分数在80%以上为高固体分涂料,质量固含量大于96%以上的可称为无溶剂涂料。高固体分涂料由于少用甚至不用有机溶剂从而符合环保要求,减少挥发性有机化合物(VOC)的排放,固化快,一次施工就可获得所需膜厚,缩减了施工工序,节省了重涂时间,提高了工作效率。此外,较少溶剂挥发降低了涂层的孔隙率,从而提高了涂层的抗渗能力和耐腐蚀能力。

无溶剂环氧防腐涂料具有诸多优点,如对多种基材具有极佳的附着力、固化后涂膜的耐腐蚀性和耐化学品性优异、涂膜收缩性好、硬度高等,特别是无VOC排放,不造成环境污染,符合环保要求[13]。

3)粉末涂料

粉末涂料的形态和一般的涂料完全不同,它是以微细粉末的固态形式存在,是一种完全不含溶剂的涂料。粉末涂料通常以粉末形态喷涂在金属表面并熔融成膜,其利用率可高达95%~99%。粉末涂料的主要特点有无溶剂、无污染、省资源、环保和涂层机械强度高等优点,施工后涂层基本上不产生针孔,形成的涂层耐久性好。环保优势和技术优势是粉末涂料替代液体涂料的关键。目前,我国粉末涂料涂装市场的最大增长领域是管道工业,存在的问题是耐冲击性及吸湿性有待提高,解决这些问题成为研究者们未来的一个重点研究方向[14]。

4）低表面处理防腐涂料

由于前处理费用占涂装总成本的60%，因此低表面处理涂料已成为防腐涂料的重要研究方向之一，主要包括可带锈、带湿涂装的涂料[15]，以及可以直接涂在其他种类旧涂层表面的涂料。

5）水性防腐涂料

涂料水性化是涂料工业的另一个重要发展方向。水性涂料是以水为稀释剂、不含有机溶剂，不含苯、醛、游离TDI等有毒物质，其VOC几乎为零，对节能减排、发展低碳经济、保护环境及可持续发展都有重要意义。对于水性防腐涂料而言，普遍存在固含量低的缺点，因此发展高固含量的低成本水性防腐涂料成为研发的重点。和溶剂型涂料相比，水性涂料的成膜性、力学性能和耐腐蚀性能都较差，需要对其进行改善。

6）功能型防腐新材料

由于单一的涂层体系很难满足多种工况的需求，发展复合涂层技术以获得所需要的性能或功能是重要发展方向。另外，发展智能化多功能涂层材料也是涂层的重要发展方向，关于智能防腐蚀材料的技术发展趋势，国外从最初材料的单一功能的实现，如监测、环境响应、自修复等功能，向集多种功能于一体，实现多种手段共同监测和修补的防腐蚀技术方向发展[16]。另外，近年来冷喷涂或称之为3D喷涂技术逐渐应用于特种功能涂层制备过程[17]，展现了材料、工艺、产品功能的完美融合，该技术不像传统维修过程如焊接那样需要高温，所以它能使零件在维修后保持部件原有状态。国外相关科研机构针对冷喷涂优势，结合材料表面防腐和修复需求，近几年倾向于开展大量快速成型/修复技术研究[18]。

此外，还应加强涂料施工性能和涂装工艺研究，确保产品的可靠性。从涂料涂装一体化的理念出发，重视涂装施工性能及涂料对不同底材的处理程度的适应性、涂料对施工方法和施工工艺的适应性、涂料对施工环境的适应性的研究[19]。不断优化和提升产品的综合性能，加强涂料配套体系和性能评价，提高配套体系的科学性和合理性，适应不同腐蚀环境的要求。

2. 阴极保护材料

阴极保护技术总体上向着更绿色环保、更智能化、更高效费比的方向发展。阴极保护材料向高性能、系列化和专用化方向发展和完善，以形成可满足不同环境和工况条件要求的阴极保护材料体系[20]。

1）牺牲阳极材料

牺牲阳极材料向系列化方向发展和完善，以形成可满足不同环境和工况条件要求的牺牲阳极材料体系。应用于常规海水环境的牺牲阳极配方已发展较为成熟，性能提升空间不大，未来牺牲阳极主要发展适用于特殊环境如深海、极地等极端环境的牺牲阳极材料[21]，以及适用于高强钢等氢脆敏感性材料的不同工作电位序列的阳极材料[22]。另外,适用于干湿交替环境的高活化牺牲阳极性能也仍需进一步提升。同时,进一步探清铝合金牺牲阳极杂质元素对阳极性能的影响及相应的控制方法,并改善阳极生产工艺,提高阳极质量的可靠性。牺牲阳极的相关标准也将不断修订,以适应材料技术发展的需求,提高牺牲阳极材料标准化水平。

2)外加电流阴极保护系统

外加电流阴极保护系统将向长寿命、高性能和高可靠性方向发展。

恒电位仪将向着体积小、重量轻、控制精度高以及智能化方向发展。恒电位仪逐渐从可控硅恒电位仪、磁饱和恒电位仪、大功率晶体管恒电位仪逐步发展到开关电源恒电位仪。恒电位仪通过采用高频开关电源技术,大大减少了整机体积重量;通过高速高精度的数字控制电路,实现了高精度控制和性能的大幅度提升,整机工作效率提升。未来恒电位仪具有更高的控制精度和可靠性。另外,除了作为系统电源外,还可集成数据采集及智能化评价的功能。

辅助阳极将向大输出电流、长寿命,以及适应深海、极地等极端环境条件发展。辅助阳极经历了铅银合金及铅银微铂、镀铂钛、铂复合电极、金属氧化物阳极的发展历程。氧化物阳极具有比铂复合阳极更优的电化学性能(包括更高的电催化活性、更低的极化电位和更小的消耗速率),而且价格较低,更易于制备。通过改进钛基表面活性层的成分和制备工艺,不断研发高性能金属氧化物阳极是未来辅助阳极的重要发展方向[23]。

参比电极向着长寿命和高精度发展。目前海洋工程阴极保护系统用参比电极主要有 Cu/饱和 $CuSO_4$ 参比电极、Zn 参比电极以及 Ag/AgCl(AgX)参比电极。从参比电极材料技术的发展和应用进程来看,经历了早期的第一代参比电极材料(Zn 参比电极、粉压型 Ag/AgCl 参比电极)、第二代参比电极材料(热浸涂网状 Ag/AgCl 参比电极)的历程,目前正在进入新一代参比电极材料(高精度、长寿命)的研究和应用阶段。

今后除了研发新的高性能辅助阳极、参比电极材料以及电源设备外,如何使系统更易于安装、更换和维护也是需要改进的方向。

13.2.3 腐蚀监检测技术

腐蚀监检测技术将向智能化和综合监测方向发展,不仅监测阴极保护的电位,而且监测阴极保护系统的运行参数,并且可以实现保护状态预测。通过集成环境参数传感器、应力传感器,实现结构的安全评估。

(1)新型微电极电化学腐蚀原位检测技术、腐蚀探测智能涂层技术成为腐蚀检测技术发展的重要方向。国外将微型电化学电极用于涂层和绝缘层下金属腐蚀的检测,为涂层或绝缘层下腐蚀的早期监测提供了有效的手段[24],而基于变色或荧光原理的腐蚀探测智能涂层为腐蚀检测技术的发展提供了新的解决途径[25]。

（2）发展无损监测技术。除了利用电化学方法监检测腐蚀速率外，还要发展新型腐蚀传感器，保证腐蚀监检测数据与工程结构的腐蚀状态具有一致性。积极开展局部腐蚀监检测技术开发，使腐蚀监检测结果能够较好地反映孔蚀、缝隙腐蚀甚至应力腐蚀开裂的敏感性，并对局部腐蚀发生和发展状态进行预判。

（3）发展综合监测与评估技术。监测参数除阴极保护状态参数（电位）、腐蚀环境参数检测（温度、盐度、溶解氧、pH 值等）以及数据自动采集、分析、预警及发送等功能外，还应集成监测结构物应力应变、温度、振动等参数，可用于风电叶片、齿轮箱、轴等部位的受力情况和运行状态检测，以及桥梁、隧道、大坝、风电塔架等的结构健康监测。

（4）基于物联网的快速发展，腐蚀传感、故障诊断与腐蚀控制也需要实现网络化、智能化和自动化。通过集成专家系统或预测工具，以便能够实时了解并预测腐蚀发生和发展趋势，一旦出现异常能及时报警并可在远程进行指挥调度。腐蚀数据库也可集成到第三方管理软件平台，为管理层从管理学和经济学角度全方位掌握设备运行状态提供依据。

综上所述，随着经济和国防建设发展，以及材料科学的进步，大型工程结构也将不断发展，腐蚀防护技术也将随之不断发展和进步，为大型工程结构的安全服役提供支撑和保障，满足国民经济建设的发展需求。

参考文献

[1] 张明慧,郑艳娜.海洋工程应用现状及其发展前景[J].山西建筑,2016,42(01):253 – 255.

[2] 徐向军.桥梁钢结构焊接材料的应用与发展[J].金属加工(热加工),2016(08):23 – 24.

[3] 高惠临.管道工程面临的挑战与管线钢的发展趋势[J].焊管,2010,33(10):5 – 18.

[4] 郝进锋.大型立式浮顶储罐隔震研究[D].大庆:东北石油大学,2016.

[5] 周廉.中国海洋工程材料发展战略咨询报告[M].北京:化学工业出版社,2014.

[6] 陈凯锋,亓海霞,张心悦,等.极地船舶用低温耐磨涂料的制备及性能研究[J].涂料工业,2020,50(10):27 – 32.

[7] 高宗余,阮怀圣,秦顺全,等.我国海洋桥梁工程技术发展现状、挑战及对策研究[J].中国工程科学,2019,21(03):1 – 4.

[8] 赵中敏.防腐蚀设计技术[J].全面腐蚀控制,2007,21(05):35 – 37.

[9] 盖雨聆,黄继英.浅论防腐蚀设计技术[J].机械设计与制造,2006(01):167 – 169.

[10] 凌晨.绿色化学与防腐蚀技术的发展方向探讨[J].中国高新科技,2018(01):19 – 21.

[11] 张超智,蒋威,李世娟,等.海洋防腐涂料的最新研究进展[J].腐蚀科学与防护技术,2016,28(03):269 – 275.

[12] 黄红雨,宋雪曙.海洋工程重防腐涂料的应用技术现状及发展分析[J].涂料工业,2012,42

(08):77－80.

[13] 刘岩.影响无溶剂环氧防腐涂料性能的因素分析[J].全面腐蚀控制,2018,32(06):97－99.

[14] 张毅.防腐涂料发展趋势分析[J].当代化工研究,2018(03):81－82.

[15] 权亮,梁宇,亓海霞,等.环保型无溶剂低表面处理石墨烯重防腐涂料的制备与性能研究[J].涂料工业,2019,49(05):39－44.

[16] LEAL D A,RIEGEL－VIDOTTI I C,FERREIRA M G S. Smart coating based on double stimuli－responsive microcapsules containing linseed oil and benzotriazole for active corrosion protection[J]. Corrosion Science,2018,130:56－63.

[17] 王治中,黄国胜,邢路阔,等.304不锈钢表面冷喷涂TC4钛合金涂层性能研究[J].钛工业进展,2020,37(02):7－13.

[18] Kang H K,Kang S B. Tungsten/copper composite deposits produced by a cold spray[J]. Scripta Materialia,2003,49(12):1169－1174.

[19] 刘登良.中国船舶和重防腐涂料发展回顾和展望[J].中国涂料,2007,22(02):7－9.

[20] 许立坤,马力,邢少华,等.海洋工程阴极保护技术发展评述[J].中国材料进展,2014,33(02):106－113.

[21] 张海兵,马力,李威力,等.深海牺牲阳极模拟环境电化学性能研究[J].材料开发与应用,2015,30(05):63－67.

[22] 马力,曲本文,闫永贵,等.低驱动电位铝合金牺牲阳极的研制[J].材料开发与应用,2014,29(03):61－65.

[23] 辛永磊,许立坤,吴维兰,等.钛基金属氧化物电极性能改进研究[C]//中国腐蚀与防护学会.第十届全国腐蚀大会摘要集.南昌:中国腐蚀与防护学会,2019:229.

[24] THU Q L,BONNET G,COMPERE C. Modified wire beam electrode:A useful tool to evaluate compatibility between organic coatings and cathodic protection[J]. Progress in Organic Coatings,2005,52(2):118－125.

[25] 冯超.显色剂与荧光剂对金属离子的响应特征及其在腐蚀监测中的应用研究[D].北京:北京化工大学,2020.